密戰

中國隱蔽戰線風雲紀實

郝在今 著

開明書店

前　言

探尋秘密，似乎是一種人類天性。

那秘密機關的設置一定是有理由的，秘密後面有寶貝！那寶貝也許是黃金秘藏，也許是武林秘笈，也許是科技密碼，也許是驚天密謀，反正是秘密！

如果這秘密還關乎國家安全，那就更是絕對機密。

人是貪心的，探尋秘密還不過癮，未免還想獲得秘密。

獲得秘密，那就需要專業技術了。

在國家安全的層級，偵察秘密的組織叫做情報機構，保守秘密的組織稱為保衛機關。這專職秘密鬥爭的情報、保衛工作，本身就成為世上最深的秘密——秘密之中的秘密！

全世界情報保衛系統中最為隱秘的，不是美國CIA，也不是蘇聯的克格勃，而在中國。中國的相關人們謹守保密傳統——「活着爛在肚子裏，死了帶到棺材裏。」

有誰知道，號稱以弱勝強的中共，其實在秘密工作上始終領先國民黨。

有誰想到，名滿天下的外交家周恩來，同時還領導着龐大的秘密機關，並享有良好的道德聲譽。

有誰猜到，毛澤東也是個情報分析大師。就在蘇聯統帥斯大林和美國總統羅斯福都錯判情報以致國家危亡的時候，毛澤東已經掌握戰略先機。就在中國各個行業全面落後的時候，情報保衛工作在第二次世界大戰中跑進世界前列。

有誰料到，在最大的國內戰爭中，解放軍總部幾乎是要什麼情報就能拿到什麼情報。在志願軍出戰朝鮮之前，毛澤東已經摸到美國的底牌。

這些驚人機密，不見諸公開文字，不藏於機密檔案，都在老情報老保衛人員的腦海深處密封。

秘密工作難，寫秘密戰線當然也難。不過，這世上最該做的事情，還正是這難做之事。容易開發的富礦早已開採殆盡，要找寶藏就得付出辛苦。

這世界，沒有任何一個行業能像隱蔽戰線這樣神秘而凶險，同時又充滿魅力。一份情報扭轉整個戰役的勝負，一個特工挽救龐大團隊的危亡，在這裏小人物能夠改寫大歷史！

我等小人物，難能參與改寫歷史；但是，我們卻有另一種可能的選擇，那就是寫——我把別人改寫的歷史給寫成書。

本書，就是中國隱蔽戰線的歷史記錄。

我採訪了中國黨政軍各系統的諸多「老特務」，有部長局長，也有戴過「叛徒」帽子的人。同時還參考大量文字資料，反覆爬梳整理。這才知道，所謂武林秘笈，並未形成一部文字放在那裏等你翻閱；那是無數大俠的功夫集成，它等着你去發掘整理。

本書出版以來，有幸得到廣大讀者和專業人士的喜愛。有讀者問我：真實的記錄怎麼比虛構的故事更加好看？我要說，那些創造真實的人們，個個都是藝術家，他們設計的案件要瞞過所有人。我們編不圓演不像只會丟人現眼，可他們一旦失手就會喪失性命！

本書記錄的諸多事件，都是頂尖人才以全部生命和智慧來創造的故事。這樣的故事，怎不令人感動？

這本書反覆增補，印行多次，我卻絲毫不敢自滿——水太深！

中國的隱蔽戰線，還有無數秘密深藏不露。水太深，你不可能摸到深潭之底。但我們畢竟要下水試試，試水才知深淺。本書就是同讀者一起試水探寶，發掘礦脈；只要找到礦脈，總有一天會發現整個寶藏！

我特別感謝讀者指出本書的缺欠，提供採訪線索，這就引導我不斷添補空白。相關專家的指點，更使我對這個題材的思想認識大有提升。如果說初版還僅僅是把寶貝陳列出來，那麼升級版就更進一步，嘗試探求寶藏的文化價值。

目　錄

第一章

「槍桿子」與「刀把子」

—— 恐怖鎮壓催生特別組織

現代世界，最凶險而又最神秘的機關，莫過於情報保衛組織。美國的CIA，蘇聯的克格勃，英國的軍情五處，以色列的摩薩德，都是永久的探秘對象。

中國的情報保衛組織呢？

中國人談起這門行當，第一反應是驚呼：「特務！」這是因為，國民黨軍統特務的名頭太大。共產黨在野的時候譴責國民黨搞「特務統治」，執政以後又把「抓特務」作為鞏固政權的重要任務；由此，這「特務」，似乎成了貶義詞。

不過，定義總是形式的，實體才是實在的。談論特務，首先應該找到中國最早的「特務」組織。

現代中國的第一個「特務」組織

找來找去，沒有找到國民黨那兒，倒找到共產黨這兒了。據考證，在中國的情報保衛界，無論國民黨還是共產黨，最早出現「特務」一詞與最早稱為「特務」的組織，都來自1927年5月的中共中央軍委「特務工作科」。

讓我們看看周恩來1927年的活動日程。

3月21日，中共發動上海工人第三次武裝起義，周恩來任總指揮。

4月12日，蔣介石策劃政變襲擊工人糾察隊，周恩來上門交涉被國民黨部隊扣留，經同志營救脱身。

1927 年 5 月，時任中央軍委書記的周恩來組建特務工作科。

5 月下半月，周恩來潛往武漢，出席中共中央政治局常委會，被任命為中央軍事部部長，同期組建軍委「特務工作科」。

7 月 26 日，周恩來趕往江西九江，準備發動 8 月 1 日南昌起義。

10 月上中旬，周恩來率領起義軍部隊轉戰廣東遇挫，同主力部隊失散後病重，乘小船到達香港。

11 月上旬，周恩來到達上海，出席臨時中央政治局擴大會議，年底，周恩來親自創建情報保衛組織「中央特科」。

1927 年，對於年輕的中國共產黨是一個迎頭棒喝的年份。國民黨的屠殺教訓共產黨人，在中國，沒有自己的武裝，就沒有生存權。八七會議上，毛澤東說出一句驚世駭俗的話：「槍桿子裏面出政權！」

中共的「槍桿子」工作，由中央軍事部部長周恩來負責。周恩來在大搞軍事工作的同時，還秘密創建情報保衛系統。在中共的語言中，軍隊稱「槍桿子」，保衛部門稱「刀把子」，周恩來一手舉槍，一手握刀！

公開的軍事工作與秘密的情報保衛工作，一明一暗，都是關乎生存安全的頭等要務。

原來，現代中國的第一個情報保衛機構，是被執政黨殺出來的！

新成立的中央軍委機構精幹，書記周恩來、秘書長王一飛、參謀長聶榮臻；機關駐地漢口余積里 12 號，三樓三底兩廂的石庫門式房子，組織科在樓下西廂，秘書處在樓上西廂，周恩來在樓上客堂辦公；特務科就在隔壁的東廂，負責人為顧順章，科下設四個股：

情報股負責蒐集軍事、政治情報，了解敵人活動動向。負責人董醒吾外號董胖子，時任國民政府武漢三鎮偵緝大隊隊長。那時的情報工作好做，武漢政府汪精衛還在同共產黨合作，連武漢公安局局長都是共產黨員吳德峰。

保衛股負責保衛中央機關和蘇聯顧問團的安全，負責人李劍如。蘇聯顧問團團長鮑羅廷被迫回國時，保衛股抽調 30 人護送，完成任務後就留在蘇聯學習保衛業務。

特務股負責懲辦叛徒、奸細，兼理中央交辦的特殊工作，負責人李強，成員只有蔡飛、陳連生、王竹樵等幾個人。這個行動組織曾經處死一名企圖接近蘇聯顧問團的英國間諜，刺傷蘇聯顧問團內部的奸細尤金皮克。

匪運股的任務是收編土匪武裝，負責人胡孑。

草創階段的特務工作科工作十分活躍，偵獲不少重要情報。

小青年楊公素奉命外出偵察，證實夏斗寅部隊正在宜昌調集兵力。這樣，在 5 月 17 日夏斗寅發動宜昌叛變攻打武漢之前，共產黨就提前做了準備。5 月 21 日許克祥在長沙叛變，7 月 14 日汪精衛武漢分共，特務工作科都能及時拿到情報。特務工作科還在南昌起義中積極配合部隊破壞粵漢鐵路，把撤退回國的蘇聯顧問的槍支秘密送往葉挺任師長的二十四師。還通過商人搞了些金融投機，炒賣國庫券、鈔票、銀元，為中央賺取秘密活動經費。

這就是現代中國最早的「特務」組織！

中共創建特務組織，為何比國民黨早？這是因為，中共長期處於非法地位，在地下狀態中活動，必須高度警戒自身安全。

中共自創建之日就十分重視保衛工作，可以說「有黨就有情報保衛工作」。1921 年 7 月的第一次全國代表大會就在嚴格的保密措施中召開，會期之中遭遇巡捕檢查，會址還從上海市區轉移到浙江嘉興南湖的遊船上。一大通過的《中國共產黨綱領》規定：「在黨處於秘密狀態時，黨的重要主張和黨員身份應得保守秘密。」1924 年第一次國共合作，不少黨員的身份公開，廣東區委委員楊殷在廣州市公安局任顧問，曾調查廖仲愷被刺案件，1926 年又負責國民黨第二次全國代表大會的保衛工作，從廣州工人糾察隊和南海農軍中挑選人員，組織了一支保衛大隊。中共領導的京漢鐵路大罷工、安源路礦大罷工、開灤五礦大罷工、省港大罷工，都設立了糾察隊、監察隊、偵察隊、調查隊等保衛組織；湖北、湖南等地的農民運動，也普遍設立了農民自衛軍，維持鄉村治安。

不過，這些早期的保密措施和保衛組織，尚未形成嚴密的工作系統。中共在地下狀態期間，曾在內部稱為「秘密工作」。後來有了農村根據地「蘇區」（蘇維埃區域），保衛工作建立公開機關，又將非蘇區的這塊工作稱為「白區工作」「城市工作」。1925 年，中共中央選派顧順章、陳賡、陸留三人，到蘇聯專門學習情報保衛工作，為中共情報保衛系統的創立進行準備。直到 1927 年成立中央軍委「特務工作科」，才有了專門機構。

「特務」，顯然是現代產物。記載古代詞彙的《辭源》之中，根本就找不到「特務」這個詞。近似意義的詞彙是「間諜」，釋為「秘密偵探敵情」。例句：《史記》中記載李牧作戰「習騎射，謹烽火，多間諜，厚遇戰士。」還有一個名詞「間人」，意為「探子、間諜」，《孫子兵法》就有《用間篇》。

1979 年版《辭海》這樣定義「特務」：「參加特務組織或接受特務機關的任務，進行刺探情報、暗害、破壞、造謠煽惑等反革命活動的分子。」這個定義將特務完全歸於敵人。其實，「特務」其名，起初不含貶義。1937 年 1 月西北政治保衛局頒發《特務須知》，把首長的警衛員稱為「特務員」，很光榮的職務呢！

1990 年版《語言大典》給「特務」的四項定義包括英文詞義：「1、（special task 或 duties）軍隊中指擔任警衛、運輸等特殊任務的，如特務員、特務連、特務營。2、（special agent）從事間諜活動的人員。3、（spy）間諜，敵對一方派往另一方蒐集情報，進行破壞的人員。4、（stooge）為某一政府效勞反對另一政府的顛覆性特務。」這個定義已經將特務定為中性，敵我兼有，而且包括各類特務。不過，在軍隊類別中遺漏了一種偵察任務，因為軍隊特務連的編制之中總有偵察分隊。

1996年出版的《中國特務》一書，認為以上定義都不科學，重新定義：「為了國家、階級或政治集團的利益，受組織或領導的委派，默默從事情報工作或搜捕、暗殺、破壞等行動工作以及其他維護本國、本階級或本政治集團利益的秘密工作的人員。」特務業務有情報工作、行動工作、策反及心理作戰。看來，這特務真是夠「特」的，無論怎樣定義，都顯得不夠嚴謹、不夠周延。

那麼，中國的國共雙方，為何都把自己的情報保衛機構稱為「特務」？

蘇聯那裏，1917年設立「全俄肅反委員會」，1922年改稱「國家政治保衛局」，軍隊的情報機構簡稱「格別烏」。美國那裏，1907年司法部設立調查室，1924年擴大為「聯邦調查局」。無論蘇聯還是美國，政府系統的情報保衛機構，都沒有使用「特務」名稱。

軍事系統的情報機構向來稱「二」。美國陸軍情報局簡稱是 Army G-2，空軍情報局簡稱 A-2。清朝政府於1906年設立了一個職權相當於總參謀部的「軍諮處」，下設七個廳，「二廳」專門負責對外情報間諜活動。國民黨有「參謀本部第二廳」，中共中央軍委也有「二局」，總參謀部也有「二部」。老大總是作戰部門，情報部門排老二也夠顯赫的了。軍隊中擔任特殊任務的「特務連」「特務營」，其中偵察分隊就隸屬於「二部」。

如此看來，中國的共產黨最初的情報保衛機構稱「特務」，其實是來自軍隊編制。值得注意的是，日本軍隊專門編有「特務部」，其職責正是情報保衛工作。中國人學習現代科技，翻譯西方語言往往從日本轉口，這「特務」之名，也許就是這樣來的。

中國最早的特務組織其實只活動了三個月。汪精衛在武漢分共後，中共中央遷往上海，軍委「特務工作科」於1927年8月結束工作。不過，這個「科」的停運，並不意味「特務工作」的結束。不久，中共又成立了另一個級別更高的特務組織。

中央特科

在中共情報保衛系統內部，「中央特科」赫赫有名。

中央特科，創建於中國共產黨的誕生地上海。上海創造了無數中國之最：最大的城市，最寬的外國租界，最多的市民人數，還有，最複雜最激烈的諜戰！國民政府的淞滬警備司令部、上海警察局，英國、法國租界的巡捕房、包打聽，弄堂碼頭的青幫、紅幫，共產國際的情報站、中共特科的打狗隊……上海是國際公認的「冒險家的樂園」。

第一次國共合作破裂，共產黨再次轉入秘密活動，中央機關又從廣東搬回上海。1927 年 11 月，周恩來從東江前線回到上海，並被選為臨時中央政治局常委。在周恩來的倡議下，於 1927 年 11 月在上海建立了中央特科。1928 年 10 月，中共中央還成立了以周恩來為首的三人中央特別委員會（另外兩個委員是中央總書記向忠發和特科實際負責人顧順章），直接領導中央特科的工作。

如果說，此前的中央軍委「特務工作科」還是個短暫存在的臨時機構的話，這個「中央特科」就是專業的中共情報保衛機構了。

國民黨的特務組織的建立，與中共也就是前後腳的一點兒時間差。

1928 年 2 月，就在中央特科成立之後的三個月，國民黨中央組織部設立黨務調查科，由陳立夫負責，專門捕殺共產黨人。1930 年夏，黨務調查科內部增設一個「特務組」，專門對付中共活動。

1932 年 3 月，親近蔣介石的黃埔軍校學生仿照意大利的棒喝黨和德國的褐衫黨，在中國組織了一個秘密組織「中華民族復興社」，社員衣着藍色，又稱「藍衣社」。着力培植親信的蔣介石，親中選親，又在復興社之中特設一個「特務處」。復興社特務處由十個黃埔生組成，戴笠任處長。這個特務處的任務是情報工作、策反工作、行動工作，正是標準的特務職能。這個特務處成立的 4 月 1 日，後來成為國民黨特務組織「軍統」的「四一紀念日」。每年此日，蔣介石都要親自出席紀念儀式。

這樣，國民黨也有稱為「特務」的組織了。無獨有偶，中國的國共兩黨，都把自己的情報保衛機構定名「特務」。

這些早期的特務組織，儘管機構很小功能不全，卻是以後影響中國政局的龐大特務組織的前身。「黨務調查科」後來發展為赫赫有名的「中統」——國民黨中央組織部調查統計局。復興社「特務處」，後來擴大為赫赫有名的「軍統」——國民黨中央軍事委員會調查統計局。在國民黨龐大的軍警憲特組織之中，這黨務系統的「中統」與軍隊系統的「軍統」，始終是核心特務組織。

中共「特科」的組織逐步擴大，先後設立四個科：一科總務，科長洪揚生，此前稱為「總部」，負責中央機構的警衛與其他事務工作。二科情報，科長陳賡，負責打入敵探機關，偵獲情報。三科「紅隊」（打狗隊），主要任務是武裝保護機關安全，懲辦叛徒內奸，隊長蔡飛、譚忠余。四科無線電台，負責籌建秘密無線電通信，負責人李強、陳壽昌。

總務科的重要任務是保障中央會議。那時的中共中央革命熱情高漲，自身處於非法狀態，還要頻繁召開全國性大會。1930 年全國蘇維埃代表大會籌備會議、1931 年中央六屆四中全會，到會人都有好幾十。總務科先租下外國租界裏的樓房，安排自己人居住進去掩護，再把數十位會議代表分別安排在旅社住宿。開會時樓外有紅隊便衣騎車望風巡邏，樓下有「太太」打牌望風，樓上有總務科「傭人」服務。代表們在樓上開會，一旦有情況外圍立即報警阻擊，代表則從暗道轉移。總務科還負責營救被捕同志。中共暗中支持，成立了一個由宋慶齡任主席的社會團體「中國互濟總會」，通過法律程序公開營救被捕同志。中央政治局委員任弼時兩次被捕，都由特科收買巡捕房營救成功。1929 年 8 月中央軍委委員彭湃、楊殷被捕，周恩來親自策劃劫刑場。敵人將彭湃、楊殷押赴龍華執刑，紅隊化裝成攝影隊半路截擊。由於沿途警戒森嚴，運送武器來遲，千鈞一髮之際，手無寸鐵的紅隊眼看囚車過路，無法出手。羅亦農就義之後，特科冒險收殮埋葬遺體，還豎立了化名「羅四維君子之墓」的石碑。

負責情報的二科完全在搞「特務」工作。二科的陳賡、李克農、錢壯飛、胡底、潘漢年、陳養山、歐陽新、劉鼎、李宇超等人，都是中共的情報奇才。科長陳賡乃黃埔三傑之一，東征中救過蔣介石性命，還到蘇聯學習過保衛業務。二科發展了一個重要情報關係鮑君甫。國民黨在南京成立調查科之初，尋求在上海建立特務組織，選中的駐滬特派員鮑君甫，恰恰是中共特科陳養山的密友！於是，國民黨偵察中共中央機關的駐滬特務系統，就實際掌握在共產黨手中。特科營救任弼時，就是通過鮑君甫往租界巡捕房送錢。關向應在法租界被捕，絕密的手抄文件也落入敵人手中。法國人看不懂中文，託鮑君甫找一位「鑒別專家」，於是特科的劉鼎就負責鑒別關向應的文件書籍了。手抄的機密文件被劉鼎悄悄取回，鮑君甫又向法國人提供鑒定，證明此人的書籍不涉政治，關向應得以平安出獄。特科的秘密關係遍佈各界。支持袁世凱當皇帝的「籌安會六君子」之一的楊度，也經周恩來批准而秘密加入共產黨，積極營救李大釗，多次提供情報。

三科紅隊是行動組織，二十多條好漢在上海灘出生入死。羅亦農被叛徒何家興、賀治華夫婦出賣，英勇就義。紅隊誓死報仇，滿城追殺，何賀二人剛剛躲到蒲石路居住，第二天就被紅隊上門懲罰。出賣彭湃的叛徒白鑫曾任中央軍委秘書，掌握內情甚多，中央命令紅隊將其除掉。但是，這個白鑫熟悉中共秘密活動規律，多次躲過紅隊刺殺。特科精心策劃，陳賡、鮑君甫親自現場偵察，就在白鑫動身離滬之際，紅隊在公安局督察員范爭波的家門口將其擊斃！

四科的無線電工作，由周恩來親自部署創建。以往，中共傳遞情報的方式主要是郵政通信，經由國民黨控制的郵檢，很不可靠。由專門的秘密交通員送信，也得通過警察搜查，風險仍大。於是，絕密信件就要求交通員背誦下來，到達目的地再複誦出來。穿越山水阻隔，潛過敵人封鎖，這種原始的傳遞方式往往要幾個月才能溝通一次，效率太低。根據國際秘密工作經驗，最可靠又最便捷的聯絡方式還是無線電。可是，電台這種現代化設備，卻是難以到達中共手中。1928 年 10 月，中共中央決定建立無線電。周恩來指派李強自行裝配電台，指派張沈川考入國民黨的無線電學校，還選送塗作潮等四人到蘇聯伏龍芝軍事聯絡學校學習無線電技術。1929 年冬，李強在上海英租界裝配出電台設備，1930 年年初塗作潮回國協助，李強帶着電台潛入九龍，從香港溝通上海，實現了中共首次遠程無線電聯絡，中共的第一部無線電電台悄然誕生。1930 年

9 月，周恩來親自佈置在上海舉辦訓練班，為各地蘇區和紅軍部隊培訓無線電幹部。一批各地來人聚集上海福利電器公司工廠秘密學習。租界警方發現這個工廠頗為奇特，突襲逮捕了 5 名教員和 15 名學員。沒有被捕的李強、毛齊華、伍雲甫、曾三、塗作潮等人立即分散開來，繼續培訓無線電人員。

這 1927 年 11 月創立的「中央特科」，標誌中共中央情報保衛系統的誕生。

總結中共創建的歷史，往往要說，毛澤東開闢了農村根據地，創建了紅軍。其實還應該說，周恩來開闢了城市秘密工作，創建了情報保衛工作。

1928 年春，周恩來親自主辦學習班，培訓特科人員 20 多天。周恩來還規定了特科工作的「三任務一不准」：搞情報、懲處叛徒、執行各種特殊任務包括籌款，不准在黨內互相偵察。周恩來還親自編製了中共第一部密碼「豪密」，鄧穎超擔任譯電員。特科雖然保密，卻還需防火牆。周恩來另設一些平行的秘密機構，其人員與特科互不交叉。中央交通局負責秘密傳遞文件、情報、物資和人員，中央軍委的情報機構主要偵察軍事情報。

中共自創立起就有黨內交通工作，1927 年創建特科組織的同時，也創建了內部交通科和外部交通科，建成了通向各地組織的三條秘密交通線。1928 年年底，又調來 1924 年入黨的吳德峰，全面建立上海中央機構與各根據地的秘密交通。擅長秘密工作的吳德峰，兩個月就組成了交通網絡，1929 年輸送中央文件 5523 件，輸送各地給中央的報告 4687 件。1930 年 10 月，升格成立直屬中央的交通局。局長吳德峰全力打通江西中央蘇區的交通，建立東、西、南三條線路。交通局不僅輸送密信，還負責護送幹部、輸送物資和資金。

全黨處於非法狀態，需要保密的不只是情報保衛系統。周恩來與李維漢、任弼時、鄧小平共同研究，擬訂《中央通知第四十七號——關於在白色恐怖下黨組織的整頓、發展和秘密工作》，確定了秘密工作的方針和方法。中共在白區的所有組織，都採用地下秘密活動方式。就是紅區根據地的黨組織也不公開，軍隊中的黨員身份也保密。

以中央特科等秘密機構的創立與戰績，可以說，中共的情報工作、保衛工作，起點頗高。

國民黨印發的《特務工作理論與實踐》如此評價：「他們雖無經驗可言，然以主持得人，本着學習及創造的精神，定出整個的計劃，按照一定的步驟，腳踏實地地向前努力。為時不到三年，竟有驚人的發展與奇異的成績。我們站在客觀的立場上，也不能不佩服他們的奮鬥精神啊！」

儘管有了系統的組織和出色的成績，中央特科這個初創的情報保衛組織，還是相對幼稚。從特科選擇顧順章為首位負責人來看，就有致命失誤。不過，國民黨那邊的特工負責人徐恩曾又何嘗沒有致命失誤。

很快，國共雙方的情報保衛機構就有了直接交鋒的機會……

巔峰對決

在中國大地展開殊死鬥爭的國共雙方，對於情報保衛工作都抓得夠早。這也許來自中國人善於「用間」的傳統，這也許借鑒美國蘇聯的國際經驗，但更為重要的卻是鬥爭實際的需要。

二十世紀三十年代初期，雙方情報保衛鬥爭的焦點，集中在中共中央機關。中共中央機關一直在敵人眼皮底下活動，卻沒有任何合法的生存權利，全靠特科警衛。而掌握政權力量的國民黨，更是動用公開的軍警與秘密的特工，全力偵破中共中央機關。

改寫歷史的時機意外出現。

1931 年 1 月，中共中央在上海秘密召開六屆四中全會，從莫斯科歸來的王明，在共產國際代表米夫的支持下，進入中央領導層。黨內分歧日趨激化，保密工作有所鬆懈，林育南、李求實等被捕。4 月，顧順章護送張國燾去鄂豫皖蘇區，在武漢公開表演魔術導致暴露，24 日被捕，當晚即叛變。

顧順章其人自幼好勇鬥狠，研習武術，五卅運動中敢衝敢拚，入黨後任工人糾察隊教練。從蘇聯學習保衛業務歸來，又成了中共最早的保衛專才，擔任蘇聯顧問鮑羅廷的衛士、上海第三次武裝起義的工人糾察隊大隊長。顧順章能夠赤手空拳無聲殺人，擅長化裝易形盯梢脫逃，在中國特工界是首屈一指的行動專家。1927 年批判右傾錯誤，共產國際要求中共在改組中重視工人成分，顧順章開始進入中央核心，任中共中央政治局委員、中央特別工作委員會委員，又成為中央特科的實際負責人。顧順章確實機靈能幹，上台能演魔術，下台會施催眠術，顧順章卻又放蕩不羈，呼朋喚友，賭錢嫖妓，往往以特工需要為由違反黨紀。1930 年 5 月，周恩來特派聶榮臻到特科工作，從政治上監督約束顧順章。

正當周恩來考慮調換特科領導的時候，顧順章在武漢出事了！

顧順章一直具體負責特科工作，認識全部特科人員；顧家親屬全在中央「住機關」，掌握多處秘密地址；只要顧順章開口，中共中央機關就會被一網打盡！可是，圖謀個人前程的顧順章卻要待價而沽，非要面見蔣介石方肯提供全部情報。而捕獲顧順章的武漢行營偵緝處也要邀功請賞，急於向黨務調查科直接報告。於是，秘密電報接連發到南京中央黨部徐恩曾處。

就在國民黨最高特務機關負責人徐恩曾的身邊，潛伏着共產黨中央特科的三位情報工作人員。1928 年，陳立夫指派表弟徐恩曾開辦無線電訓練班，擴充黨務調查科的特務系統。中共特科得知消息，派共產黨員錢壯飛、李克農、胡底考入這個訓練班，組成秘密黨小組。周恩來佈置這三人隱蔽身份，深入要害。學業出色的三青年陸續取得要職，李克農在無線電管理局掌控總部，胡底調往天津掌控北方機關，而錢壯飛居然當了國民黨特工負責人徐恩曾的機要秘書！

李克農 1899 年生於安徽巢縣。父親在蕪湖海關任職，家道小康。新文化運動的領軍人物陳獨秀、胡適都是安徽人，李克農在蕪湖上學時就積極參加進步學生運動，1919 年在抗税鬥爭中被捕。李克農與安慶的一批五四運動健將，受中共委託創建民生中學，成為安徽革命運動的一個基地。1926 年，李克農加入中國共產黨。北伐軍打到安徽時，共產黨員李克農擔任國民黨蕪湖縣黨部的宣傳部部長。蔣介石在上海聯合青幫壓制共產黨領導的工會，同時指派蕪湖的青幫頭子任公安局局長同左派爭權，中共蕪湖特別支部指派李克農打入青幫。

1927 年 4 月 12 日蔣介石在上海發動政變，14 日致電蕪湖青幫頭子，李克農當晚就將情況密報中共蕪湖特支。18 日蕪湖爆發反革命事變，革命力量已經大多轉移。受到通緝的李克農在蕪湖練得化身本領，一時校長、一時流浪漢、一時教師、一時軍官，巧妙與敵周旋，開始了秘密工作生涯。

1928 年年初，李克農轉往上海，第二年冬同錢壯飛、胡底考入徐恩曾的無線電學校，又潛入國民黨特務機關。這個三人小組獲取國民黨特務的核心機密，為保護地下組織和根據地紅軍提供重要情報。

現在，共產黨特科負責人投降國民黨，國民黨特工負責人身邊潛伏共產黨⋯⋯中國現代諜戰史首次巔峰對決！

一夜之間，武漢接連發往南京六封緊急電報，封封落入錢壯飛手中。出門逛窯子的徐恩曾大權旁落，連密碼本都交給錢壯飛保管。錢壯飛立即派自己的女婿劉杞夫去上海報告李克農，李克農又滿城尋找上線陳賡⋯⋯

從武漢乘船到達南京的叛徒顧順章，指使國民黨特務撲向上海的中共中央機關，看到的只是空房。周恩來提前半步佈置中央機關全部轉移！

奪取全國政權之後，中共中央領袖回顧半生出生入死的經歷，都說：那是中央最危險的時刻！

小人物改寫大歷史。

創立奇功的李克農、錢壯飛、胡底三人，被中共情報界稱為「龍潭三傑」！李克農認為，這是特科從保衛轉到情報，又進行反偵察的成果。

一次驚心動魄的秘密鬥爭，充分反映此時此刻國共雙方特務組織的狀態。中共特科因團隊素質更優而躲過一劫，卻也遭受沉重打擊，無力擺脱被動。顧順章發狂地報復，指認上海獄中的惲代英，到廣州抓捕蔡和森，中共中央總書記向忠發被捕叛變。

周恩來果斷安排特科改組，打入敵人內部的情報關係有的被捕有的撤出，顧順章熟悉的特科幹部全部轉移。這時就用上預設的防火牆，交通局負責轉移幹部，軍委和江蘇省委的幹部調來接管特科。

中央政治局委員陳雲接手特科主任，趙容（康生）調任第二負責人。陳雲兼任一科總務工作，潘漢年負責二科情報工作，康生兼管三科紅隊。1932 年年初陳雲調任全國總工會黨團書記，就由康生接管特科，不久，康生調臨時中央組織部，特科又由潘漢年負責。從此，中共情報圈流傳着「先生」「老闆」「小開」三個綽號。

遭受重創的中央特科慘淡經營，重新調整工作。

二科原來的情報關係鮑君甫不能再用了，又設法打入淞滬警備司令部。1931 年 6 月 22 日中共中央總書記向忠發被捕，特科歐陽新利用關係從警備司令部偷來全部口供，黃慕蘭通過關係印證，證實向忠發叛變。

1932 年 2 月，上海各大報出現一份《伍豪等脱離共黨啟事》。此時，代號「伍豪」的周恩來正在奔赴江西中央蘇區的路途之中，這啟事顯然是國民黨特務在施行離間計。一科利用關係在 3 月 4 日的《申報》上刊登《巴和律師代表周少山緊急啟事》，代表周恩來闢謠。

新調特科的徐強、李雲等人到河南開展軍運工作，偵獲國民黨第四次圍剿中央蘇區的作戰計劃，支援了蘇區的反圍剿作戰。

儘管特科盡力恢復元氣，但上海的局面越來越嚴重，中共中央機關和共產國際遠東局被迫停止活動。1933 年 1 月，博古等臨時中央政治局領導離開上海，轉往毛澤東領導的江西中央蘇區，特科負責人潘漢年隨同前往。留在上海的特科隸屬於上海中央局，由李竹聲代管，主要搞軍事情報。2 月，國民黨特務機關專設「上海行動區」，特科紅隊立即將其負責人馬紹武擊斃。特科領導頻繁更換，5 月調來原軍委情報系統的武胡景，10 月又調來劉子華。新的特科領導熟悉軍事情報工作，王世英專派謝甫生聯繫武漢行營的情報關係，獲得國民黨圍剿鄂豫皖根據地的情報，幫助紅二十五軍勝利突圍。

由於中央的「左」傾領導，加之有經驗的情報幹部紛紛撤離，特科工作也出現失誤。1934 年 6 月 26 日，上海中央局書記李竹聲被捕叛變，上海中央局和江蘇省委連遭六次破壞。特科紅隊拚死還擊，公開鎮壓叛徒，卻暴露了組織，導致大多成員被捕。紅隊王德明、鄺惠安、歐志光等被押赴龍華刑場，當局請來牧師禱告勸説，眾豪傑仰頭高唱國際歌，慷慨就義。1935 年 9 月，尚存的特科成員大多轉往天津，由王世英帶領在北方局領導下的華北聯絡局開展工作。11 月 19 日，特科上海辦事處負責人丘吉夫被綁架，上海特科與中央失去聯繫。

這是中共歷史上一段悲慘的挫敗時期。遭受沉重打擊的不止是中央特科，上海的黨、團、工會的領導機關，連續不斷地遭到大規模的破壞，上海的黨組織基本被搞垮。

國家政治保衛局

就在上海特科蒙難之際，江西這邊卻是一派興旺。

毛澤東率領的秋收起義部隊，朱德率領的南昌起義部隊，會師井岡山，在湘贛交界地區開闢了大塊根據地。井岡山根據地橫跨江西、福建、浙江 3 省 28 縣，佔據 15 座縣城，總面積 5 萬多平方公里，人口 250 多萬，紅軍部隊 4 萬多人。中共中央決定，以這塊最大的蘇區作為中央蘇區。1931 年 11 月 7 日十月革命紀念日這天，中華蘇維埃第一次全國代表大會在江西瑞金葉坪召開，大會決定成立中華蘇維埃共和國，選舉毛澤東為主席。中國共產黨在自己的地盤建立了自己的政權，與國民黨分庭抗禮！

這個中華蘇維埃共和國採用現代國家的政治體制，檢察院、法院、內務部、裁判部，司法體系相當完整。

一個特殊的部門是國家政治保衛局。

《中華蘇維埃共和國憲法大綱》規定：「國家政治保衛局是中華蘇維埃組織的一部分，是蘇維埃特別組織之特別機關。這個機關是在政府領導之下進行公開的、秘密的與一切軍事的、政治的、經濟的反革命作鬥爭，和保衛蘇維埃政權的一個機關。」《中華蘇維埃共和國國家政治保衛局組織綱要》規定：國家政治保衛局「在臨時中央政府人民委員會管轄之下執行偵察、壓制和消滅一切反革命組織活動、偵探及盜匪等任務。」「國家政治保衛局及其各分局和特派員，是代表政權偵查、接受與處理一切反革命案件的。」這就是說，一般刑事民事案件歸其他司法部門管轄；而反革命案件，統歸政治保衛局管轄。

以往的中共情報保衛工作總是秘密工作，這「國家政治保衛局」，卻是一個公開機關。過去講「合法鬥爭」「非法鬥爭」，說來說去都是國民黨的法，從現在起，共產黨自己的共和國頒佈了自己的法律，也要公開合法執政了。

新政權面對的主要鬥爭就是革命與反革命的鬥爭，所以，國家政治保衛局這個「特別組織之特別機關」，權力就非常之大。保衛局的偵察部門有專職偵察員，檢查出入蘇區的人員和物品，還派遣情報人員深入敵區。還有特殊的「工作網」，由保衛局在黨政軍群各組織中設立耳目。保衛局的執行部門負責逮捕、關押、預審工作。保衛局還有一支直轄的武裝力量「政治保衛隊」，負責保衛黨政軍機關與首長的安全，黨中央、政府、軍隊首長的警衛人員都由保衛局安排「特務員」擔任，各級領導幹部身邊配備的人、馬匹、短槍、馬刀，統由保衛局規定。國家政治保衛局的組織原則是「完全集權的代表」，「國家政治保衛局的上下級關係，除特別障礙外，是一貫的垂直系統，下級對上級的命令絕對服從。」國家政治保衛局在地方政府、紅軍部隊，都有派出機構或特派員，地方政府和紅軍指揮機關無權改變和停止國家政治保衛局的命令。

保衛局成員的級別也高，首長警衛員即使是戰士職務，也選調幹部擔任。保衛隊的武器裝備也最好，配有長短槍。紅軍官兵佩戴紅色的領章，保衛局卻是綠色領章加紅框。保衛局成員胸前還佩戴一枚銀質證章，上有三個洋文字母「GBW」。在簡陋的紅軍隊伍中，保衛人員軍容嚴整，裝飾特殊，鶴立雞群！保衛局內部流行一句話：「黨是鐵的紀律，保衛局是鋼的紀律。」保衛局權力之大，大到特殊情況下可以逮捕同級軍政領導。紅軍五師特派員陳復生，就曾逮捕槍斃了一個逃跑的師參謀長。紅軍衛生學校的特派員主任蕭赤，就制止了校長陳義厚組織的逃跑行動。

無論規模還是權力，這個國家政治保衛局顯然大大超出周恩來創建的「特科」。研究國家政治保衛局的制度與權限，可以看到：幾乎完全照搬蘇聯。非但主要幹部經過蘇聯培訓，就連那洋文徽章也是俄文字母「格別烏」！

這個國家政治保衛局的產生，也有自己的前史。

作為一個歷史悠久的古國，中國歷來就有執行類似功能的機關，元朝的「兵馬司」相當於現代的公安局。不過，中共當年，可不打算承繼封建時代的政治制度。中共保衛機關的設立，顯然來自蘇聯革命經驗的啟示。1927 年 8 月 1 日中共與國民黨左派聯合組成革命委員會，發起南昌起義。革命委員會與起義軍指揮部之下設政治保衛處，由中共前敵委員會委員李立三任處長。12 月 11 日，中共發起廣州起義，廣州蘇維埃政府下設肅反委員會。1928 年 3 月 10 日，中共中央發出通告，要求各地成立蘇維埃政權時，下設肅反委員會。7 月 10 日在莫斯科召開的中共六大，通過《蘇維埃政權組織問題決議案》，提出革命根據地的城市和鄉村都要建立肅反保衛機關。1929 年 4 月 5 日，毛澤東領導的紅四軍在政治部內設立保衛科。4 月 15 日，贛南第一個縣政權興國革命委員會，下設肅反委員會和裁判部。1931 年 1 月，中央政治保衛處成立，紅軍總政治部主任王稼祥兼任處長，成員只有五人。不久，鄧發接替王稼祥任處長。

這個中央政治保衛處，在當年 11 月演變為「國家政治保衛局」。1931 年 11 月第一屆全蘇大會設立了中華蘇維埃共和國的國家機構，中央執行委員會下設「國家政治保衛局」。

曾去蘇聯學習保衛業務的鄧發，任國家政治保衛局首任局長。廣東人鄧發出身工人，當過公安局的勤務，「五四運動」中參加反帝遊行，1922 年省港罷工中任工人糾察隊隊長。1926 年參加北伐，1927 年參加廣州起義任五區赤衛隊副指揮。起義失敗後到香港建立特科組織，任中共香港市委書記。1931 年進入江西蘇區，曾任閩粵贛特委書記。

國家政治保衛局下設偵察部、執行部、紅軍工作部、白區工作部、政治保衛隊。先後擔任部長的有：歐陽毅、張然和、李克農、錢壯飛、李一氓、汪金祥、譚政文等，先後擔任政治保衛隊隊長、政委的有：李玉堂、吳烈、海景州、馬竹林、卓雄、譚震林等。

國家保衛局的工作範圍覆蓋黨政軍各系統。第四次反圍剿作戰中，紅軍總司令朱德的警衛員突然中毒身亡。國家保衛局立即派遣偵察員充當馬夫，接近朱德身邊的人，很快偵破案件。紅軍俘虜了一個國民黨部隊的軍醫，這奇缺的人才立即被安排在總部服務。可是，這人卻是國民黨特務，偷偷在朱德飲用的開水中下毒。沒想到朱德的警衛員口渴，搶先把總司令的開水喝了。朱德命大，躲過一次暗殺。保衛局卻因此更加警惕，加強了警衛工作。

以前，中共工作分為蘇區、白區兩大系統。白區的情報保衛工作由特科主管，蘇區的情報保衛工作由肅反委員會主管。國家政治保衛局成立之後，統管蘇區和白區的情報保衛工作，全國各蘇區也將肅反委員會改制為政治保衛局、分局、處，統屬於國家政治保衛局。

早先的「中央特科」還是地下活動的秘密組織，此時的「國家政治保衛局」，標誌中共的情報保衛工作轉而以國家政權的形式實施。

蘇區肅反

「肅反」「保衛」，不同的表述履行同一任務。新成立的國家政治保衛局，將各級保衛局和肅反委員會的組織統一起來，同時也統一領導保衛和肅反工作。

蘇區的肅反也是一個相當複雜的問題。中國的公安保衛史出現過三次大的「左」傾：第二次國內戰爭時期發生在蘇區的「肅反」、抗日戰爭時期發生在延安的「搶救運動」、人民共和國成立以後的政治運動特別是「文化大革命」！

正像所有重大歷史事件都絕非孤立一樣，中國公安保衛史上的三次大錯誤也有相互聯繫。「文化大革命」是否以「搶救運動」為前身？「搶救運動」是否以「蘇區肅反」為前源？

首先開始肅反的江西蘇區，從整肅「AB 團」開始，因「富田事變」進入高潮。

1930 年 6 月，中共贛西南特委根據舉報，抓捕團特委幹部朱家浩，朱家浩又供出一批反動組織「AB 團」成員。進一步逮捕審訊，「AB 團」越抓越多，到 9 月，贛西南 3 萬多共產黨員中已經清洗 1 千多人！10 月 4 日紅軍攻克吉安，繳獲敵人的文件中發現「AB 團」徽章，還有一張江西行委書記李文林父親寫給地主的收條。總前委驚駭不已，前委書記毛澤東於 14 日致信黨中央，報告贛西南發現大批「AB 團」分子。

此時，國民黨發動對江西蘇區的第一次圍剿，毛澤東、朱德集中精力指揮戰鬥，肅反大權完全下放。紅一方面軍總前委秘書長兼肅反委員會主任李韶九大力肅反，從 4 萬多紅軍中整出 4 千 4 百多 AB 團！12 月，李韶九奉總前委之命率保衛隊趕赴江西行委駐地富田，當天就逮捕省行委書記李文林和紅二十軍軍長曾固林等八位主要領導。李韶九嚴刑逼供，五天抓出 120 多人，處決 40 多人。接着，李韶九又帶隊到紅二十軍駐地東固肅反。駐紮東固的一七四團政委劉敵串連軍政治部主任謝漢昌，發動軍部直屬獨立營起事，逮捕紅二十軍軍長劉鐵超和李韶九，釋放被捕人員。這就是震動蘇區的「富田事變」！

富田事變的領導人帶隊出走，提出口號：「打倒毛澤東，擁護朱彭黃！」又分別送信朱德、彭德懷、黃公略，信中的內容是毛澤東佈置別人製造三人偽證，企圖加害。彭德懷認出這是模仿毛澤東筆跡的假信，發佈宣言擁護毛澤東總政委。紅軍總前委也發佈佈告。

肅反激起富田事變，富田事變又激發更為強烈的肅反。富田事變的處理幾經反覆，降溫，升溫，最後導致二十軍從軍長到副排長的所有幹部被捕，戰士分編，番號取消，大批幹部被處決。肅反迅速蔓延各地，蘇區幹部人人自危。紅二十二軍軍長兼政委陳毅也被李韶九盯上了，離家開會之際叮囑妻子蕭菊英：「我去開會，如果到下午六點還不回來，你就回老家躲起來。」歸途遭遇土匪伏擊耽誤了時間，陳毅八點才趕回，家中妻子已經跳井自殺！

肅反的執行單位是政治保衛局。按照有關規定，保衛局本來無權殺人。「對於反革命嫌疑犯可以直接逮捕」，「一般的對於反革命犯人及其嫌疑犯的判決和執行權，屬於司法機關，政治保衛局則處於檢察的原告地位。」可是，運動狂潮一起，特別是戰爭時期，保衛局的權力就無限擴大，從偵查到審訊到判決，一家履行公安、檢察、法院三家的全部職能。除了本系統的上級之外，再無任何機關可以制約的保衛局，甚至出現了殺人不經同級軍政首長批准的情況。

不受制約的權力，又導致超越制約的行動。贛西南首創的經驗是：「非用最殘酷的拷打，決不肯招認出來，必須要用軟硬兼施的辦法，去繼續不斷地嚴刑審問，忖度其說話的來源，找出線索，跟跡追問，主要的要使供出 AB 團組織以期根本消滅。」這種後來被概括為「逼供信」的方法效果極大，產生的連鎖反應導致「反革命」越來越多！

1930 年年底江西蘇區出現「富田事變」，隨之閩西蘇區開始肅反，而後，湘贛蘇區、湘鄂西蘇區、鄂豫皖蘇區也都開展一個又一個波次的肅反，肅反的對象迅猛擴大，大批黨員、團員、紅軍幹部、戰士被處死，一些根據地的領導人也被殺害，湘鄂西殺了段德昌、周逸群、柳直荀，鄂豫皖殺了鄺繼勛、許繼慎…… 直到紅軍被迫放棄根據地進行長征，各地肅反才逐步平息。可是，張國燾在長征路上還殺了高級幹部曾中生。1935 年 10 月的時候，各地蘇區的肅反都停止了，陝北才開搞。

雖然尚無條件核實肅反殺人的全部數字，但是可以肯定，肅反殺了那麼多幹部，特別是縣團以上的高級幹部，卻是敵人都無法做到的。肅反擴大化還造成內部分裂，群眾疑惑。由於害怕肅反，一些地方的群眾不再支持革命，甚至「反水」跟着敵人跑。可以說，肅反造成的後果，動搖了革命根據地的存在。遍及全黨的肅反，顯然同當時中共中央的「左」傾領導相關。肅反期間，中共中央的領導先後是李立三、王明，整個路線越來越左，肅反「左」傾並不奇怪。

肅反也有國際背景。中國大革命失敗後，托洛茨基聯合季諾維也夫、加米涅夫等人批評斯大林指導錯誤，斯大林在多數人的支持下反擊了托洛茨基。慶祝十月革命節的遊行中，擁護托洛茨基的人呼喊反對斯大林的口號，其中就有一些中山大學的中國留學生。蘇共隨即開始進行反「托派」鬥爭，將中國留學生中的托派遣送回國。回國後的托派學生形成了一些中國的托派小團體，又逐漸圍繞在被撤銷黨內職務的陳獨秀周圍，1929 年間成立「中國共產黨左派反對派」，選舉陳獨秀為書記。此時的蘇聯，形成了一種新的看法：黨內的反對派能夠動搖革命隊伍內部的信念，因而比敵人更危險。反托派鬥爭迅速升級，開除黨籍，驅逐出境，肉體消滅，比對敵鬥爭還狠。作為共產國際一個支部的中國黨，也有一句流行語言：「對於革命隊伍內部的動搖思想，必須殘酷鬥爭，無情打擊！」談到黨內鬥爭，毛澤東曾經提出「五不怕」——不怕受批判，不怕受處分，不怕開除黨籍，不怕老婆離婚，不怕殺頭。不要以為這是故作驚人之語，這「五不怕」個個針對肅反中曾經出現的事實！

回顧歷史錯誤，應該探討主觀客觀條件。歷史上確實存在着激烈而殘酷的生死鬥爭，新生的共產黨確實面對強大而殘忍的敵人。沒有這些極其不利的客觀條件，誰也不會想到採用肅反這種激烈措施。紅軍創立初期，從師長余灑度到營連排班，叛變逃亡不斷。建立保衛系統之後，基本杜絕了整支部隊譁變的現象。可是，就在肅反之後，還有從軍長龔楚到營團幹部的叛變。事實證明，不能把肅反錯誤完全歸於客觀條件，還要從肅反的主體找教訓。

發生在中國的蘇區肅反，同中共中央以至共產國際的「左」傾領導直接相關。

1929 年 8 月，中共中央發出第 44 號通告，要求全黨「從組織上遵照共產國際的決議與無產階級的最高原則，堅決地消滅反對派在黨內的任何活動。」11 月 13 日，中央又指示江西省委，要求「積極地擴大反 AB 團大同盟的鬥爭。」1930 年 1 月 11 日，中央政治局通過《關於論國民黨改組派和中國共產黨的任務》的決議，要求全黨把反改組派的鬥爭作為黨的中心任務之一。4 月 10 日，中央給福建省委發出指示信，要求把反改良主義、反改組派、反取消主義與右傾作為迫切任務。6 月，閩西政府頒佈懲治反革命條例。8 月，李韶九任紅軍第一方面軍肅反委員會主任。隨之，湖南、江西兩省從上到下建立肅反委員會。領導蘇區肅反的中共幹部和保衛系統，尚在幼稚階段，尚無對付內部奸細的經驗。10 月 14 日，紅軍總前委向中央報告贛西南發現大批 AB 團分子，12 月 12 日發生富田事變……

周恩來 1931 年年底進入中央蘇區，很快發現肅反搞大了。一直領導中共情報保衞工作的周恩來，相對熟悉敵情，相對熟悉國際情況，果斷抑制中央蘇區的肅反。參與江西蘇區肅反的毛澤東，本來就反對中央領導的「左」傾，也看到江西蘇區這裏的肅反也有「左」傾問題。但是，在中央領導繼續走向「左」傾的條件下，在共產國際繼續要求清黨的條件下，中共不可能完全制止肅反的錯誤，更不可能對肅反做出整體性總結。

紅軍長征的「殺手鐧」

外部強敵壓境，內部肅反動搖團結，紅軍不得不離開根據地，走上漫漫長征路。

長征的最大困難，不只是千山萬水，還有人力情報的中斷。此前，紅軍連續取得四次反圍剿作戰的勝利，背後都有情報的功勞。1930 年蔣介石發動第一次圍剿，錢壯飛就在南京拿到了國民黨的作戰計劃。蘇軍情報員佐爾格到達上海後，同蔣介石的德國顧問團密切交往，也搞到國民黨的圍剿計劃。廣東老將莫雄在國民黨內資歷很深，卻暗中支持共產黨，任江西德安保安司令時，在身邊任用項與年等一批特科成員。蔣介石發動第五次圍剿，對中央蘇區實行堡壘合圍，就在即將封口之時，紅軍及時得到情報，突然從狹窄的通道中突圍而出。

敵情瞬息萬變，就連周恩來也不知今晚宿營何地，輸送情報的交通員又怎能找到紅軍總部？上海特科盡力而為，莫雄故意表現積極調往貴州堵截紅軍，軍委情報系統的盧志英隨莫雄赴任尋找紅軍。潛伏在國民黨總參謀部的秘密黨員姚子健，專管軍用地圖。自從紅軍長征開始，姚子健每天看報紙，紅軍到達哪裏，姚子健就偷出哪裏的地圖交給上級。只是，姚子健也不知自己的情報能否及時送到紅軍手中……

人力情報的暫時中斷，並未使紅軍變成瞎子聾子。毛澤東欣慰地說：紅軍長征是「打着燈籠走夜路」。

這是因為，紅軍手中還有一個殺手鐧——無線電技術偵察。

早期，中共偵察情報和傳遞情報，都靠人力。人力交通艱苦卓絕，每次行動都要突破多道封鎖線，歷時旬月，這就難以跟上瞬息萬變的形勢發展。若要實現情報傳送的及時便捷，還要靠無線電。

上海，周恩來指示李強，四處購置配件，自己動手組裝電台。中共的第一部現代化通信設備，就是這樣「攢」出來的。

江西蘇區的紅軍在文家市戰鬥中繳獲了一部電台，可是，紅軍戰士把這個嘀嗒做響的怪物給砸爛了！毛澤東當即叮囑紅四軍參謀處處長郭化若，再下達作戰命令時加一條，要各路紅軍注意收集無線電台和無線電人員。龍崗大捷，俘虜敵軍總指揮張輝瓚，電台當然不在話下。可是，紅軍戰士看到那個閃光鳴叫的傢伙以為是個怪物，一槍托下去，這電台不能發報了。所幸還能收報，於是，紅軍的無線電通信事業，就從這半部電台起家。

紅軍俘虜了幾個國民黨軍隊的技術人員，毛澤東親自接見：「無線電是個新技術，你們學了這一門很有用，也很難得。」自願參加紅軍的王諍和劉寅心情振奮上機工作，第三天就從敵軍無線電信號中發現敵軍部署。

無線電也能偵察情報！

1931 年 1 月 28 日，紅一方面軍朱德總司令、毛澤東總政委發佈關於《調學生學無線電的命令》。第一期訓練班毛澤東親自上課：「無線電通信是我們的千里眼順風耳。」

3 月，中央特派伍雲甫、曾三、塗作潮，攜帶密碼到達江西。從此，江西蘇區同上海中央溝通無線電聯繫，情報瞬間可達。

6 月，毛澤東又下令專撥一部電台用於偵察，此台不再負責通信工作。專職偵察台效率奇高，抄收大量敵軍電報。可是，敵軍此時已經發現紅軍有了電台，開始使用密碼電報。抄到電報看不懂，情報還是不準確，紅軍總部的諜報科科長曾希聖整日琢磨破譯密碼。

紅軍運用無線電偵察手段，收聽公開電訊，編製參考消息；偵聽敵軍通信，獲知戰場情報。這種工作方式同以往的人力偵察不同，圈內稱為技術偵察。

與此同時，蔣介石以為紅軍根本沒有電台，指揮作戰經常使用明語通話大量泄密。

而中共這邊，正在開展情報手段的革命性飛躍——科技偵察。

1932 年 10 月，紅軍設立二局，專職無線電技術偵察。一局作戰，二局情報，這地位夠高。當年 11 月 16 日，二局破譯第一份密碼電報。

紅軍總部，有間屋子總是徹夜通明。曾希聖和曹祥仁並肩琢磨破譯密碼，在旁提燈的人物是周恩來和朱德！周恩來知曉密碼編製規律，朱德熟悉國民黨軍事用語，這個破譯小組的水平和效率都是極高。

在紅軍面前，敵軍不再有秘密。毛澤東誇讚：「和蔣介石打仗，我們是玻璃杯裏押寶，看得準，贏得了！」二局人員得意地說：「我們是搞寶杯的！」

有了寶杯，紅軍作戰更加主動。第四次反圍剿作戰，朱德和周恩來按兵不動，等到二局偵獲情報才突然出擊，痛擊敵方「鐵軍」吳奇偉。

失利引起警惕，蔣介石專請外國專家編製密碼「特別本」，可還是被紅軍給破了。1933 年慶祝八一建軍節，二局副局長錢壯飛繪製了一幅「百美圖」，紅軍已經破譯了一百部敵軍密碼！ 1934 年八一建軍節頒佈紅星獎章，二局兩人得獎，曾希聖二等，曹祥仁三等。

搞情報也要重視科技人才。毛澤東總政委每月津貼五塊，可技術幹部王諍卻五十大洋！

與此同期，美國國務卿亨利．史汀生下令關閉「美國黑室」，破譯密碼的專家赫伯特．亞德利下崗失業了。

長征期間，軍委二局正處於巔峰狀態，敵軍電報發一個抄一個，敵軍密碼出一個破一個。

突出重圍，二局發現敵軍部署的漏洞，紅軍從縫隙鑽出。

通道轉兵，最高領導爭執不下，毛澤東靠二局情報說服大家。

情報最客觀，即使是「左」傾狂熱的人物，也不得不服從客觀現實。熟悉二局的毛澤東，用情報說服同事。遵義會議後，毛澤東更直接指揮曾希聖偵察情報。

可是，毛澤東重新指揮的第一仗就沒打好。土城戰鬥，進攻的紅軍被敵反攻，連總司令都提槍上陣了。幸虧二局在戰場上偵獲情報，敵軍部署有變。毛澤東趕快下令撤出戰鬥，統帥意志也得服從情報。

毛澤東的權威再次受到挑戰。打鼓新場之戰，毛澤東主張不打，可其他所有人都主張打。孤立無援的毛澤東，又靠情報說服了周恩來，說服了大家。

四渡赤水是毛澤東一生的得意之筆，三十公里小範圍內紅軍進進出出，硬是把敵軍調開，騰出一周時間安渡金沙江。豈不知，其中也有運用情報的奧妙。三渡時刻，敵軍已經合圍，紅軍找不到突圍空隙。曾希聖用紅軍電台給敵軍發報，冒用蔣介石的密碼指揮周渾元和吳奇偉兩縱隊讓出通路。

草地紛爭，那也是毛澤東一生中的危局，誰知道張國燾會下什麼狠手？毛澤東帶領少數部隊星夜北上，行前特意通知：「帶上二局！」葉劍英讓曾希聖、曹祥仁、鄒必兆先走，自己殿後。那三個，都是破譯高手。

勝利到達陝北，毛澤東親自接見二局全體成員，對二局工作予以高度評價。紅軍缺糧，毛澤東親筆寫信，「無論如何要給二局工作同志解決糧食」。魯迅託人給毛澤東捎來臘肉，毛澤東把這高級食品轉送二局。破譯專家蔡威病故，軍委頒佈津貼規定，確保技術人員的生活條件。紅軍電台裏有人私自同國民黨部隊電台通話，此乃通敵殺頭之罪，毛澤東卻按下了。這人以前是國民黨軍隊的技術人員，不懂紅軍紀律，可以諒解。這個開明的政策，使技術人員安心紅軍工作。技術人員安心，紅軍戰士卻不一定安心，有人要求離開二局上戰場。毛澤東親自談話：「你們是保證紅軍打勝仗的單位。」

文化不高的青年戰士，很難理解技術偵察的作用。毛澤東就講了個建築大師魯班的故事。一座大石橋即將落成，可橋拱中央還差一塊石頭，怎麼也找不到合適的。這時魯班來到，親手打出一塊石頭，不大不小正合用！這塊石頭，就叫魯班石，二局，就是紅軍的魯班石。

所有人都懂了，無線電技術偵察——軍隊戰鬥力不可或缺的組成部分。

落腳陝北的第一步

1935年10月19日，損兵折將、精疲力竭的中央紅軍，長征萬里抵達陝北吳起鎮。出發時的十萬大軍如今只剩八千，所幸，前面有個自己人的西北根據地，終於可以落腳休整。中共中央派出陝西籍幹部賈拓夫與中央組織部部長李維漢，帶着一部電台，先行出發聯絡。

李維漢和賈拓夫到達甘泉縣下寺灣，見到陝甘晉省委副書記郭洪濤，得知西北這裏正在肅反，已經殺了二百多黨政軍幹部，連上級派來的特科幹部張慶孚都抓起來了，剛剛又逮捕了劉志丹、高崗、習仲勛、馬文瑞等陝甘邊根據地創始人！

中共中央總書記張聞天與正在直羅鎮指揮戰鬥的中央軍委主席毛澤東、副主席周恩來得到報告，當即回電：「刀下留人！停止捕人！」

10月24日，中共中央到達陝甘邊蘇維埃政府所在地甘泉下寺灣，11月3日中央常委張聞天、毛澤東、周恩來、博古等聽取郭洪濤和西北軍委主席聶洪鈞匯報。中央當即決定：撤銷領導肅反的中央代表團與陝甘晉省委，成立中共中央西北局，同時成立董必武、李維漢、張雲逸、王首道、郭洪濤組成的五人小組，復查處理西北肅反。為了防止肅反繼續發展，中央又指派國家政治保衛局局長王首道立即去瓦窯堡現場查處。

臨行，毛澤東鄭重向王首道交待：「殺頭不像割韭菜，韭菜割了還能長出來，人頭落地就長不攏了。如果我們殺錯了人，殺了革命的同志，那就是犯罪的行為。要慎重，要做好調查研究工作。」

毛澤東對於肅反如此緊張，是有來由的。1934年以來，全國各地的紅色根據地，除了西北這一塊以外，都被迫放棄了。這固然有強大敵人圍剿的外因，但是，更為深刻的內因，卻是中央領導的「左」傾錯誤，其中，肅反錯殺，更是自毀長城的慘痛教訓。長征途中，中共中央於1935年1月召開轉變路線的遵義會議。重新調整的中央領導集體，對於以往的「左」傾錯誤有所認識；剛剛進入核心地位的毛澤東，對於教條主義更是深惡痛絕。雖然遵義會議的結論還停留在軍事方面，尚未對政治錯誤做出整體總結，但是，新的領導集體對於肅反擴大化的錯誤已有共識。

痛定思痛，中共中央不能讓肅反錯誤再毀掉陝北這最後一塊落腳之地！

10月30日，王首道飛馬趕到瓦窯堡，立即宣佈命令，從原局長戴季英手中接管保衛局工作，重新審查劉志丹等人的案件。王首道任湘贛邊省委書記時，曾因抵制錯誤肅反被撤職，此時來復查西北肅反，很快看出問題。

西北這裏，本有兩塊革命根據地。謝子長等人創建的陝北根據地和劉志丹等人創建的陝甘邊根據地。1934年8月，謝子長胸部中彈負傷，當年冬天，國民黨軍隊對西北蘇區展開大圍剿。陝北特委寫信給陝甘邊特委，建議兩軍聯合作戰。劉志丹率隊於1935年2月來到陝北，兩個特委召開聯席會議，決定聯合成立西北工委和西北軍委，統一領導兩個革命根據地。會後不久，西北軍委主席謝子長傷重犧牲，就由劉志丹統一指揮作戰。

1935年7月，朱理治以中央代表名義從北方局來到陝北，8月，上海臨時中央局派聶洪鈞到陝北，9月15日，徐海東率領紅二十五軍到陝北。會師之後決定：成立陝甘晉省委，由朱理治任書記，郭洪濤任副書記；聶洪鈞任西北軍委主席；成立紅十五軍團，徐海東任軍團長，劉志丹任副軍團長兼參謀長，程子華任政委。10月，紅十五軍團勞山大勝，殲滅國民黨東北軍110師大部、107師一個團。東北軍旅長張漢民是地下共產黨員，幫助紅軍殲滅自己的部隊，可紅軍官兵怎麼也不相信敵軍旅長會是自己人，硬是把這個同志給槍斃了！而且，張漢民為了證實自己身份說出同紅二十六軍首長的關係，竟然又成為肅反中錯整劉志丹等人的證據！

作戰期間，後方的瓦窯堡開始肅反。北方局中央代表指示陝甘晉省委，黃子文、蔡子偉等人是右派人物。保衛局局長戴季英親自揮鞭逼供，審出劉志丹、高崗、楊森、張秀山、習仲勛、劉景范等紅軍領導人也是右派。於是，省委通知前線逮捕劉志丹、高崗、張秀山。省委通訊員馳馬趕往部隊送信，半路遇到紅十五軍團副軍團長劉志丹，就把省委給前方軍委的信件交給這位首長。劉志丹拆信一看，居然是命令西北軍委逮捕劉志丹！劉志丹此刻完全可以扣押信件，繼續趕往八十一師，這個自己帶出來的老部隊肯定會保護自己的首長，甚至不惜一戰。但是，劉志丹卻封好信件，交還通訊員，自己主動來到軍委所在地：「你們不是要逮捕我嗎？我來了。」

案情繼續擴大，陝甘邊蘇維埃主席習仲勛也接到開會通知，省保衛局特務隊隊長涂佔奎趕緊攔住：「不敢去！他們把老劉、老高都抓起來了！」

涂佔奎是當地人，西北軍委和紅二十五軍的軍部正駐紮在他家那個村莊張槐灣，家人告知：老劉（陝北群眾對劉志丹的稱呼）和老高（高崗）被二十五軍關在你二嫂家的窯洞裏面了！

習仲勛卻說：「不管他，總會搞清楚。」臨行又對大家交待：「我去開會也可能回來，也可能回不來。不管誰來領導，你們都要好好工作。」又叮囑當過自己警衛員的涂佔奎：「不管發生什麼問題都別亂說亂動！」

到了張槐灣，習仲勛的警衛就被下了槍，習仲勛也被關進窯洞。

劉志丹的弟弟劉景范正患病，獨自跑了二十里去「開會」，實在走不動休息了一晚，就被保衛局手槍隊公開逮捕。

天下哪裏有這樣的內奸？陝甘邊蘇區的戰士和群眾怎麼也不相信，出生入死打出革命根據地的這些領導人會是奸細？紅二十六軍、紅二十七軍等西北紅軍已經在猜疑，從外面來的紅二十五軍是不是白軍？紅宜地區的群眾聽說他們的領導馬文瑞被捕，七百多戶逃往白區。敵人乘機挑撥，三邊地區出現游擊隊叛變，部分群眾打白旗「反水」。

紅軍內部眼看就要爆發衝突，錯誤肅反造成的後果正在毀滅西北蘇區！

中共中央到達瓦窯堡，立即聽取五人小組匯報。毛澤東明確指出：「逮捕劉志丹等同志是完全錯誤的，是莫須有的誣陷，是機會主義，是『瘋狂病』！」毛澤東還號召全體幹部軍民加強團結，一致對外。11 月 7 日，中央舉辦釋放劉志丹、高崗、習仲勛等 18 人的宴會。劉志丹代表被捕人員講話，感謝中央的解救，批評原中央代表團的錯誤，同時勸大家不要埋怨主持肅反的同志。11 月 30 日，中央決定處分負責肅反的戴季英、聶洪鈞二人。

歷史創造了如此驚險的真實情節。

西北紅軍和西北革命根據地創始人之一的劉志丹。

1935 年 10 月，陝北蘇區正在爆發錯誤的肅反，中共的最後一塊立錐之地眼看就要遭受滅頂之災！恰在此時，中共中央來到陝北，而且這個中央已經不是原來那個「左」傾的中央。

陝北幸運，它的領導人劉志丹等人得以保全性命。

中共中央幸運，它的落腳之地得以穩住根基。

差上幾天如何？陝北這裏早幾天殺掉劉志丹，或是中共中央晚幾天到達陝北，那會出現什麼局面？中央救陝北，陝北救中央，經歷諸多血的教訓，中國共產黨也該有一次幸運的機遇了。1935 年 10 月到達陝北的中共中央，第一舉措就是制止錯誤肅反，第一舉措就贏得陝北的黨心軍心民心。

但是，全黨對於肅反錯誤的全面認識，還要等上許久。1944 年 4 月 20 日通過的黨的六屆七中全會《關於黨的若干歷史問題的決議》提出：「一切經過調查確係錯誤處理而被誣害的同志，應該得到昭雪，恢復黨籍，並受到同志的紀念。」1945 年 5 月 30 日，毛澤東在黨的第七次代表大會上說：「肅反，走了極痛苦的道路。反革命應當反對，黨尚未成熟時，在這個問題上走了彎路，犯了錯誤。」1954 年，內務部報請中央同意，發出《關於第二次國內革命戰爭時期肅反中被錯殺者及其家屬處理問題的通知》，各地着手為肅反中被錯殺的人平反。段德昌、柳直荀等一批肅反中被錯殺的人，都被宣佈為革命烈士。但是，當時並未披露這些人遇害的真相，就連家屬也以為親人是在對敵鬥爭中犧牲的。

肅反的錯誤逐步披露出來，「文革」以後，中共中央開始成批處理歷史上的冤假錯案，肅反中被錯殺的人終於得到公開的平反與恢復名譽。2002年出版的《中國共產黨歷史》完整地對蘇區肅反做出官方結論：這場肅反鬥爭，不僅在中央根據地進行，在鄂豫皖、湘鄂西及其他根據地也分別開展。各根據地的肅反情況雖有不同，但都程度不同地犯有嚴重擴大化的錯誤，給革命事業造成極大危害。這種錯誤的發生，是同「殘酷鬥爭」「無情打擊」的「左」傾錯誤指導直接相關的。在劇烈的革命鬥爭中，敵人總是想方設法企圖從內部來破壞革命，黨和紅軍堅持肅反鬥爭是必要的。但是，在嚴酷的戰爭環境中，階級鬥爭非常複雜，廣大幹部缺乏同隱蔽敵人進行鬥爭的經驗，黨的政策也不完善，有的地區的領導者又有嚴重的主觀主義和軍閥主義傾向，因而肅反工作中的錯誤就嚴重地發展起來，造成了令人痛心的損失。在肅反中被錯殺的同志表現了至死忠誠於黨、忠誠於共產主義事業的崇高革命精神。後來，他們陸續得到平反昭雪，並受到黨和人民的尊重和紀念。

1935年10月的時候，剛剛到達陝北的中共中央，雖然已經看到陝北肅反的嚴重錯誤，但是並未急於做出政治結論，而是避免爭論，先糾正了再說。中共中央決定：任命劉志丹為中共中央革命軍事委員會駐西北辦事處副主席。這個以周恩來為主任的西北辦事處，實際是中央領導機構。在陝北立足未穩的中共中央，打算縮小目標。

由此，原「國家政治保衛局」，改稱「西北政治保衛局」。原來的中央特科，在長征中稱為特工科，對外是中央組織部四科，科長杜理卿（許建國）。成立西北保衛局時，杜理卿又兼任副局長。不知何時，西北保衛局的幹部戰士不再佩戴綠色領章，不再佩戴銀色證章。自從搞了肅反，保衛局的鋼鐵形象就蒙上了灰塵。

西北政治保衛局還是雷厲風行地展開工作。1935年10月19日中央抵達陝北，24日決定改組西北保衛局，30日王首道局長接管工作，5天之後的11月5日，新的西北保衛局就發佈了一號命令。局長王首道是南方人，秘書是陝北幹部耿紅，借用肅反中關押的李啟明。1936年2月紅軍東征山西，王首道調往前線，西北保衛局局長由周興接任，全局五十多個幹部，偵察部部長韓憲琦，紅軍工作部部長陳復生，執行部部長譚政文，黨總支書記李甫山、劉海濱。西北保衛局下轄5省保衛分局：陝北省保衛局局長劉子義，陝甘省保衛局局長鄭自興，陝甘寧省保衛局局長李握如，關中特區保衛局局長牛漢三，神府特區保衛局局長黃正明。

班子雖然不大，幹部卻都是老紅軍、老保衛。陳復生在長征前是紅三軍團五師特派員，譚政文在長征前就是建寧警備區兼閩贛軍區、閩贛省保衛局局長，李甫山是陝北清澗縣保衛局局長，劉海濱在長征中是二師特派員。

周興麾下缺兵，立即舉辦保衛幹部訓練班，學員來自邊區各縣，雖然都幹過保衛，但大多是忠誠有餘業務不足。畢業考試，周興出了一個特殊題目：在教室裏面尋找一條反動標語！學員們立即緊張起來，有的翻桌子，有的摳牆縫，可是到處都找不到。唯有延水縣保衛局秘書趙蒼璧冷靜，四處觀察，把目光停留在桌面的一張紙條上。那紙上寫着四句成語：「明日黃花，日理萬機，暴風驟雨，動作敏捷。」別人以為這貼在明處的四句話不會有什麼問題，趙蒼璧卻說：「這是一首藏頭反標，每句成語的頭一個字連讀，就是『明日暴動』！」

周興欣賞趙蒼璧善於動腦，就在學習期間介紹趙蒼璧入黨，結業之後，又把趙蒼璧留在西北保衛局當秘書，後來由李啟明接任。

無論是西北保衛局的「局長」還是陝甘寧邊區保安處的「處長」，周興的名頭始終不大，但職權確是極其重要——黨中央毛主席身邊的保衛負責人！

周興1906年出生在江西西部山區的永豐縣城，上了三年師範小學，就到染坊做學徒。1925年，永豐最早的共產黨員黃歐東介紹周興加入中國社會主義青年團，1926年轉黨。永豐的工會農會接應北伐軍，掌握了全縣的政權。蔣介石進軍南昌，國民黨右派在永豐發動事變，一夜間抓捕了周興等共產黨員，遊街示眾！痛定思痛，贛西黨吸取教訓，開始抓槍桿子。年輕的周興被派往南昌，進入朱德任團長的教導團參加南昌起義，起義失敗後又潛回永豐開展游擊鬥爭。毛澤東率領紅軍在井岡山建立根據地，1930 年周興被調到江西省肅反委員會任秘書，在毛主席的身邊開始了自己的保衛生涯。

不幸的是，周興頂頭上司是個壞人，李韶九在肅反中大開殺戒，最後省保衛局就剩局長李韶九和秘書周興兩個人了。正當李韶九殺掉周興的親弟弟又準備對周興下手時，中央糾正了肅反擴大化的錯誤。罪行纍纍的李韶九受到嚴厲處分，接任局長的吳德峰認為周興不過是執行者，將其留任。

周興原名劉維新，參加革命改了個「周興」，保衛幹部與唐朝酷吏同名，不免有人譏諷。周興痛悔肅反的教訓，總是在檔案中填寫：「在蘇區肅反後受過留黨察看半年的處分」，工作中也不時以自己的教訓提醒青年同志。直到「文化大革命」，造反派追查周興歷史，才發現這個處分從未實施。

黨性端正的周興繼續受到組織信任，先後擔任保衛局秘書長、偵察部部長、執行部部長，長征時任紅一軍團保衛局副局長、國家政治保衛局特派員、紅軍幹部團特派員。紅軍幹部團的指戰員都是準備提拔的班排長與連營以上幹部，各級幹部都是低職高配，周興協助陳賡團長、宋任窮政委工作。汪東興當時任幹部團三連指導員，保衛工作做得細緻周到，引起周興重視。強渡金沙江時，三連處於重要作戰位置，周興特地到現場檢查，佈置控制對岸敵人的火力點。遵義會議期間，周興負責外圍警衛工作，率領警衛連在距會場一公里的紅土坡三次打垮土匪武裝，捕獲兩個國民黨特務，受到軍委周恩來副主席的表揚。

1936 年 7 月，美國記者愛德華·斯諾潛到陝北保安，在採訪毛澤東等中共領袖的同時，盯上了保衛局局長周興，這大概就是中共保衛史上的第一次「外事」活動了。

周興提綱挈領地介紹了現在保衛局的任務同江西時有了什麼不同：「國家保衛局的任務是保衛革命成果。反革命分子在紅軍到達後並不會停止他們的活動，為了反對他們，保衛局依靠廣大人民群眾的幫助，並以教育的方法來改變那些還不是在死心塌地地從事反革命活動的那些人的頭腦。」「保衛局並不是那麼可怕，它只不過是保衛蘇維埃權力，現在是保護擴大統一戰線。」「在江西時反革命的定義是非常嚴厲的，現在是統一戰線時期，就沒有那麼嚴厲。在江西時，沒有人説合作來反對帝國主義，現在不同了（現在可以説合作抗日）。在江西時，誰不同意我們就會被認為是反革命分子，他的財產就被充公，要是他反對我們，他就會被剝奪一切權利，雖則他還沒有直接採取行動來反對我們。」「在江西，我們的政策是直接保護人口中主要那部分積極參與和支持革命的人的利益，而現在，我們承認人民中間一些新的範疇，這部分人一方面反對日本，另一方面也不同情共產黨。這些人，只要他們不企圖通過暴力來推翻蘇維埃政權，他們不應受到逮捕、懲治或虐待。我們正在教育他們，和他們開展思想鬥爭，只不過不用暴力和鎮壓的手段就是了。其次我們也沒有沒收他們的土地，而是讓他們自行耕作。最後，我們還在政策上給予他們適當的政治照顧。」「總而言之，保衛局現在不但在保衛革命勝利的成果，而且還在保衛統一戰線的基礎。」

周興這段論述顯示：緊隨黨中央克服「左」傾冒險和關門主義的步伐，情報保衛部門也開始改變江西肅反時的「左」傾做法！

周興還展開論述保衛局和國民黨憲兵隊（或政治警察）的四點不同：「前者只是貫徹群眾的要求，沒有群眾的要求，我們是不會殺人的，更不會是秘密地殺的，而國民黨則不然。」「另外一個不同是：在國民黨統治區，一個人犯（政治）罪，全家被捕，甚至連小孩都會被殺。而蘇維埃是不允許這個政策的。我們認為，一人犯罪一人當，與他的家人、親戚和朋友無關。更不會剝奪這些人的政治和經濟權力。」「第三個不同是：蘇維埃對政治犯的寬大政策，那些人（政治犯）只要接受教育，並有好的表現，很快就釋放，並恢復他的一切權利。」「第四個不同是：犯人的口糧和我們的職員一樣，他們被發給與我們的職員同樣的衣糧，他們沒有像在國民黨的獄裏那樣受到拷打和虐待。」

周興的介紹內容，顯示較高的政策水平，也符合國際通行的司法原則。斯諾將周興的回答認真記錄並寫入自己的著作《中共雜記》。

1936 年 7 月，美國記者愛德華・斯諾（左）到達陝北，在採訪毛澤東等中共領袖的同時，斯諾也採訪了西北政治保衛局局長周興（右）。

陝北之行改變了斯諾的看法，在斯諾的心目中，共產黨已經從土匪變成中國的希望之星！而斯諾的《紅星照耀中國》一書，又使世界認識了中共。

延安的老保衛都知道這樣一個故事。斯諾直言不諱地問毛澤東：「國民黨方面認為，周興是中共的特務頭子？」毛澤東笑答：「我以為，周興是無產階級的寶劍！」

保衛幹部都知道，斯大林曾經讚揚：「契卡（肅反委員會）是無產階級出鞘的寶劍！」周興對詢問自己的同志解釋：「毛主席所説的無產階級的寶劍不是指我個人，而是指當時在黨的領導下的陝甘寧邊區保安處這個組織。」陝甘寧晉綏聯防軍司令賀龍提意見了：「保安處是寶劍，軍隊是什麼？」

由此，中共的保衛系統就沒有自詡「寶劍」。人民共和國成立後，公安部部長羅瑞卿提出以「盾牌」作為公安的標誌。而國家安全部門的標誌，則是二者兼有——「劍與盾」。

密晤少帥的神秘人

面對日本侵略中國的新形勢，中共中央又改變過去的階級革命政策，轉而實行抗日民族統一戰線的主張。

1935 年 7 月共產國際召開第七次代表大會，決定改變過去的關門主義路線，建立國際反法西斯統一戰線。此時，長征中的中共中央與共產國際的無線電聯絡已經中斷，無法協調立場，就由中共駐共產國際代表團代替中共中央起草《中共為抗日救國告全體同胞書》（《八一宣言》），呼籲國共聯合抗日。重大的政策轉變急需統一思想，8 月，中共駐共產國際代表團派張浩回國恢復聯繫。

從蘇聯到中國內地蘇區，沿途將通過蒙古王公和國民黨統治地域，此前已經有兩個人被捉住殺掉。為了保密，張浩不帶任何文字材料，而是將共產國際七大文件與八一宣言的主要內容默記腦中，特別是背誦了共產國際提供的全部密碼！張浩二人乘騎駱駝，穿越蒙古大沙漠，到達寧夏銀川，由於湖北口音一度被國民黨守城部隊扣押。張浩進入陝甘蘇區定邊的時候，恰巧中共中央也剛剛結束長征到達陝北！

1935 年 11 月 7 日，十月革命節紀念日，中共中央正在瓦窯堡舉辦釋放劉志丹等人的宴會，突然接到定邊電報，有可疑人要見中央！又高又黑的張浩被押送到瓦窯堡，大家認出：這個「老韃子」就是共產黨員林育英！

剛剛進入中央領導崗位的毛澤東真是運氣極好，要根據地，腳下就有陝北蘇區，要國際支持，張浩就從天而降！中共中央剛剛糾正「左」傾的軍事路線，對於政治路線的討論還有嚴重分歧，張國燾更是公然另立中央。手持共產國際尚方寶劍的張浩，有力地支持毛澤東，制止了張國燾的分裂行為。

此時，國民黨被日本逼得走投無路，也企圖與蘇聯合作。蔣介石試探溝通中共中央，委託郎舅宋子文設法去辦。這時，上海特科系統與中共中央失去了聯繫，堅持鬥爭的徐強等人也請求宋慶齡幫助去陝北找中央。恰好，宋子文也求助宋慶齡介紹關係聯絡陝北。於是，宋慶齡找大姐夫孔祥熙，要來財政部的空白通行證，還借了一筆旅費，委託董健吾去陝北送信。董健吾過去是中共特科成員，公開身份是牧師，又是宋子文的大學同學，是個國共雙方都能接受的信使。宋慶齡叮囑董健吾：此行重要，將來益國非淺。臨別，宋慶齡拿出一張自己的名片，叮囑董健吾，遇到困難可找張學良的夫人于鳳至幫忙。

董健吾此行還帶着一個不露身份的隨員，上海特科的徐光漢。1936 年 1 月，董健吾和徐光漢到達西安，又由張學良派飛機送到膚施（延安），再由當地東北軍騎兵護送，行程六天到達瓦窯堡。面見中共中央領導人之後，徐光漢留下匯報上海特科情況，董健吾又陪同馮雪峰回到上海。

中央代表馮雪峰到了上海，首先密見徐強，佈置特科停止警報工作，改為情報工作。接着，馮雪峰就去探望熟悉的魯迅。魯迅得知紅軍長征勝利，十分興奮，立即介紹馮雪峰去見宋慶齡。

歷史應該記載：中國現代史上的第二次國共合作，從 1936 年年初國共最高領導溝通信息而起步。歷史也不應忽略，這次溝通使用了情報網絡。

南京向陝北伸出了觸角，就近的西安豈能落後？此時，圍剿陝北根據地的國民黨部隊，除了蔣介石的嫡系胡宗南部隊以外，主力是楊虎城的西北軍和張學良的東北軍。

中共中央決定積極開展對這三支部隊的工作。當年在中央蘇區的時候，毛澤東、周恩來主張與蔡廷鍇的第十九路軍聯合反蔣，若不是被「左」傾領導否定，也許就用不到放棄中央蘇區進行長征。當年的中央領導錯過時機，將革命導向危局；現在的中共中央果斷抓住歷史機遇，主動向東北軍、西北軍展開統戰工作。

東北軍少帥張學良早想同中共建立聯繫，卻苦於無從着手。1928 年時，張學良的父親張作霖率領東北軍進佔北平，公然開進蘇聯領事館，把共產黨的領袖李大釗捉來絞殺了！後來，日本軍部暗殺張作霖，張學良接掌東北軍，試圖與共產黨建立聯繫。

鑒於東北軍抗日願望強烈，中共北方局從 1931 年九一八事變起就派劉瀾波在東北軍中活動。但是，當時敵軍工作的方針是要兵不要官，因此在軍官中沒有發展黨員。

張學良被國民黨委任為剿共副總司令，率部開赴陝西。蔣介石強令東北軍不打日本打紅軍，惹起東北軍官兵的極大反感。作為外來戶，東北軍和西北軍的關係也不和睦。這種尷尬的狀況，使張學良急於尋找出路。

1936 年年初，張學良派人到上海找共產黨，宋慶齡就向其介紹剛從敵營逃脱尚未恢復組織關係的劉鼎。3 月，劉鼎到西安與張學良會談多日，之後赴陝北向中共中央匯報。

西北軍統帥楊虎城早就傾向共產黨，中共中央軍委上海留守處也建立西北特支，在楊部工作。1929 年楊虎城在河南駐軍時，就使用地下共產黨員宋綺雲任秘書。1930 年楊虎城主持陝甘軍政，又請共產黨員南漢宸任陝西省政府秘書長。南漢宸又介紹同鄉李直峰任西安綏靖公署機要秘書，秘密偵察破譯密碼電報。楊虎城的警衛團團長張漢民也是地下共產黨員，曾經護送潘自立去川北紅四方面軍、護送汪鋒到紅二十五軍、護送張慶孚到陝北、護送陳剛到西安。楊虎城的憲兵營聚集着西北特支的共產黨員，有營長金閩生、副營長童陸生、教員謝華、王根增、徐彬如、李木菴、杜瑜華等。後來，蔣介石免去楊虎城的陝西省政府主席職務，強令驅逐南漢宸。

1935 年 8 月，王世英帶領特科殘餘人員從上海轉到天津，積極對東北軍、西北軍開展工作，南漢宸通過申伯純繼續對楊虎城工作。1935 年冬，毛澤東派汪鋒到西安與楊虎城聯絡，楊虎城怕汪鋒是國民黨特務，先扣押起來，經王世英、南漢宸證實之後，才與中共方面簽訂協議。毛澤東又派自己的秘書張文彬作為紅軍代表留在西安，公開身份是十七路軍總指揮部政治處主任秘書。

中共中央十分重視西安方向的統戰工作，專門成立中共中央聯絡局（又稱西北聯絡局），局長就是中央特科「龍潭三傑」之首李克農。

從事過情報和保衞工作的李克農，現在又進入新的領域——統戰工作。中共中央聯絡局重點開展東北軍、西北軍工作，李克農首先從東北軍俘虜工作入手。東北軍團長高福源在戰鬥中被俘，痛惜自己沒有死在抗日戰場，卻要受共產黨羞辱。擅長話劇創作的李克農，親自改寫了一個劇本《你走錯了路》，描寫一個國民黨團長被紅軍俘虜之後，掉轉槍口打日本的故事，感動得高福源放聲大哭。第二天，高福源就主動約見李克農，表示要勸說張學良與紅軍聯合抗日。李克農精心策劃，安排高福源逐步行動。高福源返回東北軍後直接向張學良匯報，又受張學良委派回到紅軍駐地談判。這樣，共產黨與東北軍的聯絡就溝通了。

1936 年 2 月，李克農作為紅軍代表，到東北軍駐地洛川談判。3 月 3 日，從南京返回的張學良親自駕駛飛機到達洛川。雙方坦率交談。張學良提出共產黨應該改變「反蔣抗日」的主張，李克農闡述共產黨對日作戰的方略。分歧越來越小，3 月 5 日，達成紅軍與東北軍停止內戰共同抗日的初步協定。

3 月 9 日，中共全權代表周恩來親自抵達東北軍駐守的延安城，與張學良在天主教堂舉行談判。這次談判不僅改變了西北政局，還改變了中國歷史。公元 2001 年，百歲老人張學良在夏威夷還說：「周恩來是我一生之中最敬佩的人！」

中共中央十分重視西安的統戰工作，成立由周恩來領導的東北軍工作委員會，大力開展對東北軍工作。還派葉劍英到張學良部任中共中央常駐代表，開展對東北軍、西北軍和整個西北地區的統一戰線工作。

大敵當前，聯合抗日成為全國人心所向。蔣介石卻背道而馳，親抵西安逼迫張學良、楊虎城發動剿共戰爭。西北友軍不肯自相殘殺，1936 年 12 月 12 日，張學良、楊虎城兵諫蔣介石，西安事變爆發了！

形勢驟變，紅軍、東北軍、西北軍三位一體對蔣談判，也三位一體備戰中央軍。東北軍調兵潼關，阻止中央軍入陝，張學良主動將延安讓給共產黨。

「特區」與「特務」

延安是陝北的「大」地方，古來就是州府所在，專區級別的城市。那年月中共到達延安，就是窮途末路之中見到一塊寶地！

東北軍團長高福源在「剿共」作戰時被俘，在李克農的思想動員下，高福源表示要勸說張學良與紅軍聯合抗日。

張學良（左）、楊虎城（右）兩將軍合影。

共產黨的根基在農村根據地，國民黨的本事在城市交通線。中央蘇區曾是共產黨最大的根據地，據有 15 座縣城、250 萬人口，但是，州府級別的城市，只是打下過漳州和贛州，住了沒幾天就撤出了。中共中央到達西北根據地的時候，這塊落腳地不過有延長、延川、保安等 6 座縣城，游擊區分佈在陝北、隴東 17 縣。延安、綏德、定邊、慶陽等專區城市又釘在游擊區域之中，駐守州府的國民黨軍隊隨時可以發兵下鄉掃蕩。

1936 年 12 月 12 日張楊發動西安事變，第二天就決定放棄延安。14 日，張學良駕駛飛機到延安迎接周恩來。周恩來帶領葉劍英、李克農、曾山等人從瓦窯堡到達延安，周、葉、李立即乘機去西安，留下曾山接管延安。

曾山住進延安師範學校，迎面碰上教務主任林迪生。這林迪生在上海時同曾山一個黨支部，後來留學日本，再回到上海時中央已經撤離，接不上組織關係就來延安找黨。林迪生告訴曾山，張學良一走東北軍就撤出延安了，留在城裏的還有國民黨的縣黨部、保安團，聽説共產黨的幹部留住師範，就打算夜裏動手。曾山這個接管大員，又得連夜脱逃。待到 17 日紅軍大隊趕到，曾山才揚眉吐氣地開進延安。

這延安本是陝北交通樞紐，向南大路通往西安，西北走向定邊、寧夏，東北連接綏德、內蒙。延安城裏街道縱橫，還有高大的城牆環抱全城，四通八達的大路可行汽車，東門外還有飛機場。

延安佔有山水地利。南川河自南北上，延河自西北而下，兩河交匯，東流併入黃河。兩水交處有三山，北面清涼山，西南鳳凰山，東面嘉嶺山。河流三角洲矗立的延安城，實乃山川勝地！相傳，釋迦牟尼佛的三世就是在這裏「捨身救鴿」，延安由此得名「膚施」。清涼山的萬佛洞石窟有上萬尊浮雕佛像，鳳凰山麓的延安古城背山面河有如玉盤，嘉嶺山上的唐代寶塔鎮服延河洪水。宋代名人范仲淹在寶塔山上留有大字題刻「先憂後樂」，乃「先天下之憂而憂，後天下之樂而樂」之縮語。延州「五路襟喉」，自古為中國西北軍事重鎮。米脂出了一個李自成，從陝北奔河北一路下坡，揮師打下北京城！

風水寶地，風生水起。毛澤東得到如此延安，定要苦心經營。

西安事變之後，中國的時局出現轉折。蔣介石接受聯共抗日主張，國民黨的剿匪司令部撤銷了，西北出現和平局面。中共中央開進延安後致電國民黨中央，提出停止內戰一致抗日的主張。還主動建議：取消兩種政權對立的局面，把蘇維埃工農民主政府改名為中華民國「特區政府」。

一個國家之中，可以有不同的區域？遵義會議之後的中共中央思路大變，開拓創新。不再稱「中華蘇維埃共和國」，表明統一於中央政權；稱為「特區政府」，表明同其他國民黨統治區仍有不同。接受國民黨中央政府的領導，同時保持自己的獨立性，這就是「特區」政府之「特」。

1937 年，國共合作的「特區」誕生於延安。1979 年，中國又有了一個改革開放的「特區」深圳。

廣東省委書記向中央建議，在深圳搞個出口加工區。鄧小平望着習仲勛這個出自陝甘寧的幹部，想起當年的陝甘寧特區，當即表態：「可以劃出一塊地方，叫做特區。陝甘寧就是特區嘛。中央沒有錢，要你們自己搞，殺出一條血路來！」

數千里距離，四十載時差，歷史證明：兩個特區的開創，都標誌中國共產黨的重大政策轉變。兩個特區的發展，都帶來中國革命與建設的非凡成功。

「特區」裏面的「特務」呢？

1937 年 2 月的特區政府，首府設在延安。林伯渠擔任主席，張國燾代主席。張國燾提出，既然接受中央政府領導，保衛局就應該取消。

周興力爭：無論機構怎麼變，保衛工作不能取消！

於是，決定把保衛局置於保安司令部之下，改稱特區保安司令部保安處，對外不過是保安司令部下屬的一個處。下面各分區、各縣還是叫保衛局，名頭比上級還大。特區政府「特殊」，情報保衛戰線更是「特殊」，刀把子始終掌握在共產黨手裏！

當年 9 月，「特區」更名改制為「邊區」，管轄範圍包括八路軍的徵募區，經國民政府行政院正式通過有 26 個縣，13 萬平方公里，200 萬人。保安處編制為陝甘寧邊區保安處。無論對外級別高低，對內始終為情報保衛工作領導機關。周興任處長、杜理卿任副處長，下設：秘書李啟明，一科（情報科）布魯科長，二科（偵察科）謝滋群科長，三科（刑事科）趙蒼壁科長，四科（預審科）譚政文科長，五科（機關保衛科）陳復生科長，六科（治安科）劉護平科長兼任延安市公安局局長，紅軍工作科副科長王太和，總務科科長惠錫禮，保衛營營長胡友才。

保安處部署延安周邊防衛，在延安四面的七里鋪、延川永坪、延水關、富縣茶坊設立檢查站，從國民黨區來往延安的人員必須持有保安處頒發的護照。保安處還在市裏建立郵電檢查站，就駐紮在國民黨控制的郵電局裏面。保安處直屬的保衛營，更是特別加強中央機關駐地的警衛。

值得注意的是，此時，在中共中央的機構中，既沒有「國家政治保衛局」，也沒有「中央特科」，只有這個「保安處」。

隨着中國政治格局的大變化大改組，中共情報保衛體系也進入了大轉變大調整時期。

毛澤東在紅軍大學講課《中國革命戰爭的戰略問題》，總結十年內戰的作戰經驗。「指揮員的正確的部署來源於正確的決心，正確的決心來源於正確的判斷，正確的判斷來源於周到的和必要的偵察，和對於各種偵察材料的連貫起來的思索。」這「偵察」和「思索」得出的判斷，就是「情報」啊！

極其重視情報的毛澤東，很快得到應用情報能力的機會。

1937 年 7 月 7 日晚，盧溝橋事變突然爆發。第二天，中共中央率先向全國通電，要求「全民族實行抗戰」！7 月 14 日，毛澤東、朱德下令紅軍「十天準備完畢，待命抗日」。

延安，由此成為中共中央領導對日作戰的指揮部。

紅軍在 1934 年開始長征時，北上抗日還是一句口號。1935 年落腳陝北，首先是因為唯有這裏才有自己人的地盤，其次也考慮陝北接近蒙古邊境，可以打通與蘇聯的聯絡。時勢造地勢，這陝北，如今還真的成為出擊日寇的最佳陣地！

延安的紅軍改編為八路軍之後，直接出擊敵後，在山西、河北、山東等地建立根據地。待得抗日戰爭勝利收復失地之日，遠在西南的國民黨鞭長莫及，共產黨就順手搶得北方大量地盤。

這延安真個是形勝之地！

不過，保安處還是不敢大意。多年的戰亂已使陝北地區治安混亂。共產黨要想在延安紮根，還得扎扎實實地治理治理。

主要資料

《中國人民公安史稿》，警官教育出版社。本書由中國公安界權威專家組成小組編寫，涵蓋 1921 年至 1991 年的中共保衛工作與中國公安工作。

李延明：李強之子，2008 年 6 月 22 日採訪。周恩來 1927 年 5 月組建中央軍委情報組織，本書初版記為「特務工作處」，現按李強回憶文章糾正為「特務工作科」。這應該更符合事實，當時的中央下屬機構都稱「科」。

楊公素：前外交部司長，2010 年 1 月 14 日採訪。這位 94 歲的老人是我採訪到的最早的「特務」了。楊公素 1927 年 5 月在武漢參加「外交部特務處」，領導人是姓任的共產黨員，指派楊公素去宜昌，以探望哥哥的名義偵察夏斗寅部的動向。當時武漢政府還是國共合作，外交部、總工會等部門都有公開的「特務處」，楊公素帶着證章上街，看戲不要錢。共產黨人在幕後領導這些秘密的特工組織，汪精衛分共後共產黨人撤離武漢，還是顧順章通知楊公素撤離。

徐恩曾等：《細説中統軍統》，傳記文學社。這本在台灣出版的書，由數位國民黨特工元老分別撰文。國民黨前中統局局長徐恩曾專文總結與共產黨多年鬥爭的經驗，提及隱藏在自己身邊的錢壯飛，也誇耀自己抓捕共產黨員的成績，聲稱被國民黨中統逮捕的共產黨員先後有：總書記 3 人，陳獨秀、瞿秋白、向忠發；中央委員惲代英等 40 多人；省市級別幹部 829 人；縣市級別幹部 8199 人；支部書記、黨員 15765 人。

西北政治保衛局：《特務須知》，周興自存檔案。周興自己保存了一批陝甘寧邊區保安處的文件。這些用毛筆在馬蘭紙上抄寫的資料，居然平安度過了戰爭年代和「文革」年代。周興去世後，其夫人楊玉英將這些檔案交給本書作者。

羅青長：前中共中央調查部部長，2001 年 11 月 27 日採訪。早年到中央社會部工作的羅青長熟悉中共情報保衛系統的組織沿革。

黃慕蘭：《黃慕蘭自傳》，中國大百科出版社。黃慕蘭出身湖南大家，1926 年加入中共，曾任互濟總會營救部部長，參與營救任弼時，核實向忠發叛變，一生經歷傳奇而坎坷。百歲之年將自傳贈予本書作者。

塗勝華：塗作潮之子，2005 年 4 月 13 日採訪。塗作潮的兒子精心考察父親一生經歷，從前蘇聯的檔案中找到了塗作潮入學的調令。

穆欣：《隱蔽戰線的統帥周恩來》，中國青年出版社。穆欣曾直接採訪中央特科骨幹陳賡、李強、陳養山等，完整記述中共早期情報保衛工作。

王建華著：《紅色恐怖的鐵拳——中共中央特科記實》，人民中國出版社。此書記敘中共特科的神秘歷史。

王敏清：王世英之子，2005 年 5 月 18 日採訪。王世英帶領特科殘餘人員轉往天津，在中共北方局遭受巨大破壞的情況下，保留並發展了重要力量。王世英在東北軍、西北軍和晉綏軍中打下的工作基礎，為中共中央在陝北立足做出貢獻。王世英的兒子王敏清 5 歲就跟隨父親生活，參與諸多秘密活動，人民共和國成立後先後任江青、鄧小平的保健醫生。

李雲：前中國福利會秘書長，2005 年 6 月 26 日採訪。上海特科負責人丘吉夫被綁架之後，徐強率領留下的人員繼續堅持工作，並試圖與中央恢復聯繫。徐強的妻子李雲奉命與宋慶齡聯絡，長期擔任宋慶齡的秘書。徐強的堂弟徐光漢奉命到陝北聯絡中央。人民共和國成立後，李雲長期在宋慶齡為會長的中國福利會任秘書長。

中共湖北省委黨史研究室編：《吳德峰》，中共黨史出版社。吳德峰是中共秘密交通系統的領導人，在第二次國內戰爭時期創建交通局，又在抗日戰爭時期重建交通局。

陳復生：前公安部副局級幹部，2001 年 6 月 19 日採訪。陳復生在 1932 年進入國家保衛局，長征前任師特派員。這個紅三軍團健在的唯一師級幹部，雖然雙目失明，卻有相當清晰的記憶，生動地描述紅軍時期保衛局人員的形象，還講述自己鎮壓逃跑的師參謀長的經過。

謝滋群：前武漢市委書記兼政法委員會主任，2005 年 5 月 27 日採訪。謝滋群曾任紅軍第一方面軍保衛局偵察科科長，了解國民黨特務暗殺朱德的情況。長征後任西北保衛局偵察科科長，人民共和國成立後長期擔任武漢市公安局局長，負責毛澤東 31 次訪問武漢的警衛工作。

卓雄：前福建省委書記，2005 年 11 月 14 日採訪。這位江西泰和人曾參加井岡山鬥爭，曾任紅九軍團保衛局局長，是唯一健在的紅軍軍級保衛幹部。認為蘇區肅反的「左」傾擴大化不在個別人，有相當的普遍性。

鄒瑜：2013 年 1 月 4 日採訪。鄒瑜在延安參加起草《中共關於陝北肅反問題向共產國際的報告》，為此專訪習仲勛並驗傷。

劉思齊主編：《毛澤東在中央蘇區》，東方紅叢書，中國書店。此書的編者曾是毛澤東兒子毛岸英的妻子，如實記敘毛澤東任紅一方面軍總前委書記時江西蘇區的肅反情況。

劉秉榮：《蘇區肅反大紀實》，花山文藝出版社。本書由中國人民武裝警察部隊政委李振軍作序，全面記述各主要根據地的肅反，其中有份名單「並非死於敵人屠刀下的烈士們」，可見肅反錯誤造成的幹部損失非常嚴重。

姚子健：2010 年 2 月 25 日採訪。中央特科的王學文發展姚子健入黨，長期潛伏在南京國民黨軍隊總部，直到全國解放。

歐陽毅：前炮兵副政委，2002 年 10 月採訪。歐陽毅是健在的資格最老的中共情報保衛幹部之一，1931 年 1 月成立中央政治保衛處的時候，歐陽毅就是五人成員之一。抗日戰爭期間歐陽毅任總政鋤奸部副部長，人民共和國成立後曾任炮兵副政委。

劉寅：《在戰鬥中成長》，《通信兵回憶史料》，解放軍出版社。王諍等人不但創建了紅軍的無線電工作，而且開始了無線電技術偵察，為中共情報工作開闢了新的重要途徑。

伍星：《對中共無線電技術偵察史中一些問題的探究》，《中共黨史研究》2010 年第 1 期。本文罕有地揭秘軍委二局的創建和重大貢獻。

戴鏡元：《難忘的歲月》。作者曾任軍委二局局長。

李維漢：《回憶與研究》，中共黨史資料出版社。李維漢在 1935 年參與中共中央對陝北錯誤肅反的處理，1982 年又受中央委託主持西北歷史問題座談會。

郭洪濤：前國家經委副主任，2002 年 11 月 28 日採訪。這位陝北根據地負責人之一回憶，陝北肅反是奉「中央駐北方局代表」的指示而開展的。當時中共中央正在長征，這個代表是由莫斯科的中共代表團委派的。肅反發展到逮捕陝甘邊根據地創始人劉志丹、高崗、張秀山的程度，郭洪濤感到有問題，向朱理治提出：「殺了我的頭，我也不相信劉高張是反革命！」

聶洪鈞：《劉志丹冤案的產生》，革命史資料（1），文史資料出版社。此文坦言自己經手的錯誤肅反。

《馬文瑞回憶錄》，陝西人民出版社。馬文瑞曾在西北的兩塊根據地都工作過，親身經歷錯誤肅反的逼供信。當時將紅二十六軍的營以上幹部、陝甘邊根據地的縣以上幹部統統關押，200 多人被殺害。關押馬文瑞的院子也挖了土坑，準備埋人了。

涂佔奎：前青海省機械廳副廳長，1999 年採訪。涂佔奎在陝甘邊紅軍創始時期參軍，曾任劉志丹、習仲勛的警衛員，雖然是保衛幹部，卻反感錯誤的肅反。

耿紅：《耿耿丹心為人民》。前山西省公安廳副廳長耿紅回憶，當年許多陝北地方幹部對肅反很不理解，「要不是中央及時到來，陝北紅軍和紅二十五軍非打起來不可。」耿紅在西北保衛局初建時任秘書。

裴周玉：前裝甲兵政委，2011 年 4 月 12 日採訪。裴周玉長期從事軍隊保衛工作，曾任紅 28 軍特派員，在東征作戰中目睹軍長劉志丹中彈犧牲。

金沖及主編：《毛澤東傳》，中央文獻出版社。此書與其他回憶文章都表明，中共中央制止陝北錯誤肅反的態度堅決，措施有效。不過，由於戰爭緊張立足未穩，對於肅反錯誤的深入總結，還要留待以後。

汪東興：前中共中央副主席、中央辦公廳主任、中央警衛局局長，1995年4月24日採訪。周興的夫人楊玉英帶作者採訪周興的老戰友汪東興。長征期間周興是汪東興的上級。周興因病去世時，中央副主席汪東興就在病牀旁邊守候，又批准將楊玉英全家調到北京定居。

斯諾：《中共雜記》，中共黨史教學參考資料。斯諾著作《西行漫記》中並無關於周興的專章。其實，斯諾還著有《中共雜記》一書，第六章專門介紹中共的保衛機構，先專節介紹周興的簡歷，而後記錄《保衛問題和司法（制度）》。周興自存檔案中有關文字記錄，與斯諾的《中共雜記》除個別文字差異外完全一致。這表明，周興接受採訪也許事先有文字準備。

李海文、汪新：《1935年到1937年初的國共關係》，中共黨史資料第（42）。此文詳述國民黨中央與共產黨中央秘密溝通的經過，特科幹部張子華曾經多次秘密往來於陝北與南京之間。

開誠：《李克農——中國隱蔽戰線的卓越領導人》，中國友誼出版公司。這本傳記由國家安全部審定，是關於李克農情報生涯的權威記述。

高大會：高崇民之子，2007年3月27日採訪。高崇民早年接觸共產主義思想，曾勸説張學良釋放被捕的滿洲省委書記劉少奇，1935年接受共產黨的領導，從經濟上支援延安，參與發動西安事變。

南雁賓：南漢宸之孫，3月24日採訪。南漢宸早年參與山西辛亥革命，與西北軍將領私交甚好，先後在中共中央軍委情報部門、中央特科、北方聯絡局從事秘密工作。

蔣曙晨：《百歲將軍童陸生》，中國文聯出版社。傳主是二十世紀同齡人，早年參加五四運動，大革命時期加入中共，又到西北楊虎城部做兵運工作，參加西安事變，後長期從事軍事統戰工作。

李力：《懷念家父李克農》，人民出版社。李克農的兒子李力在抗戰初期入黨，熟知中共隱蔽戰線的情況，曾任總參通信部副部長。李力保存的李克農回憶錄，揭示了張學良是否加入中共的秘密。

梁濟：前上海海運局副局長兼公安局局長，2000 年 10 月 26 日採訪。曾山走進延安師範學校的時候，梁濟正在這個學校讀書。作為陝甘寧邊區保安處與延安市公安局少有的延安本地幹部，梁濟始終注意了解延安的社情與歷史。

李啟明：前中共雲南省委常務書記，1995 年 10 月 18 日採訪。當時健在的陝甘寧邊區保安處領導幹部中，李啟明職務最高，任職時間最長，而且記憶力極好。李啟明與羅青長聯合主編《中共西北局社會部情報史資料》。作者曾經多次採訪李啟明，並就諸多疑點當面請教。

第二章

暗　戰

—— 黨派合作中的隱蔽較量

西安事變之後，國民黨同共產黨的關係迅速變化，國內出現十年未有的和平氣象。

1937 年 1 月 13 日，中共中央和平進入延安。2 月 8 日，國民黨中央軍和平進入西安。第二天，共產黨代表周恩來與國民黨代表顧祝同在西安談判。3 月下旬，周恩來飛抵杭州與蔣介石直接談判。4 月初，周恩來返回延安向中共中央匯報，跟着又要經西安到南方再次與蔣介石談判。

延安與西安之間，一條繁忙而和平的道路，這一日突然爆發驚天劫案！

周恩來遇險

1937 年 4 月 25 日，周恩來乘坐卡車從延安南門出發去西安。周恩來與司機坐在駕駛室內，車廂上，有紅軍前敵總指揮部副參謀長張雲逸、參謀孔石泉、副官陳友才、機要員曾洪才、記者吳濤和四名警衛員，還有西北保衛局特務隊副排長陳國橋率領的一個班戰士，這 25 人就是中央軍委副主席出行的陣容。

橫亙在延安與甘泉之間的大勞山，古來就是用兵之地。清兵進剿回民起義，在此處遭遇埋伏，留下千人大墓；東北軍進攻紅十五軍團，也在此處被殲滅兩個團。車上的戰士都提高警惕，翻過山脊下行，就進入國民黨的甘泉縣境了。剛剛駛入一個簸箕形山坳，突然響起槍聲！周恩來指揮下車散開還擊，陳友才主動吸引敵人火力當先犧牲，陳國橋帶領戰士繼續抵抗，周恩來、張雲逸、孔石泉、吳濤、曹鴻都五人徒步逃出……

延安城頓時震驚！警衛團團長黃霖抄起手槍就出門，總參謀長劉伯承集合所有中央首長的馬匹，毛澤東叮囑黃霖：「什麼也不要顧慮，無論如何要把周副主席救回來！」保衛局局長周興立即指派蔡順禮集中騎兵，延安市公安局文書于桑帶騎兵排出發，周興還發出雞毛信命令獨立團增援，延安市委書記張漢武也集合民兵出發。紅軍大學的學員無心上課，萬里長征中周副主席也沒遇過這種危險！董必武出面講話安慰大家。

延安南門外，幹部群眾自發聚集而來，毛澤東、張聞天、朱德、李富春翹首遠望……

湫沿山現場，彈痕累累的卡車停在谷底，行李、文件散落在周圍，犧牲的紅軍戰士還保留着作戰姿勢，只有四個重傷員尚未犧牲。犧牲的機要員口袋裏的密碼尚在，周恩來的毛毯被砍了幾刀。

周恩來和黃霖乘馬返回延安，延安南門外歡聲雷動！

周興卻難辭其咎！作為延安保衛工作的最高負責人，竟然使得中央保衛工作領導人遭遇危險，周興受到有生以來最為嚴厲的一次批評。

延安的安全，就是中央的安全，必須保證延安的安全！

延安，並非長治久安之地。這裏歷來處於對外作戰的前線，古名「延州」；為了祈求安全，特意在「延」字後面加了一個「安」字。共產黨接管的延安，其實是一個不安生的地方。國民黨政權帶着武裝保安隊駐紮在城鎮，鄉村還有大量的「土圍子」由地主組織的民團守衛，各村莊的幫會組織「哥老會」成分相當複雜，地方軍閥還挑動回族與漢族矛盾，各地經常發生破壞、暗害案件。國民黨特務機關還組織「肅反會」「鏟共義勇軍」積極活動，綏德肅反分會散發小冊子《老實話》，用快板書的方式宣傳共產黨員叛變的故事。

紅軍隊伍中也有動搖現象。佳縣紅五團政委馬子祥被俘叛變，紅八十一師高文瑞率領 90 多人 63 支槍投降，華池警衛連副連長焦鴻鵬率領 20 多人叛變攻打縣政府。最嚴重的是三邊事件，三個警衛連連長率隊發動叛亂，殺害特委書記謝維俊。這謝維俊就是當年江西蘇區的「鄧、毛、謝、古」之一，因係「毛派人物」而捱整，長征後剛剛得到起用。

延安原有的唯一中學是師範學校，這裏也是國共爭奪焦點。邊區政府的教育部部長徐特立親自兼任校長，廖承志、朱光擔任政治教員，丁玲講文學課。學生紛紛要求進步，學校中秘密成立黨、團支部。國民黨卻不肯讓共產黨控制學校，派來個校長馬濯江是中統特務。中央政府還把邊區的校長和教員輪番調到廬山訓練，有的教員回來就說反動話。

社會情況也比較複雜，土匪、流氓、漢奸、特務，魚龍混雜。進駐延安不久，公安局就抓了幾個人，其中有滋擾地方的商人高老八、地痞畢端仁、挾帶海洛因的河南籍磨刀人。公安局的外勤情報員邵炎隱蔽在旅店搞偵察，由梁濟書寫起訴書。

中共接管延安，西北保衛局特別注意防止敵特破壞。偵察部部長陳復生帶領偵察員黃赤波、龍飛虎、蘇一凡、穆廣林、王化凱積極活動，但幾人都是江西人語言不通，於是又調來趙蒼璧、鄭柱國等本地幹部。偵察部發現一個小布店的店主高有是個漢奸，日本人出錢讓他在延安開店搞情報！

還有兩個奇怪的和尚，他們活動的重點區域是黨中央、邊區政府、保安司令部周圍。陳復生選中機關內部的洛川河蓮灣人小李，到和尚廟裏當小工，掌握了情報證據。原來，這兩個「和尚」是國民黨綏德地區專員何紹南手下的偵察參謀！同他們秘密聯繫的兩個開照相館的，也是西安派來的特務。順藤摸瓜，又破獲他們伸入紅軍的兩個案子。還有兩個軍統特務隱藏在延安的天主教教堂裏活動，也被邊保破獲。

國民黨特務的活動限於搞情報，直接威脅邊區安全的還是土匪。

關於周恩來勞山遇險這個大案，延安一時爭論激烈。邊保認為，勞山伏擊顯然是敵人預有準備的行動，肯定是日本特務或國民黨親日派企圖暗殺周恩來，破壞國共談判。

王明把視線放在內部：是托派謀刺為國共合作而努力的共產黨人周恩來。

也有人分析：敵人只是搶走財物和武器，並未拿走文件和密碼，可能是土匪搶劫。又有人質疑：僅僅是一股土匪，怎能製造這麼周到的伏擊？

1937 年 4 月 25 日，剛剛發生勞山事件的延安，很快從震驚轉為鎮定。第二天一早，周恩來就乘坐顧祝同派來迎接的雙座小飛機，單人飛往西安。儘管對於昨天的伏擊還有種種猜測，儘管前途依然潛伏險情，周恩來還是匆匆出發。出生入死，對於共產黨領袖不過是家常便飯。

儘管中共中央並未認定勞山事件具有政治背景，但是，無論如何，這個事件證明：延安的安全狀況十分嚴峻。

中共中央駐地的警衛工作，以往相當薄弱。毛澤東在延安的第一住處是鳳凰山麓的石窯洞，這裏被日本飛機炸毀後，就搬到延安城北門外三公里處的小山村楊家嶺。這裏原來只有八九戶人家，山腰的平坡有灰磚砌就的窯洞，毛澤東住在中間，左邊住周恩來，右邊住朱德、劉少奇。中央機關的警衛工作由西北保衛局負責，首長的警衛人員從保衛局的特務隊中調派，警衛分隊也由保安團擔任。楊家嶺並沒有什麼嚴格的保衛措施，村裏的大人娃娃隨意亂走，外面來人也沒人攔。勞山事件之後，中共中央決定成立中央警衛營，從紅一軍團抽調四個人槍齊整的連隊，調到鳳凰山護衛中央機關。

那個發生伏擊事件的勞山，更是成為邊保偵察的要點。

1937 年年初中央進駐延安，邊區黨委部署安全保衛工作，決心清剿在延安南部活動的土匪，臨時剿匪司令部由延安縣保衛局局長吳台亮為司令、賈騰雲為政委。通過社會調查初步搞清，這股土匪有明暗兩股勢力。明的是一股慣匪，頭目叫李青伍；暗的是八十多人的民團，頭目是臨鎮土豪劣紳姬延壽；幕後操縱人是國民黨甘泉縣黨部，還與西安的省黨部有聯繫。考慮到國共正在談判合作，邊區黨委指示剿匪司令部先行談判。談判相持不下，這股土匪向西轉移，到甘泉通向富縣的公路周圍活動，人數擴大到 200 多人，4 月 25 日就發生了勞山伏擊事件。

事件發生後，邊區黨委當即決定大規模進剿，仍然指派吳台亮為剿匪司令。

周興親自佈置，邊保偵察部部長謝滋群抽調一批偵察員，秘密潛入土匪活動地域。張丕謀、李樹標兩人化裝成貨郎，到金盆灣密捕「坐地大爺」李鳳山，審出勞山事件正是李青伍股匪所為！剿匪部隊從南面迂迴，數縣合剿，土匪頭子接連落網。

通過審訊，查明了勞山事件真相。原來，李青伍與姬延壽勾結，早已四處搶劫。周恩來出行之前，三輛卡車停在南門外待命兩天，被李青伍安插在延安南門的坐探馮長門發現。李青伍以為車上有財物，帶人埋伏在湫沿山。周恩來的副官陳友才穿西裝戴禮帽，搜口袋卻發現了周恩來的名片！害怕紅軍追剿的李青伍躲到山西，直到冬天才悄悄潛回老家，當即被守候的鋤奸隊逮捕。

邊區政府在甘谷驛、二十里鋪、臨鎮等集鎮，當眾槍決李青伍、齊金權、姬延壽、韓老二、蔣海福、侯振國等土匪頭子。公判坐探馮長門的大會最為轟動，二十里鋪人山人海，對這個暗害周副主席的壞蛋，群眾恨不得用石頭砸、用钁頭砍！

周恩來（中）、張雲逸、孔石泉勞山事件後在西安的合影。

按說，這個案件早已破獲，但是，一些內情尚未公開。那土匪頭子李青伍，1935 年曾被紅軍收編，1936 年又殺害縣蘇維埃主席投降國民黨，後來又上山為匪。李青伍雖然被捕，這股土匪中還有一些人逃脱圍剿，轉到國民黨部隊二十二軍，為首者綽號「騎兵張」，解放戰爭中在榆林參加起義。如此淵源，一些不了解內情的人，容易誤認此案有黨內鬥爭背景。

其實，這個案件非但與黨內鬥爭無關，而且也不能冤枉國民黨。李青伍、姬延壽雖然確有國民黨背景，但勞山伏擊卻是出於劫財目的，並未預謀殺害中共領袖。有的案件越查背景越複雜，有的案件真相其實很簡單。可是，無論如何，作為保衞部門，總要保持高度的警惕——那國民黨殺共產黨殺了十年，怎會輕易罷手？

「中統」和「軍統」赫然成局

全民抗戰，國共再次達成合作，天真的人們以為，主要用於反共的國民黨特務機關，大概要失業了。

就連特務頭子徐恩曾也有些懵，還能不能搞共產黨了？他的回憶錄寫道：「國共醞釀妥協，我的業務逐漸停頓下來，到了民國二十六年（1937 年）七月日本侵華戰事發生，國共再度實行攜手，我便完全放棄了對共產黨戰鬥的任務，而轉移到配合對日作戰方面。不過，這一改變，為期甚暫，不久之後，隨着國共糾紛逐漸增加，又重新挑起這副擔子。只是那時的形勢已變，此後的對共戰鬥，無論就形式、內容或其結果來說，都不如前一階段了。」

1928 年年初，國民黨在中央組織部中設立專職情報的「黨務調查科」，此時，軍隊系統也有「參謀本部第二廳」，負責軍事諜報與電訊偵測；1931 年，「中華民族復興社」（又稱「藍衣社」）的秘密核心組織「力行社」下設「特務處」，從事情報暗殺活動。1932 年，黨務調查科擴充為「特工總部」，1935 年改組為「黨務調查處」。1937 年 4 月，徐恩曾負責的「黨務調查處」與戴笠負責的「力行社」合併為「國民政府軍事委員會調查統計局」，由陳立夫任局長；原調查處為一處，仍由徐恩曾任處長；原力行社為二處，仍屬戴笠管理。

誰能料到，1938 年 4 月，蔣介石將特務機構升格了！

原「國民政府軍事委員會調查統計局」的一處擴大成為「國民黨中央執行委員會調查統計局」，由朱家驊任局長，徐恩曾任副局長。這個局編在中央黨務系統，簡稱「中統」。

原「國民政府軍事委員會調查統計局」二處，擴大為「國民政府軍事委員會調查統計局」，首任局長由陳立夫兼任，戴笠任副局長。這個局編在軍隊系統，簡稱「軍統」。

「中統」「軍統」，這兩個橫行華夏人人側目的特務組織，就此登台！

蔣委員長直接領導中統和軍統這兩個局，親自囑咐：「日本不過是疥癬之患，共產黨才是心腹大患！」

國民黨大幹快上，中共怎麼辦？

上海特科於 1935 年 11 月被破壞，國家政治保衛局於 1934 年 1 月隨軍長征後改稱「西北保衛局」，中央機關僅餘的專職部門中組部四科人員很少，「保安處」編制在陝甘寧地方，都無力履行領導全國工作的職能。國不可以一日無兵，黨不可以一日無情報，這種狀態豈能長久？

1937 年 12 月，中共成立「中央特別工作委員會」，對外稱「敵區工作委員會」，統管全黨的情報保衛工作。周恩來任主任、張浩任副主任。不久周恩來去國統區談判，又由康生接任主任，潘漢年任副主任。1938 年春政治局會議決定，中央特別委員會下設：戰區部，部長杜理卿（許建國）；城市部，部長潘漢年、副部長汪金祥；幹部部，部長陳剛。1938 年又成立「中央保衛部」，由杜理卿任部長。

舉國抗日，黨派合作，兩個掌握軍隊的政黨着手軍隊合編；但是，兩黨的情報保衛機關卻從未放棄彼此之間的警惕，而且各自分別擴大編制。

「槍桿子」也許還能共同對敵，「刀把子」卻要緊緊握在自己手裏。

中共中央加強保衛是有道理的。第一次國共合作時天真地相信盟友，曾經吃過國民黨的大虧。這第二次合作，表面上看共產黨取得合法地位生存環境比較安全了，實際上共產黨的處境仍有潛在危險。蔣介石雖然履行西安事變中的抗日承諾，同時卻扣押張學良，逼迫楊虎城出國，並將二人所部調出陝西。西北地盤好不容易形成的三位一體局面，如今只剩紅軍獨立支撐。

舉國團結抗戰，國民黨不好動手開打內戰，對付共產黨的策略，就從「圍剿」調整為「封鎖」。

國民黨中統局的主要任務就是對付共產黨，徐恩曾寫道：「在抗戰以前，共產黨的任何最高機密，我們都清清楚楚，甚至連莫斯科給它的機密命令，也常常到了我們手裏，在我們的檔案中，曾保存着共產黨歷屆中央委員會的全部會議記錄，這些都是我們從共產黨中央機關中搜獲得來……」徐恩曾認為：「所以要獲得共產黨的最高機密，只有仍照過去的辦法，設法滲透到它的『中央機關』中去，可是那時的共產黨中央，遠在延安，接觸較難……」

蔣介石特派親信將領蔣鼎文任軍委西安行營主任，行營創立「黨政軍特聯會報」，秘密制定對陝甘寧邊區的封鎖計劃，經蔣介石批准密令執行。這個計劃包括「政治、軍事、經濟、文教、宣傳、民運、特務」等方面，其周密程度不亞於對日作戰。綜其要者，有三個主要措施：構築碉堡群形成四面包圍的軍事封鎖線；設置盤查站卡住出入交通要道；派遣特務實施秘密滲透。

軍事封鎖的重任由胡宗南擔任。胡宗南是蔣介石的黃埔門生，先後任老蔣起家部隊第一師師長、第一軍軍長，可謂嫡系大將。抗戰爆發，胡宗南率部參加上海、河南戰役，旋即奉命調回陝西休整。胡宗南深得君心：「抗日戰爭即使失敗亡於日本，還有復國的可能；若因抗戰而使共產黨的力量擴大到動搖國本，則將永無翻身之日。為長治久安之計，必須加強對陝甘寧邊區的封鎖，削弱並壓縮共產黨勢力，俾在有利時機一舉而殲滅之。」

國民黨大量向西北增兵，還任命胡宗南兼任兩個戰區職務，以陝西、河南、山西第一戰區副司令與甘肅、青海、寧夏、綏遠第八戰區代司令身份，協調指揮 25 個軍 50 萬兵力。「西北王」胡宗南以少數部隊扼守潼關一線阻止日軍入陝，卻以大部兵力對付共產黨。國民黨部隊沿着邊區邊境修築碉堡，北接長城，東到黃河，從西繞南形成一圈封閉的封鎖線，五道封鎖線形成縱深百里的封鎖地域。延安正南的洛川至中部縣（現黃陵縣）僅僅 80 里的第一道封鎖線，就有碉堡 518 座！

陝甘寧邊區四面被圍：西北的寧夏有馬鴻逵、馬鴻賓部隊。北面的綏南、陝北、晉西北有鄧寶珊、高雙成、馬占山部隊。東、南、西則是胡宗南部隊主力，從東部的黃河西岸向西，沿陝西秋林、洛川、耀縣和甘肅的寧縣、西峰等地，囊括邊區南面，又向北進入寧夏固原包抄邊區西面，連接西北的馬家軍。

此時，紅軍改編為八路軍，三個師都開赴山西抗日前線，留在邊區的只有少量後方留守部隊。儘管國共號稱友軍，但雙方兵力差距太大，均勢失衡，實力畸強的一方往往難以遏制進攻慾望。這樣看，延安還是始終處於危險之中。

延安東面是黃河天塹，北部有沙漠阻隔，連接外界的通路有限。

向南到西安的八百里山路，是延安通向省城以至國家中心地帶的最近通道，公開往來的人員、物資、商旅多數從南路走。

向東北，經綏德、榆林、神木可出內蒙；向西北，經保安、定邊可出寧夏、內蒙；這兩條路線都是通往邊境的通道，可以溝通蘇聯。

還有一個西南方向鮮為人知。陝甘寧邊區之「甘」，就是甘肅省的慶陽地區，位於延安的西南方向，離甘肅省會蘭州遠，靠陝西省會西安近，這裏的國民黨基層政權鬆散，就成為共產黨的秘密通道。

三條路線活躍了偏僻的延安。

以往，中共中央機關先後位於上海、江西，與共產國際來往都要經過海路，這就不得不通過國民黨嚴格控制的海港。現在，中共中央的新駐地延安靠北，鄰近中蘇邊境，得以陸路往來遠方，中共內部把遙遠的蘇聯和共產國際稱為「遠方」。遠方沿途大多是西北軍、晉軍的地盤，蔣介石的中央軍鞭長莫及，起初是徒步秘密往來，國共合作之後就有了蘇聯的汽車，甚至開闢了空中航線。從莫斯科直飛延安，半年的行程指日可到！周恩來、任弼時等中共領袖都曾乘飛機往來。

中共中央還着手恢復與各地秘密組織的聯繫。長征撤出中央蘇區以後，中共中央與白區地下組織的聯絡全部中斷，各地組織和黨員各自為戰，無法形成全黨合力。在延安落腳之後，中共中央立即要吳德峰重建交通局，對外稱為「農村工作委員會」，負責打通對外聯絡渠道。延安遠離國民黨統治重心，附近的大小軍閥各保山頭，有的對於封鎖共產黨並不下死力，到處有空可鑽。1936 年春，劉少奇從陝北潛往天津，恢復中央對北方局的領導。馮雪峰由陝北潛往上海，恢復中央與上海中央局的聯繫。這樣，黨中央與北方、南方的地下組織都恢復了聯繫。在中央的指導下，各地白區組織迅速糾正以往的「左」傾路線，積極恢復組織，大力發展工作。共產黨的活動超越陝北一隅，形成合法根據地與白區秘密工作協調配合的新局面。

延安成為中共運作全國乃至通向國際的神經中樞，令得蔣介石頭疼。蔣介石的頭腦中，從未有過放任共產黨坐大的天真，可是，國共合作期間封鎖延安又是名不正言不順。就是國民黨自己，西安與綏德、榆林、定邊等地的交通，也要經過共產黨控制的延安。猶疑之間，商旅、官員、部隊、百姓不絕於途，延安已經成為陝北的交通樞紐。

延安南向通路，始終是國民黨封鎖的重點。1937 年春，交通兵二團八連奉命為延安運送「協糧」。誰也沒有料到，這第一支為延安運送糧餉的國民黨車隊，帶隊人二營副營長曹藝，竟然是一個中斷組織聯繫七年的共產黨員！曹藝到了西安七賢莊八路軍辦事處，立即向葉劍英報到，到了延安，朱德總司令親自接見曹藝，接受為特別黨員。從此，曹藝不止運送糧餉，還為延安送去大批進步青年，多次接送中共高級幹部。

延安的東向通路，距離共產黨領導的晉綏、晉冀魯豫、晉察冀、山東等根據地最近。但是，國民黨部隊始終牢牢地把守着東面的黃河天塹，卡住交通咽喉。延安的東北是榆林，駐軍首腦是與共產黨關係良好的鄧寶珊。榆林駐軍的物資經過延安，邊區政府免税放行。延安到外地採購，榆林也准予放行。鄧寶珊的部隊到西安領取軍需，還為延安捎回藥品布匹等禁運物資。鄧寶珊又讓出陝北綏德與山西臨縣之間的軍渡等兩個黃河渡口，敞開共產黨各根據地之間的通道。彭德懷、劉伯承、陳毅等八路軍將領都走過這條路線。鄧寶珊的協助，為陝甘寧邊區開通了一條重要的東向通路。毛澤東在解放戰爭中離開陝北進軍華北，進而入主北京，就是走的這條路。

西向通路經由甘肅隴東，國民黨的把守相對鬆懈，這就使得西路成為共產黨秘密交通的主道。紅軍西路軍失敗，總指揮徐向前化裝商人騎驢脱險，就是從這條路進入延安。劉少奇化名胡服前往華中、華北敵後根據地，沒有走較近的西北路和南路，而是從這較遠的西南路繞行。

1940 年，一支由三十輛大卡車組成的車隊，浩浩盪盪開進延安。車上的部隊叫做「新兵營」，其實都是身經百戰的老兵。

長征末期，一、二、四方面軍會師之後，徐向前、陳昌浩率領西路軍打進河西走廊，遭遇馬家軍的騎兵圍剿。孤立無援的西路軍全軍覆沒，僅剩四百多人陷入大雪瀰漫的祁連山，由李先念率領向新疆徒步開進。此時，新疆軍閥盛世才與相鄰的蘇聯友好，同時也接受中共代表。中共中央千方百計營救西路軍，通知正在新疆的陳雲負責接應西路軍餘部。陳雲率汽車到甘肅和新疆交界的星星峽，把這四百多紅軍官兵接到新疆，以「新兵營」的稱號集中訓練。這些紅軍官兵學習炮兵、裝甲、汽車、無線電、航空等現代化軍事技術。幾經波折，329 名官兵乘坐三十輛軍車萬里歸家。這些中共第一批現代化軍事技術人才，後來都成為中國人民解放軍各技術軍兵種的將領。

中共中央的進駐，使得延安這個西北邊鎮名聞天下。抗日戰爭的爆發，使得延安這個苦寒之地煥發引人的魅力。

抗戰軍興，全國各地的熱血青年紛紛投奔抗日戰場。可是，蔣介石的國民政府避居大後方重慶，離前線太遠了！與此同時，共產黨卻在北方高擎抗日大旗，延安領袖民主，幹部廉潔，群眾覺悟。環顧華夏大地，大半國土淪於日人之手，小半國土盤踞着軍閥官僚，唯有那延安是民族之淨土！

於是，各地知識青年紛紛投奔延安。1938 年 5 月至 8 月，僅僅經過八路軍西安辦事處安排去延安的青年，就有 2288 人之多。1938 年 4 月 16 日開學的抗大四期，每天接待上百新學員，年底畢業時已有四千多知識青年。1939 年 1 月 28 日開學的第五期，學員數目又翻一番。

延安的燈塔效應，惹得蔣介石十分惱火。國民黨安排種種措施，卡住進出延安的交通要道。

國民黨在延安四面各條公路的道口都設立盤查站，檢查進出延安的所有人員、物資。命令禁止流入邊區的物資有：武器彈藥、交通通信器材、軍事物品、糧食油料、棉紗布匹、醫藥衞生用品、醫療器材。違禁物資一旦發現，物品沒收，車輛充公，人員關押懲辦。更為殘酷的是扣留投奔延安的青年，分別送往西安戰幹團和蘭州西北幹訓團強迫訓練。

胡宗南深知爭奪青年的重要，邀請復興社河南分社書記蕭作霖在西安組建戰時幹部訓練團第四團，聲稱培訓高中畢業學生，實際截留去延安的青年。這個戰幹團的特訓隊後來又擴充為西北青年勞動營，在咸陽、洛陽、蘭州分設營地，集中八百多青年。除胡宗南的軍事系統之外，國民黨中統特務也在各要道扣留青年，1939 年至 1943 年之間，統計上報的扣留人數有兩千一百多人。

國民黨特務機關還在公開檢查的名義之下，掩藏非法特務活動。交口盤查站扣留了一個延安來人，懷疑是中共洛川縣委書記，嚴刑逼供，來人堅不吐實，中統就將其秘密活埋！

共產黨方面，則打出合法旗號，堅持往延安輸送人員和物資。商業活動也有魅力。國民黨封鎖越嚴，商業投機的利潤越大，就連國民黨內部也有人偷偷向延安販賣物資，只要能賺錢，軍火也肯賣。

這是一個特殊時期，國共之間既合作又鬥爭，國民黨既要封鎖延安，又不能卡死延安。於是，官員變土匪，公然劫道；共匪變八路，公然闖關；延安通道上演着一齣齣「三岔口」一般的戲劇。

這就是常人難以預料的局面：改革開放的新形勢，反而導致隱蔽較量的上升。

代主席出逃！

延安的困難，不止是外部封鎖，還有內部矛盾。

1937 年春夏，抗日軍政大學展開對張國燾的批判，涉及原四方面軍的學員。許世友接受不了，鼓動一些學員密謀出逃。設在學員之中的「網員」把這情況上報，西北保衞局立即採取措施，拘捕了企圖出逃的人。那天夜裏，保衞局的幹部戰士提着馬燈滿山找人，緊張得很。

毛澤東得知消息，親自找許世友談話。被捕之後的許世友並不服氣，揚言有槍就打老毛！談話之前，毛澤東特意佈置羅瑞卿：不准保衞人員在旁警衞，還要給許世友發槍，配備子彈！保衞幹部不得不執行，卻又背着毛澤東在窯洞後面警戒。毛澤東相信淳樸的農民將領不會對黨造反，親切地對許世友說：張國燾一人的錯誤，不能由原四方面軍的同志承擔。而且，這些企圖出逃的學員，並不是投敵，而是打算到陝南打游擊，繼續同國民黨鬥爭。佩槍而來的許世友當場撲倒，誓言從此忠於毛大帥！毛澤東決定釋放許世友等人，讓他們繼續在抗大學習。這些人仍然受到信任，許世友還被派到山東獨當一面。

軒轅黃帝的陵寢位於延安與西安之間的中部縣，每年清明，政府都要委任大員到黃陵設祭。1938 年的祭奠，因為抗日戰爭而更加具有民族團結之意義，毛澤東親自書寫祭文。這時，向來怠工的張國燾突然積極起來，主動申請代表中共中央和邊區政府去黃陵。自從爭奪中央最高領導權失敗之後，張國燾始終鬱鬱不得志。王明從蘇聯帶回的肅反消息，更讓張國燾擔心自身的安全。瞻前顧後，張國燾決心離開邊區另尋出路。這次黃陵祭拜，恰恰提供一個合理的離開理由。張國燾時任邊區政府代主席。

張國燾到達中部縣之後，主動向國民黨天水行營主任蔣鼎文、政治部主任谷正鼎示好，蔣鼎文也試探性邀請張國燾去西安。張國燾當即抓住機會，坐上蔣鼎文的汽車就走。

擅自出行國民黨統治區，而且甩開組織委派的護送人員，張國燾的這次突然行動令延安想到：這絕不只是簡單的違紀行為，而是有着更為複雜的政治企圖。

離開中部縣的張國燾，試圖脱離中共保衛機關的視線。到西安，張國燾住進西京招待所，有意避開八路軍辦事處。直到4月7日，與國民黨方面安排妥當，張國燾才在火車站台約見林伯渠。身邊有國民黨特務護送，前程是國民黨控制的武漢，火車還有幾分鐘就要開了，張國燾以為，中共的保衛機關已經無奈。

自以為計劃周密的張國燾小看了中共保衛機關的本事！

正在武漢的周恩來接到延安電報，特派李克農把張國燾「接到」辦事處來。李克農帶童小鵬、丘南章、吳克堅三人，到漢口火車站等了三天，十八趟列車過去。直到4月11日傍晚，丘南章終於在西安開來的車上發現西裝革履的張國燾！

毛澤東（右）與張國燾。

李克農和吳克堅立即上車，代表王明和周恩來請張國燾到長江局去，連勸帶攙，硬是把張國燾挾持到正在等候的小汽車上。等候張國燾下車的國民黨特務這才發現，立即阻止開車，身穿國軍服裝的丘南章和吳克堅立即拔出手槍，特務稍一遲疑，汽車已經飛馳而去。

周恩來反覆説服，張國燾仍然不肯回延安，反而要求向蔣介石匯報工作。16日上午，在周恩來的陪同下，張國燾見到蔣介石，當面表示：「兄弟在外，糊塗多時。」周恩來當場批評：「你糊塗，我可不糊塗。」

得到蔣介石勉勵的張國燾，下午又説要上街配眼鏡看牙，滿街遊逛，始終不能甩掉陪同的吳克堅。又來到輪渡碼頭，趁輪船將要收回跳板的一剎那跳上輪船！可是等他找到地方坐下，吳克堅又出現在身邊。這個貌不驚人的小個子吳克堅，曾任特科秘書，長年在海外工作，抗戰爆發奉調回國，正是周恩來麾下幹才。

17日上午，王明、周恩來、博古、李克農一起到張國燾居住的太平洋飯店，向張國燾提出三種辦法：一、改正錯誤，回黨工作；二、向黨請假，暫時休息一段時間；三、自動聲明脱離黨，黨宣佈開除其黨籍。張國燾不答應回黨工作，表示要在後兩條之中選擇。周恩來等人離去後，張國燾立即電話聯繫戴笠，當晚由武裝特務派車接走。

張國燾正式叛逃的第二天，中共中央宣佈開除張國燾黨籍。5月7日，毛澤東在陝北公學講演，專談張國燾叛變問題。毛澤東回顧張國燾在歷史上的機會主義，説張國燾早已在政治上開了小差。張國燾的叛逃沒能帶走任何人，跟在身邊的警衛員張海聽説張國燾叛黨，也沒有跟着走。

一支隊伍，難免有逃兵叛將。紅軍部隊逃兵最多的時候不是艱險的長征中，那時掉隊就會被民團殘殺。可是，長征到達甘肅後卻減員很多：哈達鋪百姓要招上門女婿。

全國團結抗戰，國共再次合作，有些共產黨人懵了。紅二十五軍有兩個團長辭職回家，不打白軍就不當兵了！軍長徐海東氣得吐血，那兩個都是身經百戰的主力團團長啊！

八路軍 115 師的參謀長周昆到武漢領取軍餉，給組織留下三萬，自己帶着三萬消失了。這個周昆，長征中帶着紅九軍團殿後，打得最苦都沒有離隊……

嚴酷的現實提醒共產黨人，合作之下還有鬥爭！

國民黨這邊，也在適應新形勢，尋找新招數。

封鎖還不夠，再加滲透。「黨政軍特聯會報」又在延安東北的榆綏、南面的洛川、西南的彬縣，分別設立分區辦事處，指導本區各縣聯合行動。榆林專員傅雲、綏德專員何紹南、耀縣專員梁幹喬、大荔專員蔣堅忍、郴州專員趙寓心、隴東專員鍾竟成、平涼專員馬繼周，都用反共專家。中統通過陝西省黨部秘書長郭紫峻和陝西省民政廳廳長彭昭賢，將陝北各縣的國民黨黨部書記長、政府縣長統統換成中統要員。

國民黨反共的政策水平也在提高。

1927 年時是「寧肯錯殺一千，也不放過一個」，到了 1929 年年底，公佈一個《共產黨人自首法》，建立反省院制度，專門軟化被捕的共產黨員，爭取不少共產黨的叛徒。1931 年中共特科負責人顧順章被捕叛變，更幫助國民黨連續破獲共產黨的秘密組織。雖然嚐到使用共產黨叛徒的甜頭，但是，徐恩曾的態度還是「用其才，不信其聽」。這些叛徒在國民黨特務機關內部，還是被人看不起。

抗戰爆發，出於新形勢下反共的特殊需要，這些叛徒在特務機關中吃香起來。陳慶齋（胡大海）、杜衡、陳建中、胡洪濤、陳文昭、卜道明、周光亞等紛紛升任中統局本部科長、處長以上職務。中統還將一批叛徒加特務派到與邊區接壤的各縣，當面與共產黨鬥爭。中統陝西省調查統計室的歷任主任都是叛徒，邊區一帶的叛徒還有耀縣專員梁幹喬、綏德景紹山、楊波、佳縣楊玉峰、米脂馬瑞生等人。好不容易撈到當官的機會，這些叛徒加特務搞反共特別興奮，而且，特別擅長再發展新的叛徒。

共產黨最恨叛徒，當年紅隊的主要任務之一就是鏟除叛徒。可現在國共合作了，那叛徒成了友黨的官員，你還得同他握手呢！

中共中央社會部

「槍桿子」也許還能共同對敵，「刀把子」卻要緊緊握在自己手裏。

1939 年 2 月 18 日，中央書記處做出《關於成立社會部的決定》。中央社會部負責領導全黨各根據地和敵區的保衛工作和情報工作，部長由康生擔任。中央社會部的機構十分精幹，下設：第一部（偵察），部長許建國；第二部（情報），部長潘漢年、孔原、曾希聖；辦公室和秘書處。根據中央的決定，各地相繼成立了社會部，其中有中共西北局社會部（陝甘寧邊區保安處）、中共北方局晉察冀分局社會部、中共晉西北區黨委社會部及潘漢年、王超北情報系統等。

社會部的任務是：「一、有系統地與漢奸敵探作鬥爭，防止他們混入黨的內部，保證黨的政治軍事任務的執行和組織的鞏固。二、有計劃地派遣同志和同情分子，利用一切機會一切可能打入敵人的內部，利用敵人中一切可能利用的人，從加強敵人內部的工作達到保衛自己。三、收集敵探漢奸奸細活動之具體材料和事實教育同志，提高同志的警惕性。四、管理機要部門的工作，保障保密工作的執行。五、經常選擇和教育可以做此種工作之幹部。」

以往，中共的情報、保衛系統機構變動大，工作分散，情報與保衛之間，蘇區與白區之間，中央與地方之間，一直沒能形成完整統一的系統。現在，中央與地方各級社會部的創建，調整了中共情報保衛工作各機構、各方面、各層次之間的關係，完成了系統化、統一化、效能化建設。

有趣的是，這「社會部」的名頭，並不是共產黨發明的，國民政府的編成中本來就有個「社會部」，其職能近似民政部門。共產黨用「社會部」命名負責情報保衛工作的機構，也是一種掩護。即便如此，這中央社會部也不對外公開，圈內簡稱「中社部」，嚴格保密。

中社部創立之日康生就是部長，一直管了八年。談起中共的情報保衛工作，不能不談談這個康生。

康生在中共黨內被尊稱「康老」。須知，延安時期能夠稱「老」的，也就是董必武、林伯渠、謝覺哉、徐特立四位六十以上的老人，可年齡偏小的康生居然也能稱「老」？

「文化大革命」使人們看清這個「康老」的水平。一個中央領導，居然能指着雲南省委書記趙健民喊：「我看你的樣子就是特務！」康生的品德也令人鄙夷，臨死揭發江青是叛徒，早幹什麼去了？「文革」結束，康生被開除黨籍。人們看到，江青整老幹部，大多靠康生提供炮彈。這才知道，康生在延安審幹和搶救運動中整過許多人。

長期主管情報保衛工作的康生，怎麼那麼「左」呢？圈內人道：「康生這人是個謎。」

康生出身山東膠縣大戶人家，讀過私塾，上過青島教會學校禮賢中學，1924 年進入上海大學。這所國共合辦的大學，由鄧中夏、瞿秋白等任教，為共產黨培養了大批幹部。1925 年，康生在上海大學加入共產黨，參與周恩來領導的上海三次武裝起義，曾任江蘇省委組織部部長。1927 年，康生與上海大學同學曹軼歐結婚。1931 年 4 月中央特科負責人顧順章被捕叛變，中央緊急改組特科，由中央政治局委員陳雲接手特科領導，中央組織部秘書長趙容任第二負責人。陳雲兼任一科總務工作，原江蘇省委宣傳部部長潘漢年負責二科情報工作，趙容兼管三科紅隊。1932 年陳雲調任全國總工會黨團書記，就由趙容接管整個特科工作。這個趙容，就是康生。康生原名張旺，用過張宗可、張裕先、張耘等多個名字。趙容由此成了中共的情報保衛專才，系統內代號「老闆」。不久，趙容調任臨時中央組織部部長，特科又由潘漢年負責。

趙容還具有傲視國內同行的「國際經驗」。1933 年 7 月，趙容與曹軼歐同行，到蘇聯莫斯科任中共駐共產國際代表團副團長。這個代表團的正團長正是那個「左」傾教條的王明。1934 年，蘇共中央政治局委員基洛夫被刺殺，蘇共開始在黨內肅清托派。王明、趙容積極參與蘇聯「肅托」，同時也對在莫斯科學習的中國同志下手。趙容熟悉的特科成員蕭壽煌被逮捕殺害，1933 年中央離開上海後負責特科工作的武胡景，本是趙容的同鄉兼同事，也被加以叛徒特務的罪名逮捕殺害。一些不肯加入王明幫派的學員，還被誣為「江浙同鄉會」。

王明和趙容還超越國內的中共中央，直接對各地的中共黨組織發佈指示。

1937 年 11 月 29 日，一架蘇聯軍用飛機降臨延安。毛澤東、張聞天、周恩來、朱德、博古、張國燾等在延安的所有中共領導人，冒着大雪到機場恭迎。從蘇聯歸國的王明、趙容，從新疆搭機的陳雲，一起走下飛機。毛澤東熱情洋溢地致辭：歡迎從崑崙山下來的「神仙」，歡迎我們敬愛的國際朋友，歡迎從蘇聯回來的同志們，這叫喜從天降！

剛剛抵達陝北一年的中共中央，正在應對抗日戰爭爆發後劇烈變化的形勢，正在清算張國燾的錯誤，正在整合中央領導機構，急需共產國際的支持。在共產國際七大上，中共有王明、周恩來、張國燾、毛澤東當選執行委員會委員，趙容、博古當選執行委員會候補委員。王明還當選執委會主席團委員、政治書記處候補書記，主管亞洲和拉丁美洲各國共產黨的工作。趙容當選主席團候補委員，接替王明擔任中共代表。王明和康生在共產國際的地位，比中共的所有領袖包括毛澤東都高！

毛澤東的歡迎不是客氣。不久，這架飛機上下來的三個人都擔任了中共中央的重要職務。王明任中央統戰部部長、趙容任中央社會部部長、陳雲任中央組織部部長。不久，趙容改名康生。

為什麼選擇康生擔任中社部部長？

數數延安幹部，曾經擔任情報保衛戰線高級職務的有：周恩來、陳雲、康生、鄧發、羅瑞卿、李克農、潘漢年、周興等人。周恩來是中央領導人，陳雲另有重任，羅瑞卿主要在紅軍工作，鄧發、周興參加過肅反，潘漢年、李克農在特科的地位不如康生，算起來，由中央政治局委員康生擔任中社部部長，也是順理成章的事情。

深層原因可能不止於此。一些曾在康生領導下工作的老保衛幹部說，當時康生總是強調國際經驗。

國際經驗！不能低估共產國際在這個階段對中共的影響。從組織關係上看，中共是共產國際的一個支部，共產國際對中共是上級領導關係。特別是在中共內部的爭論中，共產國際更起着關鍵的仲裁作用。張國燾與中共中央分庭抗禮，還是張浩代表共產國際表態，才使張國燾接受中央領導。這次王明、康生回國，行前受到斯大林的專門接見。共產國際執委會書記處在 8 月專題研究中國局勢，討論通過王明的報告。這個報告認為中國當前的中心任務是「在國共合作的基礎上建立全中國反日黨派各黨派的抗日大聯合，」進而「建立全中國統一的國防政府和全中國統一的民主共和國。」

從國共對抗轉為國共合作，這將要求中共實行一百八十度的政策轉變，異常困難。共產國際總書記季米特洛夫決定：「這個時候需要加強國內幹部的力量，需要能在國際形勢中辨明方向，有朝氣的人去幫助中共中央。」共產國際選中並派回的這種幹部，主要就是王明和康生。

康生在共產國際任主席團候補委員，在中共黨內僅次於王明。康生在國內也有相當資歷，曾在上海從事基層工作，曾經擔任江蘇省委組織部部長、中央組織部部長。而且，還有中社部職務所需的情報工作經歷，負責過中央特科工作。而且，康生曾在共產國際參與情報工作，學得不少「特別工作建設」經驗。

正在健全情報保衛工作組織的中共，當然也會重視這方面的國際經驗。那時的延安有蘇軍情報組，就住在中共中央和中社部的駐地棗園，專門蓋的磚房，還有自己的專用電台。中共中央與共產國際的聯絡，由毛澤東直接掌握，通過化名「農委」的電台收發，毛澤東與斯大林的聯絡，則全部經由蘇軍情報組電台收發。毛澤東重視與蘇聯情報人員的關係，蘇軍情報組組長孫平要求學習中共黨史，毛澤東就親自為他講解。曾在蘇聯參加過格別烏工作的師哲，被共產國際派回延安了解情況，立即受到中共中央的重用，做任弼時的政治秘書，實際又是毛澤東的俄文翻譯，經手與「遠方」來往的全部電文，後來還擔任中央書記處辦公室主任。

具有國際經驗的康生，又多了一重擔任中社部部長的條件。創立中社部，康生很是出力。康生撰寫的教材「特別工作建設」頗有一套，上海暴動中坐黃包車通過國民黨封鎖線，點心盒子裏面藏着两隻手槍，到德國時暗帶毛澤東、朱德給德共的信件通過海關，等等等等，訓練班的青年人聽得入神。康生富於情報實踐，還有國際經驗；康生文化素養頗高，左右手兼能書法；康生社會經驗豐富，三教九流都通；康生能夠在延安稱老，也有些來由呢。

共產國際主席團候補委員、中共中央政治局委員，又有了中社部部長這個實權，康生在延安神氣得很。身着黑呢制服，胯下黑色大馬，隨從黑色狼狗，那派頭，比蘇聯格別烏頭頭也不遜色！

中社部創立之初幹部很少，孔原曾任副部長，很快調到南方局工作。前特科情報科科長潘漢年被任命為一室主任，主管情報工作，不久升任副部長。

潘漢年出生於江蘇宜興的書香門第，自幼好學聰明，十七歲就在上海的報刊發表詩作和雜文，十九歲孤身一人闖蕩上海，考入黎錦熙主辦的中華國語學校，又在中華書局謀得校對員的差使。中華書局是上海革命活動的基地，潘漢年在這裏參加了進步工會組織的「五卅」罷工，1926 年加入文學團體創造社。創造社領袖郭沫若、郁達夫都是享譽中華文壇的人物，潘漢年這個「小夥計」顯示出眾的辦事能力，加入中共地下組織。

潘漢年活躍於進步文壇，辦周刊，寫雜文，結交諸多名人，被戲稱「小開」(小老闆)。北伐軍興，潘漢年應總政副主任郭沫若之邀主編小報。到上海後積極從事左翼文化活動，寫作大量文學作品，得到中央領導的賞識。江蘇省委建立中共第一個文化黨組，書記就是潘漢年。後來，這個黨組又劃歸中央宣傳部，潘漢年又任中央文委的第一任書記，領導籌建「左翼作家聯盟」。1930 年，潘漢年負責將「自由大同盟」「社聯」「左聯」「劇聯」「工聯」等各界左翼團體聯合組成「中國反帝大同盟」，並任黨組書記。26 歲的「小開」，在上海各界路路通！

第二年，上海聞人潘漢年突然銷聲匿跡。原來，中央特科負責人顧順章叛變，中央將潘漢年調到特科負責情報工作。自從 1931 年參加中央特科，潘漢年始終在情報、統戰工作的第一線活動。在中央蘇區，曾參與紅軍與福建政府的談判。長征路上，奉命轉往白區，將遵義會議精神傳達給白區黨組織。國共合作初期，潘漢年又往來延安與南京之間，成為兩黨中央的聯絡人。

1939 年 4 月，剛任中社部一室主任不久的潘漢年，因眼疾需要到大城市手術，行前康生佈置：如果能在香港待住，就留在當地搞情報。10 月，中共中央任命潘漢年為中社部副部長，在敵後組織情報工作。此後，潘漢年長期在香港、上海、淮南一帶秘密活動，在敵後與日本、汪精衛、國民黨情報機構鬥智鬥勇，獲得許多重要戰略情報。潘漢年是一個難得的情報奇才，既能親身在第一線活動，又能在幕後指揮組織，戰略目光敏鋭，文化素養很高，長於同各界人士交友，善於分析整理情報。

作為秘密情報人員，潘漢年曾多次往來於敵我之間，解放後被錯定為「內奸」逮捕關押。「文化大革命」結束之後，受迫害的幹部親屬紛紛要求平反，可是潘漢年與妻子董慧均已去世，沒有留下後代。但是，特科的老同事始終在懷念潘漢年。年邁的陳雲向中央提出為潘漢年復查平反的要求。1982 年，潘漢年於去世五年後得到平反。

中社部後來又任命一位副部長，這就是「龍潭三傑」之一的李克農。

抗戰初期李克農一直在國民黨統治地區從事情報和統戰工作，先後組建西安、上海、南京、武漢、桂林的八路軍辦事處，在國統區建立許多情報關係。1941 年 3 月李克農回到延安，任中社部副部長。9 月，中共中央決定成立中央情報部，中社部部長康生兼任中情部部長，中社部副部長李克農兼任中情部副部長。不久，康生把主要精力用於整風審幹，就由李克農主持中社部和中情部常務工作。1946 年年底，搞「搶救運動」聲名狼藉的康生，不得不離開延安到晉綏搞土改，中社部和中情部就由李克農負責。抗戰勝利後國共和談，李克農又出任「軍事調處執行部」的中共代表團秘書長。

人民共和國成立後，李克農任軍委情報部部長、外交部副部長、副總參謀長，主持朝鮮停戰談判，參加日內瓦會議，將情報工作與多方面工作結合起來。李克農一直主管情報工作，提出一整套情報工作的方針、政策、方法，確立情報工作的體系。

李克農一生處於中共情報工作的關鍵位置，人們公認：李克農是中共情報工作的卓越領導人。

曾經在一段時間中擔任中社部副部長的還有孔原、陳剛、劉少文、譚政文等人，都是中共情報保衛戰線的精英人物。

陝甘寧邊區保安處

黨中央的情報保衛機關是中社部；軍隊的情報機關是軍委二局，保衛機關是總政鋤奸部；政府系統，那就是陝甘寧邊區保安處了。中央社會部簡稱「中社部」，陝甘寧邊區保安處簡稱「邊保」。

統領全黨情報保衛工作的中社部，是個精幹的指揮機構。管理陝甘寧邊區情報保衛工作的邊保，卻是實施部門，實力派。陝甘寧邊區的政治體制借用美國體制，雖不是三權分立，卻也號稱「兩權半」：政府、參議院獨立，法院半獨立，保安處兼有公安機關與檢察機關的職能。邊區的政權各級一般只有三個部門，一處（分區和縣，縣為「科」）為民政、二處為財務、三處為教育，整個政府的人數都有嚴格編制。可是，保安系統卻沒有列入這個排序。邊區稱保安處，下面稱保安科，參加政府會議的待遇也提高一級，別的部門限於科長的，保安處的科員都能參加。別的部門首長手下只有一兩個科員，保安頭頭下面卻有兵馬，而且有明暗兩個系統。明的，有武裝的保安隊，派往軍隊和某些單位的特派員；暗的，有各單位中兼職的「工作網員」。

保安處機關，一部（曾稱局、部、科）管保衛，二部管偵察，三部管地方（後為審訊），還有幹部處、辦公室。擔任一部領導的先後有謝滋群、布魯。保衛與偵察分開後，師哲、趙蒼壁等人擔任一部領導，王凡、李啟明等人擔任二部領導。白棟才任三部領導，葉運高管審訊。實際上，保安處的業務工作主要是三塊，偵察、情報、審訊。在這三個部門主管時間較長的人是：偵察趙蒼壁，情報李啟明，審訊葉運高。

保安處下轄各縣的保安科是雙重領導，既服從縣委縣政府的領導，又服從邊保領導。保安科下屬的保安隊，又是縣政府的唯一武裝力量；保安科管理的看守所，又是縣級的監獄。陝甘寧邊區轄有 5 專區、22 縣、1 市，到處都有保安力量。

延安是個城市，別的地方都稱保安分處，唯有延安稱為「公安局」，圈內豔稱天下第一局！延安市局第一任局長劉護平工作出色，被送到蘇聯中山大學深造。副局長王卓超接任局長，一氣幹了十年。日本投降後接任局長的郝蘇是「三八式」幹部，副局長康世昌是更為年輕的本地幹部。解放戰爭後期收復延安，康世昌任局長、梁濟任副局長。

延安市局在全市設有四個派出所。第一派出所所長邵炎出身官僚家庭，22歲就帶着少校肩章主管一個電話局，卻要來延安吃苦，人民共和國成立後任公安部局長。第二派出所所長楊開明，第三派出所所長朱化龍是知識分子幹部，人民共和國成立後任職石油部。第四派出所李所長是個長征幹部。局機關：一科偵察，科長荀良法，在南京地下黨時掩護職務是國民黨警察，人民共和國成立後任西南政法學院院長。二科治安、戶口、消防，科長楊開明。三科司法，公檢法的事情都管。四科總務。市局的幹部配備很強，局本部大多是老資格的江西、四川紅軍，只有梁濟一個延安本地人。毛澤東的警衛員陳昌奉長征後調到市局工作，先後當過警察隊指導員、第二、第一派出所所長。騎巡隊指導員曾紹東在人民共和國成立後定銜少將。

最顯眼的是一支警察隊。以往，中共保衛系統的武裝力量都稱為警衛隊、保衛隊、特務隊等，編制體制與軍隊相同。這次延安成立的警察隊是中共的第一支警察隊伍，警察隊的服裝與軍隊的灰色制服不同，從頭到腳都是黑色的，領章用鋁合金特製，上有「邊警」二字。這服式則與國民黨的「黑狗子」一樣，改裝時不少戰士鬧情緒，還做了幾天思想工作。警察隊創建之時只有35人，隊長鄒理智，指導員陳昌奉，副隊長張智理。不久又由三個班擴編為三個區隊，140多人。這一個連就是維護邊區首府延安的全部治安力量，中央首長的警衛員往往也從警察隊中選調。林彪的警衛向彪、董必武的警衛馮文斌原來都是延安警察。延安城裏主要路口，設有六個警察哨崗，兼有維護秩序與疏導交通的重任。警察隊還要定期不定期地配屬公安局治安科查戶口、查旅店，警戒保衛集會安全。市局的騎兵巡邏隊有一百多匹戰馬，每逢迎接外國或中央政府來賓等重大場合，都由這支騎巡隊出馬警戒。

陝甘寧邊區的主要軍事力量是留守兵團。邊區最高軍事指揮部門是聯防司令部，司令員是西北局書記高崗。還有延安衛戍司令部，司令員由駐紮邊區的部隊首長擔任，先後有王震等人，副司令一職，一直由邊保首長周興擔任，周興麾下有個裝備齊整的保安團。保安團的前身是紅軍保衛局下屬的保衛隊，初期只有一百多人相當於一個加強連。到延安後擴編為三個保衛營，一個營警衛黨中央，一個營保衛軍委總部，一個營保衛地方政府。後來又取消營的編制，直轄七個步兵連隊，還有機槍連、警衛排，共一千五百多人，武器有輕重機槍，還有大量駁殼槍，但是沒有炮，屬於內衛部隊的編成。可以說，延安的保安團，就是後來武裝警察部隊的前身。

保安團第一任團長李文昌是江西寧都起義的紅軍，第二任團長李志舟是陝北獨立師幹部，第三任團長是劉鎮，政委由保安處政治部主任鄒衍兼任，第一任參謀長王志，第二任參謀長夏飛。保安團由邊保和聯防司令部雙重領導，邊區政府和西北局的警衛，首長警衛員的訓練派遣，會議與首長出巡警衛，社會治安巡邏，看守犯人，邊防檢查站與路口警衛，防空哨與機場防衛，延安警備司令部站崗，都由保安團派出兵力。

中社部是黨的機構，不對外，而保安處就有兩塊牌子，對內是西北局社會部，對外是邊區政府的保安處。中共在延安的保衛工作，都是由保安處出頭露面。

抗日戰爭期間，中共的情報保衛工作始終面對強大的對手。日本帝國向來重視間諜工作，作為友黨的國民黨，特工部門也與中共作對。中統局從前身的一個科起就專職反共，軍統局更是迅速膨脹，兼有抗日與反共雙重任務。

中共這邊，中央指揮部門——中社部，主要實施部門——保安處，也形成了完整的情報、保衛系統。

誰能鬥過誰？有識者言：看人才！

邊區保安處的首長，處長一直由周興擔任，副處長前期是杜理卿、譚政文，中期有劉海濱、劉秉溫，後期有趙蒼璧、李啟明，任職最長的副處長是劉海濱。劉海濱於 1932 年參加國家政治保衛局高級保衛訓練班，長征時任二師特派員，腿部受傷轉到地方工作。人民共和國成立初期，周恩來抽調一批公安幹部到大學擔任黨委書記，劉海濱就到了西北工業大學，後來還和陝西省委書記胡耀邦成了兒女親家。邊保後期的副職，都來自陝西當地組織。

邊保的領導層中，周興、趙蒼壁、李啟明三人從事保衛工作的時間較長。周興是中央紅軍長征幹部，趙蒼壁是陝北當地幹部，李啟明是外來知識分子幹部，三人恰恰代表邊保幹部來源的三大類別。

周興在中共的情報保衛系統中是個重量級人物，從中央蘇區的首都瑞金，長征中的紅一軍團保衛局副局長，到延安邊保負責人，周興一直在毛澤東身邊工作。解放戰爭後期，周興參加南京和重慶的接管，後任公安部副部長、最高人民檢察院副檢察長、雲南省省長、省委第一書記。

趙蒼壁是陝北土生土長的幹部。十四歲入讀清澗第二高小，白明善等老師是陝北早期共產黨員，學校所在的高傑村是毛澤東後來吟誦《沁園春 · 雪》的地方。學業優秀的趙蒼壁，又轉入縣城就讀清澗一高，這裏又是謝子長 1927 年發動「清澗起義」的地方。在學校接受革命思想的趙蒼壁，回鄉當了小學教師。1932 年冬，謝子長到清澗一帶開闢根據地，18 歲的趙蒼壁投身革命，1934 年任延水縣第一區蘇維埃主席，1935 年 2 月任延水縣保衛局秘書。

1935 年聽説黨中央到達陝北，趙蒼壁單人跑去尋找。輾轉百里在保安找到西北保衛局，正好參加當年 10 月舉辦的保衛培訓班。聰明機智的趙蒼壁培訓畢業後被留在西北保衛局任秘書。不久，保安縣發生一起運輸軍用物資的馬隊被搶劫的案件，趙蒼壁率領二十多名便衣，秘密潛入順寧鎮，百日偵察，終於查明是國民黨組織的民團所為。趙蒼壁只帶一人，化裝潛入民團團總家中，把團總父親抓出來審訊。這下查明，民團在中央駐地安排了一個釘鞋的當坐探！

曲折複雜的偵破歷程，激起趙蒼壁對偵察專業的濃厚興趣，歷任三邊保安司令部副司令員、綏德保安處處長、邊區保安處的便衣隊隊長、隴東保安分處處長，解放戰爭任陝甘寧邊區保安處副處長。人民共和國成立後，又在北京市、南京市、重慶市公安局工作，歷任西南公安部副部長、四川省公安廳廳長、西南政法學院院長、副省長，1977 年任中華人民共和國公安部部長。從縣保衛局秘書到國家公安部部長，趙蒼壁具有完整的公安保衛工作經歷，這個公認的「偵察專家」，退職後還寫了《政治項目偵察概論》。

李啟明走上情報保衛戰線的經歷更是奇特——抓進來的！他是山西人，1929 年到太原一中讀書，1931 年到汾陽參加馮玉祥舉辦的軍官學校，1932 年秘密加入共產黨，隨同馮玉祥領導的察哈爾民眾抗日同盟軍參加古北口戰役。同盟軍遭受日軍和蔣介石的雙重圍剿，李啟明等地下共產黨員被迫轉到綏遠，1933 年又到陝西蘇區加入紅二十六軍。

李啟明的才智正適於搞情報，秘書、檢查站、訓練班、外勤、情報科科長，經歷各種情報崗位的李啟明，成為陝甘寧邊區保安處最年輕的副處長，人民共和國成立後又是最年輕的大區公安部部長。中央準備調李啟明去國外當大使，可李啟明的岳父李克農卻說不懂外語何必去國外受洋罪。後來，李啟明一直留在陝西，「文化大革命」前任陝西省省長，「文化大革命」後任雲南省委常務書記。

分析周興、趙蒼璧、李啟明這批邊保幹部的來源，可以看到，中共情報、保衛幹部的配備正在發生變化。

中共向來重視情報保衛系統的幹部配備，高層領導送蘇聯培訓，骨幹成員強調工人成分。鄧發是海員出身，周興、歐陽毅、陳復生、謝滋群等人都是手工業工人出身。可是，組織成分純而又純，並沒有保證不出顧順章那樣的叛徒，並沒有保證不犯李韶九那樣的嚴重錯誤。

經歷挫折的中共更會用人，新配備的保衛幹部來源多方：既有一批經歷過二萬五千里長征的老幹部，又重視培訓陝北當地農民幹部；既有許多來自紅區的工農幹部，又充實來自白區的地下黨幹部，還特別注意吸收外來知識分子。

知青進入特訓班

「三八式幹部」。

了解中共歷史的人們都知道，中共有這樣一批幹部，他們大多在 1938 年前後的抗日戰爭初期參加革命，大多是知識分子成分。中共幹部論資歷，一般按革命階段分期，第一批是 1921 年至 1923 年的建黨幹部，第二批是 1924 年至 1927 年國共合作時期的大革命幹部，第三批是 1927 年「四一二事變」至 1937 年「七七事變」的紅軍幹部，第四批抗日幹部，最有名的稱號就是「三八式」。

「三八式」的得名，確實和抗日戰爭相關。日軍有一種步槍，子彈能夠射穿八桶水。八路軍戰士對這種戰利品愛之如寶，以其定型年份明治三十八年，稱為「三八大蓋」。三八式步槍厲害，三八式幹部更厲害。建黨幹部和大革命幹部素質雖高，人數卻少；紅軍幹部階級立場堅定，但文化水平偏低；三八式幹部則數量大、文化高，恰恰彌補前兩者的缺欠。1938 年參加革命二十來歲，1949 年建國三十來歲，三八式與紅軍式兩股力量密切協同，成為中國革命和建設的骨幹隊伍。秘密戰線也有「三八式」！

1938 年，國民黨將特務組織從「處」升格為「局」，這樣，就有了機構龐大的「軍統局」和「中統局」。

共產黨這邊呢，「中央社會部」的成立，還要等到 1939 年年初。不過，共產黨並未空閑這重要的 1938 年，共產黨的做法是先抓人才。

這一招抓得更實在。須知，機構是由人組成的。

周恩來首先着手調人，從全黨範圍抽調十個高級幹部，三十個中級幹部。潘漢年、劉少文、杜理卿（許建國）、吳德峰、羅瑞卿、李克農、孔原、鄒大鵬、吳溉之、歐陽毅等老資格的情報保衛幹部來到敵區工作委員會。1937 年 12 月，中共中央重建「中央特別工作委員會」，周恩來繼續擔任主任。這個主管情報和保衛工作的機構，對外稱「敵區工作委員會」，調到這裏工作的幹部，後來都成為黨政軍隱蔽戰線的主要領導。

敵區工作委員會成立了，首要問題還是缺幹部。延安有馬列學院，有軍政大學，有中央黨校，卻沒有一所情報保衛大學。培訓情報保衛幹部，還得靠辦班。創建特科時，周恩來於 1928 年春在上海辦班，親自培訓學員二十多天。中央蘇區創立國家保衛局，幹部也來自訓練班。西北保衛局改組伊始，周興局長也主辦過訓練班。

1938 年 2 月，中央敵區工作委員會的第一期訓練班在延安開學了。汪金祥、李士英、朱士華、肖桂昌、王佐超、龍友明、彭凡成、張箴、黃赤波、李握如、宗韜等12個學員參加，毛誠旁聽。這批學員大多是老保衛幹部，李士英是特科紅隊的，汪金祥、王佐超、黃赤波、李握如、劉輝山等人是紅軍政治保衛局的，毛誠剛從蘇聯受訓歸來。第一期只學了一個多月，學員畢業後都成為中共保衛系統的領導幹部，汪金祥任中央社會部二室主任，王佐超任延安市公安局局長。

第二期着重培養新人。班主任是從西北局調來的陝北幹部白棟才，年輕的紅軍幹事羅青長兼任支部書記，有宋志遠（傅文忱）、李才（張友恒）、林一、吳誠、李振遠、周梅影等14個學員，還有吳烈、蕭前、劉護貧等5人旁聽。這期學員中不少人都是東北抗聯的秘密黨員，還到蘇聯學習過，特別適宜到敵後潛伏。

這期培訓時間稍長，7月開學10月畢業。兩人分到中央交通局，宋志遠負責中共中央同蘇聯的國際交通線，吳誠管理從延安到西安到重慶秘密交通線。李振遠、周梅影、李才等經常到敵後執行重大任務，從華北到東北到上海，有如獨行大俠。女幹部林一帶隊到山西八路軍前方總部，參與創建前總的情報處，還親赴北平等地佈置潛伏工作。五個旁聽生則是保衛幹部，畢業後留在中央警衛部隊。

羅青長是四川蒼溪人，1932年在家鄉參加共青團，後來加入紅三十軍。長征中，具有初中一年文化的羅青長，被調到政治部門從事聯絡工作。二、四方面軍匯合，又到紅軍總部任青年幹事，上級領導是吳德峰。到達陝北後，羅青長跟隨吳德峰在東北軍工作委員會工作，1938年7月從中央黨校畢業，立即進入情報訓練班，畢業後就進入情報系統，公開身份是八路軍西安辦事處主任林伯渠的機要秘書，暗中在西安地下情報系統中擔任支部書記，兼管八辦內部包括安吳訓練班的保衛工作。後來，羅青長又調回延安中社部本部。

羅青長博聞強記，譯電時可以不看本子直接翻譯，經常掌管機要電台。羅青長善於整理情報，撰寫的關於三青團的報告，得到毛澤東的讚賞。羅青長還是個有名的活檔案，中央前委轉戰陝北，中社部一室主任羅青長隨行，每天向毛澤東、周恩來提供國民黨部隊調動情報，對國民黨師以上軍官了如指掌，對中共各系統情報部署如數家珍。

人民共和國成立後，羅青長兼任周恩來總理辦公室副主任、國務院副秘書長，參與李宗仁歸國、劉少奇訪問柬埔寨等多項重要工作。年輕的羅青長入門後一個台階一個台階登上去，從秘書到科長，從室主任到秘書長，一直當到中央調查部部長。周恩來去世前召見的最後一個幹部，就是羅青長。

第三期在 1938 年年底舉辦，畢業就趕上中社部成立。這期學員有的犧牲，有的叛變，有的病逝，有的在「文革」中被鬥死，筆者採訪時健在的只有王炎堂（原名黃金堂）一人了。

王炎堂年少志大，15 歲入黨，沒帶組織關係就跑到延安，又在陝北公學再次入黨，跟着又到中央黨校、馬列學院學習，沒幾個月，又被選調到中社部訓練班，畢業後調到中社部秘書科工作。起初不過是收發文件，歸類處理；接着就整理情報，撰寫通報；而後又調查分析，研究情報。上級領導手把手地指導，王炎堂還寫了一篇揭露國民黨「特情突擊運動」的文章，以「阿黃」的筆名登在《共產黨人》雜誌上。經手大量文件的王炎堂，逐漸成為研究國民黨特務系統的專家，圈內戲稱「反革命科長」。

第四期訓練班學員有張耀祠、曲日新、夏印等人。陳龍來自東北抗日民主聯軍，畢業後曾任中社部三室主任，成為延安有名的偵察專家。毛澤東去重慶談判，中社部特派既能雙手打槍又懂保衛的陳龍擔任警衛。解放戰爭中陳龍任東北局社會部副部長、東北公安部副部長，人民共和國成立之初被急調北京任公安部一局局長，後任副部長，提出中國偵察工作的重要指導方針:內線偵察。

第六期擴大到五十多人，有甘露、趙蒼壁等人。第七期人數更多，有杜長天、王再天、劉湧、王初、盛北光等人。第八期於 1941 年 10 月開學，都是嚴格挑選的學員。

保衛工作的重要領導幹部汪東興，從事保衛工作並不很早，是第八期學員。汪東興是江西弋陽人，在家鄉參加方志敏領導的紅軍部隊。長征時在紅軍幹部團任三連指導員，強渡金沙江指揮得力，得到幹部團特派員周興的重視。

在延安任軍隊和平醫院政委的汪東興，希望搞保衛工作，譚政文就介紹他到中社部學習，畢業後到主管保衛的二室工作。胡宗南進攻延安，中社部二室主任汪東興奉命跟隨中央前委行軍，從此直接負責毛澤東的警衛，人民共和國成立後任中央警衛局局長、中央辦公廳主任，為保衛毛澤東的安全盡心盡力。

凌雲 1941 年入學，後來留在中社部二室工作。人民共和國成立初期，凌雲到公安部政治保衛局工作，先後任局長、公安部副部長，長期主管反間諜工作，偵破諸多間諜特務案件。「文化大革命」中，經手機密的凌雲受到林彪、江青的猜忌，在公安部首當其衝地被關押。「文化大革命」後凌雲重新擔當重任，曾任林彪、江青反革命集團案件審判指導委員會辦公室主任。調整情報系統時，反間諜專家凌雲又被任命為首任國家安全部部長。

第八期還沒畢業就趕上整風，第九期實際是整風審幹中調來受審查的幹部，兩期合併成為西北公學的學員。

當年的中社部訓練班的年輕人，後來都成為情報保衛戰線的領導幹部。王珺任安全部副部長，甘露任江蘇省公安廳廳長，慕丰韻任邊防總局局長，孫振任經濟保衛局局長，王初任公安部副局長，王鑒任上海市公安局局長。

軍隊系統也在辦班。中央軍委二局的諜報訓練班，第一期於 1938 年 8 月開學，同中央敵區委員會的第二期大致同期。馬文波任隊長兼教員，陳福初任支部書記，學員有張挺、江濤等 23 人。軍委二局局長曾希聖主持編寫的教材《諜報勤務》，毛澤東題詞「知己知彼，百戰百勝」。

軍隊班的課程有諜報勤務、部隊偵察、無線電通訊、爆破技術、馬術、攝影技術等，還有日語課程。學員畢業分配到軍委、八路軍前方總部、新四軍、晉察冀軍區、晉綏軍區，成為組建軍事情報機構的骨幹，人民共和國成立後陳福初、張挺、馬文波在總參，江濤任國防科委情報研究所所長。

西北局地方的訓練班辦得最大。

1938 年 6 月，陝甘寧邊區保安處在延安城外的七里鋪舉辦了第一期情報偵察幹部訓練班。而後又連續舉辦七期，培訓大批情報偵察幹部。由此，人們戲稱七里鋪是培訓共產黨情報保衛人員的黃埔軍校。這口氣也許大了。訓練班可不是七里鋪一家，上面有中社部的棗園訓練班，旁邊有邊保的三十里鋪訓練班。

這「黃埔一期」雖然是一句笑談，卻也有些道理——出幹部啊！1992年國家安全部組織了一次聚會，尚且在世的七里鋪一期學員到會的就有16位高級幹部：前雲南省委常務書記李啟明、前司法部部長鄒瑜、前上海市公安局局長艾丁、前陝西高級人民法院院長喬蒼松、前全國婦聯幹部呂璜、前北京市公安局處長姜鵬、前公安部顧問解衡、前湖北高級人民檢察院檢察長房照義、前天津市調查局局長柳峰、前總參三部局長劉平、前輕工部局長楊黃霖、前西安市公安局副局長王文，此外還有作家柯藍、鄧濤、晏家華、汪琦。

當時的邊區，情報保衛幹部缺口很大，有文化的幹部缺口更大。雖然都是情報偵察訓練班，七里鋪的學員都是知識分子幹部，三十里鋪都是陝北本地幹部。七里鋪這些知識分子幹部一畢業就受到重用，人民共和國成立後又撒往全國各地，大都成為司局級、省部級以上幹部，所以這七里鋪的名聲就大起來了。

1938年6月開班的一期有三十六名洋學生，窯洞裏面同吃同住同學習同勞動，一天二十四小時都在一起。學員們被告知，不准與外面聯繫，不要互相打聽來歷，不能暴露自己的身份……

這第一期訓練班的領導是邊保偵察科科長布魯，支部書記王凡、班長趙君實都是長期在白區搞地下工作的老革命，小班長、黨小組長多為紅軍時代的工農幹部，有李啟明等人。學員則都是抗戰爆發前後入黨的二十歲左右的青年人，浦瓊英的父親是雲南「火腿大王」，呂璜來自四川學校，解衡是東北流亡學生……一個比一個家庭成分高，一個比一個文化程度高。

授課人個個鼎鼎大名！中央政治局委員陳雲講授革命氣節，共產黨沒有被強大的敵人消滅，這就是靠共產主義必勝的信念。李富春、孔原、徐特立、高自立、鄧傑等人都在白區搞過地下工作，有些曾經被捕，經受酷刑的考驗。學員們崇敬地聽着，來的時候對黨認識並不深，通過學習都堅定信念，決心永不叛黨。

訓練班沒有正規教材，但結合實例的講解相當實用。中社部部長康生講授革命陣營內部的反托派鬥爭，中社部副部長潘漢年介紹日本情報機構，李克農講解非法和合法兩種條件下開展秘密工作的不同方式，劉鼎演示化裝技巧。

「黃埔一期」之所以出名，還因為有八個女學員。

延安本是偏遠小城，大批革命幹部的到來，迅速改變人口構成，男女比例嚴重失調：18：1！新來的知識青年中有不少女性，但人家未必看上老幹部。延安流行一個段子：有個女知識青年與老幹部談戀愛，晚上散步，女青年說：今晚的月亮真好看。老幹部說：好看什麼？銅洗臉盆子！據說，薛明、李寧等中央黨校的女學員曾經約定：不嫁老幹部！不過，薛明後來還是被老幹部賀龍追到了。

鄧小平也有擇偶問題！第一個妻子在白區鬥爭中犧牲，第二個妻子在蘇區離婚。現任八路軍總政治部副主任的鄧小平沒有老婆，還是老戰友鄧發幫忙。保安處訓練班的八位女生個個政治可靠，品貌端正！

鄧小平同保衛系統很熟，1928 年在上海同周恩來住一個房間，制定中共最早的保密規定，還被特科救了一命。長征期間行軍艱苦，一匹馬有時就能決定一個幹部的生存。因為是「毛派頭子」而捱整的鄧小平，在總政當巡視員，坐騎摔死了沒法補充，全靠步行，腳都走腫了。一直暗中關心鄧小平的毛澤東看到了，悄悄佈置中央縱隊的特派員蕭赤給鄧小平找匹好馬。

周興當然熱心幫忙，陪鄧小平悄悄看了兩次，鄧小平相中了浦瓊英。

浦瓊英的父親是雲南的「火腿大王」，姐妹三人一起來到延安，都在保安處工作。姐姐浦石英的丈夫羅紹華，正是秦平來延安工作的接頭人，兩人相當熟悉。羅紹華告訴秦平，浦瓊英尚無戀愛對象。秦平趕緊向周興匯報。沒幾天，鄧小平又來了一趟。過不久，周興找浦瓊英談話，把浦瓊英調去中央社會部工作。

組織上介紹浦瓊英與鄧小平結識，起初浦瓊英並不樂意。在一期班中，浦瓊英、呂璜、鄧濤三個女生分外要好，曾被領導批評搞小集團。呂璜知道，動員浦瓊英和鄧小平談戀愛，組織上施加了壓力！

這個浦瓊英就是卓琳。對於這段婚姻，卓琳在一篇回憶周興的文章中提到：「作為一名公安戰線的新兵，對於部門的最高領導，我們只知其人而並不相識。記得有一天，周興同志找我談話。我報告後進去，第一次見到久仰盛名的領導。一眼窯洞中，簡樸的辦公用具，簡樸的衣着，一切都是延安那種既熟悉又普通的風格。周興同志問了我的情況，告訴我要調我到保衛部門工作。談話簡練、明確而親切。這是我第一次認識周興同志，當時，我並不知道，他的這次談話和對我的調動，對我未來的生活竟然會產生那麼大的影響。到了黨中央的保衛部門後，我認識了小平同志，並最後與他結成終生伴侶。可以說，在眾多熱情關心小平同志的人中，周興同志也是一位積極分子。」

卓琳與鄧小平定情之後，還在延安城裏請了一次客，出席的都是卓琳的訓練班同學和檢查站同事，吃飯地點是新市場的一個小飯館，主菜叫做「三不沾」！這「三不沾」純屬陝西地方風味，將麵粉、豬油、雞蛋、白糖打在一起，吃起來甜軟滑膩，既不沾碗也不沾筷還不沾牙，俗稱「三不沾」！

鄧小平與卓琳的婚禮，在女方的工作駐地舉行，共同舉辦婚禮的一對，孔原和許明都是卓琳的中社部同事。

卓琳的運氣很好。鄧小平這個老幹部，不但有很老的革命經歷，而且還是留過洋的知識分子。鄧小平的眼光很準，卓琳從此伴隨鄧小平一生。女兒毛毛

鄧小平、卓琳和孔原、許明兩對新人合影。

寫道，鄧小平躲過「文革」衝擊的法寶就是和家人在一起。

保安處訓練班的女生人才出眾，不止鄧小平到這裏擇偶，作家劉白羽、周立波，保衛幹部汪金祥、譚政文都從中找到終生伴侶。

這種由組織介紹的婚姻，似乎干涉了個人自由。可是當年，這種情況相當普遍。白區工作，有「住機關」之說。為了掩護身份，男女地下共產黨員，由組織安排，假扮夫妻住在一起。日久生情，假夫妻往往變成真夫妻，可是，工作需要分開時，真夫妻又要分離。有對幹部住機關四年都保持獨身，到延安重逢後才真正結合。當時，這種結合與分離都沒有任何法律手續，無所謂結婚和離婚。「文化大革命」鬥爭白區老幹部，說這個有三個老婆，那個有五個老婆，其實都是這種「住機關」，並非喜新厭舊。紅區幹部的婚姻，也難能全由自己做主。共產國際派駐中共的軍事顧問李德到蘇區後，到處追女人，組織上就給他安排了一個妻子。戰爭年代，生死存亡第一，愛情與婚姻都要有所服從。

其實，組織安排的婚姻，前途未必不好。鄧小平與卓琳就度過幸福的一生。毛澤東與江青的婚姻，倒是個人的自由選擇，並未接受保衛部門的意見，反而鑄成毛澤東晚年的極大不幸。

七里鋪第二期於 1939 年 2 月開始，11 月結業。這期學員有王林、侯良、嚴夫、杜定華、楊崗、伊里、張季平、薛光、喬莊、郝蘇等二十幾人。雖然都是黨員，卻也有幾個出身地主官僚家庭。

這期學員全是男生，而且上來就學一個月日語。按計劃，畢業後將全部派往日軍佔領區。派往敵後的間諜，都要有當地的社會關係作為掩護，這樣，出身「高」反而成了有利條件。這也說明，為什麼第一期學員的社會關係也比較複雜。經過審查的學員仍然會出問題。開學不久，一個姓馬的就跑了。後來，又有紫軍被國民黨特務拉攏。

保安處便衣隊隊長趙蒼璧，被調來擔任七里鋪二期訓練班的班主任。二期的課程更加專業，長期在敵後工作的八路軍保衛部部長吳改之，教授如何密寫。密碼破譯專家曾希聖，教授情報分析，使用密碼有「依位法」「漏格法」。

留學德國和俄國的劉鼎教授收發報技術，甚至還有投毒、放毒、防毒、解毒！

最有意思的是實習，七里鋪一個學員實習諜報，化裝賣菜小販，三十里鋪的學員實習抓特務，一看這人就不像。於是，三十里鋪學員抓了七里鋪學員，一直鬧到上級保衛機關才弄清都是自己人。

這期學員也出了不少幹部。王林在延安曾任毛澤東的行政秘書、後任北京市民政局局長，侯良後任新疆公安廳廳長、中國政法大學校長，杜定華後任新疆公安廳副廳長、新華社紀檢組副組長，嚴夫、張季平後任國家安全部局長，楊崗後任四川公安廳廳長，伊里後任陝西公安廳廳長，薛光後任新疆公安廳廳長，喬莊後任雲南公安廳廳長，郝蘇後任中國人民解放軍軍事法院院長、總政治部保衛部部長。那時的學員，根本沒有想到後來的高官重職，入學時立下誓言，做革命的情報保衛人員，把生命獻給黨。

一期學員毛培春，離開共產黨的訓練班，進了國民黨的訓練班。毛培春化名進入軍統的蘭州訓練班，又受軍統派遣偵察共產黨，成為打入敵特內部的雙重間諜。楊黃霖出自江蘇淮安的大戶家庭，母親蕭禹、堂兄楊述、大哥楊道生都是共產黨員，現在卻要扮做學徒，偵察一個日本理髮匠特務。

二期學員郝蘇，學習還沒有畢業就不見了。郝蘇和薛克明兩人騎着一匹馬去遙遠的隴東，薛克明當保安科秘書，郝蘇奉命當秘幹，潛往國統區西峰鎮。

三期的黃彬畢業後被分到軍委二局，學習無線電收發與密碼破譯技術，從此走上秘密機要工作。

三十里鋪訓練班本來就為了補充地方幹部，學員畢業後都分配到各縣保安科工作。七里鋪的學員本來打算都派往敵區，後來形勢變化，也大多留在邊保任職。二期的伊里做了保安處秘書。侯波、宋凝等學員年紀太小，還被送到延安中學讀書。侯波中學畢業後做過保安處收發，人民共和國成立後任中南海攝影師，拍攝大量中共領袖的照片。

無論中社部還是保安處，這些訓練班的學員，往往比他們的上級文化高，許多還比老幹部升遷快。提拔最快的外來知識分子是鄒優瑜（鄒瑜），這個廣西學生當保安處的秘書科科長時才十八歲。郝蘇也屬於外來知識分子，1939 年

2 月參加七里鋪訓練班的時候，陳昌奉這樣的長征紅軍幹部已經是警察隊指導員。七年之後，郝蘇任延安市公安局局長，陳昌奉還是一個派出所所長。

國民黨的特務機關，內部傾軋相當厲害。軍統內部，就重用蔣介石的同鄉浙江人，浙江人之中戴笠最親信的又是小同鄉「江山派」。這種建立在個人關係之上的特工組織，由於高度的親密而非常鞏固，但是一旦遇到人事更替，就會分崩離析。戴笠墜機死後，可能的繼任者立即展開激烈爭奪，最後雖由戴笠的同鄉毛人鳳接班，卻也江河日下。

共產黨這邊，情報保衛機關也有人事問題。特科多為大革命時期的白區幹部，保衛局多為手工業工人成分的紅軍幹部，抗日戰爭又大量吸收外來知識分子幹部，還有大批當地農民幹部，這幾類幹部能否團結共事？經歷與個性差異都大的領導幹部之間，互不服氣的事情屢屢發生。長征老幹部周興脾氣很大，時常嚴詞斥責。白區來的布魯公開揚言，保安處要不是有我布魯，周興破案根本不行！陝北幹部李甫山和長征幹部葉運高吵架，周興都勸不住！

一個單位能否搞好團結的關鍵在於一把手。邊保處長身邊，有譚政文、杜理卿、劉海濱這樣的長征老幹部，有白棟才、劉子義、郭步岳等老資格陝北當地幹部，有布魯這樣的白區地下工作幹部，周興能夠壓住台也不容易呢。周興原則性強，也主觀，挺愛訓人。但是胸懷坦蕩，訓完就算了。周興對於白區老幹部和知識分子幹部很是看重。對周興意見最大的，好像倒是一起長征過來的陳復生等紅軍幹部。

外來幹部來自全國各地，南到兩廣，北到東北，東到海隅，全國到處都有人來，這就立即改變中共早期幹部集中於幾個省份的格局，便於向各地開展工作。

中國歷史上頻頻發生農民起義，有些成功，有些失敗。成敗緣由很多，其中一條非常重要——有沒有秀才做軍師？舊時的秀才就是鄉村知識分子，知識分子的參與，不僅代表起義隊伍的階級基礎擴大，而且意味起義指揮的智力提升。秘密戰線的國共相爭，共產黨員本來在品質和意志上遠超對手，但是文化程度和社會經驗偏低，有了這批知識分子，國民黨在人才方面一點兒優勢也沒有了，而共產黨方面則是如虎添翼！

就是這些從延安窯洞走出的年輕學員，後來做出驚天動地的業績，居然組成新中國情報保衛戰線的頂尖領導層。

能夠重視人才，團結人才，看來也是中共情報、保衛工作能夠戰勝對手的重要原因之一。

延安防線

經過中央的大力調整，中共的情報保衛工作有了完備的組織體系，成批的新生力量，各項工作很快部署開來。

延安內外，構築公開與隱蔽的防線。

防守邊區的公開合法力量，首先是留守兵團，其次是政府的保安部隊。中央機關的警衛任務，由保安處移交給中社部。

把守交通要道的是保安系統的檢查站，延安市公安局檢查站設在南門外七里鋪。抗大畢業的東北學生趙去非任站長，江西紅軍丁尚柏任指導員，警察隊一個班值勤。檢查站檢查進城人攜帶的行李，主要查禁爆炸物品。對於前來報考抗大的學生，則由站長談話，了解基本情況後向抗大轉報。後來，這個檢查站改為直屬邊保的第一檢查站。第二檢查站設在更南面的富縣茶坊，由紅軍幹部程洪義（後名陳平）任站長，李啟明任指導員。第三檢查站設在延安東面的永平，站長惠錫理，第四檢查站設在更東的黃河邊的臨鎮，站長張金華。四個檢查站在延安的東南兩個方向各上了兩道門閂。

三十里鋪檢查站的站長羅光工作細緻認真，查出國民黨二十二軍過境車輛非法攜帶的鴉片、銀元，還沒收不少日貨。邊區北邊有十幾個國民黨管轄的縣，縣長們去西安開會路過邊區，羅光檢查大批反共文件。蔣介石的《中國之命運》一書，也是羅光查獲的。為此，羅光在 1941 年出席邊區先進工作者和戰鬥英雄代表大會。

如果有特務通過了檢查站，那麼，延安城裏還有秘密機關等着呢！中社部二室在延安城裏開了家西北旅社，專門招待來往客人，先後由汪金祥和曲及新任經理。新市場有家時髦的照相館，也是中社部的掩護點。保安處和延安市局的掩護點就更多，一些小商販也向公安局提供情況。

邊區政府有個交際處，中社部的金城任處長，保安處幹部王再天任秘書。這裏接待的客人多是國民黨官員、記者，還有外國人。國民黨組織龐大的中外記者團訪問延安，其中安插了好幾個中統、軍統特務，中社部與保安處都派人嚴密監視。國民黨派駐延安的聯絡參謀常年在交際處居住，保安處派遣一個專門小組，由楊黃霖帶着幾個機靈的接待員，專門對其工作。

延安城裏還有一支鮮為人知的力量——便衣隊，非但對外保密，就是保安處的內部人員也不知情。便衣隊成員主要任務是跟蹤嫌疑人員，控制社會秩序，擔任警衛任務。執行任務時一律以各種公開身份掩護，隱蔽行事。喜愛偵察的趙蒼璧任便衣隊隊長，來自大後方重慶的十七歲青年蔡誠任秘書。便衣隊整天琢磨延安內外的各色人等，將各個隱秘角落納入視線。

古老的延安城有了許多新單位，黨中央直屬機關、八路軍總部直屬機關、西北局所屬機關單位、陝甘寧邊區政府各廳局，共有機關單位二百多個。延安還成了文化中心，原來只有一所師範學校，如今有了馬列學院、中央黨校、邊區黨校、軍事學院、抗日軍政大學、陝北公學、魯迅藝術學院、延安女子大學等六十多所學校。延安又迎來許多新居民，原來的一萬多人很快膨脹到六萬多人。

戰亂之中的華夏大地，有了延安這個民主、自由、抗戰的樂園，全國各地的知識青年紛紛奔來。可是，就在 1937 年一個秋天的早晨，延河河灘上發現一具女屍，死者是抗大女學員劉茜，死因是槍擊。

女知識青年被殺案件，轟動了不大的延安城。保安處全力破案，很快從劉茜的私人關係中，查到軍隊幹部黃克功。原來，黃克功曾與劉茜熱戀，而且向社會公開，但後來劉茜要求分手。那天晚上，黃克功把劉茜約到河邊談話，拔出手槍要求恢復關係，劉茜堅持不允，情急之中，黃克功開槍打死了劉茜。

談戀愛不成就殺人？這種野蠻的犯罪行為，激起延安各界特別是知識青年的憤怒，人們紛紛要求嚴懲黃克功。

10 月 10 日，公審大會在陝北公學大院舉行，邊區最高法院院長雷經天擔任審判長，保安副處長譚政文提起公訴，陝北公學的學聯主席王曦任人民陪審員。

許多人本來主張殺人償命，但得知黃克功的革命經歷又不免遲疑。黃克功少年參加紅軍，上過井岡山，參加過二萬五千里長征，在二渡赤水和攻打婁山關中立下戰功，曾任團政委、旅政委、師特派員，也是一個保衛幹部呢！面對公訴人的死刑要求，黃克功對於自己的罪行供認不諱，並請求給自己一挺機槍，死在抗日的戰場上。因為情殺案件就殺掉一位紅軍英雄？就連知識青年的代表王曦也要求免於死刑，讓黃克功上戰場戴罪立功。

這時，審判長宣讀了毛澤東的一封信。毛澤東認為：功勞歸功勞，殺人當償命，不能因為是共產黨的幹部，為革命、為黨立過大功，就可以隨便殺人而不償命。如果殺黃克功，確實有些惋惜，但是，「如為赦免，便無以教育黨，無以教育紅軍，無以教育革命者，並無以教育做一個普通的人。」

審判長莊嚴宣佈：判處黃克功死刑，立即執行。

黃克功臨刑之前，高呼「中國共產黨萬歲！」

如此執法，延安的秩序焉能不改？

1937 年 10 月 8 日，邊區政府發佈第一號委任令，任命保安司令部副司令周興兼任邊區保安處處長。從此，保安處不再從屬於保安司令部，而是成為邊區政府直轄部門。很快，邊區政府又宣佈成立延安市政府，任命劉護平為延安市公安局局長。延安市局下設三個科，治安科科長楊開明，社會科科長由局長兼任，司法科科長朱化龍，警察隊隊長鄒理智、指導員陳昌奉。堂堂的邊區首府公安局，駐地只有棉土溝的五個窯洞四間平房和街上的四間辦公房。

全民抗日的呼聲之中，國民黨終於接受了共產黨的合法存在。11 月 10 日，陝甘寧邊區政府下令，各級議會統稱人民代表大會。延安的警察，也稱為「人民警察」。這是世界上唯一加上「人民」二字的警察隊伍。

國民黨的警察經常欺負群眾，因為身着黑色制服，被老百姓罵做「黑狗子」！共產黨的警察也有名聲問題，執行肅反的保衛局在革命隊伍中記憶尤深，尚不了解共產黨的老百姓更是將信將疑。

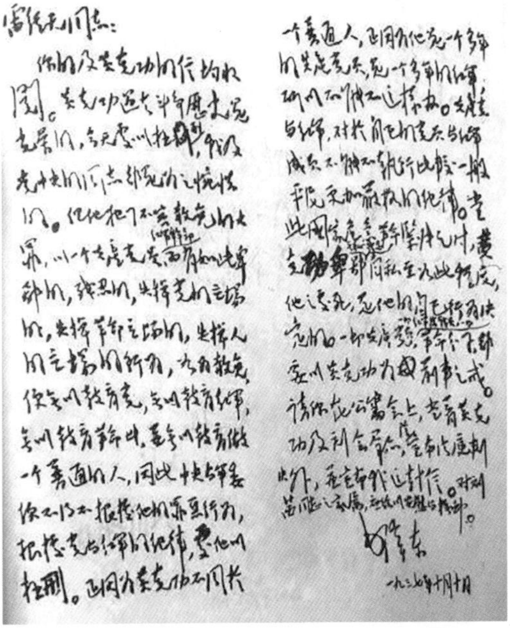

雷经天同志：

你的及黄克功的信均收阅。黄克功过去斗争历史是光荣的，今天处以极刑，我及党中央的同志都是为之惋惜的。但他犯了不容赦免的大罪，以一个共产党员红军干部而有如此卑鄙的，残忍的，失掉党的立场的，失掉革命立场的，失掉人的立场的行为，如赦免他，便无以教育党，无以教育红军，无以教育革命者，并无以教育做一个普通的人。因此中央与军委便不得不根据他的罪恶行为，根据党与红军的纪律，处他以极刑。正因为黄克功不同于一个普通人，正因为他是一个多年的共产党员，是一个多年的红军，所以不能不这样办。共产党与红军，对于自己的党员与红军成员不能不执行比较一般平民更加严格的纪律。当此国家危急革命紧张之时，黄克功卑鄙无耻残忍自私至如此程度，他之处死，是他自己的行为决定的。一切共产党员，一切红军指战员，一切革命者，都要以黄克功为前车之戒。请你在公审会上，当着黄克功及到会群众，除宣布法庭判决外，并宣布我这封信。对刘茜同志之家属，应给以安慰与抚恤。

毛泽东

一九三七年十月十日

毛澤東寫給雷經天的信，表示「功勞歸功勞，殺人當償命」。

日本人幫忙了。1938 年 11 月 20 日是個星期天，延安這個偏僻小城也熱鬧起來，機關學校放假，街上行人眾多。上午 8 時 40 分，寶塔山上的防空哨突然發出緊急防空警報！

滿城的老百姓都往城後的鳳凰山跑，山邊有多處閑置的石頭窯洞可以作為防空洞。群眾跑，警察不能跑，延安市公安局局長王卓超立即指揮警察疏散群眾。就在群眾紛紛躲入防空洞的時候，六架日軍飛機投下炸彈！延安城四處起火，一顆炸彈就在身邊爆炸，氣浪把王卓超掀倒在地！

日軍飛機終於走了，老百姓憂心忡忡返回家園。多次遭遇戰亂的延安人早有經驗：沒人看守的家產肯定會被洗劫一空。到了家中，群眾驚喜地發現：各家的財產，除了轟炸中被毀的以外，完好無缺！店舖裏面的鐘錶衣物金銀首飾一件不少，三仙園飯館滷肉大鍋裏的羊肉雜碎還在翻騰。

原來，就在敵機轟炸群眾跑反的時刻，延安市的人民警察依然堅守崗位。

保安處的禮堂被炸塌了，三個警察被炸傷，可人民財產得以保全。

天下哪裏有這麼好的警察？延安商會特地到警察隊慰問，向每個警察贈送一個皮包、一條毛巾、一個口盅。

這天，毛澤東在鳳凰山邊的窯洞也被炸塌了，可是，毛澤東卻非常高興，毛澤東得意地說：「延安的警察不是世界第一，也是中國第一！」

人民警察的形象，晝夜矗立在延安的街頭。延安百姓和陝北百姓心中認定：這共產黨比李自成更有出息，將來天下是共產黨的！

中華人民共和國成立之後，全國的警察都叫「人民警察」，全國各級政府都叫「人民政府」。

大佈局

儘管中共領袖十分重視保衛工作，我們卻很難在他們的文稿中找到有關保衛工作的專題文章，難道毛澤東從未專題研究保衛工作？

1962 年，中共中央辦公廳直接找到汕頭地委書記鄒瑜，詢問一份毛澤東講話記錄的下落。説起這份記錄的丢失，鄒瑜真是萬分遺憾。那可是毛澤東一生之中，唯一的一次長篇專論保衛工作！

那是 1939 年 9 月 3 日，陝甘寧邊區保安處召開邊區保衛工作人員大會，主持人周興特地請毛澤東到會講話。

毛澤東這天興致勃勃，一進周興的窯洞就說：「第二次世界大戰爆發了！」前兩天，德國把歐洲的侵略戰火燒到波蘭。毛澤東認為，這是第二次世界大戰的開端。戰事的擴大，必將推動世界反法西斯戰線的形成，有利於中國人民的抗日鬥爭。

在保安處小禮堂，毛澤東詳細講述世界反法西斯戰場的形勢。保安處的幹部大多工作在偏僻的農村地區，能夠聽到毛澤東的講演十分入神。會場有個長方桌，毛澤東坐在一端講話，保安處文書科科長鄒優瑜就在旁邊記錄。

毛澤東講演中關於保衛工作的主題是：「一般工作的戰略策略與特殊工作的戰略策略的關係」。毛澤東説，做特殊工作的人，必須懂得一般工作的戰略策略；不懂一般工作的戰略策略，就不懂一般規律，就會成為盲目的技術工作者，就不能把握政治方向，不能運用黨的策略同敵人鬥爭。不懂特殊工作的戰略策略，就是空頭政治家，不能做好本身的工作。因此，一個合格的優秀的保衛工作者，必須懂得一般工作的戰略策略，同時精通特殊工作的戰略策略。

顯然，毛澤東將他正在研究總結的哲學思想運用於對保衛工作的認識。而他辯證地闡述保衛工作在全局工作中的地位和作用，也有明確的針對性。既批評了將保衛工作簡單化、神秘化的做法，也強調了保衛工作的特殊性與重要性。

毛澤東一氣講了兩個多小時，全場鴉雀無聲。

這是毛澤東少有的一次系統論述保衛工作。周興當即指示，把這份重要講話的記錄存檔。解放戰爭時期，保安處轉移，大量檔案被銷毀，少量檔案被敵人挖走，這份記錄稿至今沒有找到。

可以看到的是毛澤東為一本情報專業書籍的題詞：「知己知彼，百戰百勝。」

這是化用。《孫子兵法》的原話是「知己知彼者，百戰不殆」，所謂「知己」就是保衛，所謂「知彼」就是情報，孫子説情報保衛工作做好了可以避免失敗；「知己知彼，百戰百勝」，毛澤東説情報保衛工作做好了可以取得勝利。

兩字之差，毛澤東對情報保衛工作重要性的評價超越古人！

此後中社部發出的文件，仍然可以使人看到：毛澤東正在對中共的保衛工作實行路線調整！ 1935 年的遵義會議糾正軍事路線的「左」傾錯誤，1938 年的六屆六中會議糾正政治路線的右傾錯誤，毛澤東正在逐步調整全黨各方面工作的路線。

情報保衛工作，其重要性不言自明——「刀把子」啊！槍桿子固然重要，可那還是用於對外作戰。這刀把子，卻是負有拱衛內部的重任。槍桿子裏面出政權，刀把子裏面有領導權！古今中外，無論帝王還是領袖，最高領導都要緊緊把刀把子握在自己的手中。

國民黨那邊，無論中統還是軍統，凡是特務組織，都直接向蔣介石負責，其他任何人不准置喙。共產黨這邊，情報、保衛工作的最高領導是誰呢？實行黨的集體領導還是個人專斷獨行，這個分別極大。

蘇聯向來實行個人負責制度，蘇聯的保衛部門更是獨立系統，垂直領導。各級保衛部門都由上級保衛部門領導，最高的保衛部門則由斯大林個人領導。向蘇聯學習，中共的保衛工作起初也採用獨立系統，垂直領導體制。肅反時期，保衛部門的權力更是膨脹到驚人的程度。刀把子已經不聽主人的指揮，甚至砍傷主人的手！ 1933 年頒佈的《紅軍暫行法規》規定：「政治委員有最後決定權。」這意味，同級軍事首長、同級政治機關、乃至同級黨委，都要最後服從政治委員一人。這種「政治一長制」，把最高權力集中到個人手中，一旦遇到一個素質很差的領導，或是最高領導出現嚴重失誤，就會導致無法制止的錯誤傾向。湘鄂西蘇區、鄂豫皖蘇區的肅反大批殺害自己同志，甚至殺害高級領導幹部，就與這種個人集權制度相關。

一旦脱離黨的集體領導，就會犯下嚴重錯誤。痛定思痛，到達延安的中共中央開始吸取肅反的教訓。毛澤東在黨內確立領導地位之後，開始改變領導體制，其中也包括保衛工作的領導體制。

西北政治保衛局成立後，在 1936 年 7 月 14 日頒佈《政治保衛局特派員工作條例》，規定：「特派員在工作範圍內應受同級黨、政府、紅軍部隊政委領導。」這是保衛系統首次改變完全的垂直領導體系，首次規定接受同級黨政負責人領導。9 月 20 日頒佈的《政治保衛局暫行組織綱要》又明確：「政治保衛局是蘇維埃政權與一切蘇區內部反革命鬥爭的權力機關，在共產黨領導之下負責保衛蘇維埃政權，保衛民族革命利益與保障共產黨在紅軍中的領導和戰鬥力加強。」這是保衛局條例中首次提出在黨的領導之下。

抗日戰爭初期，中共中央在各地各部隊成立軍委分會或軍政委員會的體制，縮小政治委員的職權，擴大黨務委員會的權力，實行事實上的集體領導。1938 年 10 月 23 日，中央軍委、總政治部做出《關於軍隊中鋤奸工作及組織條例的決定》，明確軍隊各級鋤奸部門是該級政治機關的一個工作部門，受同級黨委和政治機關的直接領導，上下級鋤奸部門為業務指導關係。這就改變了紅軍時期實行的保衛局垂直領導的體系。中共中央政治局於 1939 年 8 月 25 日做出《關於鞏固黨的決定》。中共的保衛工作，正式實行黨的集體領導。

陝甘寧邊區保安處則要接受三重領導，中社部、西北局、邊區政府。西北局和邊區政府都對保安處有意見。內戰時期養成的特殊習慣，到了延安還在延續。保安處的工作網遍佈黨政軍機關，一些保衛幹部習慣於「三駕馬車」，並不尊重同級黨委與政府領導。一個縣只有三匹乘馬，縣委書記一匹，縣長一匹，還有一匹就是保安科科長騎！周興這邊也有意見。保安處處長周興雖然是西北局委員，卻遲遲不能進常委。保安處有武裝、有電台，都是工作需要，特殊的工作當然要有些特殊權力。

不過，保衛機關在歷史上過高的地位，卻是不可避免地下降着。1942 年 12 月，周興在西北局高幹會議上，檢討保衛部門鬧獨立性的問題，「天大地大獨立系統最大」。會議明確：保安科是政府的一個科，又是黨委的一個部；調動任免保衛幹部要經過黨委、政府商量同意；保安科逮捕人犯、沒收違禁物品要經縣長核准；保安科上報文件要同時報書記、縣長一份；保安科科長的生活待遇與其他科長相同，不得另吃小灶。保安科科長出門騎馬帶警衛員，如因工作特別需要要經縣委書記、縣長批准，如非工作需要則不必騎馬帶人。

這些逐步推進的制度變更，落實了黨對情報保衛系統的領導。至 1949 年人民共和國成立前，中共情報保衛系統的體制，已經按照毛澤東的設想和黨中央的規定調整到位。中國的公安系統，至今編制為地方政府的一個機關，接受地方黨委領導，並不實行垂直領導制度。

延安時期，中共中央的最高領導核心，如何領導情報保衛機關？

中共在 1927 年成立並在 1937 年重建的中央特別委員會，都由周恩來任主任，周恩來無疑是中共情報、保衛工作的領導人。可是，周恩來從未擔當中共的最高領導。抗日戰爭時期，周恩來作為中共代表駐在國民黨統治區重慶，離開延安達十年之久，難以領導全黨的情報保衛工作。

中共第一代領導集體為「五大書記」——毛、劉、周、朱、任。毛澤東任中央調查研究局局長，周恩來任中央特別工作委員會主任，任弼時分工負責交通局，劉少奇任中央反內奸委員會主任，朱德任八路軍保衛委員會主任。這表明，延安時期，中共中央對於情報、保衛工作，不像蘇聯和國民黨那樣由最高領袖一人專斷，而是實行集體領導分工負責。

中共情報保衛工作的創建時期，十分重視學習蘇聯經驗，周恩來曾經參觀蘇聯的有關機構，顧順章、陳賡、鄧發等人還受過蘇聯培訓。延安整頓情報保衛機構，也相當重視國際經驗，還先後把從蘇聯歸來的毛誠、師哲派到邊保加強工作。但是，中共的情報保衛工作從創建伊始就有自己的特色，而且，還逐步形成與蘇聯不同的體系。保衛部門向來有個「工作網」，隱身在黨政軍群單位的秘密網員，直接向保衛機關負責，提供內部情況。這項從蘇聯學來的制度，違背了不在內部搞偵察的原則，在延安時期取消了。

中共倡導的黨委領導制度，與蘇聯大有不同。

有趣的是，中共這項制度卻同國民黨有相近之處。國民黨與共產黨合作時期，曾在北伐軍中實行黨代表制度，掌握全國政權之後長期不搞選舉，逕由國民黨中央決定政府人選。王明領導的中央曾在 1931 年批評紅軍總前委「存留着極濃厚的國民黨工作方式的殘餘」，美國也批評國民黨「以黨領政」。

中國的國民黨和共產黨這對立的兩黨，都不照搬老師的體制。這也許說明：在中國，實行黨的領導更適合當時的國情。

共產黨長期處於非法地位，連政權都沒有，照搬蘇聯的法律制度並不現實。戰爭時期變動劇烈，實行黨委制有利於集中意見，依照黨的政策行事也機動靈活。

1949 年中共成為執政黨後，立即將情報保衛工作從黨的形式轉變為政權形式。可是，待到「文化大革命」中，又出現了黨管一切的現象，甚至取消了法院和檢察院系統。結束「文化大革命」以後，中國司法戰線的領導體制又開始改變，強調黨委不要直接管案子，而且重新實行公安、檢察、法院互相制約的機制。後來，又逐步恢復檢察系統的垂直領導體系。中共現在的認識是，掌握政權的黨，應該將自己的政策變為法律，通過人民選舉的國家機器實施領導。將黨的領導、依法治國、為人民服務結合起來。

延安時期，中共的多項工作，包括情報保衛工作領導體制的變化，都顯出不同於蘇聯做法的中國特色。這種擺脱教條主義的傾向，應該是走向成熟的標誌之一。

抗日戰爭初期的中共中央雄才大略，着力建設一個全國性大黨，情報保衛系統也佈向全國各地。中共據有三大根據地，中央先在陝甘寧邊區擴大了邊保建制，同時又向外發展。

東鄰的晉綏根據地，既是延安的前衛陣地，又是進軍敵後的通道。中社部成立後，晉綏黨委也成立了社會部，公開的牌子是晉綏公安總局。譚政文、陳養山、裴周玉、李甫山等老情報保衛幹部任正副局長。中社部還通過八路軍秋林辦事處的王世英，直接向山西派遣情報力量。1932 年入黨的趙宗復利用父親是山西省省長趙戴文的關係潛伏在閻錫山身邊，中統山西調統室主任繆莊林也給王世英提供情報。

晉綏東邊的晉察冀根據地，處於華北敵後，條件異常艱險。1939 年 3 月，許建國率領中社部工作團 13 人前往協助工作。

許建國原名杜理卿，13 歲就在安源煤礦做工，1922 年入黨，參加工人罷工。1929 年被捕判刑七年，1930 年紅軍攻克長沙時獲救。杜理卿先後任紅三軍團的團師特派員、軍團保衛局偵察部部長、八軍團保衛團團長。杜理卿雙手打槍，驍勇善戰，長征中調到中央機關任中組部四科（特工）科長，到陝北後任紅一軍團保衛局局長。西安事變後，隨護周恩來到西安，任張學良警衛團秘書長。1938 年任中央保衛部部長、邊保副處長。

杜理卿改名許建國，到晉察冀指導工作。聶榮臻正需要經驗豐富的保衛幹部，立即把許建國扣下當社會部部長。許建國開辦訓練班，編寫教材，培訓縣團級保衛幹部兩百人，把保衛系統建設到基層，有效地打擊了漢奸特務的破壞活動。許建國還接收了王世英、南漢宸華北聯絡局的關係，將情報觸角伸向北平、天津等大城市，掌握日軍動態。華北聯絡局在天津活動，在日軍本間師團發展一個翻譯。台兒莊戰役前，這個翻譯搞到本間師團進攻台兒莊的作戰計劃，華北聯絡局負責人謝甫生立即將情報轉送李宗仁在天津的情報員。台兒莊戰役勝利之後，李宗仁專門發電感謝這份情報，還寄發獎金。

中社部還特別要求晉察冀就近聯繫東北，着力建立東北情報網。

中共還在日本佔領區和國民黨統治區發展秘密組織。

設在重慶的八路軍辦事處，同時負有重建和領導國民黨統治區黨組織的秘密任務。1939 年 1 月，中共中央南方局成立，周恩來任書記，董必武任副書記兼統戰部部長，劉少文任情報部部長，葉劍英主管聯絡，吳克堅任新華日報總編並進行情報工作。南方局一方面在重慶從事公開的統戰工作，另一方面領導南方各省的地下黨組織，還代管潘漢年情報系統。

中社部副部長潘漢年深入敵後，專責對日本和汪精衛偽政權的情報工作。1939 年 4 月，潘漢年潛往上海、香港，在日本佔領區建立華南情報局，把情報觸角伸向日本和汪精衛政權深處。

抗日戰爭初期，中共的情報保衛工作成功完成路線調整、機構重組、任務部署、人事儲備，奠定縱貫整個抗日戰爭、解放戰爭直到奪取全國政權的工作基礎。1938 年到 1941 年這幾年，堪稱中共情報、保衛工作成熟時期的開端。

主要資料

于桑：前公安部副部長，1994 年 5 月 4 日採訪。勞山事件發生後，于桑親自帶領騎兵隊接應周恩來。周恩來被砍破的毛毯，目前收藏在中國革命博物館。

梁濟：前上海海運局副局長兼公安局局長，2000 年 10 月 26 日採訪。梁濟是延安當地人，紅軍接管之前就在延安師範上學。此時尚未入黨，但已被邊區保安處發展為「網員」，負有調查延安社會情況的任務。

陳復生：前公安部副局級幹部，2001 年 6 月 19 日採訪。陳復生本人三次被開除黨籍，1979 年公安部復查陳復生的歷史案件，時任公安部部長的趙蒼璧據理力爭，終於為陳復生做出公正的平反結論。

吳台亮：《周副主席勞山遇險前後》，陝西省文史資料。吳台亮在勞山事件前後主持剿匪工作，後任陝西省高級人民檢察院副檢察長。

楊作義：陝西省司法廳副廳長，1995 年 9 月採訪。時任西北保衛局幹部的楊作義介紹了剿滅勞山土匪的經過。

羅青長：前中央調查部部長，2001 年 11 月 27 日採訪。關於勞山事件的真相，直到人民共和國成立後還有爭議。有人聽説勞山的土匪解放後還過得好好的，就認為是黨內的壞人企圖暗殺周恩來。羅青長聽周恩來親口説，「騎兵張」確實參加過勞山伏擊，由於是起義軍官，免於追究。了解內情的羅青長、李啟明都肯定地説：勞山事件沒有政治背景。

徐恩曾：《我和共產黨戰鬥的回憶》，《細説中統軍統》，台灣傳記文學社。這位中統負責人對自己的戰績有些誇大。周恩來對於保密極其嚴格，有時為了使打入敵營的情報員取得信任，有意安排一些接頭地點讓敵人去搜查，甚至放上一些過時的文件送給敵人。

《陝西文史資料選輯（第八輯）》，陝西人民出版社。這本關於國民黨封鎖陝甘寧邊區的專輯，作者都是當年國民黨軍政要員，頗為完整地勾畫了封鎖情況。其中李猶龍的《國民黨反動派封鎖陝甘寧邊區的活動紀實》記述全面封鎖部署；范漢傑的《抗戰時期胡宗南部封鎖陝甘寧邊區的罪惡》記述軍事封鎖部署，還有多篇重要資料記述其他封鎖部署。

李偉：《曹藝將軍的傳奇人生》，《今日名流》雜誌。這個特別共產黨員，長期潛伏在國民黨軍隊中，一直當到少將，解放戰爭中率部起義。其胞兄就是定居香港的著名文人曹聚仁，大陸向台灣傳話的神秘人物。

張國燾：《我的回憶》，東方出版社。張國燾策劃逃離延安後，加入國民黨軍統行列，1941 年任國民參政會參政員，1948 年逃往台灣。由於國民黨不再發放生活費用，又於 1968 年移居加拿大，1979 年凍死於老人院。

李啟明：前雲南省委常務書記，2000 年採訪。長期從事情報工作的李啟明熟悉這一系統的情況，肯定地説，康生在共產國際搞過情報工作。

尹琪：前中國人民公安大學圖書館館長，1998 年 12 月 10 日採訪。尹琪長期研究潘漢年歷史，直接查閱有關檔案，撰寫了《潘漢年傳》。

王炎堂：前中央調查部副部長，2003 年 1 月 28 日採訪。15 歲就進入中央社會部的王炎堂，第三次國內戰爭期間輾轉西部邊疆，人民共和國成立以後曾駐外工作，後來又回到中央機關工作，退職後還在進行歷史研究，解答了作者的疑難問題，啟發了思路。

余海宇：前公安部一局副局長，2001 年採訪。陳龍的夫人余海宇也在延安開始保衛生涯，人民共和國成立後參與諸多重大案件的偵破，成為屈指可數的女性副局長。

汪東興：前中共中央副主席、中央辦公廳主任，1995 年 4 月 24 日採訪。汪東興到毛澤東身邊工作並不早，卻深受信用。

凌雲：前安全部部長，1998 年 5 月 27 日採訪。凌雲先後擔任中國公安部政治保衛局局長、副部長、首任國家安全部部長。

王鑒：前上海市副市長兼公安局局長，2000 年 10 月 24 日採訪。王鑒、汪吉夫婦從延安起終生從事保衛工作。

蕭赤：《長征前後回憶》。1975 年，剛從軟禁地回京尚未恢復工作的鄧小平，特意把蕭赤請到家中，感激當年送馬的救命之情。蕭赤說，這是毛主席讓我送的。鄧小平深情地說：毛主席、周總理一直保護我。毛主席過去盡做好事，到了晚年做過好事，也有過錯，不過總是功大於過。

楊玉英：前公安部機關黨委專職副書記，2002 年採訪。周興去世後，楊玉英主編了《懷念周興》。

馬兆祥、康潤民：前國家教育委員會副主任，1993 年 12 月 9 日採訪。兩人都是出自清澗縣的幹部，了解趙蒼璧從小學起的經歷。

江和平著：《江濤軍旅生涯》。作者的父親江濤是軍委二局第一期諜報訓練班的學員，從 1938 年起，終生在軍事情報戰線工作。

呂璜：前全國婦聯幹部，1994 年 7 月 14 日採訪。呂璜是「黃埔一期」的女才子，寫過《保安處七里鋪特別訓練班始末》。

王友群：王文兒子，2009 年 1 月 7 日採訪。王文從七里鋪一期畢業後，到晉綏公安總局工作。人民共和國成立後曾任西安市公安局副局長，後來到軍工戰線工作。王文不僅回憶了個人經歷，還組織整理了家族歷史。

杜定華：新華社紀檢組副組長，1993 年採訪。五十多年後，杜定華還能清晰地談出當年七里鋪二期的學習生活，可見當時印象之深。

嚴夫：前國家安全部局長，1995 年 3 月 1 日採訪。七里鋪訓練班二期學員嚴夫後來也到隴東工作，才發現郝蘇已經先行畢業到國統區潛伏。同行的薛克明是陝北紅軍，人民共和國成立後任青海省公安廳廳長、副省長。

黃彬：前國家安全部副局長，1995 年 3 月 1 日採訪。七里鋪的訓練班連續辦了多期，頭兩期人數最多，第三期只有五個人，以後規模也不大。

姜鵬：前北京市公安局處長，1998 年 10 月 26 日採訪。姜鵬是個外來知識分子，對於丈夫譚政文的儉樸生活，還是逐步習慣下來的。

郝在今：《中國法制家彭真的一個世紀》，《當代》雜誌，2002 年第 4 期。這段賀龍與薛明的婚姻故事是彭真的夫人張潔清告訴作者的。

秦平：前石油部機關黨委副書記兼保衛部部長，1994 年 10 月 5 日採訪。秦平等一起工作的同志對卓琳印象都好。

卓琳：「我所認識的周興」，《懷念周興》，群眾出版社。鄧小平擇偶的故事，以前似乎沒人寫過，連毛毛寫的傳記中都沒有提到。作者在採訪中雖然得知一些經過，也要慎重。後來，卓琳自己寫了這篇文章，又在電視採訪中講了，作者就在這本書中補充了一些具體情況。

解衡：前公安部顧問，1998 年 2 月採訪。解衡是卓琳的訓練班同學，受邀參加這次「訂婚宴會」。

鄒瑜：前司法部部長，1995 年 10 月 11 日採訪。鄒瑜至今遺憾，這份毛澤東發言記錄沒有保存下來。目前尚未發現台灣文章引用，説明這份文稿也許沒有被國民黨搞走。

羅光：前成都市民政局副局長，2001 年 9 月 18 日採訪。羅光對檢查站的故事描述生動。

王卓超：前江西省副省長兼公安廳廳長，2001 年 10 月 29 日採訪。正在醫院輸液的王卓超講述了在延安市公安局工作十年的經歷。

第三章

從「地下」到「地上」

—— 公開的統戰工作和秘密的情報工作

國共第二次合作，地下密藏的共產黨人紛紛走上台面。這些被渲染得神秘而醜惡的人物，原來並非「紅眉毛綠眼睛」。他們長着常人的面孔，穿着同政府官員一樣的中山裝。

這變化實在太大，別説國民黨不習慣，就連共產黨人也要有所適應。

穿官衣的共產黨人

國共合作，共產黨在全國有了合法身份，共產黨領導的紅軍改編為八路軍、新四軍，也編入國民革命軍序列。工作需要，國民黨允許共產黨在國統區設立八路軍辦事處，因八路軍又編制為第十八集團軍，也稱第十八集團軍辦事處，簡稱「八辦」。

同國民黨打交道，需要了解國民黨的幹部，曾經打入國民黨特務機關的情報人員，就成了八辦負責人的首選。第一個駐紮國統區的合法機構，由龍潭三傑的唯一倖存者李克農創立。

張學良、楊虎城發動西安事變扣押蔣介石之後，立即邀請共產黨派人來西安共商大局。中共中央決定在西安設立紅軍聯絡處，由中央聯絡局局長李克農擔任西安紅軍聯絡處主任。1937 年 1 月中共中央開進延安，2 月紅軍聯絡處在西安掛牌，從此，國共關係就常常用「西安」和「延安」代稱。

這個小小的聯絡處，卻是中共在國統區的唯一公開機構。僻居延安的中共中央，從此有了窺探外面世相的窗口！

許多愛國民主人士到這裏找共產黨商討抗日，許多進步青年從這裏轉往延安參加革命。聯絡處還積極為延安採購奇缺物資，醫療藥品、印刷用白報紙、棉布、通信器材，都從這裏轉運延安，周恩來到西安談判也住在這裏。

從聯絡到統戰到情報，從外貿到外交，聯絡處履行中央賦予的多方面任務。機關內部設有秘書室、機要科、總務科，還有專門的採購人員、保衛人員。

李克農在西安接待國民黨談判代表張沖，又同張沖一起乘飛機到上海繼續談判。到達上海之後，李克農化名李震中，以十七路軍軍需主任的名義，建立駐滬辦事處。早年在上海從事特科工作的李克農，重回久別的大上海，自是如魚得水。李克農選擇繁華的福煕路，在多福里 21 號設點。這個二層紅磚洋樓，一樓有電話接待上海客人，二樓的閣樓隱藏電台與延安通信，樓前樓後各有大門通向不同的街道，便於轉移。

李克農又在上海找到毛澤東的弟弟毛澤民，這個中華蘇維埃共和國的銀行行長，正抱着共產國際支援中共的大批美元着急。李克農與毛澤民周密策劃，先將美元兑換成法幣，一部分由上海銀行匯給西安銀行，一部分換成黃金由毛澤民親自攜帶乘火車運往西安。每次到西安，都由葉劍英親自帶車接站，突破國民黨特務的檢查。

1937 年 8 月，國民黨與共產黨達成協議：紅軍改編為國民革命軍第八路軍，在若干城市設立八路軍辦事處。19 日，八路軍參謀長葉劍英與童小鵬在南京籌建駐京辦事處，27 日處長李克農到職。辦事處的房子，由周恩來租用南開老師張伯苓的公館。9 月初，中共代表博古到南京與國民黨談判，這個八路軍駐京辦事處實際也是中共駐京辦事處。此前西安的紅軍聯絡處，並未經由國民黨中央承認；這時的駐京辦事處，就成為第二次國內革命戰爭以來中共駐國民黨統治區的第一個公開合法機構。

駐京辦事處的首要任務是解救獄中同志。國共開始合作，國民黨沒有理由繼續關押共產黨員，於是就給李克農出難題——開出名單來。國民黨特務機關以為共產黨不了解獄中情況，豈知，李克農早已通過地下關係掌握準確的名單。辦事處逐步提出名單，迫使國民黨在兩個月中釋放上千名被捕的共產黨員。

利用駐京辦事處的活動便利，博古、董必武、李克農又着手恢復長江中下游的共產黨地下組織。這些地區的中共地下組織過去遭受國民黨嚴重破壞，1935 年以後幾乎沒有組織活動。辦事處委派出獄的黨員劉寧一、陶鑄、錢瑛、方毅和北平來的李華等人，重建江蘇省委和南京市委。

蔣介石當然不肯給共產黨方便，佈置特務機關嚴密監視。辦事處周圍熱鬧起來，補鞋的、賣煙的、拉洋片的、過路的，到處都是特務眼線。這些花招哪裏瞞得過老特科李克農。一次，到南京談判的周恩來需要約見一位外國朋友，李克農陪同前往。周恩來的汽車剛剛出門，特務的汽車就盯上了。李克農指揮司機加速行駛，拉開距離，待到與外國朋友的汽車並行之時，周恩來迅速下車登上另一輛車。等到特務汽車追上時，周恩來已經不見蹤影，乘車則停在路邊休息。李克農還主動招呼特務：「不忙就來幫我們修車吧！」

李克農在南京又見到王崑崙。王崑崙是著名教授，國民黨的老黨員，時任立法委員，在國統區很有地位和影響。其實王崑崙早在 1927 年就開展反蔣鬥爭，1933 年秘密加入共產黨。王崑崙在國統區以國民黨左派身份，廣泛接觸上層，為李克農提供許多重要情報。

李克農還籌備辦報，對外宣傳。國民黨雖然同意與共產黨合作，卻不肯向社會公佈《國共合作宣言》，連八路軍開赴前線抗日的消息也不見報。共產黨提出開辦《新華日報》，國民黨也盡力阻撓。於是，李克農精心策劃一個換心戰術，派地下共產黨員陳農菲通過關係擔任《金陵日報》的主編。正好日機轟炸，原來的編輯紛紛辭職，李克農又為陳主編配備一批共產黨員編輯。《金陵日報》大力報道共產黨的抗日消息，刊登《中共中央公佈國共合作宣言》，報道八路軍平型關大捷，很快成為國統區的暢銷報紙。李克農又徵得國民黨中央宣傳部部長邵力子的同意，請國民黨元老于右任為《新華日報》題寫報頭。正當李克農買到白報紙租到印刷廠準備出版報紙的時候，日軍兵臨城下，八路軍駐京辦事處不得不撤退武漢。此後，八路軍雖然沒有了駐紮在首都南京的辦事處，卻陸續有了駐紮各大城市的辦事處。這些辦事處，統稱「八辦」。

西安、山西、蘭州，這三大城市近鄰陝甘寧邊區，這裏的「八辦」就是延安通向全國的三大窗口，一個向南，一個向東，一個向西，三面通風。向南的通道主要用於同中央政府聯絡，向東的通道主要用於溝通華北、華中根據地，向西的通道卻有國際作用——聯絡「遠方」。

「遠方」，在中共內部是「共產國際」的代稱。共產國際駐在蘇聯首都莫斯科，與延安的交通，無論空路還是陸路，最近的路線都是經由甘肅蘭州。蘭州辦事處還駐有蘇軍人員，既負責國民政府與蘇聯政府的聯絡，又負責中共與「遠方」的聯絡。蘭州八辦由中共元老謝覺哉主持，精通俄語的伍修權也在這裏聯絡蘇軍。謝覺哉與國民黨甘肅省代主席賀耀祖經常來往，也不時爭論。賀耀祖的夫人倪斐君思想進步，總是支持謝覺哉的意見。這樣，謝覺哉與賀耀祖逐漸形成某種程度的合作關係。

抗戰期間，甘肅的戰略地位陡然上升。古來駱駝行走的絲綢之路，奔馳着蘇聯軍火汽車隊；唯有大鵬遨遊的沙漠戈壁上空，飛翔着巨大的運輸機。這一切，引起日本軍部的高度注意。日本軍部選中額濟納旗，在那裏設點既可隔斷中共與蘇聯的聯繫，又可就便探聽蘇聯情報。日本人已在內蒙古成立了一個「蒙疆聯合自治政府」，又以這個政府的名義派了十二個人到額濟納旗草原來游說蒙古族王爺。額濟納旗是一個縣級單位，只有少數警察駐紮，附近的酒泉還有國民黨一個旅。蒙古族王爺左右逢源，沙漠之中的額濟納旗就形成三足鼎立之勢。

蘭州「八辦」發現日本人來到甘肅，立即着手應對。首先通報國民黨政府，又與甘肅省府協調，派共產黨員周仁山擔任旗政府秘書。1938 年，周仁山單人獨騎來到額濟納旗，積極團結當地蒙漢軍民，籌劃抗日。日本人也積極活動，培植蒙奸、漢奸，還伺機暗殺周仁山。1941 年日本發動太平洋戰爭，戰略野心更加膨脹，經常派飛機到額濟納旗空投軍需物資。額濟納旗的平靜局面被打破，周仁山與駐酒泉國民黨部隊旅長商議，決心轉入進攻。

額濟納旗的春節別具特色，既有蒙古族的烤全羊，也有漢族的包餃子。蒙古族王爺設宴邀請全體駐旗客人，日本人也樂呵呵地赴宴。酒醉心迷之際，宴會上響起槍聲，日本人抵抗不及，全部被殲。

山西「八辦」的負責人是特科幹將、山西人王世英。他 1925 年入黨，曾在黃埔軍校第四期學習。1931 年 10 月調入中央軍委情報系統。當年 11 月特科負責人顧順章叛變，周恩來將軍委情報系統的人馬調入特科接管工作。中央撤離後，在上海堅持工作的幾任負責人都是原軍委情報系統的人。劉子華自任臨時中央局負責人時，就由王世英負責軍委和特科工作。中共駐共產國際代表團正副團長王明、康生指示上海中央局停止工作，王世英又負責帶領特科殘餘力量轉往天津。

中共北方組織遭受嚴重打擊，彭真、薄一波等大批黨員被捕。王世英到北方後，組織南漢宸、王超北、宣俠父、吉鴻昌等人，積極開展對西北軍的工作，為中共中央落腳陝北抗戰華北打下統戰基礎。

國共合作之後，中央又指派王世英擔任山西「八辦」負責人，開展對第二戰區的工作。山西處於河北與陝北之間，是中日必爭的戰略要地。割據山西的閻錫山，力圖在中日戰爭中自保，與日本特務暗中勾連。王世英一方面結交晉軍將領，開展統戰工作，一方面佈置情報力量，監視閻錫山的通敵行為。

山西省省長趙戴文是閻錫山的同學，趙戴文的兒子趙宗復卻是中共地下黨員。通過趙宗復的關係，王世英獲得閻錫山同日軍將領密談，準備回太原投降日本的密息。王世英主動約談，單刀直入地指出閻錫山派人進太原，指明日本侵華前途必然是失敗。提前得到情報的中共中央，也公開批評投降陰謀。於是，同日本保持秘密聯絡的閻錫山，始終不敢公開投降日本。

武漢「八辦」大樓裏機構最多，有中共中央代表團、中共中央長江局、八路軍辦事處。國民政府此時也在武漢，武漢八辦其實就是駐京辦。

不掛牌的中共長江局，領導着整個中國南方的地下共產黨組織。李克農對外是八路軍秘書長，對內又是長江局秘書長，又着手恢復與重建南方各省的地下組織。年把時間，南方十三省全部建立省委或省工委。1938 年 8 月日軍攻陷廣州威脅武漢，國民政府遷都重慶。李克農率領武漢八辦人員，冒着敵機轟炸，徒步前往長沙八辦。

歷盡艱難，武漢八辦的人們到達長沙八辦。剛剛睡了一個安穩覺，國民黨長沙駐軍又驚慌失措地搞「焦土抗戰」，自己放火燒城。滿城大火，周恩來、葉劍英、李克農指揮長沙八辦人員搶出重要物資，衝出長沙。兵分兩路，周恩來帶隊去重慶，李克農帶隊去桂林。於是，又有了重慶八辦，桂林八辦。

國民黨桂林行營主任李濟深堅決抗日，與共產黨關係良好。李克農在桂林八辦巧妙地將公開工作和秘密工作結合起來，一方面聯絡國民黨愛國人士，一方面繼續秘密重建南方地下黨組織，同時還聯絡東南亞和南洋。

經歷國共合作與國共分裂的共產黨，此時已不再幼稚，雖然有了合法身份，仍將國統區的組織置於秘密狀態之中。李克農在桂林建立的電台，成為中共在南方的中心電台，也設公開和秘密兩套，聯絡對象：延安中共中央、重慶南方局、八路軍前敵指揮部、新四軍軍部、廣東韶關八路軍通訊處、貴陽八路軍通訊處、海南島瓊崖縱隊、中共南方工作委員會、廣西省工委、湖南省委、江西省委、香港、東南亞、南洋地下黨組織。李克農還選調可靠交通員，秘密傳送黨的重要文件，建立交通線路：桂林——梧州——台山——澳門——香港，香港——汕頭——潮安——豐順——興寧——韶關——衡陽——桂林，桂林——鎮南關——河內——海防——香港，各條線路都通過桂林中轉。

李克農在桂林廣泛聯繫愛國進步的文化界人士，開展抗日救國的文化活動。一些特別秘密的共產黨員，則由李克農單線聯繫，不與當地黨的組織發生橫向聯繫。國際新聞社負責人胡愈之、范長江，廣西地方建設幹部學校教務長張雲喬，廣西綏靖公署政治部侯甸，三青團廣西支團部周可傳，第四戰區司令部左洪濤，文化界陳翰笙、姜君辰、孟超等著名人士，都長期以非共身份活動，有些直到人民共和國成立還沒有公開身份。

西安、南京、武漢、長沙、桂林、重慶、蘭州，全國各大戰區都有了八路軍的公開機構。按照國際慣例，駐外機構收集整理情報，乃是一種公開而合法的本職工作。各地的「八辦」不僅是輸送糧餉的後勤機構，也是中央社會部伸到各地的腿！

利用合法身份從事情報活動，中共的情報工作順利完成新形勢下的轉變。這可弄得專職反共的國民黨特務十分頭疼，嫌疑人穿着國軍的官衣出門，腦門上又沒寫上共產黨三個字，這些小特務哪裏敢惹軍官？如何應付新的鬥爭方式，國民黨特務一時還拿不出辦法！

1941 年，蔣介石發動第二次反共高潮，製造皖南事變，宣佈取消新四軍番號，同時強令封閉桂林八辦。皖南的屠殺，隨時可能在桂林重現，桂林行營主任李濟深悄悄通知李克農快走，還送上路條。李克農按照中央部署堅持工作，同時準備轉移。他派申光將桂林中心電台轉到香港，繼續保持中共中央與南方組織的無線電聯絡。周密安置進步文化人，通知可能受迫害的人先行轉移。1 月 20 日，中共中央發出通知，鑒於全國各地的八辦已失去存在的意義和可能，應迅速撤銷，保存重要幹部。

李克農率領秘書龍潛等桂林八辦十幾個留守人員，乘坐一輛大卡車一輛小汽車轉往重慶。國民黨中央下令阻攔扣留八辦車輛人員，沿途關卡險象環生。機智過人的李克農一會兒拿出李濟深放行手令，一會兒穿上少將軍裝恐嚇，最後又捎腳一個國民黨上校特務，終於安全抵達重慶八辦。

1941 年 3 月，李克農奉命率領桂林八辦部分人員，從重慶返回延安。毛澤東設宴款待，朱德作陪。毛澤東親切地說：「我們以為你回不來了！」

當月，毛澤東點名李克農任中社部副部長。9 月創立中央情報部，李克農又兼任中情部副部長。情報工作本是李克農的老本行，這次他帶回延安的，不僅有桂林八辦的人員和物資，還有南方十三省的地下組織，還有絕密的情報關係。

「八辦」的統戰工作，為中共的公開對外工作創立經驗。抗日戰爭勝利後，國民黨、共產黨、美國三方成立軍事調處執行部，李克農又任秘書長。新中國成立，李克農兼任外交部常務副部長。

重慶聯絡圖

國民黨雖然發動皖南事變趕走了各地的八辦，卻不敢完全撕破臉皮，顧慮到國際反法西斯戰線的聯盟關係，還在陪都重慶給共產黨留下一個八辦。這就給周恩來留下活動空間。

國民黨中統局局長徐恩曾，在自己的文章中繪製了一張「聯絡圖」——中共在重慶進行上層統戰工作的圖示。這張圖為同心的三個層次，每層都從中心輻射而出，每層又有幾個小圓，各圓之間又有連線……

「共產黨在重慶擔任上層統戰工作的核心人物，只有周恩來一個人，他是以中共首席代表的身份留在重慶，作為國民政府的『貴賓』。」看來，徐恩曾對周恩來在中共統戰情報工作中的領導作用相當了解。

徐恩曾這樣描繪環繞周恩來的幾個核心人物：「還有幾個不經常在渝的助手，如秦邦憲、董必武、王若飛、鄧穎超、吳玉章、葉劍英等，這些人都被認為中共的代表人物，可以名正言順的和各方面保持接觸。」這些人，不但具有國民黨承認的代表身份，而且同國民黨有久遠的關係，有的還是國民黨的老黨員，活動起來當然方便。正像徐恩曾所說：「我們如果把共產黨的統戰工作比作精神的原子爆炸，那麼，這就是爆炸的核心。」

徐恩曾又描繪中共精神原子爆炸的輻射情形：「以周恩來為中心的核心組織，所接觸的範圍不廣，但其輻射線卻四通八達，當時重慶總能影響政局的幾個目標，它都照射到了。」「透過馮玉祥、邵力子去影響國民黨上層」，「利用章伯鈞、羅隆基去影響其他黨派」，「透過郭沫若、田漢去拉攏文化教育界」，「利用滲透在蔣夫人領導的『戰時婦女工作指導委員會』中的劉清揚、曹孟君去做婦女工作」。「還有宋慶齡和她的兩個秘書，一個是共產黨重慶辦事處重要幹部廖承志的姐姐——廖夢醒，也就是國民黨先烈廖仲愷的女兒，一個是十八集團軍辦事處交際主任王炳南的妻子——王安娜。後者是德籍猶太人，精通英、法、俄、德、西、波六國語言。宋慶齡在重慶主持一個國際共產黨的外圍組織『世界反侵略運動委員會中國分會』，一面和外國記者在渝的友邦人士保持接觸，一面則和國民黨上層聯絡，她的兩個女秘書則專做外國記者在渝友邦人士的聯絡工作。」「其中特別可以看到，共產黨對於美國駐在重慶的機關，所搭的線特別多。」

徐恩曾感歎中共的部署周密：「這樣一分配，周恩來可以安安穩穩地躺在曾家岩五十號的大沙發裏，勿須走出大門，就可以興風作浪，攪得你寢食不安。」

徐恩曾描繪的這張聯絡圖，雖然不夠完全，卻也抓住要點。只是，周恩來並沒有因為部署周全就躺在沙發上睡大覺。儘管曾家岩的重慶八辦被國民黨特務重重監視，周恩來卻依然頻繁外出。

中國民主同盟，是國民黨、共產黨之外中國政壇的第三大黨。中間派人士在籌建這個組織之前，就與周恩來多次商討，民盟召開第一次代表大會，甚至由周恩來出面幫助調解矛盾。周恩來與宋慶齡、何香凝、馮玉祥等國民黨民主派頻繁交往，又捎話給李濟深，希望李濟深與何香凝等組織政治團體，促進民主。後來，李濟深、何香凝等創建國民黨革命委員會，李濟深任主席。

周恩來還結交四川地方實力派。不帶隨從，深夜潛出曾家岩，和劉文輝在秘密地點見面。朱德還送給雲南省主席龍雲一個密碼本，建立無線電聯絡。

徐恩曾的回憶文章頗有自知之明：「這些還是可以看得見的輻射線索，還有我們看不到的而事實上一定有的線索。」

這倒是實話。周恩來在重慶八辦，不僅開展公開的統戰活動，還指導秘密的地下黨活動。周恩來與國民黨談判的身份是中共首席代表，黨內還有一個秘密身份——中共南方局書記。

中共在根據地的組織稱為蘇區黨，在國統區的組織稱為白區黨。十年白色恐怖，再加上中央「左」傾，使白區黨損失百分之九十五，省級組織只剩湖南和北方的王世英情報系統。

中共中央和紅軍長征到達陝北，八路軍在北方建立根據地，各地的黨組織如同雨後春筍。可是，南方還是國民黨統治區，共產黨依然受到壓制。

中共南方局的秘密使命就是——恢復和重建在國民黨統治區的共產黨組織。

富於秘密工作經驗的周恩來，為新形勢下的秘密工作制定一套具體規定：公開工作和秘密工作嚴格分開，上層工作和下層工作嚴格分開。具有公開身份的八辦幹部，一般不同地下黨員發生聯繫。從事秘密工作的黨員，一般也不到八辦來。還要求地下黨員「三勤」「三化」——「勤業、勤學、勤交友」「社會化、職業化、合法化」。

這是秘密活動方式的重大轉變。以往，中共秘密黨員多是「職業革命家」，往往缺乏掩護身份。國民黨特務搜捕地下黨有個經驗：一個亭子間，一張單人牀，一個臉盆架，抓起來再説！

實行社會化以後，國民黨特務就頭疼了，共產黨人隱沒在社會的海洋中，無法識別。過去失去聯繫的地下黨員，現在能夠從報紙上看到共產黨人的活動，紛紛找到黨的公開駐地紅岩，僅僅西南地區就有五千多人恢復組織關係。川東特委書記廖志高在重慶稅務局謀得差事，掩護地下活動五年，國民黨特務連其名字都搞不準。

閑棋冷子

中國人有個傳統道德，對朋友不挖牆腳。國共第二次合作，雙方都更加成熟，在談判中雙方達成一個默契——不在對方內部發展組織。

歷盡劫波兄弟在，相逢一笑泯恩仇。在合作初始，雙方都表現了極大的熱誠。八路軍欣然接受了國民黨派來的聯絡參謀，每師一個，儘管這三個參謀都帶着密碼，負有情報任務。

周恩來受任民國革命軍總政治部中將副主任，周副主任聘請秘密黨員郭沫若任三廳主任，多支共產黨員帶隊的抗敵演出隊開赴國軍各部隊宣傳演出。

國民黨許多部隊也歡迎共產黨員來做政治工作——抗日戰爭需要發動軍民群眾，這是共產黨的專長。

周恩來十分敏銳：「這是千載難逢的機會！」

各地黨組織緊急調動黨員，能夠進入國民黨的都進入。晉軍傅作義部隊，滇軍張沖部隊，都有成批共產黨員進入政訓處。國軍的地方部隊不同於中央軍，不大顧及蔣介石的禁忌，積極引進共產黨的政治工作，各部隊的戰地服務團多數是共產黨員和進步青年。

周恩來還有深謀遠慮的考慮。

儘管國民黨現在搞合作，但老蔣那人心狠手辣，隨時可能再對共產黨下手。害人之心不可有，防人之心不可無。周恩來策劃，在國民黨陣營深處埋藏一些秘密黨員，平時支持國民黨抗日，不搞共產黨的組織活動；一旦國民黨將領降日反共，立即發揮情報作用。熟悉國民黨軍隊的周恩來，相中三大重兵集團——胡宗南、傅作義、白崇禧，一般的草包將領周恩來根本看不上。周恩來為三大集團派去「三大秘」，三個統兵上將的三個親信秘書，都是中共秘密黨員！

畢業於黃埔一期的胡宗南是蔣介石手下最有才幹的將領，統率精銳的「天下第一軍」。曾在黃埔軍校當過政治部主任的周恩來認為，此人內心愛國，傾向抗日，是個可以爭取的人物。聽說胡宗南打算通過戰地青年服務團延攬知識青年，周恩來精心設計，為其選擇了一個人。

熊向暉於 1936 年 12 月在清華大學秘密加入共產黨，在公開的抗日救亡團體「中華民族解放先鋒隊」中任清華分隊負責人，其父是武漢高等法院庭長，正好符合周恩來提出的要求。熊向暉本想到延安學習，卻不得不服從組織安排，投入湖南青年戰地服務團。年輕學生熊向暉，一夜間變成一個執行「特殊任務」的人員？董必武親自談話：不要急於找黨，要甘於作閑棋冷子；隱蔽身份，不發展黨員，相機推動胡宗南抗日，如果胡宗南反共，要在表面上同他一致，白皮紅心；要適應環境，同流而不合污，對人可以略驕，處事絕不可驕。周恩來與董必武共同贈送八個字：「不入虎穴，焉得虎子。」

董必武的一席話就是熊向暉的情報訓練班。熊向暉盡力掌握胡宗南心理，謹慎交友。在老朽的國民黨陣營中，胡宗南算得上一位有見識的將領，正要網羅既懂軍事又懂政治的青年才俊，協助自己成就政治雄心。熊向暉熟悉孫中山的革命思想，還懂得共產黨的理論，正合胡宗南所用，兩人還一起秘密學習唯物論辯證法！胡宗南先派熊向暉進軍校學習，加入黃埔嫡系，又把熊向暉調到身邊，擔任侍從副官、機要秘書。於是，共產黨員熊向暉，就成了國民黨大將胡宗南的親信，負責掌握機要文件，受委起草作戰計劃。

難得有人打入這樣深。中共中央情報部又圍繞熊向暉成立一個由陳忠經任組長、申健參加的三人情報小組。這個小組在抗日戰爭和第三次國內戰爭中做出傑出情報貢獻，有效地保衛中央安全，被中共情報界譽為「後三傑」，與中央特科的「龍潭三傑」交相輝映。

這是一個極其成功的高級情報工作案例。周恩來的選人設計，董必武的潛伏策略，熊向暉的應對方法，均可作為標準的情報工作示範課程。

國民黨桂系大將白崇禧精於作戰，軍中豔稱「小諸葛」。蔣介石一向排擠桂系，到了抗戰用人之際，不得不請白崇禧任副總參謀長。周恩來又在白崇禧身邊安插兩個人物：中校秘書謝和賡，高級參議劉仲容。

謝和賡於三十年代初在北平入黨，被中共北方局派回廣西老家工作，抗戰時期任白崇禧的機要秘書。1938 年 5 月，謝和賡奉命為白崇禧起草在師以上軍官訓練團的講話。謝和賡埋頭苦寫三天三夜，成稿一萬四千餘字，送李克農審閱。交回謝和賡手中的稿件，刪去兩千多字，還有大量補充。原來，周恩來親自修改謝和賡的稿子，去掉與共產黨政治工作語言相似的部分，增加游擊戰術成分。白崇禧對於這個講話稿大為欣賞，從此更加重用謝和賡。

劉仲容早年留學莫斯科中山大學，與國共兩黨的學員都有良好關係。劉仲

陳忠經、熊向暉、申健（左起）三人在抗戰期間打入胡宗南部，源源不斷地提供國民黨機要情報，被譽為「後三傑」。

容的父親劉承烈曾任桂系駐天津代表，善於交往的劉仲容也受到桂系重用。李宗仁派劉仲容為代表，到西安、延安聯繫共產黨、東北軍、西北軍。按照周恩來的部署，劉仲容從李宗仁處轉到白崇禧身邊，任桂林行營參議。後來，劉仲容一直得到桂系的高度信任，第三次國內戰爭的關鍵時期，曾受國民政府代總統李宗仁委派，作為秘密代表到解放區與中共談判。

謝和賡是派進去的，劉仲容是拉出來的，這個小組搭配得相當高明。

學下閑棋冷子的還有中共的地方情報部門。

抗戰軍興，山西進步青年閻又文投入國民黨晉軍傅作義部隊。這時，傅作義邀請公開的共產黨員到自己的部隊做政治工作，中共山西省委特派員潘紀文於 1938 年秘密發展閻又文入黨。1940 年，傅作義部隊驅逐共產黨員，潘紀文被迫離開，臨行佈置沒有暴露的地下黨員閻又文和楊子明繼續潛伏。閻又文是傅作義的山西萬榮小同鄉，深受信任，當上機要秘書兼少將新聞處處長。按照上級指示，閻又文繼續幫助傅作義工作，不與黨組織發生聯繫。整個抗日戰爭過去，閻又文這個高級內線一直沒有啟用，直到國內戰爭爆發前夕，陝甘寧邊區保安處才重新與閻又文接上關係，又將這個重要關係轉交晉綏軍區、轉交中央情報部。於是，有了傅作義痛斥毛澤東的文稿先經周恩來審閱修改；有了傅作義與共產黨的談判代表也是秘密共產黨員。

這是中共秘密情報工作的一個成功案例。一個情報員，能夠憑藉自身能力在敵方升至高位，這充分證明其素質之高。

間諜打入，往往有個深潛的過程，並不一定立即發揮作用。由此，有人就將這種內線稱為「冷藏間諜」。急性的人往往不耐冷藏，反而導致暴露。可高手就不同了，圍棋高手有時會下個把閑棋冷子，這個孤立的棋子初看似無作用，待到一定時機，居然能夠一子扳大局！

周恩來也是個下閑棋冷子的高手，不過，周恩來在國民黨陣營中放置的好棋，不止這三枚。

江蘇泰興人沈安娜 1932 年到上海求學，接觸同學中的秘密共產黨員華明之，積極要求參加革命活動。中央特科的王學文指示沈安娜，相機潛入國民黨機關任職。沈安娜憑藉一手漂亮的毛筆字，於 1935 年年初考入浙江省政府任速記員，逐步得到省主席朱家驊的信任，乘機竊取情報。王學文單個教練，傳授情報專業知識，指令沈安娜和華明之組成夫妻小組，長期潛伏。

抗日戰爭爆發，沈安娜輾轉武漢，到八辦要任務。周恩來、董必武親自部署，要沈安娜抓緊當前有利時機打入深處。這時朱家驊升任中央黨部秘書長，正打算培植自己的勢力，很高興地接受了沈安娜，安排在中央黨部機要處任機要速記員。國民政府遷都重慶，華明之和沈安娜夫婦又隨着到了重慶。

1939 年，國民黨召開五中全會，決議「融共、限共、防共」。沈安娜憑藉記憶，將決議內容報告周恩來，鄧穎超高興地擁抱沈安娜，鼓勵好好努力。

沈安娜同時接觸國共兩方的高級領導，感到反差太大了，要求離開重慶去延安。周恩來、鄧穎超親自密談：「你這個工作非常重要，沒人能代替，這就是你的崗位！」沈安娜表示接受任務，周恩來又具體指導，要臨危不懼沉着冷靜，想辦法保護自己對付敵人。鄧穎超鼓勵沈安娜甘當無名英雄，沈安娜表示自己不是英雄，願意做一個無名戰士。這二十分鐘談話，沈安娜記了一輩子。

南方局委員博古特批，沒寫申請沒經支部討論，沈安娜秘密入黨。沈安娜第一個女兒出生，聯絡員送來嬰兒衣物，也是南方局財務報銷。

沈安娜長期潛伏，速記國民黨機要會議的記錄，回家就密寫密藏，通過秘密交通送給紅岩。

1942 年，秘密聯絡員徐仲航被捕，沈安娜的信件被特務查獲。夫妻兩人連夜整理住房，燒毀密藏的情報。深夜，兩人握手無言，互相能夠聽到心跳。兩人相約，一旦被捕，打死也不說。誰能出去誰照料孩子。

有了為黨犧牲的準備，沈安娜反而鎮定了，巧妙地應對上級的審查。被捕的徐仲航沒有供出沈安娜。周恩來親自部署，通過李濟深把徐仲航保釋出來。

華明之和沈安娜的住處，一邊是國民黨元老吳稚輝，一邊是憲兵隊。夫妻兩人整日生活在恐怖的環境之中，望着紅岩流淚。按照秘密工作的規則，這種

華明之、沈安娜夫婦

情況只能靜靜等待，不能去找組織聯絡。失去聯絡還要堅守崗位，沈安娜繼續密寫情報，密藏家中。為了保住情報崗位，沈安娜得了肺病躲到廁所咯血，達官貴人怕傳染會辭退小速記。為了等待組織上門聯絡，沈安娜不敢搬家，白天聽隔壁憲兵隊刑訊的慘叫聲，晚上遲遲不睡，傾聽敲門暗號……

一顆小小的種子，默默生長，於盤根錯節處尋找縫隙，深深紮根。待到抗戰勝利內戰重啟時，這個小文員終於發揮了重要作用！

閑棋不閑，冷子不冷，閑棋冷子有時能夠扭轉整個棋局。這種長期埋伏、關鍵時刻啟用的做法，標誌中共的情報工作已經具有長遠的戰略眼光。這種打入敵方高層核心，作用巨大的間諜，在國際間諜界稱為「戰略間諜」。

戰略眼光，戰略間諜，中共的情報工作漸臻成熟。

為黨賺錢的廣大華行

再高明的大俠，也要吃飯花錢。朋友眾多的周恩來，也會遇到缺錢的問題。

日寇侵佔東北，失去家園的東北人成為中國最大的流亡人群，生活無着。

東北軍元老高崇民發起東北救亡總會，救助同胞，團結抗日。高崇民早在 1935 年就決心接受共產黨的領導，可是，高崇民籌建團體，不找共產黨化緣，專找國民黨要錢——扣押東北少帥張學良的老蔣欠着東北的人情！

軍統局局長戴笠出了五萬大洋，卻不知東總的副會長閻寶航和秘書長于毅夫都是秘密共產黨員！

公款公用，高崇民的家庭生活十分困窘。周恩來派人送去津貼，可高崇民不要。高崇民知道，共產黨的錢來得不容易，連周恩來自己都節衣縮食。

周恩來卻非要高崇民收下。民主人士同共產黨員不同，共產黨人可以以戰養戰，民主人士卻是拖家帶口，還要在社會上層活動，沒錢實在不行。

無論是資助朋友還是維持黨的工作運行，都不可避免地要用錢，可是，這錢從何來呢？

國民黨攻擊共產黨的時候，總是嘲笑中共「靠盧布生活」。

其實，中共創建初期，確實接受了共產國際的大量資助。第一個總書記陳獨秀被捕，還是國際出錢贖出來的。那時的「職業革命家」沒有社會職業，只能靠黨內的津貼度生活。國際資助有限，黨內經費緊張，順直省委的津貼中斷了，彭真賣掉妻子的嫁妝戒指堅持工作，可省委書記王藻文就發牢騷磨洋工。

幹革命還得自力更生，中共儘量自己籌款，減輕國際負擔。1927 年成立的軍委特務工作科，主要任務之一就是籌款。漢口用銀元，武漢用法幣，特務股股長李強用小筏子渡江炒匯，為黨賺了一桶金。毛澤東在江西創建紅色政權，打下漳州收繳 105 萬大洋，以此開辦中央銀行。紅軍把江西作戰收繳的財物，換成黃金送到上海支援中央。在上海籌建「附屬組織」的陳雲，用幾千元錢開辦二十幾個小舖子，不但完成了秘密聯絡點的任務，還為黨賺了錢！

革命也需要搞經濟，稱共產的黨也得賺錢。中央蘇區創立後，毛澤東千方百計發展對外貿易，把蘇區出產的桐油和鎢砂，走私到國統區賺錢。外貿不但能賺錢，還建立了統戰關係，廣東軍閥陳濟棠是蘇區的外貿夥伴，在紅軍突圍長征時秘密放水。

長征路上，幾萬人的大部隊如何供給？紅軍專設供給部，沿路沒收官僚資產打土豪收浮財。中央銀行行長毛澤民預有準備，國家銀行的金庫隨軍長征，黃金和銀元分到各軍團帶走。毛澤民還有個「扁擔銀行」，上百副擔子擔着巨額的黃金銀元和紙幣。

紅軍打下遵義城，毛澤民還做了一件匪夷所思的事情——發行貨幣。

紅軍的每個幹部戰士都分到貨幣形式的津貼，都可以手裏拿着錢到集市購買生活所需的藥品服裝，還能下飯館打打牙祭。

商家和老百姓拿到這些蘇維埃貨幣怎麼辦？毛澤民設立了幾十個兑換點，用紅軍繳獲的食鹽和銀元收兑貨幣。

貨幣需要流動，這流動搞活了紅軍的行軍生活和當地經濟，也給共產黨和紅軍留下極好的信譽。新中國成立以後，還有各地百姓拿着紅軍貨幣來兑換，這些收藏人堅信共產黨總有一天能掌天下。

搞經濟無非是開源節流，共產黨難能執政，開源的機遇很少。因此，全黨上下養成了節流的習慣，極其儉樸。

紅軍官兵平等，從總司令朱德到普通戰士，每月津貼一律五元。還規定了嚴懲貪污的法令——貪污五元就槍斃！長征到藏區，部隊四處籌糧，一個年輕紅軍進入喇嘛廟搞了一些糧食。違反紀律——槍斃！執行紀律的人，並未顧慮受刑人是主席夫人的弟弟。

白區的生活更是缺乏來源，不少共產黨員籌款是從自家做起——毀家興難。彭湃在廣東海陸豐發動農民起義，第一個舉措就是沒收自己的地主家庭的全部資產。抗戰期間，陸定一父親去世家庭分割財產，陸定一把自己分得的銀元交了黨費。

共產黨的錢來得不容易，經辦人員無不格外謹慎。南方局的特別會計熊瑾玎有個特別的錢包，一隻長布袋繞在左手腕上，袋口始終攥在手中。熊瑾玎的女兒突發高燒，需要打針，可一支盤尼西林（青黴素）要十元，熊瑾玎手裏掌握大量公款，不肯挪用十元！這一耽誤，女兒不幸病死。後來，熊瑾玎又一個女兒病了，毛澤東從延安發電報到重慶，組織上撥款治療！

儘管共產黨人極其儉樸，但該花錢的還是要花。紅軍對技術幹部採取特殊優待政策，從上海到晉綏參軍的藝術家嚴寄洲，津貼七元半，比賀龍司令高兩元半。周恩來在重慶，也盡力資助生活困難的黨外朋友。1946 年 7 月 25 日，正在上海主持國共和談的周恩來和夫人鄧穎超急忙趕到醫院，老朋友陶行知剛剛病逝，握手尚溫。著名教育家陶行知一生創辦學校救助貧窮兒童，可自己的死因，卻是生活困窘，缺乏營養。周恩來立即致電中央：「對進步朋友的安全、健康，我們必須負責保護。已告上海潘漢年及伍雲甫，在救濟方面多給以經濟和物資的幫助，在政治方面亦須時時關照。」

可是，這幫助進步朋友的「經濟和物資」從哪裏來呢？

戰爭期間，中共經濟極其困窘，國民黨中央不但停發軍餉，還封鎖棉布醫藥等物資。毛澤東不得不號召邊區軍民開展大生產運動，自力更生。

生產要有周期，供給一天都不能停，毛澤東調來特科老將南漢宸當財政廳廳長。南漢宸出手就截獲國民黨二十二軍偷運鴉片的馱隊，又讓張道吾開拓定邊的鹽池，很快積攢了第一桶金。各根據地知道中央困難，也盡力支援。山東根據地有個招遠金礦，千里迢迢把金子送到延安。

賺錢最多最快的還是辦公司，周恩來手邊正有一個為黨賺錢的公司！

大上海，最富裕的是寧波人。寧波青年盧緒章在輪船公司當實習生，業餘時間又上商會的補習夜校。1932 年，五個同學湊了 500 大洋，經營西藥郵購，這公司與洋行競爭，叫做廣大華行。廣大華行善於經營，業務發展很快，三年就成了規模。

1936 年，上海成立各界救國會宣傳抗日，廣大華行積極參與，還組織洋行裏面的華人成員成立華聯。1937 年 10 月，盧緒章秘密加入共產黨。1939 年，按照組織指示，把廣大華行的業務轉到大後方西南。周恩來在紅岩接見盧緒章，為這個公司規定了第三線秘密工作任務。不與地方黨組織發生橫向聯繫，做好生意，廣交朋友。

盧緒章很會交朋友，與寧波同鄉包玉剛合作調劑資金，從蔣介石侍從室搞來少將頭銜，還拉上中統頭目陳果夫當了股東，和軍統少將梁若冰成了朋友。盧緒章的手腕通天徹地，能夠拿到別人不知道的商業秘密，食糖漲價之前大筆買進，立即大發一筆。沒有哪個商家能像廣大華行這樣同時與美國和蘇聯做生意，廣大華行的生意遍佈雲貴川，還伸展到上海、天津、香港、台灣和紐約、東京。廣大華行的生意從賣藥發展到製藥，還投資銀行，同盧作孚合辦保險公司。到 1944 年年底，已經成為大企業集團，積累了 30 萬美金的資產。

南方局情報部部長劉少文很有創意，提出以商業方式搞情報工作。為黨賺錢，為黨搞情報，廣大華行把兩項工作結合得天衣無縫。一是利用商業渠道搞秘密交通，二是廣交朋友蒐集國民黨上層情報，三是為黨提供經費。廣大華行成了黨的提款機，南方局的會計袁超俊等人不時到盧緒章這裏提款，組織上要多少給多少，不打收條不記賬！

中共的「黨產」公司，還有 1938 年創立的聯合公司，錢之光任董事長、楊琳任總經理；還有吳雪之和麥文瀾創辦的新中商行。到解放戰爭時期，這些公司規模發展到鼎盛程度。1949 年 6 月，三家公司合併，中共最大的黨產公司華潤公司成立，主要資金來自廣大華行的一百多萬美元。這華潤，後來是新中國最大的外貿公司，改革開放的上市集團公司。

盧緒章這些人，可以說是中國的大「資本家」了，可這些隱身商界的共產黨員始終牢記周恩來的囑咐：做八月風荷，出淤泥而不染，同流而不合污。廣大華行結束業務的時候，非黨職員的股金和紅利全部退還本人，而共產黨員盧緒章、楊延修、張平、舒自清等人，主動要求把自己的紅利股份全部交黨費！

錢財，並不是一個人的最高追求。

蔣介石召見西北軍將領韓練成，賞賜大洋五萬。如此大方的委員長，手握大筆特別費，拉攏部下也分等級，韓練成這樣的軍級官員最高額度是五萬。拿了老蔣的錢，並不真心為老蔣賣命，韓練成悄悄來到紅岩村，向周恩來提出加入共產黨。在中國，當高官做軍閥的，都有辦法搞到錢，韓練成上心的不是錢財而是前途，個人和國家的前途。

蔣介石的錦上添花，不如周恩來的雪中送炭。

海外工作

中國的抗日戰爭，到國際上就稱為世界反法西斯戰爭。從國內走向國際，中共黨人開始登上世界大舞台。

地處偏遠的延安，也來了遙遠的客人，南洋華僑領袖陳嘉庚非要訪問延安，看看共產黨的領袖是什麼樣子。接待海外來人總要有個機構，延安成立了華僑救國聯合會，中共中央又新設一個「海外工作委員會」。外事工作要有高規格，請八路軍總司令朱德任主任，參謀長葉劍英任副主任。其實，這兩人領導海外工作不只靠職位顯赫，還有自身獨特的經歷——兩人都是雲南講武堂出身，那個軍校有許多海外學生，包括朝鮮的崔庸健和越南的武海秋，而且，廣東梅縣僑鄉子弟的葉劍英自己就是馬來亞華僑！

這「海外工作」並非共產黨首創，國民黨中央向來就有「海外部」，在南洋各國還有半公開的國民黨海外支部，在當地華僑中開展活動。

抗戰時期，中國在海外的華僑大約有七八百萬。中國許多沿海沿邊地區，向來就有移民海外謀生的傳統，清朝對太平天國的鎮壓又導致大批中國人避難海外。海外華僑經常遭遇種族歧視和排華欺壓，心中不忘祖國老根，掙了一點錢就要寄回故鄉。

華僑是革命之母，辛亥革命的發起人孫中山是華僑，武裝起義的贊助人是華僑。華僑是愛國之父，舉世華僑堅決反對日本侵華。各國華僑搶着捐款助戰，歐洲、美洲、南洋，三大地域的華僑組成多個團體，捐款 13 億，購買國債 11 億，光飛機就捐了幾百架。四萬多粵籍華僑回國參戰，中國戰鬥機飛行員四分之三是華僑。滇緬公路運輸缺乏司機，南洋華僑機工隊 3219 人參戰，犧牲 1028 人。

出於抗日的需要，中共也開始海外工作。

八路軍香港辦事處的華僑幹部廖承志、連貫，負責海外華僑的聯絡。中央派出特科的胡愈之等到新加坡搞抗日宣傳，1926 年在菲律賓入團的許立也在當地發起抗日組織。

南洋各地，散落着不少共產黨的種子。1927 年國民黨分共，許多中共黨人逃避屠殺跑到南洋，雖然失去了組織聯繫，依然自發地在當地宣傳進步思想，有的還加入了駐在國的共產黨組織。廣東瓊海的共產黨員布魯暴動失敗，避難到新加坡，參加了馬共組織的罷工活動，遭到殖民當局逮捕又被驅逐回國。

南洋各國大多是西方列強的殖民地，日本來了要換主子，就連英、美、法、荷殖民當局也得支持抗日。於是，進步和抗日兩道洪流匯合，形成廣泛的國際統一戰線。

許多海外華僑回國參戰，東江縱隊、瓊崖縱隊、新四軍等南方抗日部隊有大量華僑青年從軍。菲律賓華僑葉飛早已是紅軍將領，澳大利亞華僑曾生、新加坡華僑莊田都成為著名戰將，華僑女青年李林騎馬上陣，在山西前線英勇犧牲。

華僑一般文化程度較高，許多人成了宣傳抗日的文化骨幹。「黃河大合唱」的兩個主要創作者都是華僑，詞作者光未然來自緬甸，作曲冼星海是馬來亞華僑。

女記者黃薇回國採訪抗日，親歷徐州突圍，又從延安到華北敵後，三個月行程數千里，採訪賀龍、聶榮臻等八路軍將領，還目擊加拿大醫生白求恩為傷員做手術。又按照組織要求到重慶宣傳敵後抗戰，贏得國民黨元老林森和馮玉祥的稱讚。由於國民黨特務的迫害，黃薇又返回菲律賓，在日本佔領期間創辦地下抗日報紙《華僑導報》。

菲律賓華僑莊焰 1933 年在海外參加革命，1938 年在香港經廖承志介紹，從武漢一路走到延安。陳嘉庚訪問延安時擔任毛主席和朱總司令的翻譯，中央海外工作委員會成立時任秘書。

國內抗日國共合作，南洋抗日也是國共合作。

菲律賓華僑王雨亭拋家捨業，帶大兒子王維真回國抗日，大女兒王雙遊和小兒子王明愛留在菲律賓搞地下工作。王維真在延安加入共產黨，成為新華社的筆桿子，而他的姐姐和弟弟，卻在菲律賓加入國民黨軍統的地下抗日組織。

軍統閩南站站長張聖才，奉戴笠之命到菲律賓活動。途經香港，張聖才找到八路軍的連貫，主動要求幫助共產黨搞情報。國民黨在菲律賓的海外組織多年公開活動，缺乏地下經驗，日軍一進駐南洋就殺掉了九個領事。擅長地下工作的共產黨讓進步青年協助張聖才工作，王家姐弟就成了抗日電台的報務員和交通員。

還有國際合作。在馬來亞，共產黨領導的華僑為主的人民抗日軍，國民黨組織的華僑抗日軍，國民黨中央海外部和英國經濟作戰部合組的 136 部隊，這三股華僑力量聯合起來，還有菲律賓本土人組織的人民抗日軍，大家聯合作戰，殲敵兩千多。

一條長長的僑線，串聯世界各國的華僑共同抗日。日本軍隊開到哪裏，哪裏就有華僑游擊隊襲擾，日本帝國的大東亞共榮圈成了不可能實現的臆想。

延安的中共領袖雄才大略，還在延安召開了東方各民族反法西斯代表大會，朝鮮、日本和東南亞各國都有共產黨人出席。日本大軍包圍了中國包圍了延安，延安的秘密力量卻伸向海外，對日本形成反包圍！

緬甸的情況相當複雜，昂山等愛國軍人反抗英國的殖民統治，到中國尋求支持。日本卻利用當地人的反英心理，出兵緬甸，切斷中國大後方唯一的對外通道滇緬公路。緬甸華僑黨員鄭祥鵬和王楚惠夫婦，千方百計回到國內，繞過國民黨特務的封鎖抵達延安。本想在「家裏」愉快地生活，可又被派回敵後的緬甸。中共要支持僑黨，共產國際要組建當地黨。

共產主義的幽靈到處遊蕩，華僑的身影到處遊蕩，全世界任何一個偏遠的角落，似乎都有中國共產黨人存身。

美共有個中國組，徐永瑛、冀朝鼎等共產黨人回國後轉入中共系統。英共也有個中國組，有幾個東北籍貫的共產黨人特別適合對日情報工作。張為先潛回東北尋找抗聯，何松亭在平津聯絡，于炳然在重慶加入東北救亡總會還成為國軍少將。

參與國際反法西斯統一戰線，山溝裏走出的中共黨人，也得從事一些外事工作了。

海外來人，各有使命。

共產國際遠東局隱身上海，領導東亞各國的共產黨秘密組織，東亞各國的共產黨人也就出入和居留中國。日共領袖岡野進（野坂參三）在延安，越南共產黨領袖阮愛國（胡志明）在桂林，朝鮮共產黨在中國的更多，金日成、崔庸健、金策等都是東北抗日聯軍將領。

世界列強都要把中國納入視線，上海號稱國際冒險家的樂園，也是國際間諜的天堂。在上海這個遠東最大的國際都市，好萊塢新電影首輪上映，咖啡館和舞廳也能夠買到情報。美國記者斯諾不滿足於採訪政府領袖，居然跑到陝北採訪共產黨頭子。一本《紅星照耀的中國》，讓毛澤東亮相世界舞台。

中共的對外代表周恩來，來到中國的戰時首都重慶，當然要面對形形色色的外國人，各國駐華的外交官，有蘇聯的，有美國英國的，還有德意日的，民間還有猶太商人、美國漢學家、大韓民國流亡政府……外國也有友好人士，外國友好人士也樂意幫助中國抗戰，於是，中共就有了國際情報。

第二次世界大戰中，中國不僅有國內不同政黨之間的合作，還有中國與外國的國家之間的合作。中共提供情報幹部閻寶航為蘇聯工作，偵獲德國襲擊蘇聯的戰略情報。

日軍攻佔香港後，中共領導的東江游擊隊營救被日軍關押的國際友人。英軍服務團和東江縱隊交換日軍情報，成功地營救 89 名英美戰俘。

中國的東部沿海始終是戰略要地。戰爭初期，日軍控制中國的北方和華東，中國的外來援助只能通過東南沿海的港口；相持階段，美國轟炸機從航空母艦起飛轟炸日本，返航時只能在浙江沿海降落；待到反攻階段，美軍計劃空降日本，起飛地點只能在中共控制的山東沿海。

八路軍司令朱德同美國上將史迪威成了戰友，中國戰區參謀長史迪威決心撥出武器裝備給積極抗戰的八路軍。老蔣不高興了，開始排擠這位美軍名將。

史迪威要的是反法西斯作戰的勝利，才不顧老蔣的私慾權力。為了獲得中國沿海的戰略情報，美國開始尋求同中國合作，不止同執政的國民黨合作，而且同參政的共產黨合作。美國駐中國戰區的史迪威上將派遣兩個美軍觀察組，包瑞德上校派駐延安，歐戴義少校派駐東江縱隊。袁庚領導東江縱隊的情報人員，為美國提供日軍在廣東沿海的軍事部署，保護美軍地面人員引導美國飛機轟炸香港日軍目標，還幫美軍找到神秘的日軍「波雷」部隊，為美軍在敵後登陸提供情報。有着國際合作經歷的袁庚，八十年代創建深圳的蛇口開發區，成為改革開放的尖兵。

美國飛機轟炸日本返航時被日機擊落，中共領導的浙東游擊隊從日軍追捕中營救了美軍飛行員，美方的答謝是空投情報電台給浙東游擊隊。

國際盟邦對日本的情報需求越來越多，中共也在探索對美情報合作。

中共秘密戰線的工作對象，從地下走上地面，從國內發展到國際。從某種意義上説，這也是改革開放啊！

情報大師周恩來總結這次改革開放的新經驗：統戰帶動情報，外事掩護情報。

西安大鬥法

把公開活動同隱蔽鬥爭結合起來，並不是一件簡單的事情。老蔣手裏畢竟有權，軍警憲特聯合行動，嚴密監控在國統區活動的共產黨人。

西安事變爆發後，周恩來立即趕到西安幫助張學良和楊虎城應對局面。一次匆匆之行，周恩來卻在西安留下精到佈局：公開、半公開、隱蔽，三種機構。公開機構八路軍西安辦事處，主任為特科時期的無線電專家伍雲甫；半公開機構中共陝西省委，書記為老地下黨員歐陽欽；隱蔽機構西安情報站，負責人前中央交通局局長吳德峰。

合作之中還有鬥爭，共產黨人不再天真幼稚，始終防着老蔣一手。周恩來在國統區各大城市都實行三線配置：公開的統戰工作，秘密的地下黨組織，再往深處還有一個秘密的情報系統！

周恩來從延安到西安，同飛機帶的一個人，到西安就失蹤了。

吳德峰是中共情報系統的老資格，1924 年由董必武、陳潭秋介紹入黨，1926 年國共合作時任武漢市公安局局長，國共分裂後到上海創建秘密交通系統，後任中央蘇區湘贛省保衛局局長、紅二方面軍保衛局局長。

吳德峰在西安租了一個院落，老特科陳養山負責與中共陝西省委和國民黨政府機關聯繫，紅軍出身的羅青長負責與國民黨軍隊聯繫，東北人陶斯詠負責聯繫東北軍，從蘇聯回來的于忠友譯電。各種人等同住，需要家庭身份掩護，女黨員蹇先佛算作吳德峰的妹妹戲稱「三姑」，吳德峰的夫人戚元德就被蹇先佛戲稱「六婆」。羅青長算作表弟，小青年蕭佛先扮作聽差。這個大家庭還有兒有女，陳養山的兒子和吳德峰的女兒吳持生成了活道具。

西安情報站發展了諸多重要關係。戴中溶是胡宗南司令部的機要科科長、蕭德是特務偵緝隊隊長、宋綺雲是西北軍統帥楊虎城的秘書、李錫九是西安行營主任程潛的參事、張初人是省主席蔣鼎文的隨從秘書、石鍾偉是董釗軍長的秘書，還有社會名人楊明軒、杜斌丞等，打入最深的是陳忠經、熊向暉、申健三人組。

中共利用八路軍西安辦事處這個公開機關，大力開展統戰活動。陝甘寧邊區政府主席林伯渠屈尊就任西安八辦主任，西安行營長官程潛是林伯渠北伐時的老搭檔。八辦駐有八路軍一個排，排長張耀祠、班長古遠興。李克農的兒子李力是電台台長。羅青長兼任林伯渠的機要秘書，負責情報保衛工作，兼管安吳青訓班。處長周子健的夫人王平也是棗園三期畢業的，在八辦管理保衛工作。

西安八辦的駐地七賢莊一號原是一座牙科醫院。德國共產黨員海伯特遭受法西斯迫害，來中國創辦了這所醫院，又從這裏轉運國際友人捐助延安的醫療物資。紅軍在西安設立辦事處，駐地就選在這個可靠的地方。

七賢莊一號是共產黨在國統區的窗口，也成了國民黨特務的心頭大患。陝西省調查專員、中統頭子郭紫峻派秘書馬濯江帶領四個行動隊員，輪流在八辦門口盯梢，企圖在來往人員中發現秘密組織成員。行營調查科科長張毅夫也派出軍統人員秘密監視。兩個系統的國民黨特務，監視八辦的積極性高到要爭權的程度！ 1939 年，行營政治部主任谷正鼎兼任特聯匯報秘書處主任，乘機把監視八辦的權力攬到自己一人手中。監視組負責人常聖照是個「紅幫山主」，拿着中統的介紹信件來到西安，卻是一個老牌軍統。常聖照接任後立即積極着手嚴加監視，在七賢莊大門外設立公開的崗亭監視出入人員；在七賢莊旁邊的小學裏堆土成山，哨亭高出牆頭可以看到七賢莊院裏；在七賢莊對面的作秀女中牆後設立隱蔽的監視點，挖個小洞偷窺。監視組共派九人，三人一組，每組配備兩輛自行車，一組定點監視，兩組出動跟蹤。每個點都有電話，隨時與特聯匯報秘書處聯繫。每天晚上，監視組都向秘書處書面匯報。

一場監視與反監視的鬥爭在七賢莊門外展開。

一天清晨，一輛自行車突然從七賢莊大門衝出，後座還帶着什麼東西。監視組的兩個特務立即騎車跟蹤。那八辦的青年把車騎得飛快，進新城，到東大街，出東門，又回轉火車站，繞過鐘樓再出西門，又跑北大街、南大街，把西安全城轉遍，也沒見什麼秘密聯絡，原來是帶着特務遛彎兒！盯梢是個苦差使，跟得緊了被發現，跟得遠了被甩掉。七賢莊的人對西安街道越來越熟，特務的跟蹤也越來越難。這天大雨，小學的土牆塌了一段，牆後監視的特務就露臉了。對面八辦的人笑喊：「辛苦了，過來坐坐？」特務正在尷尬，對面又扔來香煙，氣得常聖照把這個點兒撤了。

惱羞成怒，特聯匯報秘書處索性佈置西安警備司令部，以登記為名闖入七賢莊檢查。按照國共雙方約定，八路軍辦事處的人員、槍支、彈藥都要上報數字，谷正鼎期望找到錯處藉機下手。可是，羅青長精細佈置，使得每次檢查都人槍對數，就連子彈都一粒不多一粒不少。一次檢查發現少了五粒手槍子彈，特務正要發作，卻發現牀舖上掉了一個彈夾，其中子彈恰是五發！

特聯匯報從無線電監聽中發現，七賢莊裏面有大功率電台。八辦的小青年經常在院外打籃球，國民黨特務就在旁邊觀戰，其實是數人頭，判斷哪些是電台人員。李力早已認出這些特務，索性招呼：「看什麼，下來打一場！」於是，特務不得不放棄監視下場打球，敵我雙方同場競技。

弄不到實情的特務急了，索性以查戶口為名進門搜查，可是總也找不到電台。一天深夜，西安警察局突擊檢查，仍未發現電台。這個巧妙隱蔽的秘密電台，現在成了七賢莊革命遺蹟的一個參觀點。

八辦也為延安採辦物資，這本來是合法行為，但監視組還是秘密跟蹤，甚至迫害與八辦來往的商人。西北製藥廠的製藥師吳子實被秘密逮捕，關押三個月才釋放。廠長薛道五不斷接到恐嚇信，威脅要綁架他的幼子。戰幹四團聲稱製藥廠裏面有共產黨圖謀暴動，公然把馬達拆走。

複雜的鬥爭環境，考驗着年輕的共產黨人。大革命時期當過武漢市公安局局長的吳德峰，走到大街上未免碰到熟人。八辦收發員彭宗藩涉嫌貪污捐款，被國民黨特務密捕突擊，供出陝西省委書記叫吳鐵錚，這吳鐵錚正是吳德峰的別名！

環境複雜，吳德峰小心謹慎，多次避過特務的跟蹤檢查。還言傳身教，精心培養青年情報幹部。兼任西安情報站黨支部書記的羅青長，作風細密，思維清晰，記憶力奇佳，是個搞情報的好材料。吳德峰經常帶領羅青長出外活動，還關心羅青長的「個人問題」。「個人問題」，在中共組織中是戀愛婚姻問題的別稱。羅青長本來有個戀人，也是機要人員，潛入敵區工作不幸犧牲。羅青長這次到西安工作，身邊也需要有個女性作為掩護。對於這個很可能成為羅青長妻子的女性，吳德峰精挑細選，找了聰明俊秀的女機要員杜希健。

羅青長和杜希健同進同出，出沒於西安城的大街小巷，邊工作邊戀愛，卻也其樂融融。一次深夜返回七賢莊八辦，突然遇到國民黨特務搜捕，還一起躲避在黑暗的角落，假夫妻終於變成真夫妻。經歷西安秘密工作的羅青長，1941年調回延安中社部，先任部長秘書，又任指導科長，從此進入中共情報機關的核心部門，聯繫全黨各情報系統，全面掌握對敵情報鬥爭。

艱險生活中也有歡樂，可秘密情報人員的歡樂總是比艱險短暫。1938 年 7 月 31 日，西安八辦的少將代表宣俠父神秘失蹤，不久，又有副官王克、押運員郭步海和四個看守火車站的人相繼失蹤。

偵破案件，保衞八辦安全，成為情報人員肩上的重擔。共產黨方面判斷：宣俠父的失蹤，很有可能與國民黨特務有關。西安八辦多次向蔣鼎文、胡宗南要人，延安的中共中央還直接發電國民黨中央向蔣介石要人，國民黨方面則一概推託不知，胡宗南更賭咒發誓不知情。

西安情報站佈置內線展開偵察。中統的偵緝隊隊長師印三是大革命時期的共產黨員，後來脱黨，此時又和黨取得聯繫。羅青長要他在八辦周圍安排力量，表面監視，實際護衛。師印三安排了幾個偵察點，一個擺攤的陝北人何建台還是自己人。通過這些關係，終於弄清宣俠父事件的真相。

西安事變之後，蔣介石藉機擠走東北軍、西北軍，西安軍界成了蔣校長的黃埔系天下。行營主任蔣鼎文是黃埔一期的隊長，帶兵大將胡宗南、董釗等是黃埔一期的學生。為了在黃埔系中展開活動，中共特意將原黃埔一期的宣俠父調來西安工作。

蔣鼎文是宣俠父的諸暨同鄉，深知此人的厲害，特意佈置軍統西北區嚴加注意。軍統區長張嚴佛指令西安警察局一分局在八辦門口專設一個西宰門派出所，要求所裏每個警察都熟悉宣俠父的體型面容，隨時監視記錄宣俠父的行蹤，但是絕不跟蹤。跟蹤的任務，則由警察分局局長李翰廷直屬的另一個組負責，確保身份秘密，不使宣俠父發現。張嚴佛還佈置蔣鼎文身邊的諸暨同鄉一起注意宣俠父的活動，還特別從西北軍中找人注意宣俠父同杜斌丞、孫蔚如、趙壽山等人的來往。

蔣介石對槍桿子向來把得很緊。紅軍改編為八路軍、新四軍，蔣介石不接受共產黨提出的各師幹部名單，非要由自己來任命，企圖通過封官手段來拉攏八路軍將領。葉挺受命擔任新四軍軍長時尚未恢復共產黨黨籍，可是葉挺立即向中共中央請示報告。八路軍、新四軍一直牢牢掌握在共產黨手裏。對於自己的部隊，蔣介石更是看得牢牢的。對於胡宗南這個嫡系之中的嫡系，蔣介石也毫不大意，仍然佈置秘密監視。

參加過淞滬抗戰的胡宗南，雖然被蔣介石調到後方圍堵八路軍，卻還是有心抗戰。聽説老同學宣俠父參加過馮玉祥的古北口抗戰，特意請宣俠父介紹抗日經驗。共產黨方面正把胡宗南作為爭取對象，乘機把宣俠父調到西安，專門做國民黨軍方工作。胡宗南請宣俠父為自己編寫抗日游擊教材，制定抗日作戰方案，兩人私交越來越多。

這就引起蔣介石極大警惕。蔣介石向來視黃埔生為嫡系，豈容心腹大將胡宗南走失！寧冒破壞國共合作的風險，蔣介石也絕不容他人染指自己的槍桿子。蔣介石密電蔣鼎文：密裁宣俠父！

蔣鼎文接到蔣介石密電，立即給軍統西北區下了親筆手令。宣俠父是個很有影響的人物，軍統接到暗殺任務也是慎之又慎。第四科科長徐一覺和行動股股長丁敏之與警察局局長李翰廷反覆商議，決定乘夜暗動手，將屍體放入枯井埋藏。

怎麼將宣俠父從七賢莊調出，又要由蔣鼎文出面。1938 年 7 月 31 日晚間，蔣鼎文電話邀請宣俠父過府交談，一直談到深夜一點才放宣俠父出門。宣俠父騎車返回七賢莊，路上，特務早已埋伏停當。兩個特務騎車在宣俠父身後跟蹤，徐一覺、李翰廷帶李良俊等乘小汽車中途攔截，待到宣俠父騎車過來，前後特務一齊動手，徐一覺、李翰廷兩人上手卡住宣俠父喉嚨！宣俠父怒斥：「你們綁人呢！」特務立即用棉花堵口，用繩索套頸，徐一覺、李翰廷兩邊狠拉，宣俠父立時斃命。特務將屍體運到西安城牆東南角下馬陵，扔到早已選好的一個枯井之中，倒土掩埋。第二天，徐一覺向蔣鼎文報告，蔣鼎文發下獎金兩千元，徐一覺自己留下一半，其餘的分給參與行動的十幾個特務。

宣俠父在國統區失蹤，共產黨當然要找國民黨要人。蔣鼎文擔心宣俠父的屍體埋在城裏被發現，又佈置張嚴佛秘密轉移。軍統特務在深夜將宣俠父的屍體挖出，通過城牆中挖穿的防空洞，秘密運到城外，在荒地埋葬。

軍統內部獎金分贓不勻，發牢騷講怪話，被師印三聽到。西安情報站立即報告中央。中共中央正式向國民黨抗議，要求國民黨負責答覆。蔣介石不得不說：「宣俠父是我的學生，背叛了我，是我下令殺掉的。」

此案的微妙在於胡宗南。共產黨找胡宗南要人，因為胡宗南與宣俠父頗有往來。胡宗南確實不知道，因為蔣介石和蔣鼎文都瞞着這個當事人。蔣介石密裁宣俠父，正是怕他策反胡宗南。

暗殺宣俠父的內幕，國民黨一直嚴加保密。直到 1988 年才有原軍統西北區區長的回憶文章披露真相。可是，張嚴佛等軍統人員，只知道是蔣介石下令密裁宣俠父，卻不知蔣介石下狠手的深層原因。這個內幕，共產黨方面也長期未予披露，中共圍繞胡宗南做過許多文章！

在國共合作的局面下，國民黨居然暗殺公開活動的八路軍少將？老蔣這手法實在見不得光。

而共產黨呢？吳德峰不是沒有機會報復，潛伏在西安行營的共產黨員有好幾條線，神槍手于忠友幹掉胡宗南不成問題。

可是，共產黨人沒有採用軍統那些下三濫的手段。吳德峰組織大家調研西安各階層各機關的政治思想狀況，得出左中右「兩頭小中間大」的結論。毛澤東據此認為，國民黨內部也不是鐵板一塊，應該團結左派，爭取中間派，孤立少數頑固派。又依據調查研究的數據，提出在根據地政權建設中搞「三三制」，共產黨員、民主人士、群眾團體各佔三分之一。

合作孕育鬥爭，統戰包含密戰，共產黨對國民黨的鬥爭有理、有力、有節，始終佔據道德高地。

周恩來的情報蒐集方式——廣交朋友

世間無非「敵我友」，統戰工作的對象正是這個「友」。

交朋友不算新鮮事，社會組織大多都有公關部門。可是，對於中共黨人，這卻是個大轉變——現在的盟友正是前十年的死敵！

敵友關係，能不能轉換？

中共中央的領導長期「左」傾。發動武裝起義吧，策反白軍時「要兵不要官」。可士兵掌握不了軍權，起義的規模也就難能擴大。中央根據地正在遭受圍剿的時候，突然來了外援，李濟深的福建政府提出合作反蔣。可中央負責人說「中間派是最危險的敵人！」於是，本來可以成為戰友的兩支隊伍，被老蔣各個擊破，紅軍不得不長征逃亡。

抗日戰爭時期，中共實行劇烈的戰略轉變，開始經營全民族的抗日統一戰線。紅軍一到陝北，中央就制訂爭取「哥老會」和「教堂」的政策。陝北這苦寒之地，幫會勢力和宗教勢力很大，紅軍要立腳西北就要團結一切可以團結的力量。

槍桿子是生存保證。國共合作雖然實現，共產黨依然要保留軍權，那麼兩軍如何交流？

毛澤東的辦法是「交朋友」，八路軍和新四軍要在國民黨軍隊中交上「兩百萬個朋友」！

這公開的交友大旗一舉，朋友就紛紛來了。

曾在 1927 年當過共產黨特務的楊公素，當時並未入黨，小青年好玩。抗日軍興，楊公素到山西參加國軍的 93 軍，還學着共產黨搞了敵後游擊戰。軍參謀長白天思想進步，又派楊公素帶隊去延安學習，敵後游擊的真經還是在共產黨那兒。楊公素到了延安，毛主席親自上門探望，到處遇見進步同學。楊公素又到了重慶，只見一片歌舞昇平，哪裏有戰爭氣象。經過比較，楊公素選擇了共產黨，八路軍副總司令彭德懷親自做入黨介紹人。

抗日戰爭期間，眾多知識青年棄筆從戎，參加國軍部隊的戰地服務團，又通過工作交往認識了共產黨。就在楊公素出走的 93 軍，楊毅等人也去了八路軍的太岳根據地。

交朋友還要有專職機構和專門人才，八路軍前方總部和三個師都特設高級參謀室，這些高級參謀個個資歷很老，社會地位頗高，有的雖然不是共產黨員，但都願意幫共產黨交朋友。129 師的高級參謀王定國、申伯純、李新農等人，在國民黨軍隊中交了許多朋友，軍統挑撥兩軍關係時，許多國軍將領不為所動。

國軍第一戰區司令衛立煌同共產黨有舊仇宿怨，當年率先攻佔紅四方面軍鄂豫皖根據地的中心縣城，這城池被命名立煌縣！戰區副司令朱德卻不計舊怨，八路軍在山西抗戰中主動配合，原紅四方面軍戰將陳錫聯襲擊日軍陽明堡機場，有效保證衛立煌所部的對空安全。衛立煌不顧特務的勸阻，訪問延安致謝，毛澤東和朱德熱情接待。衛立煌回到駐地，下令給八路軍撥出三十萬發子彈！

不要以為毛澤東一點兒也不搞請客吃飯，黨內要儉樸，黨外講禮節，毛澤東在統戰工作中最懂人情世故。蔣介石包圍陝甘寧邊區，南有西安胡宗南，北有榆林鄧寶珊。鄧寶珊從榆林去西安開會途經延安，不進邊區政府的交際處，住進普通的大車店。市公安局的眼線立即上報，毛澤東立即下令把鄧寶珊迎進交際處。陪同參觀，陪同看戲，請客吃飯，毛澤東在延安連續招待鄧寶珊七天。鄧寶珊從延安回到榆林，把兩個黃河渡口讓給共產黨，陝北同山西的封鎖從此打開。

1940 年，中共中央發出一個匪夷所思的文件「關於擴大交朋友工作的指示」。交朋友也算工作，也要下文件？中共堪稱全世界最重視公關工作的政治團體。可惜，慣於拚命打仗的紅軍將領，並不擅長應酬交際，於是，毛澤東親自抓點了。

西北軍主力 38 軍，1931 年就有中共的秘密黨組織，但工作卻是起起伏伏，主要是對上層統戰的方針不明確。毛澤東決定，中共 38 軍工委直接受中央領導，由毛澤東自己單線指揮。毛澤東具體指導范明等秘密黨員，不要急性和暴露。38 軍軍長趙壽山延安行，毛澤東親自接談，批准為特別黨員，還指示范明把秘密黨員的名單向趙壽山公開！

在毛澤東的親自指導下，38 軍工委成為「模範黨組織」，創造了「上層統戰工作的典範」。抗日戰爭時期，趙壽山始終配合八路軍保衛邊區，國內戰爭爆發，這支部隊率先起義！

有趣的是，38 軍將領孔從周，後來還成了毛澤東的兒女親家，交朋友交成一家人。

其實，世界情報界無不重視公關和交友，只是，交友的目的有所不同。一般的間諜只是從朋友那裏套取情報，而中共卻要化友為我！

西北軍統帥楊虎城與共產黨關係親近，夫人謝葆真、秘書長南漢宸、警衛團團長張漢民，都是秘密共產黨員。東北軍少帥張學良早想同中共建立聯繫，卻苦於無從着手，身邊就一個共產黨還被老蔣逼着槍斃了！

敵友轉換，需要黏合劑，需要各方都能接受的人物。周恩來人脈廣泛，到哪裏都能找到朋友。東北著名愛國人士高崇民早年參加同盟會，接觸東北的共產黨人，九一八事變之後又苦於尋找東北抗日的途徑。同辛亥戰友共產黨員南漢宸的長談，使高崇民期望與共產黨聯繫。1935 年，高崇民在周恩來的支持下，與閻寶航等人創建東北救亡總會。經過高崇民和南漢宸的斡旋，又溝通了張學良與楊虎城的關係。

接觸談判，需要管道，需要雙方建立個人信任。周恩來有情有義，總是贏得對手尊敬。國際公認周恩來是談判大師，不僅能夠把談不下去的談判談成，而且特別擅長通過談判實現敵友轉換。

抗日戰爭時期中共走向成熟，實行統一戰線政策。周恩來在重慶廣交朋友，工作對象擴展到社會上層、對方核心、外國盟友。

交朋友也要有本錢。蔣介石交朋友可以給官給錢，缺少政權經濟資源的周恩來何以服人？共產黨依靠的是人文資源，先人後己。讓官，國民參政會爭名額，中共讓出兩名給民盟。讓錢，陶行知貧病而死，周恩來辦公司資助民主人士。雪裏送炭，勝過錦上添花。有識見的上層人士，看中的不是錢而是真情厚義。

富於個人魅力的周恩來，能夠把中華傳統道德同共產主義先進思想完美結合，感化朋友。交朋友本是傳統的社交方式，周恩來卻有所創新。不僅多交而且深交，能夠把朋友變成同志。

交朋友也是競爭，而且是國際競爭。

美軍觀察組開赴重慶，急需架設電台，可是，一周過去官僚程序還沒有走完。美軍觀察組又到了延安，當天電台就能通報！從腐敗低效的重慶到達民主廉潔的延安，年輕的美軍情報官向華盛頓報告：在中國，共產黨更能體現美國的價值觀。

周恩來在四十年代結交的美國朋友，直到七十年代還為中美建立關係做出努力。周恩來在七十年代結交的美國朋友，四十年後還在為中美關係做出努力。

周恩來充分發揮個人魅力。把交友這種常見的公關方式發揮到極致，上升為統一戰線的基本方法，而且巧妙地運用到情報蒐集中，不僅贏得密戰的勝利，而且贏得國內外的高度尊敬。人們說，周恩來就是中共的形象代言人。

朋友越多越好，敵人越少越好。

把公開的交往同秘密的情報結合起來，這也是一門藝術啊。

國民黨中統專門負責反共特務工作，局長徐恩曾敏銳地看到中共已經「實現一百八十度大轉變」，立即派人潛入延安，從抗大得到一本張浩所著教材《黨的策略路線》。徐恩曾從中分析共產黨的新戰略：「共產黨懂得在國共再次『合作』之後，必須及時組織自己的軍隊，必須及時在『友軍』中進行工作，必須儘量保持公開活動的機會，必須穩扎穩打，避免刺激，尤其重要的是在羽毛未曾豐滿以前，隱忍退讓，避免與國民黨分裂。」徐恩曾又判斷共產黨的新戰術：「歸納起來，就是要每一個地下工作人員，人人都有正當的職業，生活言行都和普通人一樣，讓別人絲毫看不出他是共產黨員，這就是共產黨新地下戰術的特色——長期隱蔽。」

徐恩曾自詡為反共專家，自稱「在抗戰以前，共產黨的任何最高機密，我們都清清楚楚。」那時，中統的偵破常常令對方防不勝防。可是，此時的徐恩曾卻陷入困惑之中，「共產黨這一套新的戰術，帶給國民政府無窮的困擾，我更是首當其衝。」

徐恩曾還是敏鋭的。

在抗日戰爭時期，中共的情報工作正在擺脱蘇聯模式，形成自己的一套。這種中國特色的情報蒐集方式，使得國民黨防不勝防。

主要資料

李力：《懷念家父李克農》，人民出版社。李克農的兒子李力也參加了八辦的工作，詳細回憶父親的秘密戰線經歷。

李倫：李克農之子，前解放軍總後勤部副部長，2007 年 4 月 19 日採訪。少年李倫隨父親在桂林八辦生活，當了小八路。

王敏清：王世英之子，前中共中央保健局局長，2005 年 5 月 18 日採訪。王敏清自幼隨同父親工作，了解許多黨史秘聞。趙宗復是隱藏在閻錫山身邊最秘密的情報人員。王世英曾經告訴在山西工作的地下黨員：最危急的時候就找趙宗復。

華克放：沈安娜之女，前國家安全部政治部副主任，2007 年 11 月 30 日採訪。華克放自幼隨同父親華明之和母親沈安娜在重慶潛伏，親身經歷那複雜、艱辛、危險的生活，整理母親的回憶文字。

熊向暉：《地下十二年與周恩來》，中共中央黨校出版社。嚴守秘密的中共情報人員，很少這樣公開發表自己的回憶錄。人民共和國成立後，「後三傑」均擔任重要職務，熊向暉、陳忠經任中央調查部副部長，申健任中央聯絡部副部長。

姚藍、鄧群：《白崇禧身邊的中共秘密黨員》，中共黨史出版社。本書作者尚未採訪到謝和賡，只能從此書與其同事那裏得到素材。

閻頣蘭：閻又文之女，2005 年 6 月 18 日採訪。人民共和國成立後閻又文仍在傅作義身邊工作，直到六十年代去世也沒有公佈秘密共產黨員身份。「文革」期間被打成「反動軍閥」，家屬遭受迫害。直到 1992 年，才由羅青長著文公佈真相。

郝之美：山西運城人郝之美與閻又文是小學同學，記得當時閻又文叫做閻宴賓。語文老師郭靈墅思想進步，投奔榮河同鄉傅作義，當了綏遠省設計委員會主任，又引去閻又文等學生，同事王毅然還通過郭靈墅的關係去了陝北。

郝在今：《協商建國》，人民文學出版社。這本書記述中共與各民主黨派共同召開首屆政治協商會議，完成使命的經過。其中有大量中共統戰工作的秘聞。

耘山、周燕：《革命與愛——共產國際檔案最新解密毛澤東毛澤民兄弟關係》，中國青年出版社。毛澤民是中共經濟工作的創建人和領導人之一，中華蘇維埃共和國中央銀行的首任行長。本書作者耘山是毛澤民的外孫。

李征：《盧緒章傳》，中國商務出版社。盧緒章是共產黨的外貿專才，人民共和國成立後任中國進出口公司首任經理、外經貿部常務副部長。改革開放中盧緒章還是開路人，任國務院寧波經濟開發區協調組顧問、寧波經濟促進會會長。

楊延修：2011 年 5 月 2 日採訪。楊延修是廣大華行五個創始人中唯一在世的，年過百歲時在病房口述當年經歷。

冀復生：冀朝鼎兒子，2010 年 4 月 18 日採訪。冀朝鼎留學美國，水平頗高，當時撰寫的分析中國區域經濟的論文，現在都不過時。

陸德：陸定一兒子，2009 年 12 月 2 日採訪。陸定一夫人嚴慰冰的父親嚴樸，捐出家產參加革命，協助陳雲開辦中央特科的聯絡點。

王楚惠：2010 年 12 月 12 日採訪。王楚惠的丈夫鄭祥鵬後任中聯部緬甸處處長。

王明愛、莊秋華：2011 年 4 月 20 日採訪。這對夫妻都是華僑世家，王明愛現任北京菲律賓歸僑聯誼會會長。

莊焰：2013 年 5 月 19 日採訪。莊焰後來長期從事外事工作，曾任駐多國大使。

連子：連貫女兒，2013 年 7 月 23 日採訪。抗日戰爭時期和解放戰爭時期，連貫在香港負責統戰工作和華僑工作，後任國務院華僑事務委員會主任。

王楓：王唯真女兒，2013 年 7 月 23 日採訪。華僑青年王唯真回國後即在新華社工作，後任駐巴西記者，曾被巴西軍事政變當局扣押。

張石生：張聖才兒子，2009 年採訪。張聖才是廈門進步運動的領袖人物，抗日戰爭中參加軍統，曾向美軍駐菲律賓司令麥克阿瑟預報珍珠港事件。還和共產黨情報合作，在解放戰爭中促進廈門起義。

羅青長：前中央調查部部長，2001 年 9 月 10 日採訪。羅青長向來不肯多講個人的經歷，作者首次採訪他三年之後，在醫院的病房裏，才獲知他在西安開始情報工作的事蹟，蔣介石殺害宣俠父的深層動機是防止中共策反胡宗南，也由羅青長首次點明。羅青長的四兒子羅振講述父母在西安的戀愛經歷。

吳持生：吳德峰之女，2005 年 3 月 16 日採訪。吳持生自幼隨同父母在西安情報站生活。「文革」期間，為了洗清誣陷，向來守口如瓶的吳德峰向女兒講述自己的秘密生涯。

陳建宇：陳養山之子，2005 年 4 月 9 日採訪。陳養山是在中央特科工作時間最長的人。陳建宇自幼隨同父親生活，也參與了許多隱秘活動，九歲到延安，給中社部部長康生當勤務員。陳建宇多年收集有關素材，撰寫了《陳養山傳》。

張嚴佛：《宣俠父被殺真相》，《軍統活動紀實》，中國文史出版社。國民黨暗殺宣俠父當時已被證實，但具體經過仍然隱秘。前軍統西北區區長張嚴佛在人民共和國成立後寫的這篇文章才揭示真相。但是，軍統執行人員也不知道上峰暗殺宣俠父的真正用意。

楊公素：《滄桑九十年——一個外交特使的回憶》，海南出版社。這個回憶錄沒有任何官話套話，一個青年人追尋進步的好奇心躍然紙上。值得注意的是早期從事特務工作和晚期從事西藏工作這兩段。

李新農：《書生革命》，解放軍出版社。李新農在八路軍 129 師從事統戰工作和情報工作，曾任太南辦事處主任。

鄧成城：鄧寶珊兒子，2010 年 5 月 5 日採訪。鄧寶珊在延安成了毛澤東的朋友，後來在北平和平起義中起了關鍵作用。

《范明回憶錄》，陝西人民出版社。本書詳述毛澤東親自抓點，單線領導西北軍 38 軍的統戰工作。

《周恩來鮮為人知的密戰藝術》，黨史博覽雜誌，2011 年第 8 期。本文作者曾在中央電視台講武堂欄目舉辦 4 期講座。

《毛澤東的秘密戰法》，黨史博覽雜誌，2013 年第 7 期、第 8 期。這篇論文是罕見的論述毛澤東如何領導隱蔽戰線的專題文章。

第四章

拔釘子

—— 維護政權安全的合法鬥爭

千載難逢的機遇，那是任誰都要抓住不放的。

大敵當前，中華民族出現難得的團結統一。全國各地紛紛支持中央抗戰，再也沒有哪個軍閥勢力割據分裂了。

周恩來果斷抓住共產黨合法化的機遇，不但重建國統區的黨組織，而且讓共產黨人進入國軍部隊。

蔣介石也很高明，趁着經營大後方的機遇，把中央軍開進西南和西北地區。當下的中國，再也沒有反對蔣委員長的獨立王國了。

就連過去打不進去的「紅區」，也得對中央打開大門……

「雙重政權」

毛澤東得到延安這塊風水寶地，能不能坐穩還是問題。

建設根據地同打仗有所不同。打仗，目標是摧毀敵人的政權；建設根據地，目標卻是搞定自己的政權。中共控制陝甘寧這一大塊地盤，當先要務自然是維護政權穩定。可是，陝甘寧邊區，卻呈現「雙重政權」的怪事。

國民黨控制着中國的中央政權，因而有權任命各地的地方政權。中央政府為陝甘寧邊區劃定 23 個縣的範圍，還堅持地方官員要由中央政府任命。共產黨理所當然地提出邊區各級政府應由共產黨方面任用，但蔣介石卻寸權不讓。久爭不下，雙方都自行任命，於是邊區各縣都出現了「雙重政權」。

延安，設有共產黨的「延安縣政府」。國民黨那邊，又任命一個「膚施縣政府」。隴東、綏德等地，本來設有國民黨的地區專署、縣政府，劃為八路軍的補充區以後，共產黨也以「抗敵後援會」的名義，設立了自己的專署、縣政權。這樣，邊區的許多地方都有兩個專員、兩個縣長、兩個縣保安隊。

內戰時期雖然也有雙重政權的情況，但那時雙方陣線分明，不共戴天。國共合作時期的雙重政權，卻是共處一地，權限交叉。這情形，說「同室操戈」吧，表面上還合作着；說「同牀異夢」吧，相異的不光是心思還有施政手段；說「爭權奪利」吧，又顯得正邪不分，總而言之，這「雙重政權」，實在是邊區政治的極大隱患。

儘管中社部和邊保在延安設置了重重防線，但毛澤東並不安全。

日軍飛機轟炸延安時，土地廟的圍牆上發現一塊五尺長的白色綢帶，箭頭直指毛澤東的住處鳳凰山。這綢帶很可能是日本特務為飛機指示目標，可日特又通過什麼渠道滲入延安？

延安內外人心不穩。有一陣，大批群眾突然湧到寺廟進香。保安處調查了解，原來到處正在傳播着一個謠言，說是有一對男女在寺廟的供桌上行房，身體就長到一起不能分開，嚇得群眾都到寺廟中消災。中央立即組織學者四處宣講科學批謠言，還請外國醫生講解醫學知識。

就是防衛嚴密的內部單位，也不時有重大案件發生。延安中央醫院一個女護士失蹤，後來發現是被姦殺拋屍。八路軍一二九師師長劉伯承的幼女在中央保育院託養，被兇手扼死，還殘忍地割去器官！這兩起嚴重案件，都懷疑有政治背景，但都一直沒能破案。

邊區農村出現秘密組織「黑軍」，城鎮也有「天星黨」，秘密為日軍收集情報，發展漢奸組織。深入偵察，又發現這些漢奸組織的核心成員，往往還有國民黨的背景。

楊家嶺中央大禮堂召開大會，散會後，毛澤東和王明乘坐同一輛汽車回家，就這麼擁擠的位置，車上居然混入一個國民黨特務。這個特務一直跟到王明住處。正當特務手持匕首企圖行兇之時，王明的警衛員出手將其擒住。

還有一次，就在保安處的門口，竟有特務向路過的毛澤東投擲手榴彈。

複雜的案件表明，威脅安全的勢力，不止有日本特務，還有國民黨特務。那日特對共產黨的內部情況並不熟悉，若要滲入延安，很可能通過國特的配合？

無論如何，不能輕信國民黨，不能放鬆對國特的偵控！

可是，當下正是國共合作，那些心懷叵測的「國特」，眼下正坐在衙門裏抽煙喝茶。

嵌入邊區各地的國民黨縣政府、縣黨部，就像一根根釘子釘在陝甘寧邊區的四肢和心臟。這些代表中央的公開機構，手中有武裝力量縣保安隊，還有郵電局、電信局等政府機關。明一手，暗一手，在邊區基層秘密建立保甲組織，發展地下黨員小組，甚至操縱當地土匪搗亂。

富縣駐有八路軍一個炮兵營，國民黨縣長蔣龍涎暗中派人刺殺營長匡裕民。就在八路軍慶祝十月革命節的夜裏，兇手潛入匡裕民的窯洞，誤以為警衛員是匡裕民，連刺十幾刀！

保安處七里鋪情報訓練班二期學員中有個紫軍，嫌訓練班生活艱苦，私自跑到延安郵局給家裏發電報。郵局裏的國民黨特務以幫助回家為誘餌，引誘紫軍提供訓練班的情況，又威脅紫軍做特務。

「雙重政權」嚴重干擾邊區施政，「第二武裝」威脅邊區安全。已經進入成熟時期的共產黨，在政權問題、武裝問題上不再幼稚，再加上已經執掌邊區的實際權力，就設法開展鬥爭。

先是控制邊區內部的「第二武裝」，奪走國民黨地方政權的刀把子。邊區政府和八路軍留守處發佈聯合公告，將保安部隊與地方武裝統歸邊區保安司令部節制，對於公開或秘密編組保甲、組織非法團體、擅立捐稅、擅捕邊區人民、假借名義檢查行旅、進行破壞宣傳者，以漢奸論罪。

「雙重政權」的解決難度就大些。國民黨的軍警憲特在國內名聲很臭，共產黨出手整頓保安隊正得民心。如何對國民黨的地方政權下手，就有個合法性的問題。

釘在邊區心臟延安的國民黨政權，叫做膚施縣政府。中共於 1937 年 1 月進駐延安，街頭的佈告全是馬豫章縣長簽署。邊保的重要任務，就是對付這膚施縣政府。剛從七里鋪二期畢業的張吉平和嚴夫擔負這個任務，一人蹲守，一人跟蹤，發現縣府內部的科長陳恆和會計高冠福可疑。光是從外監控還不夠，周興又派人打入內部。程永和化名陳新到縣府投考，意外地被縣長馬豫章任命為縣府錄事。

原來，這國民黨陝西省政府任命的馬豫章縣長，真實身份是中共地下黨員！

膚施縣處於紅區腹地，國民黨選任縣長時誰也不敢去。馬豫章就通過陝西省政府秘書長杜斌丞的關係，主動報名，到延安就職。中共中央進駐延安，馬豫章秘密與邊保接上關係。周興對這個重要內線極其保密，一直由自己單線掌握，別說國民黨不知，就連延安的保衛幹部也不知這國民黨縣長原來是自己人。

馬縣長位置重要，周興設計加強保護。邊保副處長許建國親自接觸，爭取縣保安大隊的副大隊長崔翼，這個失去組織聯繫的黨員重回組織，還安插邊保的人進保安大隊任職，專責保衛馬豫章的安全。膚施縣黨部書記長高仲謙是個中統特務，邊保特意給他安排了一個勤務員馬英海。高仲謙相信這個沒文化的陝北小夥，讓他當了中統的交通。

縣長是共產黨員，保安大隊副大隊長是共產黨員，縣黨部交通是共產黨員，國民黨的膚施縣政權，實際控制在共產黨掌中。

共產黨好不容易得到重起的機遇，千方百計經營陝甘寧邊區這個落腳地，萬萬不能再受老蔣的暗害。

爭搶「寶葫蘆」

機遇誘人，蔣介石漸漸變了心思。既然已經得到天下擁戴，何必還保留各種勢力，索性來個一統天下？

1938 年年初剛剛達成國共合作，年底蔣介石的心思就變了。1939 年 1 月，國民黨五中全會決定「限制異黨活動」，確定政治溶共的方針。

延安的毛澤東敏銳判斷：國民黨的新動向是對外妥協、對內磨擦。

「磨擦」，這個物理學詞彙，用於此刻的國共關係卻是十分貼切。不是融洽的「相容」，也不是劇烈的「衝撞」，而是在共處中一點一點將對方「磨掉」。這個詞彙用於政治，也許是毛澤東的創造，這種行為用於政治，卻是蔣介石的發明。

1939 年，磨擦行為在各地不斷出現。河北民軍總指揮張蔭梧，乘晉察冀八路軍反擊日軍「掃蕩」之機，襲擊八路軍後方機關，在深縣殺害八路軍官兵四百多人。第二十七集團軍楊森部，出兵包圍湖南平江新四軍留守通訊處，殺害新四軍上校參議塗正坤、少校副官羅梓銘等六人。

8 月 1 日，延安召開「追悼平江慘案死難烈士大會」。中共中央發出反磨擦鬥爭的號召。毛澤東提出「人不犯我，我不犯人；人若犯我，我必犯人。」劉伯承率部殲滅張蔭梧所部四千五百多人。

9 月 1 日，德國進攻波蘭。歐洲的新戰事，標誌第二次世界大戰的爆發。一向親德的蔣介石見機起意，召開國民黨五屆六中全會，確定以軍事反共方針代替以前的政治溶共方針。

國民黨方面圖謀的重點，當然是中共中央駐地陝甘寧邊區。

陝甘寧邊區的關中分區位於邊區南部，像一隻拳頭伸向國民黨統治的西安地區，老百姓稱為「寶葫蘆」。胡宗南將其視為威脅西安的心腹之患，稱為「囊形地帶」。胡宗南早想把共產黨的這個拳頭斬斷，在囊形地帶三面設置 20 萬重兵，隨時可以動刀。

處於兵家必爭之地，關中分委書記習仲勛經受巨大的考驗。

習仲勛雖然只有 27 歲，卻已經是西北地區的老革命。13 歲入團，15 歲轉黨，18 歲發動兩當兵變，21 歲就當了陝甘邊蘇維埃主席。在錯誤的陝北肅反中，習仲勛也是被關押審查的主要人物，幸而被中央解救。習仲勛富於對國民黨鬥爭的經驗，又是富平人熟悉關中情況，於是被派到關中前線掛帥。習仲勛的分區駐地，還隱藏着一個陝西省委，領導西安國統區的地下工作。

1939 年年初，原來設在黃河邊上的八路軍榮校（殘傷軍人學校），因為前方吃緊，轉移到關中地區旬邑縣城外的土橋鎮。國民黨旬邑縣縣長張中堂聞訊，立即調集保安隊兩三千人圍攻榮校。習仲勛得到情報，通知榮校及時撤離，轉移到旬邑城北的看花宮，避免了一次武裝對抗。

5 月 25 日，榮校一個給養員出外採買，居然被國民黨保安隊暗殺了！

暗殺抗戰軍人就是破壞國共合作抗戰！榮校學員進城向縣政府抗議，那縣長張中堂不問情由調集保安隊鎮壓，當場打死殘傷軍人代表九名！

這時，旬邑縣城駐有共產黨的保安獨立一營，豈容挑釁。張中堂又調集相鄰數縣的國民黨保安隊和保六團一營，以優勢兵力攻打縣城。駐守縣城的保安獨立一營和榮校一個排抗擊七天八夜，被迫撤出，掉隊的 17 名重殘人員全部被殺害！

緊接着，國民黨又調集兵力向關中分區的駐地馬家堡進攻，把事態繼續擴大。

關中分區的軍民極為憤慨，紛紛要求武力反擊，寶葫蘆地域的戰事一觸即發！

關鍵時刻，一把手習仲勛始終保持冷靜。武力反擊很解氣，但是肯定要吃虧，關中分區的武裝只有三個營，而對方是幾個團。習仲勛分析，對方正是想要以我們動武為藉口，製造更大的磨擦，乘機拿下寶葫蘆。習仲勛説服部隊保持克制，同時分別做國民黨保安團的工作，分化對方。

黨中央得知關中情況，立即採取對策。八路軍留守兵團司令蕭勁光從延安發出急電，向陝西省省長提出抗議;同時通電全國，抗議頑固派殘殺抗日傷殘人員。

反磨擦鬥爭，成了關中的急迫任務，也是中共中央面對的新課題。處於鬥爭前線的習仲勛，向中央提出《關於關中分區的反磨擦問題》的專題報告，分析了對手進攻的三大特點，提出了應對的策略。

這年年底，胡宗南所部脱掉軍裝，化裝成地方保安團，突襲關中分區駐地馬欄鎮。邊保提前獲得情報，關中分區的獨立三營和警備八團成功實施店頭鎮突圍，又經過井村、轉角鎮等戰鬥，消滅國民黨旬邑縣保安團團長郭相堂和淳化縣保安大隊大隊長李養之千餘人，勝利收復馬欄鎮。

習仲勛判斷，關中分區的反磨擦鬥爭即將升級，國民黨的進攻從政治為主轉向軍事為主。不久，「淳化事件」爆發了。

淳化縣城呈現兩軍並治的奇特局面，國民黨守北關，共產黨守南關，地勢較高的北關經常向南關扔石頭挑釁，兩關經常互相摸哨打冷槍。1940 年 3 月，胡宗南突然調動一個師圍攻保安獨立二營，打了兩天，二營被迫撤出，淳化城全部落入國民黨手中。

跟着，國民黨軍隊又悍然進攻關中分區駐地馬家堡。打到五月間，國民黨軍隊侵佔了關中分區的 4 座縣城 5 個區 40 多個鄉，駐紮洛川的國民黨騎兵二師威逼富縣，距離延安只有百餘里了。

延安西邊的隴東分區也頻頻告急。

1939 年 4 月，國民黨西峰公署扣押共產黨人員 10 名，共產黨方面的三八五旅也扣押國民黨區長以示警告。雙方不斷扣人報復，國民黨一六五師出動圍困鎮原縣城。不久，國民黨寧縣縣長方振武脅迫共產黨駐軍撤出，共產黨方面的二營不予置理，方振武就調集部隊進攻。激戰兩天，二營將方振武包圍在城中的一幢樓內，國民黨將二營包圍在寧縣城內，雙方相持不下。

1940 年元旦，國民黨環縣保安大隊副大隊長趙思忠，率部侵入環縣洪德區，搶佔三個鄉，抓獲保安處幹部送到馬鴻逵處。趙思忠綽號「趙老五」，是隴東著名慣匪，又被國民黨收編。襲擾鄉村之後，趙老五又率隊攻打縣城。隴東分區調警備二團反擊，殲敵三百多人，趙老五半夜逃跑僅帶走十二人。

國民黨以優勢兵力大舉進攻隴東地區，連續侵佔鎮原、寧縣、正寧、旬邑、淳化等 5 座縣城和 6 區 43 鄉。

蔣介石整共產黨最有經驗。現在是國共合作，危害抗日大局的帽子老蔣不戴，推給下面。對陝甘寧邊區的進攻，中央政府總是裝作不知道，由地方政府出頭；使用的部隊也不打正規軍旗號，由地方保安團隊領銜。這樣，嵌入陝甘寧邊區各地的國民黨政權和保安團隊，就成為共產黨的心腹大患，必欲去之而後快。

可是，人家也是中央國民政府任命的合法機關，你憑什麼趕人家走？

「紅色福爾摩斯」出招

這個時候就要看手段了。

1939 年春，富縣檢查站發現一名從洛川過來的中央日報記者，秘密突擊審訊，此人交代，此行任務是巡視邊區各縣，向縣黨部傳達國民黨五屆五中全會確定的反共方針，佈置中統特務在胡宗南軍事進攻時裏應外合。

這個記者特務三十出頭，上海交通大學畢業，到中統已有六年，審訊中言詞謹慎，應對穩重，不是一個好對付的角色。反用沒有把握，釋放又可惜，反覆斟酌，邊保的偵察部部長布魯想出一條奇計。

布魯扮成這個特務，昂然踏入縣黨部。縣黨部的書記長雖然是富於經驗的中統特務，可是怎麼也看不出來人有假扮的可能。皮夾克、呢大衣，舉止落落大方，黑皮鞋、金絲鏡，透出儒雅之氣，怎麼看都不是土裏土氣的共產黨人！

布魯原名陳泊，出生海南島瓊海縣，少年時就到工廠當學徒，1926年加入共產黨，參加瓊海工農紅軍暴動。攻打博鰲失敗後流亡海外，在馬共中央的民族委員會工作，負責工人糾察總隊，保護組織，刺殺叛徒。1932年被驅逐回國，在海員總工會工作。1937年2月到延安，調到保安處負責偵察保衛工作。走南闖北的布魯，思路開闊，行動大膽，裝個國民黨特務當然很像。隨行秘書一口廣西口音，一點兒不像陝北當地人士，原來是邊保偵察員鄒瑜。出自廣西大地主家庭的鄒瑜，隨同長兄萬里迢迢奔赴延安，哥哥進了中社部，弟弟進了保安處。現在冒充國民黨特工，正需要從國統區來的知識青年。

兩位「中統特派員」的足跡遍及邊區各縣，走到哪裏都受到國民黨特務的充分信任，黨部書記長恭敬匯報，奉上特工報告。

布魯拿到的證據表明：國民黨駐邊區各縣的縣黨部都在對共產黨使用特務手段！拿到對手違背國共合作的把柄，共產黨就可以有理有據地驅逐這些特務分子了。

可是，布魯的行動大膽奇特，也引起內部同事的疑慮，有人寫信向上告狀。中社部部長康生得知此事，把布魯叫去狠批一頓：你這是戰術勝利，戰略失敗！國共合作時期，你對友黨搞化裝偵察，不考慮政治影響？

康老闆批評得是否正確，保安處的幹部也是各有看法。對於布魯的敢想敢幹，倒是都有共識，布魯還得到一個「紅色福爾摩斯」的外號。

布魯在延安

反腐風暴

延安周圍，邊區境內還有幾個專區，其中綏德的情況最複雜。

綏德地區的幾個縣原來不是蘇區，但由西北軍、東北軍移交給紅軍，屬於八路軍的徵募區。八路軍在綏德駐紮三個團，與山西日軍隔黃河對峙。共產黨的綏德特委就掩護在司令部秘書處，以公開組織「抗敵後援會」的名義活動。綏德各縣都有共產黨組織的抗敵後援會，會長形同縣長，與國民黨任命的縣長分庭抗禮。

國民黨也十分重視綏德地區，特任何紹南為「行政督察專員」。這何紹南是個反共專家，到任就積極爭權。綏德的抗敵後援會本由共產黨創建，出於團結抗日，將會長讓給何紹南，八路軍綏德警備司令陳奇涵轉任副會長。可這何紹南不安虛位，以地方治安為由，調來保安隊四百多人，又在當地收編土匪流氓，合編成五個保安隊，分駐綏德地區各縣，這樣，綏德地區又有了何紹南的第二武裝。何紹南大搞「磨擦」，暗殺八路軍，組織哥老會碼頭和黑軍，冒充八路軍私販煙土。綏德軍民對何紹南恨之入骨，邊區政府稱之為「磨擦專員」。可八路軍駐紮綏德的兵力有限，一時奈何他不得。

不久，八路軍大部隊開赴綏德。三五九旅王震旅長立馬綏德，兼任警備司令，共產黨方面立即實力大振。國民黨方面則叫喚王震是「越境將軍」。「越境將軍」鬥「磨擦專家」，且看誰家得勝。

常人不會注意，王震手下，還有兩個年輕的聯絡參謀。

為了開展雙重政權地區的情報工作，保安處委派的情報幹部一般都掩護在駐軍之中。最早有駐洛川的葉運高，還有駐綏德的劉子義、葉蔭農。1938 年 8 月，李啟明帶陸倫章（柳峰）到綏德工作。

通過「抗敵書店」這個情報密點，李啟明物色了一些堅決抗日並同情共產黨的青年人，發展了國民黨綏德保安司令部上尉書記魯南、綏德專署的準尉傳達長龔震、保七團少校團副張振聲。革命烈士後裔慕青在綏德國民黨黨部工作，也主動找李啟明送情報。李啟明的七里鋪一期同學毛培春，也來綏德了，在第二戰區長官部政治部文工團任職。

透過這個綿密的情報網，李啟明不僅掌握何紹南搞磨擦的計劃，還發現何紹南貪污——中央下撥綏德的賑災款十多萬元被何紹南貪污了。有理有據，王震在綏德召集萬人大會，公開聲討貪污專員何紹南！

你批他搞磨擦，他誣你搞黨派之爭；你揭他貪污，他就無地自容。

何紹南名譽掃地，灰溜溜撤回西安。這綏德地區，從此再無雙重政權。

「護送出境」

國民黨的磨擦越搞越甚，政治鬥爭已經發展為軍事鬥爭，沒有繼續和平共處的可能性。共產黨決心結束雙重政權現象，趕走這些破壞邊區穩定的縣太爺！

1940 年 2 月，毛澤東親筆擬稿，以八路軍後方留守處主任蕭勁光的名義，致電國民黨第一戰區司令長官程潛，要求「陝省府主動撤回，否則實行護送出境，蓋亦仁之至，義之盡也。」

見毛澤東先禮後兵，程潛回電，同意邊區各縣縣長得由邊區政府委派。

武力奪權最簡單，卻會遺人口實，共產黨主要採取發動群眾的辦法。這時，通過隱蔽鬥爭掌握罪證，就成了關鍵手段。

甘泉縣縣長楊烈策劃八路軍叛逃，保安處在甘泉小學的情報關係石志文拿到證據。富縣縣長蔣龍涎刺殺八路軍炮兵營營長匡裕民的案件，也由潛伏在保安隊中的內線提供證據。邊區政府堂堂正正，將這些國民黨縣長「護送出境」。

有趣的是，國民黨在延安的膚施縣政府也被驅逐，而前縣長馬豫章卻留下升了官，1943 年當上地級市延安市的副市長，1944 年又升任延安市市長。這個秘密共產黨員一直沒有暴露身份，居然成了共產黨團結民主人士的榜樣。

1941 年 1 月，國民黨發動皖南事變，公開對新四軍下了狠手。

人不犯我，我不犯人；人若犯我，我必犯人。共產黨也對邊區內部的所有雙重政權展開大驅逐，到 1941 年春，國民黨嵌入邊區各地的黨政軍機構已經全部被驅逐出境。明明是「驅逐」出境，卻要稱為「護送」出境？這就是鬥爭藝術，給對手留足面子，也把維權鬥爭保持在合法範圍。

插在心頭的釘子全部拔除，毛澤東這時才可以舒心通氣地發號施令。

民主必須與法治並進。為了加強地方保安工作，1941 年年底，在邊保之下又設立五個保安分處。邊保調派一批得力幹部，到各分處加強工作。人民共和國成立後，關中分處處長汪鋒任陝西省委書記、中央統戰部部長、全國政協副主席，副處長于桑任西安市公安局局長、公安部副部長，隴東分處處長趙蒼璧，後任邊保副處長，人民共和國成立後任四川省公安廳廳長、公安部部長。三邊分處處長趙文獻、副處長鄧國忠，任陝西省公安廳廳長。綏德分處處長劉子義、副處長布魯後任松江省委社會部部長兼公安處處長，人民共和國成立之初接管廣州。

除專門機關外，邊區上下還成立人民自願協助政府進行鋤奸保衛工作的群眾團體「鋤奸委員會」，同時作為鄉政權的機構。除了公開的保衛組織之外，保衞系統還在各鄉村、街道、工廠、學校、合作社、機關、團體、部隊，設立秘密的「工作網」，作為保衞機關的「耳目」。

抗日戰爭時期，國共關係空前複雜。以前是你死我活，現在卻是合作中有鬥爭，鬥爭中有合作。毛澤東曾經這樣描述國民黨的反共磨擦行為：「謀我者處心積慮，百計並施，點線工作佈於內，武裝摧殘發於外，造作謠言，則有千百件之情報，實行破壞，則有無數隊之特工。」

共產黨的對抗手段，則是以隱蔽鬥爭配合政治鬥爭。運用隱蔽手段獲取破敵情報，再通過合法手段展開鬥爭並取得勝利。這種戰法，堪稱現代色彩的輿論戰和法律戰了。

隨着路線的轉變、經驗的增加，中共情報、保衞工作的方式也在轉變。以往大多採取守勢，逐步轉為針鋒相對。邊保成功地驅逐了邊區內部的國特分子，也開始轉守為攻，發出打入敵區的指示，提出派遣「紅色間諜」和「政治偵探」。

打入敵區，就是打入日本佔領區。那秘密戰爭同公開戰爭的打法完全不同。你紅色的軍隊英勇善戰，固然令人聞風喪膽。可是，這些疾惡如仇的共產黨員，一旦進入敵區還能不被識破嗎？

過去的對手是國民黨，相互之間知根知底，共產黨搞特工還先行了半步，頗有優勢。可現在，你的對手又增添了外國人！

初出茅廬的「紅色間諜」，鬥得過老奸巨猾的日本特務嗎？

主要資料

梁濟：前上海海運局副局長兼公安局局長，2000 年 10 月 26 日採訪。曾任延安市公安局辦公室主任的梁濟，清楚記得延安當時發生的重要案件。

張吉平：《陝甘寧邊區保安處工作二三事》。張吉平 1939 年從邊保的七里鋪二期畢業後，一生從事情報工作。

羅青長：前中央調查部部長，2001 年 9 月 10 日採訪。羅青長在「文化大革命」後曾為馬豫章的後代出示證明，平反昭雪。而羅青長本人也是幾十年之後才知道馬豫章原來是共產黨員，可見當時保密之嚴。

馬相時：馬豫章之子，前海軍大連水警區司令員，2005 年 3 月 30 日採訪。「文革」期間，陳伯達説陝北米脂馬家是地主篡黨，導致馬豫章的後代捱整。現在還有文章説這個馬縣長是通過統戰工作爭取過來的。楊家溝的馬氏是陝北米脂最大的地主家族，又走出了大批人才。張聞天曾在這裏調查，毛澤東曾在這裏居住，至今國際社會學界還將這個家族作為考察對象。

《習仲勛傳》，中央文獻出版社。僅 1940 年這一年，習仲勛就關中分區的反磨擦鬥爭寫給上級的報告，就有 27 份十萬字之多。在國民黨進攻關中分區駐地馬家堡時，習仲勛的二女兒乾平失散，九年後才找回來。

涂佔奎：前青海省機械廳副廳長，1999 年採訪。環縣事變轟動邊區內外，作者好不容易才找到這個親身參加環縣戰鬥的人。

耿飚、賀晉年：《抗日戰爭時期陝甘寧邊區的反磨擦鬥爭》，中共黨史資料（28），中共黨史資料出版社。留守兵團指揮員率隊抵抗國民黨的軍事磨擦。

李啟明：前雲南省委常務書記，1995 年 10 月 29 日採訪。在邊保負責情報工作的李啟明，是知道邊保如何掌控國民黨膚施縣政府的少數人之一。李啟明從綏德開始自己的情報生涯，親自創建的魯南情報組一直活動到解放戰爭時期。

鄒瑜：前司法部部長。1995 年 10 月 11 日採訪。布魯化裝為中統特派員四處視察，鄒瑜扮為隨行秘書。

蕭勁光：《陝甘寧邊區的反磨擦鬥爭》，中共黨史資料（20），中共黨史資料出版社。蕭勁光時任八路軍留守辦事處主任，是少有的得到國民黨委任的中共官員。延安與重慶的公開交往大多以蕭勁光的名義進行，毛澤東描寫國民黨反共磨擦的這段文字，當時以蕭勁光的名義發表。

鄧國忠：前陝西省副省長兼公安廳廳長，1995 年 9 月採訪。鄧國忠是陝北地方幹部，曾任三邊保安分處副處長，熟悉陝西公安機關的組織沿革。

第五章

深入虎穴

——中共情報員全線出擊

公元 1941 年，堪稱中共情報工作的元年。

一年間，一次皖南事變吃大虧，兩次中央情報機構大調整，三次國際戰略情報大勝利；中共情報工作在世界大戰的驚濤駭浪中前行，跑入國際情報競賽的第一陣列。

「東方大黑暗」！

隱蔽戰線的主要作戰方式有兩種：情報和保衛。情報屬於進攻性工作，保衛屬於防禦性工作。中共創建情報保衛系統的初衷是保衛自身的安全，即使開展情報工作，也以獲取警報性保衛性情報為主。這種防禦態勢，到 1940 年開始轉變。

1940 年「九一八」這天，中共中央發出文件，決定開展敵後大城市工作，由周恩來任中央敵後工作委員會主任、康生任副主任。10 月 7 日，中社部發出《關於開展敵後情報工作的指示》，提出要把開展敵後大城市的工作看成是目前保衛工作的頭等任務。

敵後，敵人的後方，日本和汪精衛政權控制的地區。

從初進延安的處處設防，推進到深入敵區核心地帶，這意味中共情報保衛工作由守轉攻！

剛要進攻，就遭到別人的進攻。1941 年年初，國民黨突然發動皖南事變，新四軍幾乎全軍覆沒。殘酷的現實再次提醒中共：必須預防突然襲擊，必須加強情報工作！

所幸，中央此前已經部署進攻性情報工作，很快，重大情報接踵而至。

3 月 8 日，日本駐美大使野村與美國國務卿赫爾達成《日美諒解案》。

5 月 19 日，英國外交大臣艾登、中國駐英大使郭泰琪、日本駐英大使重光葵商妥和平方案，由郭帶往美國徵求意見。

上海、香港、南京、重慶，多條渠道都報來國際密談的情報，德國友人王安娜也發現遠東地區有類似慕尼黑的陰謀活動。

中國的抗日戰爭，已經和正在進入世界大戰；中國，不可避免地捲入國際風雲。避免被動的途徑，就是正確判斷國際大勢，力爭戰略主動。

毛澤東在延安作出戰略分析：現在不是日本在爭取美蘇，而是美蘇在爭取日本，爭取日本不要把戰爭擴大到美蘇的地盤。美國並不打算聯合英蘇中合作抗日，美國同日本密談的目的是拆散日德意同盟，而使自己保持中立態勢。

有沒有情報就是不一樣，中共現在不但能識破國內對手，而且能看透國際列強。1941 年 5 月 25 日，毛澤東發佈黨內指示：《關於揭破遠東慕尼黑新陰謀的通知》。「日美妥協，犧牲中國，造成反共、反蘇局面的遠東慕尼黑的新陰謀，正在美、日、蔣之間醞釀着，我們必須揭穿它、反對它。」

1938 年 9 月，英國首相張伯倫和德國總理希特勒在歐洲小城慕尼黑達成協議，英國同意德國侵佔捷克斯洛伐克領土。得到縱容的德國，第二年就侵略波蘭挑起第二次世界大戰。於是，那慕尼黑就成為歐洲人縱容侵略的代名詞。

其實，亞洲也有「慕尼黑」。從 1931 年九一八事變到 1937 年七七事變，中日已經大打多年，蔣介石還在等待國際援助還不敢對日宣戰，可英美正在籌開「遠東國際會議」，縱容日本侵佔中國領土！這遠東的慕尼黑極其凶險，美英蘇各國與日本妥協，中國就成了國際孤兒；中國的國民黨再與日本媾和，中共就成了國內抗戰的孤軍。毛澤東向全黨極而言之：「要準備出現東方大黑暗！」

拿到情報，並不意味情報工作的結束，還有個怎麼運用的問題。

抗日戰爭時期，日本是民族大敵。中共的情報部門始終盯緊日本，看看中國有誰敢同日本秘密媾和。潘漢年系統打入日本特務機關，發現國民黨居然有八條線同日特接觸，還有個軍統代表自稱宋美齡的兄弟宋子良。如果這些密談成功，中國就會出現大大小小成批的汪精衛，抗日統一戰線將會夭折。

怎麼制止秘密投降？通常的做法是暗殺，殺掉兩方的談判代表，談判就無法進行了。汪精衛從重慶脱逃，在越南河內發表公開電表露求和企圖。蔣介石聞知大怒，立即派軍統刺殺。在外國首都刺殺名人，從設點、派人、運送武器到跟蹤實施，戴笠克服重重困難，可惜還是功虧一簣，殺錯了人。刺汪不成，反而激得汪精衛撕破最後一點臉面，索性逃往南京，公開當了漢奸。

毛澤東對遠東慕尼黑的陰謀，並未採用暗殺手段。

八路軍山西代表王世英召開群眾大會，揭露山西當局同日本密談的陰謀，甚至點出了雙方代表的名頭。陰謀最怕陽光，閻錫山不得不停止投降密謀。按説，此刻王世英有條件刺殺閻錫山。閻錫山的密友趙戴文任山西省省長，可這位省長的公子趙宗復卻是個忠誠的秘密共產黨員，殺閻易如反掌。可是，王世英給趙宗復的任務不包括暗殺，只是搞到閻錫山同日本特務密探的情報。

在合作的局面下，對陰謀尚未敗露的盟友採用暗殺手段，不得人心；揭露盟方背信棄義的密謀，大得人心。新華社一封公開電訊，就能制止一起陰謀，毛澤東連續曝光，輕快地切斷八條投降密線。

這種陽謀，又被毛澤東運用到國際鬥爭。

中共領袖在接待外國記者時，提出美國不應向日本提供廢鋼等戰略物資。那些外國記者大吃一驚，美國號稱在中日之間保持中立，不應變相支持日本啊！在國際輿論的壓力下，美國停止向日本輸出鋼鐵橡膠石油等戰略物資，美日之間的密談也難以達成協議。

實踐證明，用曝光的方式擊破陰謀，不戰而勝，性能價格比極高。

實踐還證明，提前拿到情報，才能擺脱被動，設計應對。

遠東慕尼黑陰謀被制止了，勝利的前提是提前，提前偵獲情報，掌握戰略主動。

環顧當今世界，最重要的國際戰略情報是什麼？

一項是德國的戰略動向，一項是日本的戰略動向。

國際戰略情報大競賽！

全世界的間諜無不興奮，紛紛投入空前激烈的情報競爭，誰能拿到其中一項，誰就是超級大諜！

是誰向斯大林通報德國侵蘇情報？

最擔心德國和日本動向的還是蘇聯。

德國大軍已經橫掃歐洲，西線，正在跨海轟炸英國，東線，德軍已經同蘇軍接壤。希特勒可能打而尚未打的，只剩個蘇聯了。蘇軍情報部派出大批情報員，圍繞德國展開偵察，偵察德國是否與何時向蘇聯發起進攻。

日本是俄羅斯的宿敵，俄羅斯向東，日本向西，兩國的擴張勢頭在中國東北交鋒。從 1905 年旅順之戰到 1937 年諾門罕之戰，日本總是企圖向蘇聯動武。蘇軍情報部提前部署，1929 年就派戰略情報員佐爾格到中國上海就近偵察，不久又讓佐爾格潛入東京，在日本首都偵察日本情報。

佐爾格雖然是個高級間諜，但畢竟是黃頭髮藍眼睛，到了日本就被納入特高課偵控對象。要想接近日本，還得使用黃皮膚的亞洲人。

中共是共產國際情報局的一員，雙方本來也有情報交換關係。到了第二次世界大戰，共產國際已經不滿足於由中共提交中國戰場情報，而是要在中國各地建立直屬自己的情報網。共產國際向中共提出，培訓一些中國籍的情報人員，在遠東戰場收集日本情報。正好，西路軍到達新疆的殘部，正在進行現代軍事技術的培訓，中共就答應從中挑選人才。陳雲和鄧發從這四百多人中挑選十二人，送到蘇聯培訓。後來，這些人被派到中國各地的淪陷區從事情報工作，為國際反法西斯戰線做出諸多貢獻。儘管這些中共黨員奉命服從共產國際領導，不與中共組織發生橫向關係，但是，出於愛國之心，他們中的一些人還是主動與中共情報部門聯絡，為祖國提供抗日情報。

蘭州還有一個「聯共情報組」。為了爭取蘇聯援華抗日，國民黨政府允許蘇聯在中國一些城市建立外交、軍事代表處。蘇聯駐蘭州軍事副代表弗拉季米洛夫（孫平）是蘇軍情報人員，要求中共協助成立「聯共情報組」。雙方商定，由蘇方提供經費、電台，中方選擇人員，組長由俞鳴九（蕭炳實）擔任。俞鳴九在蘭州市區的益民路（現慶陽路）開設一家「皋記商行」，自任經理，由地下黨員秦玉麟任副經理，情報組成員有羅靜宜（女）、杜漢三、盧席珍、李勇文、王宏章、冉莘、陳本身、劉興蘭（女）等人。情報組需要能夠打入國民黨部隊的人。伍修權與甘肅工委書記孫作賓商議，推薦鄧寶珊部隊的一個連長王新潮。1939 年 9 月，王新潮被吸收加入聯共（蘇聯共產黨），負責領導代號「烈士」的秘密電台，直接與莫斯科通報。

延安也有蘇軍情報組，就住在中共中央和中情部駐地棗園，對外用蘇聯新聞機構「塔斯社」的名義。創建「聯共情報組」的蘇聯駐蘭州軍事副代表孫平，又被調到延安，擔任蘇軍情報組組長。1941 年 3 月，蘇軍情報組在棗園後面的一個小山溝裏，開設情報訓練班。參加學習的中共黨員被告知：「組織決定你做蘇聯特務！」三個月之後畢業，全體學員被派往東北蒐集日軍情報。

從延安到東北，要經過山西、河北，路途有國統區，有敵佔區，不得不分散行動。1935 年入黨的姚倫是東北人，1938 年任山西臨縣縣委書記，正在延安馬列學院讀書時，被調來當「蘇聯特務」。姚倫的目的地是大連，可是在雁北就卡住了。幸虧雁北軍分區有個關係人曹蘭池是從大同煤礦逃回來的工人，了解敵佔區情況。這個曹蘭池沿途吃喝玩樂，不像個工人，後來還拉攏同行的人逃跑，被邢相生識破。姚倫、邢相生同當地地委書記商議，決定將其逮捕。突擊審訊，曹蘭池承認是日軍派來的奸細，而且與軍分區的偵察科科長、民運科科長有聯繫。此案繼續偵破，牽連到內部十幾個人。姚倫等人因此錯過去東北的時間，也就返回延安了。

類似的國際間諜，也活動於東北大地。俄羅斯在東北有中東鐵路，路權後被蘇聯繼承，在東北的中國人中發展了一些共產黨員。抗日戰爭爆發後，這些中國情報員又為蘇聯提供抗日情報。

共產國際、蘇共、蘇軍，都曾努力在中國建立自己的情報系統，一批中共黨員因此當了一陣「蘇聯特務」。這種情報合作關係，對於創建不久的中共情報工作，也是一種歷練。

蘇聯紅軍情報部向來在中國東北建有情報組織，着重偵察日軍在中蘇邊境的對蘇軍事部署，其成員有許多是中國人。第二次世界大戰期間，蘇聯計劃在中國全境鋪展對日情報網絡，向中共借調幹部。

劉鶴孔等18名西路軍撤到新疆的紅軍官兵，萬里迢迢來到莫斯科，蘇聯紅軍情報將軍安東諾夫親自向劉鶴孔佈置任務。莫斯科郊外的別墅與世隔絕，生活優渥，呢子大衣長統馬靴，麵包黃油加牛奶。這麼舒服的日子，中國紅軍過得並不輕鬆——學習任務太重！

這些農民出身的中國紅軍，文化程度不高，可學習能力很強，個個都是戰將。大家很快學會了全套間諜技術，包括無線電通訊、武器、照相、繪圖、駕車、密寫、接頭、跳傘、偵察、身份掩護、各國反間諜組織狀況、密碼、呼號等等。中國人的適應能力也很強，劉鶴孔這些中國土包子，也學會了穿西裝吃洋餐，可以進入城市生活。

劉鶴孔於1939年4月從莫斯科飛抵烏魯木齊，由八路軍辦事處安排，經蘭州、西安到達重慶，再從重慶經貴陽轉昆明，辦理出國越南的護照。化名王保華的劉鶴孔，從越南海防乘坐英國太古輪船，經香港北上，抵達目的地上海的時候，已經是5月中旬了。轉了這麼大的彎子，租界警方怎麼也不會想到這王先生來自莫斯科。按照莫斯科指令，劉鶴孔於25日下午2時，在霞飛路巴黎電影院與領導接頭。按照領導指示，劉鶴孔報名上海的無線電培訓班，這又抹去曾在莫斯科學習無線電的痕跡。

回到祖國，劉鶴孔當然高興，可是，這新的工作卻令人非常不適。25歲的男青年沒有家庭掩護難以存身，組織上給安排個21歲的北平女大學生做假妻子。房東太太羨慕小兩口的親密生活，不知道這兩人關上門就吵架，個性合不來！個性不合工作合，為了革命事業，兩人還是同甘共苦。假夫妻生死與共變成真夫妻，還有了一個女兒。藏身上海灘，劉鶴孔沒有機會享受花花世界，整日整夜躲在閣樓裏埋頭工作，心中思念的總是紅軍戰友，特別是和自己一起去莫斯科培訓的十八個人。他們在哪裏潛伏？遇到危險了嗎？「小麻雀」能獨立工作嗎？

劉鶴孔最擔心的「小麻雀」盛先傳在十八人裏最年輕，長征時是李先念的警衛員。盛先傳此刻正在蘭州潛伏，以商人身份接近國民黨軍官。其他人也回到中國，分別在重慶、南京等地潛伏。

劉鶴孔的工作是秘密電台的報務員，雖然藏在屋裏操作，依然非常危險。日本在上海實行嚴密的反間諜措施，在新亞飯店的樓頂設有無線電偵聽站，在上海街頭也有流動偵測車。為了掩護電台，劉鶴孔在上海開過三次店，搬了六次家，還被迫隱藏在范行家中。

劉鶴孔經常收發無線電報，可收發的只是數字電碼，不知情報的文字內容。儘管不知自己工作的直接作用，但劉鶴孔還是堅決服從，出發前就知道自己的任務是搞情報，搞國民黨和日本的情報。敏鋭的劉鶴孔還發現，接收自己發報的電台不止海參崴，還有重慶！這説明，自己的情報不止提供蘇聯，還為中國抗戰服務！從不打聽機密的劉鶴孔還是得知些情況，自己的上線劉先生是中國人，掩護自己的范行也是中國同志，他們的活動能力都很強，甚至能夠接觸國民黨軍統……

劉鶴孔所在的情報組織，同佐爾格及其繼任瓦爾敦一樣，都隸屬蘇軍情報部。佐爾格撤離，瓦爾敦被捕，又由劉鶴孔這些人接續。蘇聯在華的情報工作，始終沒有懈怠，只是，過去以外國人為主，現在改為以中國人為主。

儘管蘇聯重視培訓中國籍的情報員，但是，這些紅軍幹部出身農村，很難在大城市進入上層。於是，蘇聯又要求助中共。重慶的蘇聯大使潘友新和武官羅申，直接找周恩來借人，借用情報人員。

周恩來身邊，有的是人才。

1940 年 9 月，中共中央發出關於開展敵後大城市工作的通知，中央成立敵後工作委員會，周恩來任主任、康生任副主任。周恩來任書記的南方局，負責推進敵後大城市工作，董必武任副書記兼統戰部部長，秦邦憲任組織部部長，凱豐任宣傳部部長，劉少文任情報部部長，葉劍英管軍事和聯絡，鄧穎超管婦女工作，蔣南翔管青年工作，吳克堅任新華日報總編輯監管情報。這些秘密工作的行家裏手，把工作關係鋪展到社會的各個層面，特別是進入了國民黨的上層核心。

國民黨中央黨部機要處潛伏着沈安娜，通過速記工作拿到中央常委會議的秘密。

中央軍委參事室有史永（沙文威），史永的大哥沙孟海是浙江才子，為蔣介石起草文稿，史永通過大哥的關係進入高級諮詢機關，可以看到各方人士給蔣介石的建議方案。

中統四川省特種委員會有黎強，提前發現中統抓捕地下黨的信息。

國民黨高級將領的身邊也有共產黨員，陳誠的隨從秘書鄧達章，李宗仁的秘書劉仲容，白崇禧的秘書謝和賡。最大的特務機關軍統內部，居然有個共產黨的七人支部，延安派來張露萍任書記。

國民黨的四大家族身邊都有共產黨員，宋子文那裏有王炳南，孔祥熙那裏有冀朝鼎，陳果夫那裏有盧緒章，最高領袖蔣介石那裏還有個閻寶航。

閻寶航是東北海城人，張學良的高級幕僚。1931 年九一八事變後逃進關內，同高崇民、杜重遠在北平發起成立東北民眾抗日救國會。1935 年上書張學良，要求停止「剿共」，聯共抗日。西安事變爆發，蔣介石被張學良扣押，宋美齡急需找人斡旋，這時就想到閻寶航。閻寶航曾經留學英國，又是東北基督教青年會的會長。宋美齡委託這個教友，去西安説服東北老長官張學良。

閻寶航奔走於西安和南京之間，促成了蔣介石的釋放，從此深受蔣介石夫婦的信任。可是老蔣不知，閻寶航在此期間還成了周恩來的朋友。1938 年，周恩來親自批准閻寶航入黨，並安排他不要暴露共產黨員身份，繼續以東北愛國人士的身份，從事抗日民族統一戰線工作，特別是開展國民黨上層工作。

閻寶航在重慶深受信任，蔣介石和宋美齡夫婦發起「新生活運動」，閻寶航是這個組織的幹事長。熟悉英國文化的閻寶航還是宋美齡的舞伴，巴結第一夫人的高官還要走閻寶航的門路。

「西安事變」後，閻寶航即在周恩來的領導下從事秘密情報工作，其在重慶的住所因經常庇護革命同志，被譽為「閻家老店」。

閻寶航時常與國民黨高層官員往來，一次宴會，監察院院長于右任和行政院院長孫科喜形於色地議論：桂永清説德國要進攻蘇聯！

原來，蔣介石一向崇拜德國的法西斯主義，不但圍剿紅軍要請德軍顧問，還寄望德國能夠調解中日衝突，因此國民黨與德國軍方的關係非常密切。1941年的一天，駐德武官桂永清在柏林與德國軍官聊天，談到中國北方問題難以解決，那個德國軍官隨口吹牛：中國問題好解決，6月22日德國進攻蘇聯就全解決了。這個天大的好消息，迅速傳回重慶，居然落到秘密共產黨員閻寶航的耳朵裏。

閻寶航同時向蘇聯使館和周恩來匯報。中共中央當即決定，將這個絕密情報向蘇共通報。同期，潘漢年在香港也獲得德國進攻蘇聯日期的情報。

1941年的世界大局，瞬息萬變！

6月13日，蘇聯塔斯社否定德蘇即將開戰。6月14日，汪精衛飛往日本進行「國事」訪問。6月16日，周恩來上報延安，偵獲德國即將大舉進攻蘇聯的戰略情報。中共中央立即轉報蘇聯。

此前，蘇軍的幾條情報渠道，已經偵獲德國突然襲擊蘇聯的情報，但斯大林不肯採信。兵法最忌兩線作戰，一般而言，德軍應該集中兵力先拿下西邊的英國，而後再向東方的蘇聯開戰。很難設想希特勒現在會兩線作戰打蘇聯，除非他瘋了！

何況，提供德國動向的情報組織大多在西歐活動，很難保證沒有德國或英國間諜的滲透。國際間諜界正在風傳各種互相矛盾的情報，有的説德國要大舉進攻蘇聯，還有的説是英國施放假情報挑撥德蘇關係，這讓斯大林難以決斷。

直到中共提供情報，斯大林才信了。中共同德國和英國都沒有關係，沒有受騙上當的可能條件。前線蘇軍提前一天進入戰備。這是情報工作的成績，提前一天也會減少很大的損失。可是，對於一場大規模戰爭，一天的準備還是太短，蘇聯還是陷入重大的失敗。這是情報工作的失誤，攸關國家安全的大失誤。

關於德國戰略動向的國際情報競賽，誰是勝者？

德國發起進攻之後，斯大林特意給中共發了一封感謝電報：「感謝你們提供了德國進攻的情報，使蘇聯提早進入戰備。」向來都是蘇聯支援中共，這次，斯大林第一次感謝中共了。

中共的情報能力，開始引起國際重視。

毛澤東的情報分析方式——調查研究

準確預判德國侵蘇，毛澤東非但沒有得意，反而更加重視情報工作。1941這半年國際的形勢變化太快，情報工作必須跟上！

繼續吸取皖南事變的教訓，中共中央頒佈兩個決定，7 月 1 日發佈《關於增強黨性的決定》，8 月 1 日發佈《關於調查研究的決定》。不僅有理論認識，還要有組織措施，中共中央決定，組建一個中央調查研究局，任務是負責敵我友諸方的調查研究工作。

這個局的職權，具有前所未有的高規格、大範圍。下屬單位：中央社會部、軍委二局、中央政策研究室，涵蓋所有中央級別的情報保衛部門又不限於情報保衛部門。中央局下面還有四個不公開的分局：第一分局在晉察冀邊區，負責調查華北和東北日佔區大城市的情況；第二分局是潘漢年系統，負責對歐美和淪陷區的調查；第三分局在重慶的南方局，調研南方敵後大城市和國統區各黨派的情況；第四分局在陝甘寧邊區，負責邊區內部和周邊的調查研究。

毛澤東自薦當中央調查研究局的局長，兼任政策研究室主任。這個職務，可以説是毛澤東一生唯一同情報保衛工作相關的職務。

延安時期，毛澤東的調查研究，已經從個體行為上升為系統工程。中央關於調查研究的決定列入中社部的《幹部必讀》手冊，中社部設有書報股出版專門刊物《書報簡訊》。延安每月撥出三百銀洋訂購敵佔區報刊，晉察冀邊區社會部派人潛入北平天津購買，晉綏社會部專設運輸隊千里迢迢轉送延安，中央領導和日共領袖岡野進認真研究，從中產生具有戰略價值的重要情報。

日本報紙《朝日新聞》刊載：「從日本華北軍發表昭和十八年（1943 年）年度綜合戰果中，充分説明了過去以重慶軍為對手的華北軍至今已完全轉變為掃共為中心的事實了。」延安《解放日報》立即轉載，刊登《敵人口中的八路軍》一文，駁斥蔣介石造謠八路軍游而不擊。

「情況明，決心大。」毛澤東把調查研究作為決策的基礎，提高到哲學理論的層次，重視程度超人想像。

1940 年，毛澤東從延安致電重慶，要求周恩來在國民黨統治區各省搞上層調查，調查大地主、大資產階級、高級將領，每省數十人至一百人。延安市公安局詳細調查延安城鄉結合部的每戶人家，寫出《延安新市鄉調查》，為社會管理打下基礎。轉戰陝北期間，毛澤東穿行於三十萬敵軍之間，身邊只有幾百護衛。可就在這麼小的編制內，還增設了一個調查科。每到駐地，不管時間多緊，科長慕丰韻都要親自調查，弄清這個村莊的社會情況。

每臨戰略轉變，先行調查研究。解放戰爭期間，毛澤東要求各戰略區定期向中央提供全面報告。打仗那麼緊張，誰還有空寫文章？林彪拖延不報，毛澤東連電催促，還表揚及時報告的鄧小平。毛澤東就此提醒全黨的高級幹部:「在全局上在共同性上好好思索一會，而這種思索則是一個領導同志所不可缺少的。缺少了此種思索，領導工作就會失敗。」

毛澤東堅持立下規矩，把調查研究作為全黨幹部的基本功。戰爭勝利，準備接管城市，各地都輪訓幹部，學習資料就是調研報告。華東局準備的上海社情資料，竟然有數千萬字之多。由於有了這麼周到的情報準備，土包子幹部進城，眼不花，頭不暈。

情報工作也是科學，防止情報失誤的根本途徑就是科學態度。情報分析，有應對個別事件作出的具體判斷，也有把握戰略趨勢作出的基礎研究。就像自然科學研究分為應用科學和基礎科學，調查研究，可以說是一種基礎性的情報分析整理工作。毛澤東致力於情報工作的科學化，人民共和國成立後將中央的情報機構命名為「調查部」。須注意，這名稱同蘇聯的克格勃和美國的情報局都不同。當年延安的小小書報股，也逐步發展為龐大的科研院所。

多年養成，調查研究已經成為毛澤東的生活方式。病情嚴重得說不出話，毛澤東還用手勢示意：要看有關日本首相三木的參考資料。

調查研究——毛澤東的情報分析方式。

中央調查研究局剛搞了一個月，毛澤東又不滿足了。1941 年 9 月，中共中央又決定成立中央情報部。新成立的中央情報部是中共中央和中央軍委進行調查情報工作的統一的軍政戰略情報機關。中央情報部是在原中央社會部的基礎上，與軍委總參謀部的一部分合併而成，仍由中央調查研究局領導。1942 年 5 月日軍對敵後抗日根據地展開大掃蕩，軍委任務加重，又把中情部中的軍事部門大多分回軍委總部工作。

中情部與中社部是一個機構兩塊牌子，主要任務是軍政戰略情報的獲取與研究，也保留較小的機構指導各根據地的保衛工作，指導情報工作用中情部的名義，指導保衛工作用中社部的名義。這樣安排，有利於改變過去偏重保衛的習慣，更加重視情報工作。

原來的情報工作，對戰略情報重視不夠。現在明確，中央情報部作為中共中央和中央軍委統一的軍政戰略情報機關，其主要任務是獲取軍政戰略情報。毛澤東告知各地，哪個據點有多少駐軍有幾挺機槍的戰術情報，你不要報到延安來，我只要戰略情報！

這意味高度的情報自覺。從獲取警報性、保衛性情報為主，轉向獲取軍事、政治戰略情報為主。這也是中共情報工作的戰略大轉變。

中央社會部部長康生兼任中情部部長，副部長三人：總政治部主任王稼祥、副總參謀長葉劍英、中社部副部長李克農。部長康生把自己的主要精力投入政治運動，王稼祥因病沒有到職，葉劍英來得不多，部裏的常務工作實際由副部長李克農主持。

根據中央指示，中情部樹立調查研究和情報工作密切相關的觀點，明確情報工作為黨的整個路線、戰略、策略服務。中情部以中共中央《關於增強黨性的決定》《關於調查研究的決定》《關於改進情報工作的通知》為情報工作的理論武器。明確情報工作的任務：一方面進行一般的調查工作，系統地蒐集有戰略意義的公開半公開材料；另一方面進行秘密的情報工作，採集敵人各方面的軍政機密消息。在第一次部務會議上，朱德講話：材料很多，問題在於研究不夠，過去同志中的主觀主義來自於自稱是馬克思主義的人。這意味中共的情報工作不僅是積極的實踐，而且提高到理論層次。

中情部工作以日偽、國民黨、歐美三方面為主要對象，調研其政治、軍事、黨派、人物、特務、社會情況。將全國分為幾個地區：陝甘寧地區，晉察冀地區，香港、上海地區，晉綏地區，華中地區，重慶地區，西安地區。各地區建立情報電台、情報交通站、交通線等聯絡指揮系統。

中共秘密戰線的宿將幹才，紛紛走上情報第一線。

周恩來駐紮國民政府的陪都重慶，負責與國民黨中央聯絡，同時領導中共南方局的秘密工作。董必武、葉劍英、王若飛、博古、吳玉章、鄧穎超等不時往來重慶。林伯渠在陝西省會西安，謝覺哉在甘肅省會蘭州，公開職務是八辦代表，同時也領導西北的地下工作。晉察冀邊區是陝甘寧邊區以外最大的根據地，杜理卿改名許建國，任北方分局社會部部長。老保衛幹部譚政文調到晉綏分局任分局社會部部長兼公安總局局長。中社部副部長潘漢年親赴上海、香港地區，就地隱蔽，秘密開展工作。

設點、連線、結網，中共的情報工作很快形成覆蓋全國的網絡。中央確定的地下工作方針是：「隱蔽精幹，長期埋伏，積蓄力量，以待時機。」

需要注意的是，1941 年的時候，美國和蘇聯的情報工作都分置於陸海空軍，尚無頂層的情報機構。那聞名世界的美國中央情報局，晚於 1947 年才成立。

1941 年時，中共對情報工作的重視程度，已經不亞於任何世界大國。

延安出擊

進攻是最好的防守，情報是最好的偵察。保衛中共中央駐地延安的最好方法，還是對外開展情報偵察。按照中央情報部的部署，陝甘寧邊區保安處大力開展進攻性情報工作。

1940 年年底，根據中社部《關於開展敵後情報工作的指示》，邊保召開第一次外勤工作會議，提出「大膽放手，積極開闢」的方針，決定在各地區都建立外勤據點。作為邊區的情報保衛機關，保安處的外勤工作具有區域性特點，主要圍繞邊區邊境，對當面之敵展開工作。

延安東北的綏德、米脂據點，針對榆林方向的中統區室和軍統站；延安南部的富縣、甘泉據點，針對洛川的中統區室和軍統站；延安西南的定邊、隴東據點，針對西峰的中統區室和軍統站。邊保各據點的情報幹部增至 40 多人，三邊派了葛申，隴東派了陳石奇，關中派了曲及先，邊保布魯帶人巡迴指導。

各專區的保安分處和縣保安科也有情報力量。各情報據點，都注意向敵特機關內部伸展力量，建立內線。

關中地區是伸向國統區的突出部，這裏的情報工作格外重要。

關中分區的外勤機關對外稱專員公署秘書處，外勤組組長曲及先任秘書主任，秦平副組長對外是貿易公司的經理。曲及先親自掌握西邊的幾個內線，張仲平住在柳林管東線，陳鑒以赤水縣統戰部部長的名義管淳化一帶的派遣工作，楊宗耀以新正縣參議會副議長的名義對外。

關中地區的人們，不少是家住共產黨的邊區，職業工作在國統區，這就有利於外勤組發展力量。在耀縣發展高小校長何振東、胡家弟兄、孟家弟兄、成保長等人；在富平利用哥老會爭取非法武裝方老五。淳化縣的地下黨員王萬裕利用國民黨員的公開身份，秘密建立情報組。旬邑縣的地下黨員李樹楨家在邊區，利用小學校長身份，建立情報組。最突出的是派楊宗耀的姪子楊宏超打入中統，任專職調查員。

楊宏超在邊區的邊界地帶小椅子村當小學教員，村外一華里就是國統區。楊宏超收到國統區寄來的策反信件，不知怎麼應對，就寄給叔叔楊宗耀。楊宗耀是關中地區的老黨員，曾經掩護習仲勛搞地下工作，知道那策反人張占英是個叛徒，與國民黨旬邑縣黨部有關係。楊宗耀向組織上匯報此事，外勤組組長曲及先認為是個機會，與關中地委書記習仲勛研究，決定將計就計，派楊宏超利用這個機會打入中統。布魯也親自與楊宏超談話，佈置如何取得信任。

按照組織部署，楊宏超向中統匯報假情報，謊稱自己發展的特情有新正縣委書記李科，這就贏得中統信任，當了專任調工。楊宏超為人沉着，不時帶些國民黨的情報回來，邊保也讓他給中統一些邊區的假情報。

楊宏超發現，國民黨旬邑縣黨部書記長蒲隨昌和蒲又傑都是中統專職特務；還獲悉中統對邊區的派遣計劃、活動對象名單，查知中統在邊界地帶活動的幾個特務，分幾次抄回國民黨《黨網活動細則》。根據楊宏超的情報，秦平整理了一份情報《中統陝室特務一瞥》，受到邊保肯定，楊宏超被批准為特別共產黨員。

延安南面 180 里的洛川，正是國統區面向邊區的特務據點。國民黨各特務系統紛紛在這裏建站，中統駐洛川調統室主任單不移是個老牌特務。而邊保駐洛川外勤組的組長趙去非，則是個情報新手。

趙去非到洛川，立即着手物色情報人員。甘泉小學校長石志文是西安派來的，雖是國民黨員，但並非特務，而且為人正派，思想進步，是個可以發展的力量。趙去非找石志文談話，一下捅破窗戶紙，要求石志文為共產黨搞情報。石志文當時還沒有這個勇氣，猶豫起來。趙去非激將：「我們談到這個程度，你幹也得幹，不幹也得幹！」石志文也激動了：「我要是幹就像個幹革命的，要不就不幹！」共產黨驅逐甘泉縣國民黨政權時，趙去非指示石志文乘機隨同撤出。這樣，石志文又進入中統陝西省室，專門負責預審被捕的共產黨員。

七里鋪二期畢業的張吉平也到洛川工作了，公開掛出「國民革命軍第十八集團軍駐洛川聯絡站」和「八路軍辦事處駐洛川汽車站」兩塊牌子，表面接待過往車輛，秘密收集情報，經富縣站轉報延安。張吉平與石志文分析中統洛川分室的人事情況，決定採取各個擊破的方針。先策反分室副主任齊開章，得到中統機密文件，又讓齊及時返回，在中統內部繼續潛伏。再通過齊開章説服分室的正主任聶銘錫，這聶銘錫把洛川中統的全部檔案和密碼都交給張吉平！

中社部也有內線在洛川。洛川專員鍾相毓是湖北漢川人，難得在陝西遇見程永和這個湖北老鄉，就把程永和留在洛川日報當記者。程永和文字漂亮，經常替長官寫文章，很快成為當地名記，又相機秘密加入洛川的中統組織。中統重用這個大學生，程永和公開身份是縣政府的教育科科長，其實是中統的「專任調工」、陝西調統室駐洛川專區中心情報組組長、特種教育督導團團長，無論是洛川派往邊區的特務，還是西安路經洛川的特務，都被程永和通報給趙去非。

程永和在中統混得挺好，西安幾次要調，趙去非就是不放。這個英俊瀟灑的國民黨官員在洛川是個金牌王老五，有個漂亮女人總是追求。可那女人是國民黨員，程永和怎麼敢娶！總是拒絕沒有合理的理由，總是單身又惹人懷疑，程永和就向組織上提出派個人掩護工作。給程永和派個老婆？趙去非手頭可沒有這種女幹部，只好勸程永和自己找個思想進步的女人結婚。可程永和不敢。

過去搞地下工作被抓過，知道這事情是上不告父母下不告妻子，要是找了個麻煩人就更麻煩了。於是，程永和十年打光棍一直堅持到解放。

除了控制洛川中統外，邊保還有人打入洛川的軍統組織。七里鋪一期畢業的毛培春打入軍統「蘭訓班」後，被派到洛川任憲兵司令部特高組組長，兼任耀縣特高組組長。身處敵營的毛培春一直鍛煉自己的記憶力，硬是純憑記憶，向邊保提供了蘭訓班學員的全部名單。這批特務剛剛進入邊區，就全部被邊保掌握。

張吉平的洛川情報網，逐步滲入國民黨洛川地區各部門。洛川沒有電報局，國民黨往來聯絡都通過電話進行。縣政府電話總機班長寧志傑是邊保的情報員，負責監聽電話的特務也是邊保的人，這樣，通過監聽就能掌握洛川地區國民黨各系統的情報，還偵知洛川與西安之間傳遞的情報。

開展對外情報工作，對於年輕的中共情報員，當然還要有個學習的過程。但是，這些最初的動作，已經透出虎虎生氣。

西安織網

中國人重視安全，陝西就有兩個稱「安」的城市，延安在陝北邊防，西安又是延安的後方要地。

西安包圍延安，胡宗南統一指揮西北地區的黨、政、軍、警、憲、特，對延安實施嚴密的封鎖包圍。延安反包圍西安，周恩來安排的層層情報網，又對胡宗南實施反包圍反偵察。

周恩來在 1937 年安排的三線部署，如今已經織成網絡。深埋第三線的吳德峰情報系統，更是無孔不入。西安的情報，源源不斷地送到延安，有效地保衞了中央安全。交通員陶斯詠護送情報員往來於延安和西安之間，被邊保誤捕，仍堅持保守秘密。被國民黨特務追捕時，蒙頭滾下懸崖！

西安情報站受到國民黨特務的嚴密監視，吳德峰、曾三、王中、羅青長等先後調回延安，工作由王石堅、程之平負責。按照中央部署，進一步加強隱蔽措施，提高情報的政治質量。西安向中央的調查報告，不僅有敵特密碼，還有陝西黨政軍機關的系統概況、名人簡傳，甚至有胡宗南的個性特點分析。

周恩來當年在西安佈下的閑棋冷子，如今已經成為手筋。

熊向暉深得胡宗南的信任，當上侍從副官。胡宗南在西安城裏有四個點，其中三個點的文件由熊向暉管理。胡宗南召開軍事會議，下部隊視察，都找熊向暉陪同。就連太子蔣經國到西北訪問，也由熊向暉全程陪同。「西北王」身邊有個共產黨臥底，胡宗南的機密早都送到延安了。

胡宗南政治野心很大，特別喜歡拉攏能幹的青年搞小圈子。投其所好，陳忠經、徐晃同他喝血酒盟誓，深得信用的陳忠經面見胡宗南不用事先通報。陳忠經高居三青團陝西省支團書記，又有申健任三青團西京市分團書記，實際控制了胡宗南的小組織。

除了這三人打入很深之外，還有更多的情報員埋伏在胡宗南周圍。

姚文斌曾任重慶北碚特支書記，工作範圍有多所大中學校，涉及國民黨高層，曾發展國民黨秘書長陳布雷的女兒陳璉入黨。中央社會部物色情報人才，把姚文斌從重慶調到延安，經過培訓後派往西安，在胡宗南的情報組內任職。情報組的工作地點就在胡宗南住宅旁邊，一次，姚文斌看見蔣介石夫婦在後花園散步，還聽見宋美齡感歎：「到這裏就放心了！」細心的姚文斌發現，讓宋美齡放心的陪同人只有一個——熊向暉。

姚文斌在工作中也能相遇陳忠經和熊向暉，也知道這兩人掌握胡宗南的諸多機密，只是不能斷準，這兩人是否也是延安派來的呢？

西安的多位情報員打入很深，深到了特務機關。抗日戰爭時期，中共調整秘密工作方針，要求地下黨員實行「社會化、職業化、黨派化」，西安又深一步，做到了「特務化」！

王石堅的情報電台被中統盯上了，陳忠經就出面解釋，這是我三青團的特務電台。從此，王石堅就以國民黨特務的掩護身份，在西安特務界活動。

1943 年 5 月，共產國際宣佈解散，蔣介石策動反共高潮，胡宗南奉命偷襲囊形地帶關中分區。關鍵時刻，熊向暉提前密報延安。

延安此時正是無兵可用，毛澤東把守衛部隊都調到山西打日本去了。

高唱空城計！中共中央公開揭露胡宗南的偷襲計劃，譴責國民黨破壞合作抗日。在全國輿論的壓力下，胡宗南不得不撤銷了偷襲計劃。

可是，熊向暉有了暴露危險。一般而言，使用情報材料時，要進行變動以保護情報來源。可是這次軍情緊急，中共中央不得不斷然使用情報材料。這樣，胡宗南就可以將泄密人縮小在很小的範圍，有人已經檢舉熊向暉通匪！幸好，同時查出有兩個國民黨機關公開要求共產黨解散，熊向暉又鎮定自若，這才轉移了胡宗南的注意。

西安的情報網絡編織巧妙，不僅有分層的三線部署，還有分類的不同網絡。

作為共產黨在西安的公開機構，八辦已被國民黨嚴密監視，林伯渠不得不多備一手，佈置八辦的運輸主任王超北籌建秘密組織。

王超北是陝西本地人，1925 年任中共延安特支書記。王超北曾在國民軍任師黨代表，在西北軍中有很多關係，為陝北和川北紅軍秘密運送電台等物資。西安城裏的「止園」，原來是楊虎城將軍的公館，楊虎城出國後，西安行營主任熊斌佔據前院，後院則由楊虎城的副官白俊生看管。白俊生與王超北的情報人員秦治安交好，王超北就利用這個關係，把共產黨的秘密電台建到國民黨行營主任的後院。

王超北這條線，後來發展成為直屬中央情報部的「西安情報處」，深入西安國特組織獲取情報。這個秘密電台在西安前後遷址八次，始終保持與延安的秘密電信聯絡。實踐證明，這種分網部署提高了情報工作的可靠性。在解放戰爭期間，王石堅系統遭到破壞，可王超北系統依然運行，繼續保持中央的情報渠道。

西安的網絡越織越大，到 1943 年，西安情報處的幹部已經發展到 20 多人，情報關係遍佈黨部、政府、軍隊、警察、特務等核心部門，掌握了國民黨圍困滲透邊區的秘密部署。胡宗南在西安的一舉一動，都在延安的掌握之中。在某種程度上可以說，對於延安，西安已經沒有秘密可言。

戰地軍情急

1941 年 9 月，中央情報部成立。中共中央和中央軍委隨即做出決定，要求在各戰略單位成立情報組織。

這個時期，八路軍的前方總部和三個師，專職的情報機構尚未配齊。

各國軍隊向來設有偵察部門，一般作為司令部的二處，一處作戰，二處情報，可見軍事情報對於軍隊的重要性。八路軍的高級機關十分精簡，往往只是設有參謀處，並未編制情報處。現在，中央和軍委大大提高情報工作地位，因此，無論後方還是前方，都要設立專職情報部門。

八路軍的前方總部在山西晉東南，1941 年 10 月成立情報處，處長由八路軍參謀長左權兼任（左權犧牲後為滕代遠），副處長項本立，下設諜報、部隊偵察、技術偵察、爆破等四個科。諜報科女科長林一原是中央社會部的秘書長，1940 年年底帶工作組從延安來前總創立情報組織。這裏原來就有錢江負責的無線電技術偵察，現在也加入情報部門。八路軍的 120 師兼晉綏軍區，129 師兼太行軍區，115 師兼山東軍區，也都相應建立情報處。按照分工，前總情報處的主要任務是戰略情報，各軍區情報處的主要任務是戰役和戰術情報。

前總情報處積極開拓，很快集訓三期幹部，向敵佔區城市和交通要道秘密派遣。派遣科長林一女扮男裝潛入北平、天津等大城市，就地安排秘密派遣，在北平、開封、鄭州建立 20 個秘密交通站，派遣人員上百，其中 23 人打入偽政權當官。王嶽石在北平任警察大隊大隊長，還掌握了三支武裝。

前總的派遣頗具戰略眼光，徐楚光從山西潛往遙遠的南京，在汪精衛政權內部立足。

晉綏邊區的戰略位置十分重要，西邊拱衛中央駐地陝甘寧邊區，東向連接晉察冀邊區，北向是秘密的國際通道，通往外蒙和蘇聯。晉西北的 120 師，由師長賀龍、政委關向應、參謀長周士弟、情報處處長鄒大鵬組成情報委員會。情報處下設諜報科、偵察科、交通科和研究科。這裏的情報部門還有一項特殊任務，特設兩條書報交通線，為中情部轉運敵佔區的報刊資料。北平天津的敵偽書報最快一周就能送到延安。

八路軍駐地同敵軍犬牙交錯，隨時都有遭受突襲的危險。嵐縣的日軍和偽軍集結四千人，準備在 1942 年 2 月 4 日偷襲興縣的晉綏邊區總部。打入敵營的內線關係丁好信提前一天得到情報，晉綏總部緊急行動，在敵軍合圍前一個小時突圍成功！

太行軍區是 129 師，原來就有負責統戰工作的參議室兼管情報工作，後由申伯純任情報處處長。

386 旅旅長兼太岳軍區司令陳賡是個兩棲將軍，既是黃埔一期畢業的紅軍將領，又當過中央特科的情報科科長。作為一個深通情報的軍事首長，陳賡起手就抓情報派遣。

山西戰場有兩國四方，日軍、八路軍、中央軍、晉綏軍，戰線交織，縱橫捭闔。日軍對三支中國軍隊也是分而治之，重點拉攏閻錫山的晉綏軍，十分警惕共產黨的八路軍。陳賡打入日軍，就要從晉綏軍繞個彎子。

年方 21 歲的陳煥章（陳濤）成了內線，一時還不知如何發揮作用。在晉綏軍的游擊大隊任參謀，沒想到支隊隊長劉淼帶隊投降日軍，使陳煥章也陷入偽軍部隊。陳煥章秘密與組織聯絡，打算帶隊起義，軍區情報部卻指示陳煥章繼續潛伏，這進入偽軍正符合陳賡的打入設計啊！

共產黨培養的幹部老實肯幹，又會寫文章，陳煥章很快被日軍提拔為偽軍部隊「大漢義軍」的少將司令。貴為少將豈能沒有家室，臨汾大戶紛紛上門求親，陳煥章趕緊請求組織上派個假妻子來，可太岳情報站缺乏這種特殊人才！無奈之下，陳煥章選擇一個 15 歲的單純姑娘結了婚。

作為臨汾的偽軍頭目，陳煥章奉日軍特務之命，負責爭取晉綏軍將領。這樣，八路軍就掌握了秘密漢奸的名單。陳賡重視陳煥章的崗位，又派遣朱向離等情報員也進入臨汾，圍繞陳煥章建立了臨汾情報站。

日軍也高度重視情報，每個師團都有情報班，其班長總是由日本人擔任，連朝鮮人和滿洲人都不信任。1942 年臨汾日軍調動，新來的六十九師團急於組建情報班，居然選中了中國人陳煥章。這是因為此人的情報能力超強。按照陳煥章提供的緊急情報，日軍連夜出擊。小山村裏，八路軍司令的被子還是熱的，只差五分鐘就抓到陳賡了！能夠拿到最難拿到的八路軍情報，陳煥章因而得到日軍司令的高度信任。全不知，這些情報都是八路軍司令陳賡設計的，陳賡要幫助陳煥章拿下這個情報班班長。

臨汾日軍的特務班班長陳煥章有了空前的權力，給八路軍聯絡員開通行證，還把三個同志安插到班裏。1943 年秋，日軍對山西八路軍發動鐵磙掃蕩，臨汾情報站提前偵獲日軍的作戰計劃，又發現軍官觀戰團的行期，及時向陳賡報告。陳賡親自部署，王近山指揮韓略村伏擊戰，一舉殲滅日本軍官 180 多人，其中有服部少將和 6 名大佐。陳賡作戰的性能價格比太高，岡村寧次的鐵滾掃蕩也失效了。延安《解放日報》頭版刊登戰地通訊，稱讚這是敵後伏擊戰的光輝範例，中央社會部和太岳軍區內部通電表彰臨汾情報站。

陳煥章在晉南頗有影響，不但日軍器重，就連國民黨也看上了，軍統秘密委任陳煥章為晉南游擊師同蒲先遣軍少將司令，閻錫山也給了晉綏軍少將參議的頭銜。這樣，中共情報員陳煥章竟然有了三重少將身份。

八路軍 115 師的主力開赴山東，這裏是連接新四軍同八路軍的樞紐要地。山東同東北隔海相望，可以作為收復東北的出發地。再往遠看，山東與朝鮮和日本之間也是一衣帶水，將來又是盟國登陸日本的戰略出發地。毛澤東預計，抗日戰爭勝利後有兩種可能，一是國民黨要求新四軍和八路軍轉移到東北去，才能繼續國共合作；二是國民黨挑起內戰，首先以重兵攻擊山東切斷新四軍北上路線。所以，中共中央極其重視從戰略上「掌握山東」。

日本從二十年代就在青島和濟南駐軍，特務機關遍佈山東各城鎮，爪牙伸向社會各界。八路軍在山東很難立足，根據地的地盤極小，「一槍就能打穿」。國民黨軍隊的頑固派也排擠八路軍，突襲殺害了中共魯南地委書記趙博。

山東軍區和 115 師各部設有兼做敵軍工作和情報工作的部門，在敵偽軍和國民黨軍的夾縫中秘密活動。中共中央放眼長遠，特地設立中情部直屬的膠東聯絡部，特調曾任滿洲團委書記的情報幹才鄒大鵬任部長。

新四軍在所有的中國抗日軍隊中，距離敵後大城市最近。孤懸敵後，作戰環境異常複雜。

長期敵後游擊生存的新四軍幹部，格外擅長秘密工作。新四軍各部紛紛向上海、南京、杭州等城市伸出秘密觸角；加上原中央特科留在上海的徐強等人，中央情報部直屬潘漢年系統，南方局劉少文系統；中共情報工作在敵後構成交叉網絡，互相支援。

新四軍的軍部機關極其精簡，在司令部下設有參謀處，參二科負責情報偵察工作，下設諜報股和部隊偵察股，還有直屬的間諜班、偵察隊和電台分隊。二科科長馬步英是北伐老軍人，特別擅長部隊偵察，曾在黃橋決戰中提前偵獲韓德勤部的動向。副科長王征明是抗戰參軍的知識青年，擅長敵後城市活動，在六師的時候就潛入上海吳淞軍港。

人員精簡的參二科，舉辦了四次小型諜報幹部培訓班，自編教材，自找教員。上海黨地下警察委員會的劉泮泉當過交通警，能夠介紹上海的三教九流，江湖行當有「金」「漢」「利」「團」「蜂馬燕雀」……

軍部所在的淮南毗鄰南京，根據地的半徑不過 150 里，總是敵軍圍殲的目標。參二科在根據地的東南西北四個方向，設立四個帶電台的情報站，隨時監控敵軍動向。敵軍乘春節偷襲黃花塘軍部，二科提前三天反映動向，軍首長調來十八旅打退了敵軍。

新四軍在廣大地域各自為戰，各個師都有自己的情報部門，有的活動相當大膽。湯團搞了個假投降，進入敵區後又拉回來，狠狠坑了敵人一把。

突破「國防線」！

對日工作，在抗日戰爭時期是頭等重要的任務。中央調查研究局成立的時候，在全國各戰略區設有四個分局，晉察冀邊區位列第一分局，第一分局的主要任務正是調查日本。

華北地域是中國對日作戰的前線。日本於 1931 年侵佔中國東北，經營六年後，1937 年七七事變進軍華北，激起中國的全面抵抗。日本把東北作為侵略中國的戰略後方，扶植了一個「滿洲國」，又沿長城設置一條「國防線」，中國人出入此線要憑出國護照！

八路軍挺進敵後，兵鋒直指長城。聶榮臻帶領 115 師一部，在五台山下開闢晉察冀根據地。中央社會部重視晉察冀工作，特派戰區部部長許建國帶領 13 人工作團到前方指導工作。聶榮臻這裏正缺幹部，當即把許建國扣下，組建晉察冀邊區社會部。

華北各地，散落着不少情報幹才。陳賡、王世英先後帶領中央特科人員轉到天津和北平工作，南漢宸、鄒大鵬、陳雷、謝甫生、朱軍、劉貫一等一直在華北堅持。就在全國白區遭受重大損失之際，華北聯絡局積極開展西北軍工作，為中央在陝北立足做了準備。華北也是中央社會部派出幹部最多的地區，1939 年第一批有史光、蘇毅然、陳叔亮、張友恒（李才）、蘇育民、孫聞東、鄭大坤、張季良、王季祥、楊寧、江濤、任遠（馬耀武）、伍彤等 13 人；1940 年又有李振遠、周梅影、張友恒、周時、王樹威、葉承志、霍延生、馬光榮、張孑余、劉順發等 10 人，以後又陸續派來王文、何長謙、張發、孫也夫、張志明、蘇劍嘯（蒙古族）、王松、史拓、林克明、王東等，先後從延安派到華北 30 多人。

許建國是 1922 年入黨的安源礦工，能打先鋒的雙槍將，曾任紅三軍團師特派員，紅一軍團保衛局局長，1938 年任中央保衛部部長。富於保衛工作經驗的許建國，積極開闢華北情報工作，又發展了一批新的情報力量。

情報工作的開闢，有力地輔助了抗日作戰。謝甫生通過日文翻譯掌握了日軍作戰部署，通過電台轉報李宗仁將軍，為台兒莊戰役的勝利做出貢獻，得到李宗仁的嘉獎。

晉察冀軍區在黃土嶺戰鬥中，一舉擊斃日軍的「名將之花」阿部規秀中將，其中就有「催命鬼」（淶源情報站崔明貴）的功勞。冀中平原便於大部隊行動，岡村寧次發動五一大掃蕩，企圖合圍殲滅抗日力量。冀中區社會部部長張國堅爭取本地青幫頭子張懷三，聯絡封鎖線上的偽軍，巧妙地突圍成功。

晉察冀邊區社會部還建立了一批情報聯絡站，平西站是最早建立的大站，還有石家莊、太原、冀中等機構。冀東情報站又稱東北聯絡站，沿北寧線向東北發展，在山海關、秦皇島、唐山建立了情報關係。站長任遠在戰鬥中受重傷被俘，巧妙地欺騙日本特務，經組織營救脱逃。

利用一些情報員較高的家庭背景，聯絡組成功地潛入大城市。何長謙的岳父是個大漢奸，楊寧家是同仁堂分號的親戚，掩護條件很好。陳叔亮被捕後鎮靜應對，不但沒有連累同志，還最終出獄。陳雷、謝甫生聯繫的北平王定南組，聯繫了燕京大學教授張東蓀、北平市代市長何其鞏等社會知名人士，王定南還直接聯繫司徒雷登、林邁可等外國友人。黃浩是北平基督教青年會的董事長，聯絡大量上層關係，還為邊區購置藥品。

情報工作不但滲入華北地域各大城市，還伸向遙遠的南京和上海！

許建國派遣東北籍貫的李時雨，相機進入汪精衛召集的全國代表大會，又在南京政權當上軍法處處長。日本在中國培植了三大漢奸集團：東北溥儀的「滿洲國」、華北王克敏的「自治政府」、南京汪精衛的「國民政府」。李振遠出任上海聯絡站站長，在京滬等地發展秘密組織，獲得南京、長春、北平三大漢奸集團籌劃合併的重要情報。

中央還賦予華北一項重要的戰略任務——尋找抗聯。

中國的東北大地，始終是各方關注的情報要地。日本自 1931 年就侵佔了東北，又扶植了傀儡政權。日本特務機關富於秘密戰爭經驗，把清朝末代皇帝溥儀從天津偷運到東北，成立「滿洲國」。這個「國」其實不過是個傀儡政權，從皇帝到總理，都由日軍顧問指揮。溥儀投靠日本，本來是為了復辟清朝，並不甘心當日本走狗，總理鄭孝胥是溥儀的忠臣，也不完全聽命日本顧問。於是，日本就換了個總理張景惠。張作霖、張作相、張景惠，「東北三張」在東北勢力很大，日本特務打算通過大漢奸來控制華人。

中共在東北早有地下黨組織滿洲省委，九一八事變後又組織了東北抗日民主聯軍。中共中央從上海轉移江西，與東北組織的聯繫只能經過莫斯科中轉。1938 年後，中共駐共產國際代表團的王明、康生都回國了，東北地下組織與中央的聯繫就完全中斷。日軍在東北大力圍剿，抗聯部隊損失慘重，1942 年以後只剩小部分人，不得不退到蘇聯。蘇聯將這些人留在遠東集訓，準備將來對日作戰使用，不肯通報延安。日本在東北全境實行嚴密的管制，將東北與華北的地區邊界，稱為「國防線」。「國防線」嚴密盤查內地出關人員，這樣，關內的抗日情報組織就很難進入東北。

延安極其重視東北工作，專門成立了「東北工作委員會」，特派原抗聯幹部鍾子雲去晉察冀邊區，設法打通與東北的秘密交通。日本在東北實施嚴密的法西斯管理，城市建立嚴格的戶籍制度，外來者必須登記，農村集家併村，消除抗日聯軍的群眾基礎。鍾子雲派出的五個密幹，有的找不到地下關係，有的被叛徒出賣，有的還當了叛徒。

於是，「滿洲國」就成了鐵板一塊，「國防線」似乎無法突破。

「國防線」可以禁絕交通，卻無法阻攔思想。為了培養華人親日派，日本當局鼓勵東北青年去日本留學，「滿洲國」大臣更把子弟留學日本作為時髦。

出其意料的是，日本的本土卻湧動着馬克思主義的暗流。民族大義勝過高官厚祿的誘惑，平民子弟侯洛帶頭組織了「社會科學讀書會」。留日的秘密共產黨員張為先，雖然暫時失去組織聯繫，仍積極活動，組織丁宜、陳卓毅等人，秘密成立「反帝大同盟」。這兩個愛國進步團體，於 1938 年合併成立「東北留日學生救亡總會」，利用同鄉、同學、同族、親戚、朋友等關係，發展了一批抗日分子。

1940 年時，這個組織的主要骨幹都回國了，立即設法尋找中共組織，終於通過何松亭找到南漢宸。李振遠和周梅影夫婦潛入瀋陽，指示東北情報組打入敵人內部深入埋伏，主要任務是獲取戰略情報，不同地方組織發生橫向聯繫。李才潛入瀋陽，逐個審查情報人員，回到晉察冀後向中央做出正式報告。從此，中共在「滿洲國」內部也有了可靠的情報網絡。

中共東北情報組長期潛伏，謹慎行動。國民黨在東北的秘密組織被日本特務機關破壞，五百多人全部落網。中共情報員只有兩人受牽連，整個組織完整地保留下來。這個秘密情報網發展到七十多人，以瀋陽、長春、哈爾濱為中

東北情報組的成員大多是偽滿高官子弟，其中張夢實是偽滿總理大臣張景惠之子。圖為張夢實夫婦。

心，分佈在東北的十幾個地區。

這個情報組的成員大多是「滿洲國」高官子弟，其中有總理大臣的兒子張夢實、地方自治指導部部長的兒子于靜純、溥儀侍衛處處長的兒子佟志彬、川島芳子的弟弟憲東、軍法處處長的兒子王誠和姪子王謙、哈爾濱軍管區旅長的兒子孫為，他們憑藉家族關係，順利打入軍政部門，拿到諸多重要情報。

日本關東軍在東北的部署、東北日本人的反戰思想、「滿洲國」陸海空軍實力、港口機場要塞的地圖、工業目標地圖、東北經濟狀況、東北日偽反間諜情況……日本在東北的戰略機密，全部送到延安。抗日戰爭後期，蘇軍殲滅關東軍；解放戰爭中，共產黨發起遼瀋戰役，都有這個情報組的巨大貢獻。

漢奸營壘中殺出民族忠良。

毛澤東十分興奮：「『滿洲國』不是鐵板一塊，『國防線』是可以突破的！」

挑戰情報強國

日本是中國的頭號大敵，這個敵人不僅軍事強大，而且是個情報強國。

那麼，年輕的中國情報員，能否鬥過日本老牌特務呢？

若論人事關係，國民黨同日本那是源遠流長，從孫中山到蔣介石都曾留日。中日大戰，雙方的領軍大將何應欽、閻錫山和岡村寧次、板垣征四郎等人，竟然是日本軍校的同學。

蔣介石十分重視對日情報工作，中統和軍統的對手本來是國內的共產黨和地方勢力，現在也轉向外敵。

兩統各自設有上海區，屬於總部之下最大的地方組織。日本侵華的大本營在南京，那裏不僅有汪精衛政權，還有日本駐華派遣軍總司令部，可是，日本的諜報中心卻在上海，梅機關和 76 號都在上海的外國租界，這上海灘是中國乃至遠東的間諜天堂！

中統從 1928 年起就在上海灘活動，特別擅長抓捕地下黨。內戰內行，外戰外行，到了抗日時期，中統要員丁默村和李士群都投向日本，成了汪精衛政權的特工首腦。知根知底的叛徒主掌 76 號，中統上海區被擠壓得無處藏身。

這時就要看軍統了。軍統在上海的資歷較晚，其前身復興社特務處成立於 1932 年一 ·二八事變之後，可是，作為軍人的軍統，對外作戰卻更加果敢。戴笠決定，把對日工作的前線設在上海，專門成立一個「上海區」。

軍統下屬的外勤單位有一百好幾十，別的地方叫站，北平站、天津站這樣的地方機構一般只有二三十人，可上海稱「區」，「上海區」有千人之眾！

這是因為，上海區處於對日密戰的核心地帶，作戰任務特別繁多。得到特殊重視的上海區，也有最優的工作條件。作為一個地方機構，上海區幾乎具有軍統本部的所有功能，情報、行動、策反、反間、心戰、政戰、青運、工運、技術研究、聯絡溝通等等等等，重慶有的上海全有。上海區在外國租界設有 3 處秘密指揮中心，22 個秘密交通站，3 座無線電台，還有研製儲存爆破器材的技術室，局本部在上海派有「總會計」，隨時撥款，保證上海區經費充足。

上海區的工作儘管繁多，然而不出兩大類別：一文一武。

文的是情報蒐集和反間策反等軟性單位，一百多人分為 5 個組，不過是全區十分之一的力量。

武的隊伍專事行動破壞，暗殺爆炸下毒綁架。這隊伍相當龐大，8 個大隊各有幾十號人馬。

説是文武兩手，可文的沒有多少斬獲，倒是武的轟動上海灘。一個個漢奸特務，一個個日本軍警，當街倒斃，都是軍統的行動高手將其格殺！

可惜，行動高手的對手也是行動高手。76 號的頭目李士群早年是中共特科打狗隊的成員，在蘇聯受過契卡培訓。李士群曾在一次行動中被捕，受到軍統的嚴刑拷打，從此結下深深的怨恨。陳恭澍刺殺李士群，李士群搜捕陳恭澍，軍統和 76 號在上海灘拚死搏殺，製造多起血案。

陳恭澍在上海發動兩百多次行動破壞任務，可這些行動沒能阻止汪精衛投敵，沒能震懾丁默村叛逆，反而遭致毀滅性打擊。殺一未能儆百，反而導致眾叛親離。剛剛刺殺法捕房督察長陸海濤，軍統上海區的行動組組長萬里浪就秘密投敵。

推崇行動的軍統，沒能偵獲日軍的作戰部署，沒能掌握日本的戰略動向，反而受到日本特務的誘騙。1941 年 10 月 29 日上海灘深夜大搜捕，陳恭澍在法租界被捕，軍統上海區損失殆盡。

共產黨的對日情報工作，走的是另一途徑——深入虎穴。

潘漢年，這個前中央特科負責人，親赴敵後偵察。中共中央提拔潘漢年任中央社會部副部長，專責對日偽的情報工作。像潘漢年這等層次的情報首腦長期深入第一線，在國際情報界恐怕是絕無僅有。

對日偵察，不能只是坐在根據地遙望，必須深入敵陣，就地偵察。潘漢年的主要活動地域，就是香港和上海。香港是個英國管轄之下的自由港，非但商品出入免税，人員進出也免除簽證，於是被國際商界稱為「冒險家的樂園」，也被國際情報界稱為「間諜天堂」。共產黨、國民黨、蘇聯、美國，各方情報機關都在這裏大展身手。

香港也有八辦——廖承志負責的八路軍駐港辦事處。東北抗日民主聯軍也在香港設有辦事處，董麟閣負責一個情報點。東北抗聯辦事處與八路軍辦事處有合作關係，兩家的情報也互相交換。蘇聯在香港的情報點由中國人朱明負責，成員有金仲華、邵宗漢等。這個情報點與八辦的情報點橫向合作，定期交換情報。國民政府行政院院長孔祥熙也在香港設有情報據點，由胡鄂公負責，與中共雖無情報交換制度，卻也來往頻繁。胡鄂公曾是中共特科關係，經常主動送情報給潘漢年，還介紹孔祥熙夫人宋藹齡與潘漢年見面，商談國共合作。

潘漢年在香港設點結網，關係很多。中共中央決定成立華南情報局，由潘漢年統管各系統情報班子。掌管華南情報局的內勤與機要，需要一個可靠管家，潘漢年調來一個神秘人物——「老太爺」。在中央特科，陳雲外號「先生」，康生外號「老闆」，潘漢年不過是「小開」，為何這位卻是「老太爺」?

老太爺本名張唯一，曾在特科主管內勤機要，後任中央文書科科長。1935年2月被捕，直到抗戰爆發才被釋放。到香港後，張唯一又被委以重任，在身邊建立一個小班子，陳曼雲負責對外聯絡，梅黎負責譯電，高志昂負責無線電收發報。陳曼雲剛剛嫁給電影導演蔡楚生，梅黎則配合張唯一「住機關」。

這「住機關」，就是幾個地下黨員假冒親屬共同居住，以普通居民身份掩護共產黨的地下機關。梅黎曾住龔飲冰家，以「女兒」身份，用上海話替湖南口音的「父親」應付外人。「老太爺」在香港活動需要有較高的素質，正好用上大城市來的梅黎。

三十多歲的秦老太帶着十八歲的梅黎，在香港窮街的一幢木樓的四層，租了一間房子，以母女關係掩護居住。這個簡陋的家庭，經常接待潘漢年、廖承志、張唯一等客人。一幫情報專家高談闊論國內外大事，梅黎就在一旁欽佩地聽着。後來，梅黎又接手譯電工作，這才看懂情報內容，既有日本方面的各種資料，也有國際社會的反戰動向。新來的客人是大姑和六姑。大姑就是陳曼雲，六姑是個中學校長，父親是香港著名實業家。這麼出色的兩個女人，穿着樸素地出入梅黎的寒酸住處，更使梅黎感到革命的魅力。

一天，秦媽媽出去買菜，梅黎正在後屋譯電，六個港英警察猛然闖入，不問情由四處搜查。梅黎儘量保持鎮靜，不看那藏着密電的抽屜，心裏已經有了為革命犧牲的準備！

梅黎與大自己二十九歲的張唯一長期住機關，開始看張唯一像父輩，後來被培養出感情，結成真的夫妻。

香港雖然是個獲取情報的好地方，但是，這個「孤島天堂」遠離國內政治中心，無法直接深入敵人內部。潘漢年又潛回上海，目標是汪精衛政權。

論起「冒險家的樂園」和「間諜天堂」，上海的資格比香港還要硬。開埠就有外國租界，歷來是魚龍混雜。此時的上海，正是日本與汪精衛的最高特工據點。

日本的特工系統相當龐大，內閣、外交部、陸軍、海軍、憲兵、滿洲鐵路株式會社，各自建有自己的特工組織。侵佔上海之後，日方決意統一領導提高效率，於 1939 年 8 月 22 日，在上海成立一個統管華中地區的特務機構「梅機關」。「梅機關」直屬日本內閣和陸軍部，首任機關長由影佐禎昭中將擔任。就是此人策劃汪精衛叛逃，親自到越南河內把汪精衛接到南京，又出任汪精衛政權的最高軍事顧問。除了梅機關外，日本駐上海副總領事巖井英一也領導着一個外務省的特務機關——「巖井公館」。

汪精衛政權的「特工總部」也設在上海。原國民黨軍統特務丁默村任主任，前共產黨員李士群任副主任。這個設在極司菲爾路 76 號的特工總部在上海談之令人色變，代稱「七十六號」。

日軍雖然侵佔了上海，但還保留着英、法等國的租界。相對獨立的上海公共租界隱藏着英國、法國、美國、蘇聯、共產國際和中共的情報組織，活躍着形形色色的間諜，正是沒有硝煙的情報戰場！

中共中央情報部在延安詳細研究上海情況，認為汪精衛特工總部的負責人李士群是個可以爭取的人物。

李士群曾到蘇聯留學，後在中共特科的打狗隊工作。1932 年被捕，自首後任調查科上海區的情報員。特科負責人潘漢年親自上門警告，李士群保證繼續為黨工作。1933 年 5 月，打狗隊刺殺上海警察局督察長陳晴，李士群涉嫌被捕。李士群被關押兩年，受盡酷刑，對軍統埋下深深的怨恨。上海淪陷前，軍統把李士群留下任地下特務隊隊長。李士群反而投奔日本，又成為汪精衛特務機關的頭目。

李士群是個有奶便是娘的投機人物，先後在共產黨、國民黨、日本、汪精衛的特務機關工作，哪邊都想留條後路。依然與國民黨中統保持秘密聯繫，還試圖聯絡共產黨。1939年秋，李士群通過關係提出，把胡繡楓安排到他那裏，作為和中共的聯繫人。早先李士群被捕時，其懷孕的妻子葉吉卿就住在胡繡楓家裏，李士群夫婦視胡家為救命恩人。

胡繡楓夫婦也是秘密共產黨員，此時正在從事國民黨上層的工作，一時抽調不出來。潘漢年就想到胡繡楓的姐姐關露。

關露原名胡壽楣，八歲喪父，十五歲喪母，姐妹二人投靠親戚。關露聰明靈秀，21歲就發表處女作。積極參加上海左聯的抗日活動，1932年加入共產黨，任上海婦女抗日反帝大同盟宣傳部副部長。出版詩集《太平洋上的歌聲》，為電影《十字街頭》創作插曲《春天裏》，滿上海的男女老幼都在哼唱：「春天裏來百花香，朗裏格朗裏格朗裏格朗……」

丁玲、關露、張愛玲，並稱中國文壇三才女。丁玲去了延安，到抗日第一線奮戰寫作。張愛玲留在上海租界，談戀愛寫小說。而關露，則領受了策反李

著名詩人關露先後打入汪偽特務機關和日本特務機關。

士群的秘密工作。

一個單身女人，化身為女間諜，這要承受多大的壓力！一個著名女詩人，卻被文化界斥為「漢奸文人」，這要承受多大的痛苦！潘漢年有言：作為情報人員，犧牲生命不難，更難的是自毀名譽。

打入76號還不夠，日本特務對漢奸並不完全信任，最機密的情報始終掌握在日本人手裏，連李士群都不知情。潘漢年又將目光投向日本情報機關。

日本在中國的情報工作，功夫下得很足。1905年，就在上海創辦一所「東亞同文書院」，在中文環境之中培養日本的「中國通」，其實就是一個間諜學校。

畢業於同文學院的巖井英一，就任日本駐上海副總領事，經常以左傾面貌出現，結交不少中國進步文人。巖井英一在上海建立外務省系統的情報組織，任務與其他軍事情報機關不同，不搞行動，專門蒐集中國的戰略情報。

巖井手下的一個情報人員，卻主動來找潘漢年。國際情報界向有雙重間諜之說，這個袁殊卻是一個有着多重身份的奇人。

袁殊是左翼文化人，由潘漢年吸收加入特科，按照組織部署利用同鄉關係打入國民黨特務頭子吳醒亞的「幹社」，同時又拿巖井的情報津貼，一身三任。後來，袁殊轉為共產國際遠東情報局工作，因叛徒出賣被捕，説出了共產黨關係夏衍和王瑩。後來由日本關係營救出獄，再找共產黨組織就沒有被接受。抗戰爆發，各方都在上海設立情報點，袁殊更是炙手可熱。汪精衞政權的中央委員、宣傳部副部長、江蘇省教育廳廳長、忠義救國軍縱隊總指揮，巖井英一系統的「興亞建國運動委員會」負責人，國民黨軍統少將……可是，在多方間諜機構中周旋的袁殊，還是想回到中共隊伍。

潘漢年大膽決策，通過袁殊與巖井英一聯繫。香港，一家《二十世紀》雜誌創刊了。每半月這個情報據點的代表陳曼雲提供一份情報，每個月巖井英一的代表小泉清一提供二千元經費。這樣，共產黨情報機關編製的假情報源源不斷地進入巖井公館，日本情報機關的經費源源不斷地輸送到中共華南情報局。

這個情報線索也得到日本駐華最高情報機構「梅機關」的重視。影佐禎昭特意宴請化名「胡越明」的潘漢年，巖井、袁殊作陪。上海六三花園，四個頂尖間諜晤面，表面一團和氣，內心劍拔弩張……

潘漢年頻頻往來於香港與上海之間，在兩地都佈置了秘密工作網絡，居然還把中共情報員派進日本特務機關！

潘漢年假借為巖井工作，讓劉人壽進入巖井公館，在頂樓掌管一部電台。皖南事變爆發，國民黨嚴密封鎖自己屠殺抗日盟友的消息。劉人壽從電台中抄收中共中央軍委重組新四軍軍部的決定，通過日本在上海的報紙捅了出去。一天晚上，劉人壽正在頂樓操作電台，突然闖入一夥日本海軍特務，抄下了電台的呼號和波長。情況表明，打入魔窟深處的中共情報員，其實也受到對方的嚴密監視！

通過巖井公館的關係，潘漢年獲取日本外務省的內部情報。日本外務省決定與蘇聯進行互不侵犯條約的談判，潘漢年及時報告延安。

間諜戰的複雜，一般人難以想像。日本情報頭子巖井英一千方百計地在中國人中發展情報關係，卻不知，自己的身邊也有一批日本人在為中國人搞情報。

日本外務省創辦同文書院的目的，是為日本培養深通中文的間諜，不承想，卻培養了一批熱愛中國的日本人。中國教授王學文其實是特科成員，在同文書院的學生中發展了一批共青團員，安齋庫治、中西功、西里龍夫、手島博俊、白井行幸等人成立了「日支鬥爭同盟」，成員有二三十人。這些人畢業，紛紛進入日本駐華特務機關。

潘漢年到上海後，及時調整上海情報組織，以吳成方為組長，指導這個日本情報小組深入工作。

中西功在滿洲鐵路株式會社任職，白井行幸在華中派遣軍司令部任職，手島博俊聯繫日本駐華使館武官室。西里龍夫任華中派遣軍司令部的報道部部長，還發展汪精衛身邊的汪錦元為中共黨員。汪錦元後任汪精衛公館的秘書和外交專員，得以拿到汪精衛政權與土肥原「日本興亞院」的高級絕密情報。

深入虎穴，中共的情報員成功地進入日本特務機關深處。

對日秘密戰是一場跨國戰爭，如何在跨國競爭中贏得人心，也是對領率機關如何「用間」的考驗。

《孫子兵法》提出使用間諜的三原則：「故三軍之事，親莫親於間，賞莫厚於間，事莫密於間。」信任、待遇、保密，這三條中共做得都相當到位。中共對於重要情工人員，都由高級首長親自指導。曾經支持袁世凱稱帝的楊度，後來傾向革命，就由周恩來親自介紹入黨。毛澤東有時也親自指導。國民黨左派人士華克之謀刺蔣介石，戰友孫鳳鳴冒死擊傷汪精衛。國民黨在全國通緝刺客，華克之無處容身逃到延安。1937 年 5 月 4 日，毛澤東親自接見華克之，稱共產黨不贊成暗殺的做法。毛澤東認為：個人的力量、小集團的力量，是推翻不了罪惡的制度的。對於華克之的安排，毛澤東也費躊躇。正在談判國共合作，如果容留華克之在延安，一旦國民黨發現要求解送要犯，共產黨就很被動。毛澤東建議華克之去華南，作為共產黨與李濟深等人之間的「行人」(聯絡人)。

華克之到華南後，在潘漢年領導下工作。從此周旋於日本、蔣介石、汪精衛之間，獲取許多重要情報。華克之愛好秘密事業，各方關係眾多，每逢關鍵時刻啟用，必見奇效。

間諜，往往只能與領導人單線聯繫。這就是說，一個間諜將把自己的生理生命和政治生命全部交給一個上級。承擔生命重託的人物，必須首先值得間諜尊敬和信任。國民黨那邊，中統的徐恩曾尋花問柳，軍統的戴笠花天酒地，兩人在國民黨內部爭權奪利，更是鬧得四海沸騰。而中共這邊，情報工作不只有嚴正的組織紀律，還有足夠的魅力。

「周公吐哺，天下歸心。」不需金錢保險不需文字畫押，只要周恩來一句話，尚非共產黨員的華克之就可以捨棄身家性命。享譽華夏的女作家關露，只憑潘漢年的信譽保證，就肯忍受屈辱到漢奸機關潛伏。

養兵千日，用兵一時。時至公元 1941 年，考驗中共情報員的時刻到了。

1941 年 6 月 22 日，德軍突然襲擊蘇聯。東西兩線同時開戰，同時大勝。如此戰略，説明德軍的瘋狂；如此戰況，又説明德國的強大。人們在恐懼德國的同時，也不得不擔心德國的盟友——日本。按照德意日三國軍事同盟的規定，日本有義務支援德國。那麼，既然德軍東進攻蘇，日軍就應北進攻蘇，德日兩方形成夾擊之勢。

國際情報界紛紛把目標從德國轉向日本——日本何時北進？

德國動向，這個世界情報界的第一謎題，已經被中共情報員閻寶航破解。現在，世界情報大較量進入第二局——

誰能拿到日本動向的戰略情報，誰就是超級大諜！

主要資料

《毛澤東傳》，中央文獻出版社。這本研究毛澤東的權威著作有專章「皖南事變前後」，毛澤東在 1941 年正確應對劇烈變化的國內外形勢，確立了在黨內的領導威信。

陳炳三：《隱蔽戰線之星蕭炳實》，中央文獻出版社。本書透露，蕭炳實（蕭項平）1926 年加入中共，1931 年加入蘇軍情報系統，協助佐爾格工作，先後在上海、香港、日本、莫斯科、新疆、甘肅工作。人民共和國成立後任中華書局副總編輯，廈門大學教授。

李悅：《情報英才王新潮》，蘭州公安局公安史資料。這段事蹟透露蘇共在中國情報活動的一角。

姚倫：《我在情報工作中的一次奇遇》，《歷史瞬間 1》，群眾出版社。沒有當成「蘇聯特務」的姚倫，卻從此進入中共的情報保衛部門，人民共和國成立後擔任公安部預審局局長，承擔多項重大案件的審訊工作。

劉沂倫：劉鶴孔之女，2012 年 2 月 6 日採訪。劉鶴孔在上海潛伏，被捕後堅持不供，敵人沒有抓到證據。出獄後轉回部隊工作，後任開國少將，機械部副部長。

劉望舒、柯憲昌：《劉鶴孔畫傳》，中央文獻出版社。抗日戰爭時期，中國紅軍劉鶴孔奉命接受蘇聯紅軍的情報培訓，潛伏上海任秘密電台報務員。

楊國光：《功勛與悲劇——紅色諜王佐爾格》，中國青年出版社。中國、蘇聯、美國、德國、日本都有研究佐爾格的專著，但是各有側重，外國專著很少提到佐爾格在中國的經歷。本書最新綜合各種研究成果，概括較全。

閻明復：閻寶航兒子，2000 年 11 月 20 日採訪。閻明復曾經留學蘇聯，人民共和國成立後長期擔任中共中央辦公廳的俄語翻譯，後任中央統戰部部長。張學良將軍百歲誕辰，還專門邀請這個故人之子到夏威夷參加慶典。

羅青長：前中央調查部部長，2001 年 9 月 10 日採訪。1995 年國家主席江澤民去俄羅斯參加反法西斯戰爭勝利 50 周年慶典前夕，羅青長向國家安全部部長賈春旺提出：中共對蘇聯的反法西斯戰爭也有貢獻。俄方查證之後，俄羅斯總統葉利欽指令駐華大使羅高壽，向閻寶航、閻明詩、李正文等三個中國人授勛。

郝在今：《毛澤東的秘密戰法》，黨史博覽雜誌 2013 年第 7 期。本文罕有地介紹毛澤東如何抓情報工作。擅長調查研究的毛澤東可以說是情報分析工作的大師，毛澤東還十分重視頂層設計，主導延安時期的情報體系大調整。

王炎堂：前中央調查部副部長，2003 年 1 月 28 日採訪。新成立的中情部機構變動較快，後來就穩定下來。

李啟明：前西北公安部部長，1995 年 10 月 18 日採訪。作為邊保的情報工作的負責人，李啟明了解關中、洛川等地的情報部署，而且具體介紹了楊宏超等人的情況。

趙去非：前黑龍江省副省長兼公安廳廳長，1998 年 9 月 24 日採訪。趙去非口述洛川鬥智栩栩如生，張吉平寫有回憶文章。在人民共和國成立後，石志文任西安地質學院院長，程永和任雲南省公安廳二處處長。

程永和：《追尋光明——程永和回憶錄》。程永和是邊保最早的情報幹部之一，多年在白區地下潛伏，人民共和國成立後在西南指導派遣工作。這本回憶錄簡要記述自己長期潛伏的重要任務，還精到地提出經驗和教訓。

程肇琳、程肇明：程永和女兒，2013 年 12 月 13 日採訪。程永和的革命經歷十分傳奇，1927 年 5 月入黨，失去組織聯繫三次，先後四次入黨。

于忠友（潘湘）：2011 年 10 月 2 日採訪。于忠友是東北抗聯的秘密交通，又到蘇聯接受情報培訓，當過毛岸英的團支部書記，在西安情報站工作期間曾打入國軍部隊。

蹇先佛：2013 年 2 月 18 日採訪。西安情報站的情報員個個資歷非凡，蹇先佛曾參加長征，是紅六軍團軍團長蕭克的夫人。

姚文斌：前中央調查部幹部，2010 年 5 月 11 日採訪。愛好音樂藝術，交往能力強，適合做情報工作。經董必武選送延安，康生親自培訓，派到西安潛伏。

王乃平：王超北之子，2005 年 3 月 30 日採訪。王乃平幼童時代就在父親身邊參與秘密工作，六歲放哨，十四歲到中社部一室工作。王超北建設的地下秘密電台，後成為革命遺蹟。參觀這裏的蘇聯專家說：這裏比斯大林的第比利斯地下印刷所還高級。原址已在西安城市改造中消失，只留下圖紙。

沈少星：前總參外事局副局長，2014 年 4 月 29 日採訪。沈少星參加兩次軍隊情報系統的組建，1942 年八路軍前方總部創建情報處，1950 年組建軍委情報部。

戴玉剛：《太行山上的秘密戰》。本書記述八路軍前方總部和 129 師的情報工作。

裴周玉：前裝甲兵政委，2011 年 4 月 12 日採訪。裴周玉是老資格的軍隊保衛幹部，長征前任教導師特派員，抗日戰爭時期任晉綏軍區鋤奸部部長。

楊德修：前中央黨校黨委組織部部長，2005 年 6 月 16 日採訪。楊德修曾任晉綏軍區鋤奸部秘書，離休後參與撰寫晉綏情報史。

王友群：王文兒子，2009 年 1 月 7 日採訪。王文從七里鋪一期畢業後，到晉綏公安總局工作。人民共和國成立後曾任西安市公安局副局長，後來到軍工戰線工作。王文不僅回憶了個人經歷，還組織整理了家族歷史。

李新農：《書生革命》。作者是 129 師高級參議，太南辦事處主任，兼做統戰和情報工作。

王宛欣：「陳濤的傳奇人生」，《老照片》，山東畫報出版社。八路軍幹部陳濤奉命打入日本軍隊，設立臨汾情報站。

劉鄉：陳濤妹妹，2012 年 2 月 5 日採訪。劉鄉曾隨哥哥陳濤到臨汾城中潛伏，退休後整理陳濤回憶錄。陳濤看過電視劇《亮劍》，很遺憾那場戰鬥沒寫情報工作。

彭勃：前 60 軍政委，2014 年 6 月 27 日採訪。彭勃的夫人朱燁麗是朱向離的女兒，曾隨父親進入臨汾城潛伏，後被陳賡接到延安家中照顧。朱燁麗回憶文章記述了臨汾情報站的工作。朱向離在解放初期被土匪殘害於成都郊區，驚動中央，毛澤東綜合各地動向，決定在全國展開鎮反運動。

王芳：前國務委員兼公安部部長，2000 年 6 月 8 日採訪。抗日戰爭時期，王芳在山東從事敵軍工作和情報保衛工作。

何犖：前上海市公安局幹部，2013 年 5 月 5 日採訪。何犖是潘漢年的交通員，多次從新四軍駐地潛入上海傳遞情報。後因潘漢年冤案入獄多年，平反後蒐集整理潘漢年情報系統的歷史。

王征明：前上海市公安局政保處處長，2013 年 5 月 6 日採訪。王征明曾任新四軍情報科副科長，在軍首長的直接領導下從事秘密工作，解放戰爭中參與吳化文起義、江陰要塞起義。人民共和國成立初期在上海偵破國特案件，後因潘漢年冤案受到牽連。

鄭學奇：前總政保衛部處長、四川省軍區副政委，2012 年 11 月 26 日採訪。鄭學奇在新四軍三師鋤奸部任職，曾負責保護新四軍政委劉少奇。新四軍的保衛部門同時也做情報工作，田舍潛入汪精衛特務機關 76 號。

《許建國紀念文集》：本書收有多篇文章，記述許建國領導的晉察冀社會部的情報工作，其中有如何聯絡東北情報組的重要情況。

史進前：前人民解放軍總政治部副主任、保衛部部長，1993 年採訪。曾任晉察冀軍區一分區主力團政治處主任，參加狼牙山、黃土嶺等戰鬥。

任遠：前核工業部二院院長，2007 年採訪。任遠隨許建國到晉察冀，曾任冀東特委東北情報聯絡站主任，了解東北情報組的情況。所著《考驗》一書，詳述被捕脫逃的傳奇經歷。

馮憶羅：馮仲雲女兒，2011 年 11 月 3 日採訪。馮仲雲是中共滿洲省委和東北抗日聯軍的領導幹部，曾撰寫抗聯歷史，回憶抗聯尋找中央的情況。

張夢實：前國際關係學院教務長，2007 年 4 月 9 日採訪。身為「滿洲國」總理大臣張景惠的長子，張夢實卻秘密從事抗日活動，還和家裏的丫環徐明戀愛成婚。

侯珊珊、李京：侯洛女兒、外孫，2009 年 8 月 11 日採訪。平民子弟侯洛頗有領導能力，帶領一批高官貴族子弟秘密學習馬克思主義。這個秘密情報組織為抗日作戰提供戰略情報，又繼續潛伏，為解放戰爭做出重要貢獻。

周梅影：前中央調查部幹部，2009 年採訪。周梅影的丈夫李振遠是個獨行俠，多次從延安潛赴國統區和敵後大城市，完成艱險任務，曾任瀋陽站站長、上海站站長。周梅影隨同李振遠出行，是最好的掩護和助手。

李曉翔：李才之子，2013 年 12 月 28 日採訪。李才是個智勇雙全的傳奇人物，長期深入敵後，在北平被圍捕受傷仍能逃脫。人民共和國成立後任廣東調查部部長。

張素英：「潛伏偽滿洲國的秘密情報組織」，《保密工作》雜誌。採訪重要親歷者，揭示一個貢獻很大卻披露很少的中共秘密情報組織。

李洪敏：《虎俠縱橫》。作為傳主的女兒，本書作者生動地記述李振遠的情報生涯。

陳恭澍：《軍統第一殺手回憶錄》。陳恭澍是軍統的創始成員之一，參與和指揮兩百多次暗殺行動。任軍統上海區區長期間，與 76 號特工血腥搏殺最終被捕，投降汪精衛。抗戰勝利後重回軍統，晚年在台灣撰寫長篇回憶。

梅黎：1998 年 12 月 8 日採訪。梅黎記憶奇佳，談起香港的情報生活纖細畢至，對於潘漢年的衷心欽佩更是溢於言表。梅黎「住機關」的龔飲冰是中共特科成員，其子龔育之是中共的大筆桿子。人民共和國成立後，張唯一任政務院副秘書長兼總理辦公室主任。潘漢年被捕後，張唯一心情沉重，1955 年去世。

柯興文：《魂歸京都——關露傳》，群眾出版社。關露執行這次任務，蒙受「漢奸文人」的誤解，後來又因潘漢年牽扯而被捕入獄。作者採訪的其他人也提到關露的貢獻。

劉人壽：前中共上海市委統戰部顧問，2005年6月26日採訪。劉人壽和夫人黃景荷都是潘漢年情報系統的重要幹部，曾聯繫李白電台，經歷諸多重要事件。1955年後，受潘漢年冤案牽連，被長期關押。

韓厲觀、陳立平：《華克之傳奇》，江蘇人民出版社。華克之是具有傑出間諜素質的人物，受潘漢年案牽連，出獄時垂垂老矣。

方知達、梁燕、陳三百：《太平洋戰爭的警號》，東方出版社。這本書透露一個日本間諜小組的秘史。王炎堂將其推薦給作者，作為中共對日情報工作的傑出範例。

第六章

東方大諜

—— 國際戰略情報的跨國較量

第二次世界大戰的 1941 年有兩大國際事件：德國突襲蘇聯、日本偷襲美國珍珠港。

突然襲擊，發起方當然列為絕密，而情報界也當然地將其視為最重要的戰略情報。全世界的情報機構都在追逐這兩大國際戰略情報，蘇美兩國更是極端重視，可是，就在這攸關國家存亡的情報上，蘇聯統帥斯大林和美國總統羅斯福居然都出現失誤！

就在人們尚未查清歷史上的情報失誤的時候，美國又連續出現新的情報失誤。911 事件遭受突然襲擊——情報失誤！攻佔伊拉克沒有找到大規模殺傷武器——情報失誤！史家痛評：正是情報失誤導致美國未能制止 911 事件的發生，而 911 事件恰恰又是美國由盛轉衰的轉折點。

那麼，第二次世界大戰中有沒有情報失誤較少的國家呢？

有，中國。

儘管 1941 年的中國相對弱勢，但是，那超級強國無法破解的情報之門，已經被中國撬開了……

上海灘有個日本「國策學校」

下手夠早，眼光夠長，日本的對華國策，堪稱「長策」。

自明治維新以來，日本就瞄準了中國。1896 年，陸軍中尉荒尾精潛伏中國，開設日本藥店「樂善堂」的漢口分號，這是日本設在中國大陸的第一個情報機構。1898 年，陸軍大尉根津一奉命加入東亞同文會任幹事長，提出宏大的情報構想：「燃燒着天皇的忠誠戰士使命感的行家們，以通商口岸為據點，像水浸染一般席捲中國才是最理想的。培養這些尖兵，乃是根津的東亞同文書院的任務。」

水浸中華！要有擅長對華作戰的人才，日本要在中國創設間諜學校，在中國現地培養深通中華文化的高級間諜。

1901 年，一所叫做「上海東亞同文書院」的日本學校，在中國上海開學了。名義上由財團法人東亞同文會創辦，是個私立學校，實際上由外務省和軍部經營，專門培養「對華工作者」。

東亞同文會以東亞共榮為宗旨，成員遍及日本軍政界和學術界，主導日本的對華政策。這個民間團體有着半官方的身份，被認為是日本外務省的外圍團體，號稱「國策會」。東亞會的創辦人犬養毅後任日本首相，同文會由貴族近衞篤麿公爵創辦，其子近衛文麿後任日本首相。

「國策會」創建的書院也是「國策學校」，校長由政府任命，教育方針課程、教師學生的選拔分配，都由政府教育部門管轄，公認是推行帝國外交的「人才養成所」。這個私立學校得到日中兩國的官方承認，納入兩國教育體系，招收兩國的官費學生，畢業生可以免試進入兩國的文官錄用程序。日本畢業生大多到外務省和國企滿鐵任職，遍及日本涉華外貿機構。中國畢業生也進入政界和學界，其中有上海社會局局長吳開先。

上海東亞同文書院養成的人才，比中國人更中國，能夠與中國的上層人士交往，能夠進入中國的內地調查。調查報告一律抄印五份，呈送外務省、農商務省、陸軍參謀本部、東亞同文會和東亞同文書院，作為中國政策研究的基礎資料，進而輔助制訂大日本帝國之國策。

「國策」，國家政策，這使命無上光榮，又有哪所學校敢像上海東亞同文書院這樣稱為「國策學校」？

中共對日工作，下手也早，眼光也長。

1923 年，中共在同文書院發展黨員，建立黨組織。

湖北黃梅人梅龔彬，自幼熟悉日本文化。伯父梅寶璣是北洋政府的國會議員，家住漢口的日本租界，從語言文字到生活習慣都日本化。梅龔彬在 1921 年報考同文書院，尚未畢業的梅龔彬就得到去東京參觀的機會，而且受到近衞文麿會長的當面勉勵。校方相信，有了如此破格的待遇，這個中國優等生必定成為親日骨幹。

哪裏料到，這梅龔彬返回上海，立即投入滬西紗廠的罷工活動，反對日本老闆迫害中國工人。梅龔彬的湖北同鄉宛希儼和同文書院的同學高爾松都加入了中共，1924 年梅龔彬加入中國共青團，在同文書院建立上海徐家匯區的第一個團支部，成員都是同文學生。1925 年團員轉黨，這個支部就成為徐家匯區的第一個中共黨支部，梅龔彬任書記。日本的間諜學校，居然成為中共的組織基地，而且是上海反日運動的基地！

培育跨國情報人才的同文書院，增多聘用華人教師，於是，王學文踏入書院的大門。

王學文十五歲赴日留學東京同文書院，1921 年考入東京帝國大學，師從社會主義學家河上肇。就這樣，王學文在日本留學十七年，取回了共產主義的真經。

這個日本大學培養出來的中國學者，卻是中共秘密黨員，在日本間諜學校裏面培養了一批進步青年。第 26 期的西里龍夫、石田七郎、石田武夫、岩橋竹二、尾崎莊太郎，第 27 期的安齋庫治，第 28 期的白井行幸，第 29 期的中西功、水野成，眾同學組成一個主張中日友好的秘密團體「日支鬥爭同盟」。

周恩來指示王學文：有日本志士同我們一起工作，對了解日本軍國主義的情況有好處。要進一步了解這些日本青年的情況，對於真正願意和中國人民站在一起反對日本軍國主義的，要注意加強同他們的聯繫。

日支鬥爭同盟自發組織共青團同文支部，選舉安齋庫治為支部書記，中西功為組織委員。這個團支部書記安齋庫治，後來成為日共中央書記處書記，著名的親華派。這個組織委員中西功，則成為偵獲珍珠港情報的東方大諜。

1931 年 9 月 18 日，日本關東軍向中國東北瀋陽駐軍發起進攻！事前無情報，事發無預案，中國軍隊放棄抵抗，撤出東北，中國的大片國土淪喪他人。中國人憤怒了，上海的抗日風潮洶湧澎湃。中日雙方增兵備戰，上海頓時成為新的戰爭焦點。

戰爭，總是嚇跑平民，又總是引來間諜。一個男裝女諜來到上海。

川島芳子，原名愛新覺羅·顯玗，漢名金璧輝，清朝肅親王善耆之十四女，後由日本人川島浪速收養，改用日本名字。川島芳子不忘自己是清朝王女出身，企圖藉助日本之力復國滿清。日本特務土肥原把清遜帝溥儀從天津偷運長春，川島芳子積極配合，隻身潛入天津撈出皇后婉容。

為了策應東北事變，川島芳子趕到上海，協助日本駐滬總領事館武官輔佐官田中隆吉，策動日本浪人鬧事，挑起「一·二八事變」。

一個德國人也在上海灘積極活動。

德國記者約翰遜，於 1929 年來到中國。作為第一次世界大戰的老兵，很快成了德國使館和軍事顧問團的座上客。其實，這約翰遜本名佐爾格，來華使命是服務於莫斯科的國際戰略。日本關東軍在中國的東北邊境增兵備戰，這使蘇聯的遠東安全受到很大威脅。於是，蘇軍情報部從共產國際借來德籍共產黨員佐爾格，派遣上海，從這個遠東情報中心偵察國際動向，保衛蘇聯。

同在華德國人交好的佐爾格，順利地拿到蔣介石圍剿中國紅軍的部署。這些情報，佐爾格不但發往莫斯科，還轉交中共組織。國際共產黨人是一家，佐爾格來中國工作也得到中共的協助。同時，周恩來領導的中央特科，也拿到蔣介石的作戰計劃，及時送到江西蘇區。有了如此準確的情報，毛澤東和朱德在江西連續取得三次反圍剿作戰的勝利。

佐爾格在上海積極活動，當然需要中國同志的協助。熟悉中國進步文人的史沫特萊，就給佐爾格介紹了一些關係。劉進忠夫婦、陳翰笙夫婦、蕭炳實夫婦，開始為佐爾格工作。中共特科也把蔡叔厚等秘密關係轉給佐爾格。這樣，佐爾格就在中國編織了一個情報網絡。在這個情報網中，還有幾個日本人。史沫特萊介紹的尾崎秀實，又介紹了同文書院的川合貞吉和水野成。

日本是遠東戰爭策源地，日本人當然成為國際間諜的爭奪對象……

佐爾格

一·二八事變，戰鬥在上海的外國租界和華界之間打響。日本當局也不得不警惕起來，上海為何沒有再現滿洲事變的輕鬆勝利？這才發現，對華情報工作缺乏組織協調，統領全局的使領館沒有專職情報機構！新任副總領事岩井英一提議在中國創立情報機構，這就要使用同文書院儲備漢語人才。

可惜，同文書院本身，正處於混亂狀態。兩大國劇烈對抗，這個跨國學校不可避免地分裂了，右翼師生忙於支持日本軍隊，中西功等左翼學生到南市體育館追悼抗日犧牲者，兩派各行其道，還不時發生肢體衝突。岩井英一找校方要人，可校方連人都攏不住，學生都出校鬧事去了。

學校不得不讓這些鬧事的學生休學回國，回國的旅途，中西功與尾崎秀實同船共渡。

尾崎秀實自幼隨父親在台灣長大，熟悉中文，1922 年考入東京帝國大學，接觸社會主義思想。1928 年任朝日新聞社駐滬特派員，撰寫大量介紹中國的文章，成為上海日本進步人士的核心。尾崎秀實積極參與中國左翼作家聯盟的活動，與魯迅、夏衍、王學文、田漢等密切交往，翻譯美國女作家史沫特萊的自傳體小説《大地的女兒》。經史沫特萊介紹，又結交蘇軍秘密情報員佐爾格。

尾崎家族是日本的著名貴族，先祖楠木大將為保衛天皇而英勇戰死，楠木雕像立於皇宮門前，人稱日本的岳飛。這樣家世的後代，在日本幹什麼都會一帆風順，可是，這尾崎秀實卻放棄自己的豐厚資源，反對帝國的錯誤國策。

兩個貴族後代，都是貴二代，都被斥為賣國，可是，一個為了人類的進步和平，一個陷入私慾的泥潭。

「機關」中的機關

尾崎秀實和中西功回國以後，並未參加左翼進步活動，而是搖身一變，以中國問題專家的面目活躍於學術界，中西功還在國際學術團體上提出報告。

這太平洋調查會由美國學者發起，輪流在太平洋沿岸各國召開。無論對立的美國和蘇聯，還是交戰的日本和中國，都有學者在這個講壇上面對面交流。會議的議題總是同亞太局勢緊密相關。這個權威學術會議得出的看法，往往能夠影響相關政府的決策。中國政府派出的首屆代表顏惠慶、蔣夢麟、胡適，都是頂尖學者。

日中兩國的學者，不時在這個講壇交鋒論戰，中國東北的歷史歸屬就是個激烈論題。1929 年 7 月，中國分會在瀋陽召開預備會議，籌備會主任閻寶航得到日本首相田中義一給天皇的奏摺，其中說「如欲征服世界，必先征服中國；如欲征服中國，必先征服滿蒙。」中方認為，這篇秘密文字暴露了日本的侵略國策，特別是暴露了日本侵略中國的企圖。京都會議召開時，中方要求把田中奏摺列入議題，日方堅決反對，閻寶航就將田中奏摺譯成英文在會下散發。那次鬥爭，變相揭露日本的國策，引起亞太各國的警惕。

中西功又發現尾崎還有秘密使命，尾崎交往的一個外國朋友，就是中西功在上海見過的德國記者約翰遜。

佐爾格又來日本了！日本對抗蘇聯的野心昭然若揭，需要掌握其戰略計劃。日本和德國都是法西斯執政，德國人佐爾格到日本活動相對方便。

肩負重大使命的佐爾格，初入異國，並非舉目無親。佐爾格在日本也有朋友，在上海結識的尾崎秀實、川合貞吉、水野成等人，此刻紛紛返回日本。這些日本的高級知識分子，表面上轉向政府，其實秘密同佐爾格協作……

佐爾格在東京建立了一個情報小組，以佐爾格姓名的打頭字母命名，代號「拉穆塞小組」，拉穆塞小組的情報任務，並不是日本軍隊有幾架飛機幾艘艦，而是日本的戰略動向。

中西功雖然沒有正式加入這個組織，卻同尾崎秀實保持學術合作。尾崎秀實又交給中西功一項新的任務——聯絡中國。

尾崎秀實推薦中西功到滿鐵總部工作，而滿鐵的總部在中國的大連。中西功十分樂意能有機會重返中國，那是自己朝思暮想的第二故鄉。

那「滿鐵」表面上負責管理中國東北的鐵路，其實是日本的「國策公司」。1905年日俄戰爭後，日本從俄國手中搶奪東北權益，俄國在中國東北修築的東清鐵路長春以南段劃歸日本。國家投資一半，皇室和貴族投資另一半，日本成立了南滿洲鐵路株式會社，簡稱「滿鐵」。

滿鐵是盤踞滿洲大地的獨立王國，不受中國當地政府的管轄。滿鐵總裁，由日本天皇任命；滿鐵經營方略，由日本內閣確定；滿鐵總裁卸任後出任內閣外務大臣，已經成為慣例。滿鐵這個日本的頂級企業，名義上民營，實際上卻是「國策公司」，負有國家的經濟使命。滿鐵不但控管中國東北經濟，而且力圖掌握全中國的經濟命脈。每當日軍出動，滿鐵都迅速調集列車支援，從東北到華北到華中，滿鐵總是軍隊作戰的後勤保障。

滿鐵這個國中之國，甚至還有自己的軍隊。滿鐵總部設在大連，這個城市由清朝割讓給日本而稱為「關東州」，滿鐵的護路部隊就叫做「關東軍」。依靠滿鐵的經濟實力，關東軍迅速擴編，變僕為主，逐步成為滿鐵的主宰，又成為「滿洲國」的太上皇。對中國華北作戰，對蘇聯戰事，關東軍都是日軍的主力。

滿鐵還是個超大規模的情報機構，側重經濟情報。上千名調查員觸角伸向中國內地，繪製了全中國所有重要工廠和重要礦藏的地圖，甚至還有兵要地誌軍事地圖。太平洋調查會的每次年會必選滿鐵關於中國的論文，軍方間諜從事跨境秘密活動也借用滿鐵職員的身份。

尾崎秀實任職滿鐵，這也是秘密情報工作的又一進展。中西功雖然尚無資格當什麼顧問，但是，能夠進入滿鐵調查部，也是鑽進日本的情報寶庫啊。

中西功到達大連後，又謀劃調往上海，日本駐華特務機關大多在上海。

機關？這詞彙在中文裏含義複雜，可以是個辦理事務的部門，也表示周密巧妙的計謀。日本人把這兩種含義結為一體，專搞陰謀活動的部門就叫做機關！

「松機關」，工作對象是華北的西北軍宋哲元部。「蘭機關」，工作對象是兩廣即廣東和廣西的李宗仁、白崇禧。「竹機關」，工作是重慶的中央軍蔣介石。「梅機關」，工作對象是南京的維新政府汪精衛。松竹梅蘭，都是中華文化的風雅符號，可到了日本特務這裏，卻掩蓋着邪惡的勾當。

「梅機關」「岩井機關」「76 號」，正是日本控制上海以至華東的三大特務機關！

陸軍大佐影佐楨昭親自策劃汪精衛逃出重慶，又親自到越南河內把汪精衛接來南京。汪精衛在南京成立「中央政府」，表面上與重慶的蔣介石分庭抗禮，其實背後還有個日本太上皇，中國人稱其為漢奸偽政權。晉升少將的影佐楨昭成為汪精衛政權的最高軍事顧問，梅機關就是日本帝國駐南京政府的最高軍事顧問團。梅機關的 30 多名成員，包括日本陸軍、海軍和外務省的代表，形成一個日本駐華的小內閣。這個日本駐華最高特務機關，可以直接操控汪精衛政權，同時協調日本各系統的特務機構。

76 號，編制上是汪精衛政權的特工總部，其實是日本特務機關的華人分部。日本特務畢竟不是中國人，在中國地面活動總是有些隔膜，於是收羅一些華人特務，組建了這個特工組織，後來又改為汪精衛政權的特工總部。76 號的主任丁默村兼任南京政府的社會部部長，副主任李士群兼任警政部部長，這個由漢奸組成的特務機關，專職鎮壓華人抗日組織。丁默村是中統叛將，對中統上海區威脅極大。中統委派美女特工鄭蘋如誘惑丁默村，企圖實施暗殺。可是，老練的丁默村卻識破對手，讓中統賠了美女又折兵。這個美女與特務的傳奇故事，成了張愛玲小說《色戒》的素材，七十年後又進了李安的電影。李士群早年參加中共特科，還到蘇聯受過專業培訓，在打狗隊執行任務中被捕叛變，加入國民黨特務組織，後來又主動投靠日本。這個橫跨兩黨兩國的老牌特工參與創建 76 號，又擠走丁默村，兼任江蘇省省長，把上海灘殺得血雨腥風。

面對窮兇極惡的敵手，中共中央社會部副部長潘漢年毫無懼色，潘漢年正要打入這些「機關」！通過關露爭取李士群。這樣，就控制了汪偽的特務機關。通過袁殊接觸岩井英一，這樣就打入了日本外務省的特務系統。

進入外交系統還不夠，潘漢年還希望打入更深，深到日本決策層。這種設想也有基礎，周恩來早年儲備的日本關係，現在又交給潘漢年了。

中西功聯絡在華的同文書院同學，組成日本人情報小組。中西功還同東京的尾崎秀實保持聯繫，那尾崎正任近衛首相的顧問，核心要員啊！

偵察日本情報，還是這些日本人最有效！

不過，還有一個重大疑點：日本人向來以死忠天皇著稱，他們能夠為中國的抗戰出力嗎？

延安也有個日本學校

潘漢年向王學文詢問中西功的情況，王學文此時正在延安工作，公開身份是馬列學院副院長，秘密職務是八路軍總政治部敵軍工作部的部長。深通日文的王部長舉辦敵軍工作訓練隊，150 名學員粗通日語會話，分配到前線部隊，這樣八路軍各部都有了敵工幹部，就連遙遠的新四軍也派去了骨幹。

曾在上海日本學校任教的王學文，又在延安辦了一所日本工農學校，學員都是日軍戰俘。

戰俘學校？這種管理戰俘的方式，舉世僅見。即使是規定寬待戰俘的《日內瓦公約》，也只是規定了戰俘營，沒有想到學校。第二次世界大戰中，德國把數百萬蘇軍戰俘關進集中營，槍斃政治委員，強迫編組偽軍部隊；蘇聯讓德軍戰俘從事艱苦勞動，把 3 萬波蘭軍官槍殺於卡廷森林；美國把日本僑民圈禁到夏威夷集中營；日本把英美平民關押在濰坊集中營。相較集中營而言，中共這學校十分新奇。

即使是這所學校的學員，也不習慣這種身份。日本學員剛入學時大多揹着嚴重的思想包袱，放不下「俘虜」觀念。年齡最大的是四十二歲的酒井，參軍前是個工頭，在天皇生日那天，酒井帶領五個學員悄悄爬上山頭，遙對東方，向天皇跪拜。可是，這所學校的生活，卻使這些前日軍官兵感到前所未有的新鮮。這裏的學員享受連級待遇，不管你過去是軍官還是士兵，一律平等。反感階級壓迫的小兵樂了，還是八路軍對人好啊。學校還有業餘文化活動，可以在圖書室閱讀日本書報，還組織學員排練節目，這自娛自樂的日子，比在日軍部隊自在。

這裏所有的教師都曾留學日本，王學文、李初梨、趙安博、何思敬，個個學養深厚，江右書還教唱日語歌曲《枸橘之花》，比日軍官長的水平高多了。學員們逐步弄通理論問題，理解什麼是剝削，破除了神國等封建觀念，認清「東亞新秩序」的侵略實質。

這天，延安特地舉行隆重的開學典禮，朱德總司令等兩千多人與會。

毛澤東題詞：「中國人民和日本人民是一致的，只有一個敵人，這就是日本帝國主義與中國的民族敗類。」

朱德題詞：「我們是國際主義者，贊成世界無產階級及革命人民團結起來，聯合起來，消滅當前的帝國主義大戰，建立真正的、友好的、和平的、自由平等的新世界。」

大會上，日本學員宣讀誓詞：「八路軍不但沒有殺我們，而且還使我們享受着重新做人的喜悦。」

通過學習，日本學員深深感到中國戰友「真誠的國際愛」，決心參加反戰工作。延安廣播電台每周兩次日語廣播，多數稿件都由日本學員供稿。

1941 年 10 月 26 日，東方各民族反法西斯大會在延安召開，延安日本工農學校的日本學員集體登台——日本兄弟宣誓參加八路軍！

從延安日本工農學校畢業的學員，奔向共產黨領導的各個戰場，組建晉西北分校、山東分校、華中分校，先後培訓五六百人。這些學員都成為八路軍的敵軍工作幹部，在戰場上對日軍展開戰地宣傳，爭取不少日軍士兵反戰投誠。

中共的對日工作，十分人性化。共產黨領導的八路軍和新四軍不是處死日軍戰俘，而是儘量生俘。面對戰俘，八路軍和新四軍戰士的第一句話是：「我們不殺你！」第二句話是：「你是我們的兄弟！」

上海英文報紙大美晚報的記者貝爾登，在新四軍部隊見到一個日軍戰俘賀川正夫，此人和新四軍敵工幹部同吃同住，沒人監控卻不肯逃走。賀川正夫說了，逃走危險，中國農民捉住要殺，日軍憲兵審查還要殺，還是在新四軍生活安全。這日軍戰俘每天忙着幫新四軍寫信，勸日本士兵放下武器。

不殺俘虜、不虐待俘虜、俘虜留去自由，這些寬容的俘虜政策，把鞏固的日軍紀律撬開了縫。1937 年八路軍首戰平型關沒有抓到一個俘虜，到 1940 年就有日本士兵主動投誠。還有些日軍戰俘被八路軍主動釋放，回到日軍部隊就成為八路軍政策的展示者。反倒是日本不寬容，憲兵抓捕審查放回來的人，有的竟然被殺了。

對比各方的俘虜政策，中西功深深感歎，還是中共高明，這些世界戰史聞所未聞的俘虜政策，就是最厲害的精神炸彈啊！

中西功認真參閱毛澤東的《論持久戰》，這些日子，中西功領受陸軍的一項情報任務——撰寫《支那抗戰力調查》。

中國正在盛行各種調查分析：亡國論只看到中國的弱，看不到中國的大，認為中國只能等待國際援助，自己一國抵抗就會亡國。所以，蔣介石政府一直不敢對日宣戰。速勝論只看到中國的大，看不到中國的弱，認為中國可以迅速打敗日本。平型關首勝，中國軍隊內部就以為運動戰可以制勝。台兒莊一勝，大公報就說成是「準決戰」。豈不知，日軍仍有能力繼續進攻。

兩種論點，都沒有看到中國的進步和多助，缺乏動態分析，沒有提出戰爭進程的階段性。

毛澤東對比日中兩國，首先從質上抓住基本特點：「敵強我弱，敵小我大，敵退步我進步，敵寡助我多助。」基於對質的準確把握，毛澤東又提出量的轉化，把戰爭進程概括為三個階段：防禦、相持、反攻。

無論日本還是美國，無論滿鐵還是蘭德公司，誰能在大戰之初就拿出這樣一份情報分析報告，誰就是世界頂級情報大師！

中西功的《支那抗戰力調查》誕生了：蔣介石着重地力，「以空間換時間」，用遼闊的國土拖慢日軍進攻的步伐，正面硬抗不成就消極撤退。毛澤東着重人力，「統一戰線」，用人口的大海淹沒相對量少的日軍，積極開展人民戰爭。中國抗戰力的潛力極大，日本方面估計不足，這是導致進攻受挫的重要原因。而中國官方對人民的抗戰力也估計不足，這又是中國抗戰處於被動的重要原因。綜合分析：支那抗戰力的最大資源是民眾游擊戰。華北和華中的人民游擊隊，將拖住日本支那派遣軍的大部兵力，使日本無法徹底解決支那事變。

權威報告，權威學者，中西功在日本情報界的地位陡然上升，尾崎秀實向內閣官房長官風見章引薦這個後起之秀。這樣，中西功就能接觸更高的官員，也就能夠接觸更深的機密。只是他們不知道，中西功的分析方法，學自毛澤東的《論持久戰》。

中西功欽佩毛澤東，中西功信服中共這個成熟的大黨，中西功樂於在這個黨的領導下工作，哪怕自己不是中國人。

情報力也是抗戰力！中西功衷心希望，自己也能為中國的抗戰力增添一份情報力。

巧施離間計

抗日戰爭到了相持階段，中共的情報渠道已經鋪展得四通八達。

負責敵後工作的潘漢年系統，情報渠道通向日本政壇高處和汪精衛政權深處。特別是吳成方聯繫的日本人小組，打入最成功。坐鎮上海的中西功，打入華中派遣軍總司令部特務班的思想課，打入滿鐵上海辦事處的調查課，甚至還單立獨霸了一個特別調查班。中西功聯繫的日本同志也佈局全國，南京以西里龍夫為中心，周圍有一群中國同志，李得森任組長，汪錦元埋伏在汪精衛身邊當秘書，陳一峰任職通訊社，還有邱麟祥、程維德、鄭百千等人，張明遠負責南京與上海的聯絡。華北支部尾崎莊太郎打入日軍特務部門，中國人錢明負責與上海的聯絡。山西太原有白井行幸，大連也在籌建支部。中西功的關係還伸向日本國內，與首相顧問尾崎秀實定期通信。

總攬全局的延安，也有自己的情報蒐集手段。中央社會部設立書報股，系統整理公開情報；軍委二局通過無線電波從天空抓取情報。各系統送來的情報，在中社部駐地棗園相互印證綜合分析，立即由康生部長報送中央書記處，這傳送路程很近，毛澤東就住在同一個小村。

由此，蝸居黃土窯洞的毛澤東，居然能夠掌控天下大事。

身處一線的潘漢年，不斷接到延安索要情報的電報。

中西功從日本機關內部得知，日本當局在軍事受挫之後，開始對華和平工作。所謂「和平工作」就是秘密誘降，誘降國民黨中央和地方派系。這種秘密活動一旦成功，中國抗戰的統一戰線就會分崩離析！潘漢年高度警惕，立即將日本的誘降活動列為情報重點。

日本特務策劃汪精衛叛逃，企圖讓汪精衛組織政權，同重慶的蔣介石分庭抗禮。影佐楨昭、今井武夫和汪精衛緊急磋商秘密條約，1939 年 12 月 30 日形成《日支新關係調整綱要草案》，第二天，中西功就抄寫一份交給鄭文道。20 天後，汪精衛的手下幹將高崇武從上海出逃香港，譴責汪精衛叛國，公佈了這份賣國密約。

聽到這個消息，中西功和鄭文道相視而笑。這個密約，毛澤東早就看到了。1940 年 1 月 28 日，就在上海事變紀念日這天，中共中央對全體黨員發佈指示：《克服投降危險，爭取時局好轉》。

兵法云：「制敵機先。」制止投降賣國，也要爭取先機。這先機，就是搶先拿到情報，從而提前拿出對策。

中西功緊盯「和平工作」的推進，逐步揭開謎底。1939 年 3 月，日本內閣增設一個新的機構——興亞院。原由外務省負責的對華外交，大部移交這個管理亞洲殖民地的機構，日本已經不拿中國當完整的國家了！興亞院特設特務部，把日本駐華各特務機關統一起來，提高對華誘降效率。

中西功得知，一些神秘的中國人，自稱代表國民黨某某高官，從山西的閻錫山到廣東的余漢謀，從雲南的龍雲到重慶的許崇智，國民黨地方實力派有八條線同時勾連日本！

雖然這些代表人身份可疑，雖然這些線路尚屬試探，但這試探完全可能成事，汪精衛不就叛了嗎？如果地方軍閥一塊塊裂解下來，那中央政權不就掏空了嗎？更令人擔心的還是中央，蔣介石會不會步汪精衛後塵？

利用自己同軍方的良好關係，中西功儘量接近軍方特務，發現南京總軍情報課調來個新課長，那今井武夫大佐正在香港進行和平工作中密級最高的「桐工作」！

1940 年 2 月，今井武夫代表日本官方親赴香港密談，中方代表自稱宋子良，是宋美齡的兄弟。雙方在防共反共上達成一致，不能達成一致的爭議，只有最高當局出面才能全面解決。雙方代表設想：由板垣、蔣、汪，三人在中國某地秘密會談。

今井武夫嚴加保密的桐工作，其實早已在潘漢年的視線之內。得到西里龍夫和中西功的報告，潘漢年又親赴香港查實。那今井武夫和宋子良選擇香港密談，就是為了避開上海這個間諜天堂，避開中共和蘇聯的眼線。

其實，潘漢年在香港眼線頗多，與軍統香港站站長王新衡也有交往。那王新衡本是進步青年，曾到莫斯科中山大學留學，還是蔣經國的同學。負責密談的軍統香港站有潘漢年的眼線，密談牽線人張治平所在的香港大學有潘漢年的關係，警衛密談的洪門幫會和監控密談的香港警方都有潘漢年的人。

潘漢年一方面向延安報告桐工作的陰謀，一方面設計制止。潘漢年悄悄告訴岩井英一：那香港密談的國民黨代表宋子良是個赤色偽裝分子，故意把中日首腦會談的地點安排在國民黨治下的長沙。

軍統誘捕板垣？岩井英一大吃一驚，又大喜過望。驚的是中國特工如此陰險，竟然要誘捕日本軍隊的最高指揮官；喜的是桐工作出了漏洞，外務省可以反擊專橫的陸軍了。

最高密級的桐工作，就在推行者今井武夫不知內情的情況下，被上級中止了。

今井武夫早已料到內部干擾或外部破壞，可是，今井武夫怎麼也想不到，外部的中共竟然能夠通過日本內部施行內外夾攻。今井武夫應該再學學中國古典「三十六計」，其中有個「離間計」！

對於國民黨各派系勾連日本的密謀，延安也有辦法破解。八路軍代表王世英在山西召開群眾大會，揭露閻錫山與日軍密談，甚至點出雙方代表的名頭。賣國最怕輿論，陰謀最怕曝光。毛澤東一手「陽謀」，就克服了投降危險，爭取來時局好轉。

從「巴巴羅薩」到「關特演」

進入 1941 年，地球彷彿轉得更快了。吳成方接受日本人小組的情報，從一月一次加快到半月一次。

1 月，蔣介石發動皖南事變，國共合作面臨破局。皖南事變是蔣介石向日本示好，中共急需了解日本的反應。一般人會以為，日本將支持皖南事變，聯合蔣介石共同反共。中西功卻分析，日本不會因此聯合蔣介石，反而會利用國共矛盾乘機壓迫國民黨。

果然，日本政府公然組織汪精衛訪問「滿洲國」，向中國主權挑釁。隨同汪精衛出訪的西里龍夫和汪錦元，又發現山西的閻錫山也派人聯繫漢奸政權。蔣介石發動皖南事變，不但沒有提升秘密媾和的價碼，反而使日本乘機壓價。

日本人偵察日本情報，中西功有着先天優勢。3 月 8 日，日本駐美大使野村與美國國務卿赫爾達成《日美諒解案》。5 月 19 日，南京情報，英國外交大臣艾登、中國駐英大使郭泰琪、日本駐英大使重光葵商妥和平方案，由郭帶往美國徵求意見。這些絕密情報都不能逃出中西功的視線。

有沒有情報渠道就是不一樣，上海、香港、南京、重慶，多條渠道都報來國際密談的情報，德國友人王安娜也發現遠東地區有類似慕尼黑的陰謀活動。中共不但能識破國內對手，而且能看透國際列強。1941 年 5 月 25 日，毛澤東發佈黨內指示：《關於揭破遠東慕尼黑新陰謀的通知》。

毛澤東警惕日本，斯大林警惕德國。

佐爾格的拉姆扎小組成效顯著，1939 年 4 月 9 日預見日德聯盟，1940 年 12 月 25 日報告德國在蘇聯邊境集結 80 個師準備進攻蘇聯，提前半年啊！1941 年 3 月 5 日、4 月 26 日、5 月 15 日、21 日、6 月 1 日、15 日，佐爾格不斷從東京發出密電，緊急預報德國侵蘇的作戰計劃「巴巴羅薩計劃」。

同期，潛伏西歐的「紅色樂隊」和駐外武官也發回情報，就連英國和美國也數次提醒蘇聯。

可是，蘇聯情報機關一直懷疑這些情報的真實性，甚至認為這是英國人搗鬼，企圖把進攻英國的德軍引向蘇聯。希特勒在大力加強德國軍備的同時，採取欺騙政策向歐洲大國示好，與英國簽訂《慕尼黑協定》，與蘇聯簽訂《互不侵犯條約》。

斯大林有斯大林的難處，拿不到情報難，拿到了情報如何判斷也難。蘇聯雖然重視情報工作，但這種重視又造成機構的分散重疊。蘇聯內部的肅反清洗，又損傷了契卡的國外情報網。

蘇聯對外情報工作，主要由蘇軍總參謀部的情報部負責，佐爾格就屬於這個系統。可是，佐爾格發來的密電，要經過總參情報部部長和總參謀長這兩層篩選，才能上送斯大林。而佐爾格在莫斯科的上級，蘇軍情報部部長別爾津已經被當作外國間諜槍斃了。新任總參情報部部長戈里科夫作出主觀判斷：「關於今春對蘇戰爭不可避免的傳説和文件，必須看作是英國甚至可能是德國情報機關散佈的假情報。」

真情報被看作假情報，那麼，送到斯大林案前的情報，還能是真的嗎？

共產國際在世界各國都有黨組織，便於蒐集國際情報，可蘇聯人説了：「除了皮克（德共領導人），所有的德國人都不可靠！」

外國人都不可靠，德國人更不可靠，可送來德國情報的佐爾格恰恰正是個德國人。1941 年 6 月 13 日，蘇聯塔斯社奉命發表聲明：「蘇聯方面認為所謂德國意圖撕毀條約進攻蘇聯之謠言，全無根據。」「謠言所謂蘇聯準備進攻德國一節為偽造與挑撥。」

就在這時，中國送來情報。

身處重慶的周恩來，有如安居平五路的諸葛亮，情報觸角早已四通八達，不僅遍及中國境內的日本佔領區上海、香港等地，而且伸向國際，從東京到東南亞到美國都有周恩來的關係。打入國民黨高層的閻寶航獲悉德國進攻蘇聯的情報，周恩來認為準確可靠，立即向延安發電報告中央。為了及時送達蘇方，周恩來又用俄文擬了一份給斯大林的電報，要求延安總部當天轉發莫斯科。同期，潘漢年也於 6 月 13 日向延安報告「德蘇戰爭一觸即發」。延安這邊也有多種偵察手段，正好抓到與閻寶航相同的情報。

斯大林收到來自中國的情報，這才信了：中國雖然也是外國，但中國同蘇聯利益一致，中國人沒必要挑撥蘇德關係。而且，這是兄弟黨領導人送來的情報，這是中共情報工作領導人親自署名的電報。而且，這偵獲情報的閻寶航，又是蘇聯駐華使館的情報員。

第二次世界大戰的國際情報大較量，中共領先一局。

德國和日本有軍事同盟條約，德國向蘇聯動手了，日本會不會策應呢？

德軍攻蘇不過兩天，6 月 24 日，日本東京舉行隆重宴會，歡迎「中國元首」汪精衛，雙方簽訂「日華條約」。7 月，日軍參謀本部和關東軍司令部制定「關東軍特別演習」計劃，大量日軍從本島調往中國東北。演習，往往是突然襲擊的掩護，德軍突襲蘇聯的「巴巴羅薩」就是明證。現在這「關特演」，很可能就是日軍北進的掩護！

眼看日本要對蘇聯動手，興奮的還有某些中國人。就在那「桐工作」所達成的秘密妥協中，就有諸多反共默契。

毛澤東點出「三北政策」：日本北進攻擊蘇聯，蔣介石壓迫新四軍北渡長江，要求八路軍北渡黃河。

中國共產黨過去吃過很多虧，1927 年痛遭蔣介石突然襲擊。如今，跨入世界大戰的中國共產黨人不再幼稚，過去被合作者打悶棍的事件不能再現。全黨全軍高度警惕，情報系統更是全員開動，全力偵察國際戰略情報！

情報工作是個系統工程，只有個別優秀情報員，並不能保證全系統的正常運行，還要看頂層設計如何。

遭遇「622」大失誤，蘇聯不得不調整情報機構。蘇軍總參謀部情報部一分為二，改組為最高統帥部情報部和總參情報部。最高統帥部情報部直屬最高統帥斯大林，掌握國外情報網。總參情報部負責軍隊的戰場偵察。國家安全人民委員部被併入內務人民委員部，成立國家安全總局，第一局對美國、英國、拉丁美洲工作，第四局對德國和日本工作。兩年後，這個局又脱離內務部門，升格為獨立的部，駐外諜報站迅速擴張到近40個。

比較起來，中共的調整更加主動。

發出《關於增強黨性的決定》和《關於調查研究的決定》，這兩個決定不僅指導一般工作，更是把黨的情報工作提升到理論的高度，明確情報工作是特殊形式的調查研究工作。

還有組織體系的調整，成立中央調查研究局，毛澤東親任中央調查研究局局長，中央增設一個新的部——中央情報部。全黨全軍各地，形成集中統一的情報合力。

蘇聯最高統帥部情報部盯着日本，中共中央情報部盯着日本，1941年下半年，全世界的超級大諜都盯着日本東京，德軍東進，日軍何向？

堅守東京的佐爾格，情報最準。9月14日上報日本御前會議的決定，這是尾崎秀實從天皇機要局弄出來的絕密情報。9月6日天皇召集會議，為保密甚至沒有秘書記錄，只有首相近衞文麿整理了一份筆記。這筆記表明：日本決定於10月中下旬向英美荷蘭發動進攻。佐爾格由此判定：日本海軍將南進攻擊太平洋，而陸軍不會北進西伯利亞。10月18日，佐爾格緊急發報：「日本將進攻美國和英國，對蘇聯的威脅已經過去。」

可是，就在發出這封電報的幾個小時之後，佐爾格被捕了！

「國際諜報團」案件撼動日本政壇，近衞文麿首相「住院辭職」。沒有公開的幕後原因就在其顧問官——尾崎秀實是睡在首相身邊的國際間諜！換馬，陸軍大臣東條英機出任首相。日本的傳統是軍人主軍，文人主政，現在陸軍大將擔當首相，這標誌日本舉國進入戰爭體制。

日本要瘋了！

全世界屏息凝神，提心吊膽，人人關注日本動向。

絕密情報深藏虎穴

日本動向如何？

中西功和吳成方爭吵起來，中西功判斷南進，吳成方判斷北進，兩人誰也説服不了誰。這是因為，決定方向的不是分析情報的人，而是東京。

就在這時，東京出事了！ 10 月 18 日東條英機組閣，這動向震撼東京，也震撼上海，震撼世界。日本首相換馬，會不會也換戰略？

中西功沉穩地分析，無論誰上台，日本的戰爭政策不會有大的改變。

此刻，中西功對國際戰略的分析，已經有了底氣。戰略的確定，有兩種因素，一是基本情況，二是變動情況。如何分析基本情況？中西功贊同毛澤東《論持久戰》的分析方法，先確定質，再關注量。從質上分析，日本的國策是先佔領中國，無論怎麼對美妥協，在這一點都不會讓步。而中國的抵抗意志堅決徹底，無論日本怎麼強大，中國人民都不會屈服。所以，決定日本南進還是北進的，説到底是中國戰場。北進？必須以德軍大勝攻佔莫斯科為前提。南進？如果日本判斷能在兩年內結束支那事變，就會不惜對美一戰。

基本情況的分析，表明日軍將南進。但是，作出這種分析之後，中西功並不踏實。這分析沒能充分考慮變動情況，國際局勢在變，日本統治集團在變。日本內部派閥分立，政見分歧。關於帝國的戰略方向，向來分為兩大派：海軍主張南進，陸軍主張北進。新首相東條英機曾任關東軍司令官，親自制定對蘇作戰計劃，向來是個堅定的北進派。

延安也在緊張判斷。

此前，潘漢年系統從上海報來的情報分析，一直判斷日本將南下。中西功的日本人小組掌握日本國內的綜合情況，發現日本的戰略物資儲備極其緊張，海軍只剩 30 天油料了。這意味，日本必須趕緊找油，還要找橡膠，而石油和橡膠只能到東南亞尋找。

西里龍夫從中支派遣軍司令部獲悉，天皇在御前會議表態：北進不能魯莽。袁殊從駐滬領事館獲悉，如果美國不改變對日禁運政策，日美戰爭將不可避免。尾崎秀實從日本傳來消息，在華日軍抽調兵力南下泰國。9 月，日本御前會議通過《帝國國策實施綱要》，以 10 月上旬為期限，完成對美作戰準備。

10 月 18 日東條英機上台之後，潘漢年系統發來的情報依然判斷：日本加緊對美作戰準備，同時繼續與美談判，迷惑美國。

動向情報需要動態偵察，確證日本到底是南進還是北進，還要不斷掌握日本核心高層的最新動向。

毛澤東急得三天三夜睡不着覺，不斷向中情部催要日本動向情報：把日軍即將南進，發動戰爭的行動日期，核實準確，及早報告！

中情部發往各地催要情報的電報，報頭加上四個字——「萬萬火急」！

絕密的戰略情報，絕不會擺在那裏任你分析判斷，那秘密必定藏在敵營深處。

中西功正要聯繫尾崎秀實，突然接到一份東京來電：「向西去。白川次郎。」只有中西功明白，這封電報表明：尾崎秀實在東京遇險，提醒自己逃往延安。中西功沒有向西，而是反向而行——向東。為了拿到戰略情報，情報員必須甘冒風險！他不顧危險，悄悄返回日本，現地偵察。

軍需被服廠的看門老人說了，廠子的生產從做棉衣改為做短褲了。短褲軍裝？這種被服只能用於熱帶東南亞。棉衣改短褲，表明北方部隊將南調。

料理店裏的商人議論，隨軍南進去賺錢啊。無數的業餘間諜在打探情報，企圖從戰略轉變中獲取利益。

走進陸軍總部，探望報道部的老朋友佐藤得知，陸軍的報道骨幹都去海軍了，海軍那邊才有新聞！

10 月 26 日《朝日新聞》頭版頭條：「首相偕海相參拜伊勢神宮。」日本的陸軍和海軍互不服氣，參拜活動向來各走各的，如今兩軍首腦共同參拜，說明陸軍和海軍站到一起了。

這就是現場偵察的好處，不用收集文字，不用分析數據，只要你來到日本，放眼一看，戰略情報的內容就在眼前——南進。

判定南進之後，中西功還不肯結束自己的偵察，還要揭穿那「關特演」。

又碰到陸軍報道部的佐藤，這家伙正在海軍活動，海軍集結在瀨戶內海，準備出發！佐藤還説，從本土調出的部隊不是開往滿洲，而是秘密集結於台灣，那「關特演」是聲北擊南！

中西功也打算向西了，這向西不是避往根據地，而是回返上海——繼續偵察戰略情報！

延安索要的不只是日本的戰略方向，還有發動戰爭的部署和日期。戰略方向只是個抽象的判斷，如何進行針對性部署，還需要更加具體的情報。

中西功 10 月 26 日離開上海，不過三天，10 月 29 日上海灘深夜大搜捕，陳恭澍在法租界被捕，軍統上海區損失殆盡。11 月 4 日，大連大搜捕。日本憲兵在滿鐵調查部抓了五十多人，大多是中西功的進步同學。

大戰在即，反諜機關搶先動手以防泄密。

中國籍聯絡員鄭文道十分擔心中西功的安危，中西功行前曾與鄭文道相約，八天後返回。鄭文道從第二天等到第八天，終於在下船的旅客中看到中西功。中西功匆匆翻閱滿鐵的內部文件，《編內參考》《情報交流》《調查通報》《軍部通報》⋯⋯作為最大的國策公司，滿鐵密級很高，可以看到大使館和總軍同等的機密文件。

這是御前會議通過的《帝國作戰綱要》：「一、以駐滿洲、朝鮮的 16 個師團對蘇戒備；二、按既定方針對中國作戰；三、對南方，以 11 月底為限，加強對美英的戰爭準備⋯⋯」

這是《皇軍大東亞戰爭南方部署》：「坂田中將，三個師團，泰國；今村中將，三個師團，馬來亞；本間中將，四個師團，菲律賓；寺內大將，二個師團，香港。」

11 月 6 日《編內參考》「對美國談判要領」：「來栖大使今日飛香港轉美，協助野村特使與美國談判，詳細申明日本對美談判條件之最後讓步，堅決要求按甲案迅速達成協議，對美方徒尚空談的非現實態度，要促使其對日本可能接受限度的認識，談判以 11 月 30 日為限，不再拖延……」

這《編內參考》的「以 11 月 30 日為限」，恰合那《帝國作戰綱要》的「以 11 月底為限」。

又收到西里龍夫發來的密信，顯影內容：在南京總軍歡迎關東軍參觀團的宴會上，那個醉醺醺的團長向西里龍夫炫耀機密：「關東軍留 20 萬防蘇，其餘全部南調；海軍集結作戰待機海域擇捉島南冠灣；11 月下旬艦艇啟動，航向東南。」這證明，日本海軍將於 11 月 30 日之後發動對美作戰！

中西功分析，從日本發起突然襲擊的戰術特點來看，會選擇美軍的休息日禮拜天，6 月 22 日德國襲擊蘇聯就是個禮拜天。那麼，11 月 30 日後有三個禮拜天：12 月 1 日、7 日、14 日。從日本海軍的航行軌跡和航速來看，從日本北方出港，繞道南進，要有一段時間，1 日太早，14 日太晚，估算就在 7 日！

「1941 年 12 月 7 日，日本將對太平洋多地發起突然襲擊！」

這確實是個合格的情報，吳成方不再質疑。潘漢年聽了吳成方的匯報，沉思良久，自言自語：「如果事態發展證實這個情報，它將為國際反法西斯戰爭作出不可磨滅的歷史貢獻。」

心情振奮的吳成方，又聽到一句不祥的擔憂：「但願，各國人士都能重視它……」

最高統帥的最高責任

1941 年臨近年底，空氣中的硝煙味道越來越濃，所有的人都知道日本要打大仗了，只是不知北進還是南進。

莫斯科不斷往延安發急電！

1941 年 6 月 23 日，德國突襲蘇聯的第二天，共產國際執委會從莫斯科發出呼籲，要求全世界的共產黨人建立「反法西斯國際統一戰線」，把「保衞蘇聯」作為中心任務。

當天，中共中央發佈毛澤東起草的《關於反法西斯國際統一戰線的決定》。毛澤東提出：中國共產黨援助蘇聯的具體辦法，就是堅持抗日民族統一戰線，堅持國共合作，驅逐法西斯日本強盜出中國。

延安的答覆，莫斯科尚不滿意。斯大林致電毛澤東，以商量的口氣提出：中共能不能抽調若干旅或團，擺在長城附近，牽制日軍。八路軍總司令朱德認為，八路軍離開根據地，到日軍重兵佈防的長城地域作戰，無異於勞師遠征，實乃兵家大忌。王明立即反駁：中共是共產國際的一個支部，必須不折不扣地執行共產國際的指示！毛澤東表示，八路軍應盡力援助蘇聯，這種援助首先從情報和破路二事做起。

如果情報能夠證明日軍不會北進，莫斯科的調兵要求也就自然撤銷了。7月6日，毛澤東致電重慶周恩來，認為日本似不是攻蘇而是牽制英美。7月9日，共產國際對各國共產黨發出指示，要求在蘇德戰爭中援助蘇聯。中共中央政治局表示完全同意，毛澤東決定採取「與日寇熬時間的長期鬥爭方針，而不採取孤注一擲的方針。」這個時期，佐爾格從東京發到莫斯科的情報，也表明日軍不會北進，但莫斯科還是不放心。蘇德戰場節節敗退，萬一日軍再來？ 9月7日，蘇聯國防部致電延安，要求八路軍在日蘇戰爭時出兵南滿。

待到10月6日，德軍已經兵臨莫斯科城下！共產國際對中共的態度非常不滿，10月7日，季米特洛夫致電延安，連串提出15個問題：中國共產黨究竟準備採取什麼措施在中國戰場上積極從軍事上打擊日本，從而使得德國在東方的同盟國日本不能開闢第二戰場並進犯蘇聯？王明立即在延安發難，當面指責毛澤東的抗戰方針是錯誤的！王明認為，現在蘇聯和中國都異常困難，應該同大資產階級蔣介石把關係搞好。前些日子已經表示不再同毛澤東爭權的王明，現在又提議檢查中央的政治路線。

10月18日，東條英機上台，毛澤東立即致電周恩來徵詢意見。10月19日，莫斯科宣佈戒嚴，德軍對莫斯科發動總攻！ 10月20日，延安召開政治局會議，毛澤東說，最近時局有到轉變關頭的味道。現在莫斯科危急，但德國的進攻可能已到最高點，決定的關鍵在今後一二星期內，一個星期後看形勢會更加明顯。同日，毛澤東致電重慶周恩來：東條內閣是一個直接準備戰爭的軍人內閣，它是直接準備戰爭的，但還不見得馬上動兵，其戰爭趨向有北進危險，但南進的可能性並未喪失。國民黨肯定北進，我們不必與之一致。

延安再次急電潘漢年，要求核實南進。10 月 25 日，中西功去東京現地偵察。

11 月 7 日，莫斯科紅場閱兵，斯大林發表公開講話。同日，毛澤東在延安發表廣播講話：「日本法西斯雖然同時在準備南進和北進，但是無論他們採取哪一條冒險的道路，西進以求消滅中國必然的。」在全球關注日本打蘇聯還是打美國的時候，毛澤東提醒世界：日本正在打的是中國！

11 月 17 日，斯大林親自致電毛澤東，希望派一部分力量向長城內外發展！讓八路軍打出長城「武裝保衛蘇聯」，這不就是孤注一擲嗎？

國際壓力，國內壓力，黨內壓力，毛澤東如何應對？

只是破路，顯然不能滿足莫斯科的要求。那麼，延安就要倚重情報了。

中共向莫斯科提供日本不會北進的準確情報，斯大林把東線防禦日本的二十萬大軍調到西線，終於取得莫斯科保衛戰的勝利！

與此同時，中共也把日本南進的情報通報美國。由於雙方尚無情報合作關係，這個功勞讓給了國民黨。潘漢年通過軍統上海區，把情報轉送美方。

若論對日技術偵察，那還是國民黨下手早。1934 年秋，交通部密電檢譯組的溫毓慶向蔣介石呈報，建議設立專門機構破譯日本密電碼。蔣介石親下手諭，選調精通日文的留日學生。「如能破譯日軍的密電碼，等於在前方增添了幾十萬大軍！」

中統局機密二股有李直峰，軍統局有錢大銘和楊肆，交通部密電檢譯所有溫毓慶和霍實子，軍委會機要室有毛慶祥。各單位各搞一攤，閉門競爭，效率一直不高，這時又冒出個單槍匹馬的池步洲！

池步洲先後進入兩個破譯單位，從中統幹到軍委會密電研究組，卻不見工作成效，這時又有軍政部無線電總台找上門來。池步洲對國民黨各部門的扯皮煩透了，決定利用業餘時間獨自搞，居然在 1939 年 3 月破譯了日本外務省中級密碼，其中含有軍事機密內容！

破譯日本密碼的成效，引起高峰重視。1940 年 4 月 1 日，蔣介石親自決定，把各單位的破譯人才集中到自己身邊，成立軍委會技術研究室。溫毓慶任主任，實際主管人是蔣介石的內弟毛慶祥。

軍委會技術研究室有技術人員四百多人，其中成績最大的還是池步洲。池步洲發現，從 1941 年 5 月起，東京同檀香山（夏威夷）之間的來往電報驟然增多。日本外務省多次要求駐檀香山總領事館，詳細列報珍珠港停泊的美軍艦船數目，甚至要求提供停泊位置和出港時間。池步洲就此估計，日本打算空襲珍珠港？可是，上峰怎麼看待這些情報，池步洲就不知道了。

12 月 3 日，池步洲又破譯了東京外務省致美國大使的特別密電。這封電報下令銷毀各種密電碼本和機密文件，還表明：「帝國政府將按照御前會議決定採取斷然行動。」池步洲就此判定：日本將在星期天突襲美國珍珠港！

逐級上報，蔣介石讓毛慶祥趕緊轉報駐美武官，通知美國海軍情報署……

聽到中國駐美武官蕭勃說日本要打美國，美國軍官哈哈大笑：我們美國都沒拿到的日本情報，你們中國人有那個本事？這中國人白送的重要情報，也許根本就到不了美國總統那兒。

羅斯福當然也應該擔心日軍南進。可是，這位美國總統似乎並不急於備戰。近些日子，美國正忙着同日本談判。

孤處大洋的美國，同歐洲戰場隔着大西洋，同中國戰場隔着太平洋，自有隔岸觀火之地利。美國向來有孤立主義傾向，老百姓不願意為別國參與什麼世界大戰，而且，保持中立狀態還能兩邊賺錢。日中開戰以來，美國向中國提供貸款，給日本供應廢鋼和石油，錢包鼓了不少。還是德意日三國軍事同盟刺激了美國，主張自由貿易的美國不能讓法西斯獨佔世界，於是開始向日本叫板。

日美談判，美國要求日本退出三國同盟，撤出中國，回復到 1931 年九一八事變之前的狀態。吃到老虎嘴裏的肉怎能吐出，日本堅持不肯。待到德軍突襲蘇聯，美國反倒鬆了一口氣，德軍分兵東向減輕了對英國的壓力。如果日軍也北進配合德國，美國自可繼續逍遙。繼續談吧，美國不怕談判拖延。

就在這時，延安放話：美國還在貿易上援助日本侵略者！這名聲實在難聽，美國總統彷彿這才知道廢鋼和石油是戰略物資。

8 月 1 日，美國停止向日本出口航空油料。8 月 9 日，日本大本營陸軍部打消在年內解決北方問題的企圖，專心致力南進方針。《帝國陸軍作戰綱要》決定：「對南方以 11 月為限，加強對英美的戰爭準備。」

戰略欺騙，一邊準備打，一邊積極談。8 月 18 日，日本通知美國，期望舉行兩國首腦會晤。26 日，近衛首相又親自致函羅斯福總統。9 月 6 日，日本御前會議制定《帝國國策實施綱要》，決定談不成就打！

10 月 18 日，東條英機上台，這讓美國有些緊張。日本新內閣立即派來栖特使赴美協助會談，這來栖可是羅斯福的私交好友。

戰略欺騙，一邊巧意談，一邊部署打。

蔣介石也怕美日媾和，中國抗戰需要更多的外國盟邦。

11 月 22 日，中國駐美大使胡適見到美國國務卿赫爾，會後急電重慶：美國將對日妥協。這消息蔣介石不愛聽，重慶希望妥協不成。11 月 24 日，胡適答覆重慶：難以遏阻美國妥協。重慶趕緊四處活動，英國也向美國提出反對。11 月 26 日，美國向日本提出赫爾備忘錄，堅持原來的強硬要求。

當日，日本海軍聯合艦隊從擇捉島港口出發。

日軍已經開始出動，美國還在期望不打。11 月 27 日，羅斯福總統親自接見日本大使野村和特使來栖，試圖挽回會談。同日，國務卿赫爾電話通知陸軍部長：美日關係今後轉到陸海軍手裏了。

外交轉到軍事，看來美國也得準備打了。可是，美軍並未進入臨戰狀態。

12 月 1 日，日本政府全體閣僚出席御前會議，天皇當場批准對美英開戰的命令。12 月 3 日，羅斯福還在找尋日本談判代表。

華盛頓的劇情不斷報到重慶，蔣介石啞然失笑。12 月 5 日，蔣介石揮筆寫下日記：「日本特使在美國答覆記者，言辭卑下，可憐極矣！」

卑下的言辭，九十度鞠躬，日本以和平談判掩蓋兇狠的戰爭突襲。這手段，羅斯福和蔣介石居然都沒看出來。就在開戰前一天，羅斯福還不死心，12

月 6 日親自致電日本天皇，希望繼續談判。這封電報被東京軍方扣下，並未交付天皇——箭已離弦！

當晚，美國截獲日本外務省給駐美特使的電報，其中指明談判的最後中止日期。羅斯福大驚：這就是戰爭！

戰前 80 分鐘，羅斯福電令夏威夷、菲律賓、西海岸、巴拿馬的美軍進入戰備。這電報到達夏威夷時，日本的炸彈已經砸中美國軍艦的甲板。

華盛頓和重慶，電報往來不絕。羅斯福不想讓日本打美國，蔣介石樂見日本打美國，兩個願望相反的統帥卻得出共同的情報判斷：日本不敢打美國。

最高統帥應該具有最高的情報決策能力，可是，世界強國的最高統帥居然情報決策錯誤，這最高統帥的能力實在令人詫異。

德國突襲蘇聯，斯大林判斷失誤。日本偷襲美國，羅斯福判斷失誤。

世界情報強國的最高統帥，竟然在攸關國家生死存亡的重要情報上失誤，令人無法理解，令人難以原諒。

第二次世界大戰過去半個世紀了，美俄兩國的歷史學家還在追究這「情報門」。主要看法有三種：輕視説、陰謀論、誤判説。

輕視説認為，美國人輕視中國的情報能力不肯相信。可是，美國人輕視中國卻不該輕視自己，美國在戰前已經破譯了日本密碼，美國駐日本大使也曾上報日本要發動戰爭的情報。

陰謀論聳人聽聞：羅斯福故意放縱日本襲擊珍珠港，以喚起國民參戰。可是，放水也不必放洪水，你打上一仗也同樣可以喚起國民。

其實，最大的可能還是誤判。有情報説日本突襲，還有情報説日本要談判妥協，你讓羅斯福信誰？

當時的美國，還沒有一個統轄全國情報工作的機構。美國的情報部門設在海軍和陸軍，缺乏中央級別的統管機構，第二次世界大戰前還取消了破譯密碼的「美國黑室」。珍珠港事件吃了大虧，美國才於 1942 年成立直屬參謀長聯席會議的戰略情報局，至於那大名鼎鼎的中央情報局 CIA，要到 1947 年晚生晚育。

最高統帥，當然負有最高的責任，不但有戰爭責任，還有情報責任。諸多情報機構把諸多情報送到最高統帥的案頭，有正有反，有明確有模糊，還需要你最高統帥親自分析判斷。於是，最高統帥的情報態度，最高統帥的情報能力，就成了戰略決策的關鍵前提。

無論羅斯福、斯大林、還是蔣介石，都是傑出的政治家，後兩者還可以說是著名的軍事家。但是，這三人都不能稱為情報專家。

毛澤東，是個名副其實的情報大家！毛澤東在大事上，總是親自動手。日軍的戰略動向，正是毛澤東此刻關注的大事。時任中央調查局局長的毛澤東，親自批閱中央情報部的報告，批閱軍委二局的報告，親擬電文同周恩來討論……

毛澤東判定日軍南進的可能性最大，贏得戰略先機。

贏得先機的毛澤東，很想幫幫羅斯福，也確實幫了斯大林，同時，更幫了自己。12 月 8 日，就在珍珠港事件發生的日子，毛澤東發表公開聲明，力主建立國際反法西斯統一戰線。毛澤東以前的預見實現了：日軍南進改變國際格局！以前中立的美英積極參戰支援中國，中國的蔣介石從鬧分裂的三北政策變為依靠國共合作，中共的國內外處境大大改善。

12 月 8 日，蔣介石也有動作：對日宣戰。從 1931 年九一八事變算起，中日大戰已經打了十年，這宣戰來得真是夠晚。這不免讓人猜測，蔣委員長還是等外國出手呢。這又讓人們想起，中華蘇維埃共和國主席毛澤東，早在 1932 年 4 月 15 日就發佈《對日戰爭宣言》。

珍珠港事件，國際戰略情報大競賽的第二局，中國再次領先。

戰績說明能力，能力贏得尊重。珍珠港事件之後，美軍觀察組進駐重慶，進駐延安，世界強國也要同中國人合作了。

異國兄弟

偵獲珍珠港情報之後，中西功可以心安理得地撤離了。但中西功還是遲遲不肯撤退。自己一走，這個打入日本高級機關的情報網絡，就必須全體撤離，這意味多年的潛伏前功盡棄：我的情報任務完了嗎？日本雖然現在南進，但仍有掉頭北進的可能。我還得盯緊日本啊！

懷着對情報工作的執着，中西功的日本人小組繼續堅持，一直堅持到 1942 年 5 月，終於全軍覆沒。日本特高課追查尾崎秀實經歷，發現尾崎秀實在中國上海有一批進步朋友。

就在日本人紛紛被捕的同時，支持這些日本人的中國戰友尚有自由。南京的李得森、上海的鄭文道，都沒出事。潘漢年估計，這些日本同志不會承認，特高課沒有拿到確實證據也不敢最終定案。在這種情況下，如果他們身邊的中國人突然失蹤，那就提供了他們為中國服務的證據！所以，營救這些日本同志的最有效辦法，就是中國人一律不撤，原地堅守。

於是，鄭文道堅守崗位，繼續到滿鐵特別調查班上班；李得森堅守崗位，繼續在南京開他的中醫診所；汪錦元堅守崗位，繼續給汪精衛當秘書……

交通員張明達和鄭文道互相鼓勵：「我們這是提上腦袋撞金鐘！」

提上腦袋撞金鐘——為了信仰，甘願找死，這佛門語言就是以死換個明白響亮！

各自等待，暫不聯繫，中共秘密情報員在原地堅守。一個月過去，日本憲兵突然出手。南京站李得森和張敏夫婦、陳一峰、汪錦元等人紛紛被捕，只有交通員張明達僥倖脱逃。

鄭文道也被捕了。囚車在上海的街道上飛馳，鄭文道此去將面對中西功，將被要求提供中西功的賣國證據。

死的時機到了——鄭文道縱身一躍，撞開車門！

上海灘轟動了：有個犯人跳車自殺！聽説那自殺的勇士是共產黨？中國人被捕的消息傳遍上海，潘漢年立即採取應對措施，通知相關人員立即撤離，切斷吳成方系統的聯絡，保證大系統繼續運行……

尋死的鄭文道沒有死，摔成重傷。日本人精心護理，此人同中西功來往最密，可以提供整垮中西功的有效證據。半個月後，鄭文道傷情稍愈，剛剛能夠下牀，又被押到審訊室。

鄭文道早已料到這種處境，自己知密太多！

鄭文道聯絡的中西功，是整個日本人小組的核心，接近核心的鄭文道因而知道全小組的情況。鄭文道還負責聯絡張明達，張明達又通向南京情報站，那又是一個大網絡。上海這邊，潘漢年的聯絡員劉釗是鄭文道的入黨介紹人；北平那邊，支持白井行幸的中國人錢明也是鄭文道的同學；鄭文道還掌握一處絕密，聯繫着繆穀稔保管的中央文庫⋯⋯可以說，抓到鄭文道，敵人就抓到中共上海秘密情報網的綱繩！

只能一死！鄭文道縱身一躍，破窗而出，從二樓墜落，摔死在上海的街道。

日本憲兵怎麼也沒有料到，鄭文道會選擇這種對抗方式。

以自殺為榮的日本人，經常嘲笑中國人，中國人沒有勇氣自殺！所以，日本在中國不愁找不到漢奸。鄭文道前次跳車自殺，震撼了日本憲兵——中國也有勇士。日本憲兵精心照料鄭文道，出於對勇士的尊重，更是對口供的企望。富於自殺經驗的日本人知道，死亡的體驗無比恐怖，你死了一次，就不敢再死第二次了。可是，連日本人都不敢設想的事，中國人做了，鄭文道二次自殺，自殺成功。

中西功在獄中得知鄭文道的死訊，深深感動。

中西功回東京偵察的時候，鄭文道到碼頭送行，臨別，中西功交待：「作為共產黨員，都應該為革命事業作出犧牲，明知道有犧牲的危險，也應該為革命的利益去工作，去堅持。我們現在就是這樣。也許某一天的早晨或者夜裏，我就被日本憲兵抓去了，那麼，我仍然要堅守我的誓言，我不會吐露有關組織的任何秘密。你也應該堅守一個共產黨員的誓言。」

望着誓言的戰友，鄭文道立即說出早已想說的話：「如果你被抓去，也許我也會一起被抓去，我可以為你掩護到底。而如果這個目的不能達到，那麼為了保護組織，我將一死了之！」

中西功記得，說出這樣果決的話的鄭文道，眼睛裏全是笑意。

中西功永遠記得鄭文道兄弟的笑眼。長期的合作，中西功和鄭文道已經結成兄弟之誼。

鄭文道是廣東中山人，少年喪父，隨經商的長兄到青島，就讀上海同濟大學附設高級工業學校，畢業後在上海工廠打工。1937 年參加「江抗」（中共領導的江南抗日游擊隊），在何克希領導下轉戰江蘇、山東等地，1938 年 3 月由劉釗介紹入黨，9 月調往上海任中西功的秘密聯絡員。為了保守組織機密，鄭文道同戀人和兄長都斷絕聯繫。

懷念着中國兄弟鄭文道，中西功在獄中傾心撰寫《中國共產黨史》。「我要活下去活到最後，直到最後的瞬間，我都不會認為自己會『死亡』，我要活七生，永久活着！」

1945 年 8 月 15 日，東京高等法院公審中西功和西里龍夫，面臨失敗的國家機器繼續迫害國內的反戰人士。可是，審判人和被審判人剛剛走出審判廳，就聽見天皇發佈無條件投降詔書！10 月 10 日，法院宣佈中西功無罪釋放。熬過煉獄的還有西里龍夫、尾崎莊太郎、濱津良勝。

中西功同妻子的獄中通信公開發表，轟動文壇。尾崎秀實的弟弟尾崎秀樹撰書懷念兄長，成為日本筆會會長。中西功和西里龍夫加入日本共產黨，當選國會參議員。

1982 年，潘漢年平反昭雪恢復名譽，同案的劉人壽、吳成方、李得森等人恢復自由。方知達平反後，立即到上海找到老戰友錢明和倪之驥，為鄭文道立碑紀念。

1983 年，西里龍夫訪華，重逢中國戰友徐強。中西功的夫人中西方子重訪上海，在汪錦元、陳一峰、錢明的陪同下來到鄭文道墓前，獻上丈夫中西功的詩作：

「你為了掩護別人而甘灑熱血，
你為了世界和平而獻出生命；
你為了共同的信仰實現了自己的諾言，
你是我心中最值得尊敬的中國共產黨員。」

中西功和鄭文道，日中兩兄弟，死後重逢。

這就是無名英雄的命運，忍辱負重而功勛傳奇，含冤受屈而終成正果。

德籍蘇聯情報員佐爾格，真實身份長期隱秘。還是美國學者從日本檔案中發現這個秘密，將佐爾格小組的情報貢獻公諸於世。舉世震驚，情報界公認，佐爾格是二十世紀最偉大的間諜之一。

超級大諜不該埋沒。東方的傳奇也逐步披露出來：一夥日本高級間諜，暗中支持中國人民抗戰，提供日本襲擊珍珠港的戰略情報。異國兄弟，生死相助，日本人中西功甘當『賣國奴』，中國人鄭文道自殺護友！

中西功和鄭文道，中日文化交融而生的東亞英傑。

大音無聲，大象無形。東方大諜，變聲隱形以致無名……

德國突襲蘇聯和日本偷襲美國，這兩大國際戰略情報，中國人都提前拿到了，運用了，而且由此贏得戰略先機。

無人關注的中國情報員，悄然跑進世界情報競賽的第一方陣！

強弱之態，勝負之勢，就在此時此項，無聲無息地逆轉了。

以弱勝強，情報領先！那中華民族第一次反侵略戰爭的勝利，那孕育富強的新中國的誕生，也許就起自這情報領先？

主要資料

尾崎秀樹：《上海 1930 年》，岩波新書。「魔都上海，舞台掃描，青春群像。」作者的兄長尾崎秀實長期擔任駐華記者，真實記錄當時上海外國租界的狀況，還附有許多珍貴照片。

梅昌明整理：《梅龔彬回憶錄》，團結出版社。梅龔彬參與大革命時期上海革命運動，在上海東亞同文書院中創立中共徐家匯區獨立支部。

尾崎秀樹編：《回憶尾崎秀實》，勁草書房。尾崎秀樹是日本文藝家協會理事長、日本筆會會長。作為尾崎秀實的弟弟，一生着力記述反法西斯戰士尾崎秀實的事蹟。本書收集風見章、中西功、川合貞吉、西園寺公一、尾崎秀真等親友的文章。

中西功：《在中國革命的風雨中》，青木書店。1968 年，中西功應邀在東京教育大學演講《我與中國革命》，引起熱烈反響。中西功計劃將這十幾次演講的記錄稿整理成書，但未及完成就病逝了，後由相關專家將講稿整理出版。

西里龍夫：《革命的上海——日本人中國共產黨員的記錄》，日中出版株式會社。西里龍夫從 1926 年到 1946 年在中國活動二十年，親歷日中關係的重大事件，接觸高層政治人物，秘密參加中共情報組織，提供許多重要情報。

方知達、梁燕、陳三百：《太平洋戰爭的警號》，東方出版社。主持撰寫方知達曾任上海情報組織的秘密交通，八十年代任中央統戰部副部長，作者陳三百曾參加秘密工作，執筆梁燕也參加過抗日戰爭。

尹琪：《潘漢年的情報生涯》，人民出版社。採訪多位潘漢年的戰友，查閱相關檔案，詳細介紹中共對日情報工作，還深入探索潘漢年冤案的成因。

夏衍：《懶尋舊夢錄》，三聯書店。作者銘記三位把「左聯」（左翼作家聯盟）新聞發往世界的外國同志：美國女作家史沫特萊、日本記者尾崎秀實和山上正義。

《敵營十五年——李時雨回憶錄》，南海出版公司。李時雨由晉察冀社會部派遣，從北平潛入南京，任汪精衛政權的軍法處處長，偵獲絕密情報，營救抗日戰友。

曾龍：《我的父親袁殊》，接力出版社。作者非常好奇父親袁殊是怎樣實踐了「左翼文化人——國民黨特務——漢奸——革命軍人」之間的大跳動。

胡平：《情報日本》，東方出版中心。日本對外特別是對華情報工作的完整記述，包括主要機構、人物和事件。

吳童編著：《諜海風雲》，中共黨史出版社。自近代以來，日本間諜在中國的間諜情報活動。

岩井英一：《回想的上海》，《回想的上海》出版委員會、泉印刷株式會社。作者是日本外務省駐華情報工作負責人，在上海設有特務機關「岩井公館」。

親歷中日關係大事件，記述同高級情報人員的交往，其中有日本大特務土肥原、影佐楨昭等人，中共情報員潘漢年、袁殊等人。

《今井武夫回憶錄》，中國文史出版社。日本陸軍的情報將軍，負責對華誘降的「桐工作」。

徐則浩：《從俘虜到戰友——記八路軍、新四軍的敵軍工作》，安徽人民出版社。系統介紹抗日戰爭時期中國共產黨的敵軍工作，特別是對日本戰俘的工作。

楊奎松：《毛澤東與莫斯科的恩恩怨怨》，江西人民出版社。探索共產國際與中共的關係，在德國突襲蘇聯之後，共產國際總書記季米特洛夫數次發電報強烈要求中共保衛蘇聯。

袁南生：《斯大林、毛澤東與蔣介石》，湖南人民出版社。詳述兩國三方關係，蘇聯和中國的國民黨、共產黨的歷史糾葛，深入揭示珍珠港事件對中蘇關係和世界戰略格局的影響。

劉宗和、高金虎主編：《第二次世界大戰情報史》，解放軍出版社。作為專業學術成果，全面記述第二次世界大戰情報工作，還有情報合作、情報蒐集、情報評估、戰略欺騙、特種作戰等專題研究。

聞敏：《蘇聯諜報 70 年》，金城出版社。全面詮釋蘇聯諜報工作，對蘇聯遭受德國突襲的情報失誤作出詳盡解釋。

于立人編著：《中央情報局 50 年》，時事出版社。系統介紹美國最大的情報機構，包括其對華工作。

吳越：《蔣介石的絕密王牌——池步洲傳奇》，青島出版社。傳主是國民黨軍統的密碼破譯專家，偵悉日本發動太平洋戰爭的情報。本書反覆探索美國為何沒有接受中方的警告，還揭示了國共雙方的對日情報合作。

科列斯尼科娃、科列斯尼科夫：《同第三帝國決鬥（佐爾格）》，上海譯文出版社。蘇聯作者撰寫的佐爾格傳記，資料來自蘇聯檔案。

白井久也編著：《佐爾格事件資料集》，社會評論社。資料來自「美國公文書」，包括美國眾議院非美活動調查委員會記錄、聯合國軍最高司令官總司令部民間諜報局「佐爾格事件」報告書。

方知達：《一顆丹心——「中共諜報團案」風雲錄》，大江南北雜誌。在潘漢年情報系統聯繫的日本人小組中，方知達（張明達）是其中的中國籍聯絡員，而且是沒有被捕的少數幾人之一。

《中西功訊問調書——獻給中國革命的情報活動》，亞紀書房。日本警視廳特高第一課的警部補光永源槌把審問中西功的記錄抄寫保存在自己家中，戰後出版。其中有審訊中西功 33 次的記錄，有中西功提供中方的情報的一覽表，還有福本勝清的解説、中西功小論、中西功關係年表。本書內容豐富，但中西功本人提醒：其內容並不可靠，有時説謊來應付審訊。

中西功：《來自死亡壁壘中——寫給妻子的信》，岩波新書。一個反法西斯戰士在法西斯監獄中，堅持生命，堅持鬥爭。

劉釗：《抗戰初期在江陰抗日活動的回憶》，蘇州革命鬥爭史料選輯。本文罕有地介紹了鄭文道烈士的早期革命經歷。

何小魯：何克希之女，2010 年 7 月 9 日採訪。鄭文道參加何克希領導的抗日游擊隊，上海情報組織向部隊要人時，調任中西功的聯絡員。何克希向組織建議，發展鄭文道入黨。

景嶽、景虹：錢明的兒子、女兒，2011 年 5 月 1 日採訪。錢明（景若南）和鄭文道是同宿舍的同學，又同為中西功小組的聯絡員。八十年代，景嶽陪同父親訪日，找到中西功的家屬。

利人、劉振紅：劉釗之女，2011 年 5 月 1 日採訪。劉釗抗戰期間任潘漢年的秘密交通，還是鄭文道的入黨介紹人。

第七章

鋤　奸

—— 複雜深奧的反間諜之戰

中國的抗日戰爭是一場反侵略戰爭，捱打之後的抵抗，說到底還是處於被動局面。秘密戰線同樣如此，總體態勢還是防禦——反間諜。

行刺總司令的「雙料特務」

抗日戰爭期間，八路軍的保衛部門改名了，叫做「鋤奸部」。鏟除奸細，那奸細，專指為敵人服務的中國人，俗稱「漢奸」。

那麼，保衛部門的主要敵人就是漢奸？

陝甘寧邊區政府的工作報告，這樣歸納敵情：「在偉大的民族解放戰爭中，要打明的仗，還要打暗的仗。暗的仗因為是暗，許多人不大注意；正因為是暗，打的勝負常常比幾師人幾軍人勝負的結果還要大，打的戰略戰術也常常比明仗還要複雜深奧。這就是反敵探奸細反共特務的鬥爭，叫做鋤奸保衛工作。」

在共產黨的詞典中，「明仗」是「軍事鬥爭」，「暗仗」是「隱蔽鬥爭」。那「暗的敵人」中的敵人有三類：「敵探」專指日本特務，「奸細」就是漢奸，「反共特務」實際就是「國民黨特務」，簡稱「國特」。指出這暗仗的特點是「複雜深奧」，也是深得其中奧秘了。原來，這「鋤奸」，不只要鏟除漢奸，還要「反特」，漢奸的背後有更加狡猾的特務在指揮呢！

1937 年 8 月，朱德總司令將從陝西韓城東渡黃河，去山西前線指揮八路軍抗日。日本特務機關指令一個代號「骷髏」的中國殺手，在黃河渡口的芝川鎮對朱德實施刺殺。

骷髏坐在鎮口的茶樓，俯瞰樓下的歡迎隊伍，但等朱德一到就開槍。完成這樣凶險的任務，骷髏很有信心。因為骷髏同時又是軍統的人，軍統答應配合行動，一個行動小組就在街面上晃蕩，骷髏出手後這些人會掩護撤離。

只是骷髏不知，街頭小組的任務有所不同。骷髏打中朱德之後，他們將開槍射向骷髏。戴笠要殺人滅口，把破壞國共合作的罪責全部轉嫁日本特務。

骷髏和軍統行動小組各有算盤，但都沒有算中。駕馬來到芝川鎮的人不是朱德，而是八路軍前方總部的鋤奸部部長楊奇清，朱德總司令早已直接去渡口過河了。楊奇清事先得到情報，不但保衛了朱德的安全，而且生擒骷髏。

處決骷髏的佈告寫到，此人是「日本和國民黨雙料特務」。

「雙料特務」？外國加中國的雙料間諜，中共保衛人員面對的敵人，前所未有的複雜深奧。

楊奇清揮筆一勾，圈掉幾字增添兩字。於是，骷髏的頭銜就變成「日本漢奸」。這是深層的政策考慮，楊奇清出手抓捕骷髏的時候，放過了街頭的國民黨特務。國共合作期間，顧全大局。

這樣，以反日特國特為主的保衛部門，還是叫做鋤奸部。

無論「日探」還是「國特」，對外統統納入「鋤奸」範圍。凡是針對共產黨針對邊區的特務行為，都是資助日本侵華的奸細，都屬非法，都應鏟除。「反特」「反間」，也許還有黨派之爭的色彩，「鋤奸」卻是民族大義，名正言順。以「鋤奸」代稱抗日時期的反間諜工作，可見此時中共反間諜策略之高明。

延安也公審漢奸了。

1938 年 3 月 27 日傍晚，延安陝北公學操場召開公審大會。會場正面，一列長桌擺成半月形。正中端坐審判長陝甘寧邊區高等法院院長雷經天、成仿吾、莫文驊，旁邊是來自抗日軍政大學和陝北公學的人民陪審員。會場旁邊，三挺高射機槍直指藍天。會場之中，近萬幹部群眾凝神傾聽。

案情是一個詭譎的故事。一個自稱是八辦政訓處處長的男子，招收女知青來延安，沿路測繪地圖，還讓女知青陪宿。當他們住到延安交際處時，被邊保的程永和識破。

原來，此人真名吉思恭，1936年加入日本特務機關，以地輿學社的工作掩護進行情報活動。這次假借政訓處處長名義誘騙，一是想借人掩護自己測繪延安的兵要地圖，二是藉機騙色。

萬眾矚目之中，漢奸吉思恭被槍斃。

漢奸可惡，從川島芳子到吉思恭，日本侵華總是利用漢奸開路，而中國似乎永遠也不缺漢奸！東北有前清皇帝溥儀，南京有前國民黨副總裁汪精衛，華北有政務委員會主任王克敏，這些中國的大人物公開為日本人成立漢奸政權。基層漢奸也多，各淪陷區的鄉村普遍建立維持會，本地士紳出面為日本人維持統治。十幾個日軍就能控制一個縣，手下有的是偽軍和漢奸！

日本特務機關也利用漢奸開展活動，千方百計滲入國統區和共產黨根據地。

日本華北方面軍駐山西的集團軍司令部，在太原、汾陽、離石、嵐縣、臨汾設有特務機關，在臨縣、興縣、磧口、軍渡、柳林、三交設有特務據點。日本特務機關的主要活動方式是收買中國人，混入邊區做間諜，其中有高級間諜，也有低級偵探。從1939年至1941年，延安保衛機關共破獲日本派遣的漢奸案件73件。太原日本特務機關訓練的高子文，以三千元特別費，專程到延安謀刺毛澤東、周恩來。山西日本特務機關訓練小勤務李永茂，派到邊區偷文件、偷密碼、放毒。先後被延安捕獲的派遣特務有拜明耀、宋昌齡、羅鴻溝、蔡長庚、橄玉書、李田心、李巨川、高子文、王芝生等人，還有日本關東軍司令部派遣到延安的林蘇果夫婦，王哲夫婦。

還有一種是「日寇間接的組織」，漢奸與幫會結合。陝甘寧邊區有黑軍、天星黨，淮北區有花籃會、先天道、黑衣會。1937年至1938年，陝甘寧邊區內外有百餘股土匪，李青伍股在勞山伏擊周恩來，陳猴子股在黃河邊迎接日軍，綏德、關中還有哥老會組織「黑軍政府」。1938年至1939年破獲日寇收買哥老會組織的「探訪委員會」「地方探訪隊」「防共委員會」「特務委員會」「義貫大刀會」等。

形形色色的漢奸成為日軍侵華的「第五縱隊」。國民政府軍事委員會和陝甘寧邊區政府頒佈《懲治漢奸條例》，中共中央社會部連續發佈「鋤奸指示」，軍隊系統的保衛部門叫做「鋤奸部」，地方政府設有「鋤奸委員會」，兒童團拄着紅纓槍把口查路條也是鋤奸防奸。抗日戰爭是民族戰爭，懲治漢奸就成為全民族的共同任務。鋤奸，也就成為抗日戰爭期間中共情報、保衛部門的主要任務。

「特務」、「偵探」、「奸細」、「間諜」，非專業人士，很難弄清這些專有名詞的區別。依照慣例，特務的工作內容比較寬泛，偵探的工作主要是刺探軍情，奸細則特指背叛自己本來所屬陣營而為敵方進行情報服務的人，間諜的定義最嚴格，專指打入敵方陣營刺探情報的人。

在中共保衛系統中，戰爭年代經常要「反偵探」，抗日戰爭叫「鋤奸」，人民共和國成立初期稱「反特」，現在的標準說法是「反間諜」。

保衛工作有多項任務，反間諜，始終是最重要的核心工作。

大安莊來了個「好鬼子」

日本有運用特工的豐富經驗，軍隊有特務部，警察有特高課，戰場上還有「特別挺進殺戮隊」。

1942 年 5 月，日軍華北派遣軍調集三個師團一個旅團三萬多人突襲八路軍麻田總部，領先突襲的是「特別挺進隊」的日本特務，帶路找八路軍的是當地漢奸。25 日，八路軍總部在十字嶺被合圍，突圍的小路全被堵住，漢奸也熟悉地形啊。八路軍參謀長左權陣亡，這是抗戰期間中共犧牲的最高將領。左權曾留學蘇聯，在總部負責作戰部門，是個身經百戰的優秀將領。可惜，名將死於漢奸和日特之手！

延安的日本工農學校，有個日本兵學員相當活躍，被借調到邊區高等法院協助工作，抗大上課他去旁聽，部隊訓練他去觀看，延安召開群眾大會還主動上台發言。後來因為受懷疑而被捕，兩個戰士押送，這個日本人搶槍打死兩個押送戰士，向黃河方向逃跑。路上強迫農民做飯，卻被悄悄報告鋤奸部門。

就在這個日本特務用褲子裝滿饅頭，扛在脖子上趕路的時候，延安市公安局派出的一個班及時趕到，將其擊斃。原來，日軍最怕這個學校動搖軍心，特別派遣特務滲入破壞。

八路軍山東縱隊在日軍重兵圍困中奮戰，特別重視瓦解敵軍的工作。

廣東青年何慶宇在延安經總政敵工訓練班培訓，派到山東工作。山東縱隊成立敵工科，下屬武工隊，大力開展敵偽軍工作，還舉辦九期隔離式培訓班，培訓敵營中的內線。對偽軍工作成績很大，爭取了韓守臣部八千人起義，還裏應外合拿下莒縣城。

對日軍工作比較難，山東這邊只有一個朝鮮族幹部黎明懂日語。多虧有個「日軍反戰同盟」，小島金之助、小林寬澄、阪谷政三、金野博等十多個日軍戰俘，經過八路軍教育後決心反戰。「日軍反戰同盟」在山東積極開展反戰宣傳，標語傳單，唱歌喊話，弄得日軍部隊大不安生。

這一日，敵工科科長何慶宇接到一個消息——「大安莊來了個好鬼子！」

近期群眾反映，大安莊來了個好人鬼子，見人就笑，幫人看病，還減免偽軍攤派的糧食。日軍抓走兩個村長，也是那個水原清給救回來了。鬼子還有好人？這奇特的人物引起縱隊政治部的關注，莫非此人另有政治背景？山東縱隊的根據地設在沂蒙山區，根據地的邊緣有條沂河，對岸就是日軍駐守的大安莊，那地方一直是縱隊敵工科的工作重點。

何慶宇親赴前線調查，大安莊一帶連續發生抗日分子被害事件，那個被救回來的村長又被暗殺了。情況複雜，人物複雜，必須深入調查。

何慶宇手下的沂東武工隊個個都是雙槍將，神速出手，密捕水原清的交通員，繳獲了水原清寫給沂水事務所的密信。原來，這水原清是濟南特務機關派駐沂水事務所的特務頭子！水原清在大安莊搞了個「實驗區」，企圖以懷柔的方式征服中國的人心，實現「強化治安」的戰略部署。

從未見過的雙面間諜擺在面前，何慶宇苦苦思索，怎麼揭露這個傢伙呢？

這時，水原清還不知道自己的底細已被何慶宇掌控，反而向外放風要見八路軍司令。單刀赴會！何慶宇帶着懂日語的黎明，乘夜暗潛入大安莊，同水原清面談。水原清恭敬地表示同情共產黨，願意同八路軍情報合作。何慶宇將計就計，要求水原清提供日軍掃蕩的情報，而且要求水原清提供通行證。

反掃蕩戰鬥打響了，通行證是真的，能用；情報是假的，若用必死。這就證明，這個雙面間諜是假投降啊！山東縱隊決定，抓捕水原清這個日本特務，公開審判。

最新戰例表明，日軍不但狠打狠殺，還會搞欺騙。不僅我們利用兩面政策打入敵方，日本特務也在採用兩面政策欺騙我們！

同外國特務鬥爭，對於年輕的中共情報保衛部門，還是一個新的課題。你了解外國特務機構的內部情況嗎？你懂外語嗎？你能掌握外國特務的心理嗎？你能保證自己不上洋當嗎？

軍統總台有個「黨支部」

如果說中共對於日本的諜報機關還了解不夠的話，國民黨特務機關則是老對手了。

中共於 1936 年年底進入延安，第二年 5 月，蔣介石派遣中將高參涂思宗率團訪問延安，軍隊系統的特工科科長楊蔚混入活動。這年冬天，徐恩曾又派人到延安「作了一次探險旅行」，搞到一本書《黨的策略路線》，據說是張浩在「抗日大學」講課的教材。還有一個軍統特務沈之岳，聲稱自己曾經潛入延安，做過毛澤東的秘書，到各個國民黨特務機關介紹間諜經驗，風光一時。

國民黨特務當了毛澤東的秘書？這可是極其重要的大間諜！原來，這沈之岳確實曾經進入延安，1937 年 8 月在抗大二期學習，而且混入共產黨組織。後來看到延安政審嚴格，此人就悄悄溜了。什麼擔任毛澤東的秘書，那是吹牛。

無論自稱的間諜成績有多大水分，中統、軍統做延安工作還是十分出力。

圍繞陝甘寧邊區，中統原有山西、陝西、寧夏等省級區室，又建立洛川、榆林、彬縣、西峰等專區級區室。延安、甘泉、富縣等地的郵電局中都有中統特工，中統特務梅某還擔任延安電報局局長。

軍統的前身組織從1932年起即在陝西、甘肅活動，紅軍長征到達西北，軍統即在西安成立西北區，管轄陝西、甘肅、寧夏、青海四個省區，成為軍統在全國最大的一個區，張嚴佛任區長。西北區的特務組織很快擴大到五省範圍，設有西安站、蘭州站、榆林站、晉南站、太原站，二十多個組;西安無線電支台，下屬二十多個分台，台長汪克毅還以延安電信局局長的身份駐紮延安活動。天水行營政治部派遣一個考察團去延安，張嚴佛就派中共叛徒郭子明混入，郭子明回來寫了兩萬多字的延安情況報告，立即被提拔為軍統局二處中共科科長。

西安事變爆發，軍統西北區一度垮台，很快又恢復。1941年，軍統進行針對延安的組織大調整。將原來的西北區改為晉陝區，管轄山西、陝西兩省。新建西北區，管轄甘肅、寧夏、青海、新疆、西藏五省。兩區從東西兩面形成鉗形攻勢，夾擊陝甘寧邊區。晉陝區有榆林、洛川、延安、馬欄、三邊等組。還將綏德的榆林組上升為榆林站，封鎖黃河渡口。西北區由前中共黨員程一鳴任區長，下設蘭州站、平涼站、武威站、寧夏站，還有西峰組、迪化組、青海組、拉薩組、酒泉組，從西面滲透陝甘寧邊區。

國共兩黨在抗戰中成了公開的「友黨」，兩黨之間的特務活動本應自然消亡，但是，公開歸公開，暗地裏卻是另一番圖景。

政權機關全部被驅逐出邊區的國民黨，在陝甘寧邊區並非毫無立錐之地，共產黨卻把郵政局和電信局給留下了。人民生活需要啊！再加上公路交通未斷，延安和西安之間，始終有着「三通」！

「三通」有利於人民來往，有利於經貿交換。擔心「三通」的，只是保衞機構。每天寄到延安的信件都能用麻袋裝，有百姓的家信，有政府的公文，也有密寫的文件。每天發到延安的電報，既有明碼，也有密碼。這些文電之中，當然也有日特和國特的秘密通信。

為了偵控特務聯絡，保安處專門設立一個郵電檢查所。所長陳石奇，成員高繼銓、朱桂芳、雍晉炳、林松、李石生、秦平，勤務員白雪生等九人。電報密碼破譯是個專業性很強的工作，郵電檢查所只是將電文抄件送給軍委二局處理。軍委二局也在電信局附近設有電台，監聽無線電通信。

信件檢查工作量很大。延安來信遍及國內各地，包括國統區和淪陷區，甚至還有南洋等地的海外來信。大量信件是普通的家信，也有一些郵包之中夾有鴉片煙土，國民黨駐延安機構發出的信件之中還有很多情報內容。檢查所對淪陷區和海外信件逐件檢查，對於國統區的來信是重點抽查。檢查人員除所長陳石奇社會經驗較多、朱桂芳是北師大學生以外，其他的人都很年輕，缺乏社會經驗。技術手段也很簡單，只有碘酒和蘇打水兩種化學試劑。就是在這樣簡陋的條件下，檢查所還是有所發現。

夾雜煙土的郵件，多是一些鴉片商人寄發，郵包外面標有暗記「戊己」。發現這種標記就查，大大加快檢查進度。

最為驚心的發現是寄給毛澤東秘書的信件夾有密寫！出身無錫資本家的華明姐弟來到延安，抗大畢業後被選調為毛澤東的秘書。華明的父親非常疼愛孩子，經常寄信到延安，信中內容都是商人口吻，可信件空白處居然有密寫！檢查站分析無錫信件的密寫內容，並無特務活動跡象。但華明還是被調離毛澤東身邊，到邊區公路部門工作。人民共和國成立後，華明曾任鞍鋼廠長。

除了郵電檢查以外，保安處還對國民黨控制的郵政局、電信局展開內線偵察。梁濟父親有個同學是郵政局最老的信差，通過這個關係，郵政局局長把梁濟推薦給電信局局長。梁濟從電信局內部查清，延安郵政局的局長是中統特務，軍統在抗戰爆發後藉口軍郵改組，把電信主要幹部換成軍統特務。

國民黨控制的部門之中也不是鐵板一塊。郵政局中的一個年輕學員，主動辭職去抗大上學，電信局中也有地下共產黨員。國民黨在上海有個國際電台，早已被共產黨地下組織滲入。楊聯宗在國際電台工作時，由傅英豪秘密發展入黨，調到延安電信局任報務主任，與保安處接上關係。掌握實情後，保安處將特務局長李鈞秘密逮捕，突擊審訊，爭取其為邊保提供情報。又先後將業務員王樂、郵局王局長、徐郵務佐爭取為內線。檢查站的秦平秘密與內線接頭，定期拿到電信局全部發報底稿的抄件，再交給破譯部門。

這樣，國民黨留在延安的郵政局、電信局，非但沒有為國民黨完成情報據點的任務，反而成了共產黨獲取情報的渠道。國民黨陝西省黨部、陝西調統室郵寄邊區的內部文件和特工文件，紛紛落入邊保手中。

「三通」，人們公認這是有利人民之間交流的好事，但是，保衛機構也擔心這是對手乘機搞情報的壞事。不過，情報渠道就在那裏，你可以搞，我也可以搞，壞事可以變成好事，為什麼要反對三通？

事實證明，國民黨特務始終在暗中破壞。可是，現在畢竟是國共合作抗日，「敵探」這個稱呼專屬日本特務。國民黨的特務不宜稱為敵人，那麼，這個對手就簡稱「國特」吧。

國特在邊區外圍開展針對性活動：「第一，邊區周圍各縣，上自黨務、行政、軍事、交通、文化等機關，下至鄉村保甲，一律都是受過訓練的所謂『忠幹人才』，專以破壞邊區為能事，這類機關，共計有三百多個。」「第二，組織群眾的特務團體。」「第三，秘密建立所謂肅奸網、遞步網、諜報網等。」「第四，製造土匪，如經常騷擾邊區的趙老五、張庭芝、夏老幺、陳老大等，都為他們所支持，其次則公開縱兵為匪，如過去的西峰保安隊、清澗保安隊搶殺行旅，最近之原何紹南保安隊，準備侵入邊區。」

國特還「佈置邊區內部的明暗點線」：「一是以公開合法的機關和團體作為變相的領導特務機關的明點線，其次是設法打入我內部，或直接派人，或用金錢美女收買的所謂暗點線（內線）及建立秘密保甲等，這是反共分子破壞我們的主要策略，三年來經我們發現的達一百人以上。」

作為邊區的反間諜機關，邊保對於國民黨特務的估計相當充分，連續下發指導鋤奸工作的文件。面對日益加重的反間諜任務，邊保重視加強調查研究工作，建立自己的監聽電台，配備技術人員和密碼破譯人員，還創辦情報刊物《書報簡訊》，定期向中央機關和其他部門通報敵特情況。

針對國民黨在邊區周圍的情報據點，邊保也設立自己的情報據點。面對南、西、北、東四個方向的國民黨諜報力量，邊保於 1941 年增設關中、隴東、三邊、綏德四個分處。

邊區的鋤奸工作還注意將專門工作與群眾工作結合進行。將原來是政府機關的「鋤奸委員會」改為群眾團體，由鄉參議會在公民中選定七人組成，鄉長、鋤奸主任、自衛軍連長為當然委員。共產黨組織能力強，黨政軍群全動員，邊境有檢查站的盤查，內部有組織部門的審查，日常有群眾的監督，明裏暗裏天羅地網。無論是日本特務還是國民黨特務，都將派往邊區視為畏途。

如何派遣特工潛入邊區，中統、軍統都想了不少點子。在邊境地區拉攏人員建立秘密組織，在行商、小販中發展關係混入延安，還專門訓練諜報人員打入中共組織，但是，這些手段都收效不大。

對共諜報，國民黨以往的成功大多來自中共的叛徒。因此，中統特別重視採用「突擊」政策。所謂「突擊」，就是對中共成員進行秘密逮捕，強制說服，拉攏其為內線，而後秘密釋放。突擊活動先後有「內線突擊」「自首政策」「一和二運動」。1940 年，中統下文在全國各省室開展「高級特情突擊競賽」，要求以中共分局、省委、區委、地委、縣委各級與後方留守機關的高級負責人為對象，定 10 至 12 個月為突擊期，由各省室主任及實驗區區長親自主持，每單位完成 1 至 2 人為合格。

「特情」工作又不是體育活動，居然還要開展「競賽」？可見國民黨特務機關對共產黨開展諜報工作之積極與急迫。中社部指出：「國民黨在中國有長期統治歷史，龐大特務機關利用着相當數量富有政治經驗的我黨叛徒及具備着其他便利條件，因此，尤須切實掌握政策，分化其社會基礎，以達肅清內奸，粉碎敵人之目的。」

建立內線間諜，一般有兩種方式：打進去，拉出來。

打進去——派遣自己的秘密情報員潛入敵特機關充當內線。拉出來——爭取敵特機關的人員為我服務充當內線。間諜工作的實踐證明：「打進去」比「拉出來」要難得多。混過政審加入組織的間諜，要想調到能夠掌握情報的崗位，還要經過多道關卡。因此，派遣間諜建立內線，往往是長期而艱巨的工作，難以及時收效。

選擇敵特機關之中關鍵崗位的人員，加以誘導，使其為我服務，則是立竿見影的事情。國民黨早已在使用中共叛徒上嚐到甜頭，因此特別注重對中共採用「拉出來」方針。抗戰初期，國民黨拉出去中共政治局委員張國燾，拉出去紅軍高級幹部徐夢秋。國民黨畢竟掌握政權資源，施展「拉出來」的方略相對便利。

邊保的富平外勤據點，位於「囊形地帶」關中分區的南端，正是對西安鬥爭的最前線。1941 年年底的一天，關中劇團的團長何志德急匆匆來外勤據點報告：自己的族兄何某叛變，拉攏自己投敵！

接待何志德的邊保外勤幹部秦平大吃一驚——這何某可是個著名的進步人士！西安事變前後，何某是「西北青年救國會」的領袖人物，聞名遐邇的「西北五青年」之一。這樣的進步分子怎能叛變呢？

關中地委書記習仲勛與富平外勤組組長曲及先研究決定：誘捕何某。

何志德假裝同意何某的要求，託人捎話約見，何某一來就被秘密逮捕。突擊審訊發現，何某被國民黨逮捕之後自首叛變，加入了中統特務組織。考慮到何某過去的革命經歷，邊保外勤組打算將其逆用，派回中統充當內線。可是，何某卻乘警衛疏忽，突然出逃，被追去的戰士捕獲。

一個赫赫有名的革命青年，也會被國民黨拉出去做特務！事實使人看到：鋤奸工作既要防止敵特「打進來」，又要防止敵特「拉出去」，在某種程度上可以說，防止「拉出去」的任務更加重要！

都知道「拉」比「打」有效，那麼，人家能夠從我們的隊伍之中「拉出去」，我們為何不能從他們那裏「拉出來」？

難啊！不是難在別人不讓拉，而是難在自己不肯拉。周恩來創立特科的時候，特別注意運用「拉出來」的策略，起了很大的作用。可是，接連執掌中央的「左」傾領導卻滿眼都是死敵，在黨內搞「殘酷鬥爭」，對中間派要「無情打擊」，至於敵人營壘嘛，更是「鐵板一塊」。連自己人都要推出去，根本談不上「拉出來」！

抗日戰爭時期，中共中央在秘密工作方面也糾正了過去的「左」傾政策。到達陝北後，毛澤東在《論反對日本帝國主義的策略》中提出：「他們能夠拉了我們隊伍的壞分子跑出去，我們當然也能夠拉了他們隊伍中的『壞分子』跑過來。」

在軍事上擅長積極防禦的中共，在情報戰中也採取積極防禦的方針，以「拉出來」對「拉出去」。1941 年 12 月，中共中央發出《關於改進情報工作的通知》:「不會利用敵人內部一切能利用的人（進步人士、動搖漢奸、投機分子、失意分子、叛徒等等）則內線工作不能得到大的成績。」有了中央的尚方寶劍，情報部門就放手在敵營中拉了。

國民黨本是革命起家，吸收特工人員也以革命理想為號召。可是，掌握政權的國民黨正在走向腐化，這就失去進步的號召力。於是，已經進入國民黨特務機關的進步青年，就有「身在曹營心在漢」的念頭。共產黨雖然沒有掌握全國政權，卻引領着全國的進步思潮，這就是「拉出來」的獨有優勢。

1939 年秋天的一個夜晚，重慶曾家岩的八路軍辦事處，突然闖進兩個不速之客——國民黨軍統電台的軍官張蔚林和馮傳慶想去延安！

曾家岩位於重慶市郊的一處紅色岩石之上，又稱紅岩。這裏的機關對外稱八辦，對內還是中共南方局，領導着西南、華南的中共地下組織。南方局軍事組接待這兩個軍統軍官，決定讓他們繼續留在軍統系統工作，獲取情報。不久，又發展二人為秘密共產黨員。

軍統電信總台設在重慶兩路口浮圖關下的遺愛祠，是個由美國援建的現代化電信中心。從這裏發出的電信，指揮着軍統在海內外的數百個秘密情報組織，數十萬秘密特工。馮傳慶在電信總台的職位僅次於台長，管轄軍統在海內外的數百部電台和上千名報務人員，可以掌握軍統的核心秘密。張蔚林任職的重慶衛戍區電信監察科，負責監聽重慶地區的無線電信號，正可以保護重慶地區的共產黨秘密電台。

這兩個從軍統之中拉出來的內線力量，組成潛伏在軍統之中的情報小組，其作用十分重要。為了保護安全，南方局軍事組禁止他們再到曾家岩來。由誰聯絡呢？南方局軍事組組長葉劍英手裏，還有一個重要的女情工人員——中央組織部剛從延安派來的張露萍。

張露萍的姐夫是川軍師長，中央組織部將她派回四川，做川軍上層的統戰工作，正好葉劍英這裏缺人。於是，張露萍變成張蔚林的妹妹，在接觸中又發展趙力耕、楊洸、陳國柱、王席珍等人，建立了軍統之中的共產黨支部，年方二十的張露萍任支部書記。

這個秘密支部很快拿到軍統所有電台的呼號、波長，這就使得軍統的秘密電波都暴露於中共偵聽之下。一次，從戴笠發給胡宗南的密電中獲悉，軍統準備派遣一個情報小組攜帶電台潛入陝甘寧邊區。這個情報提前發到延安，軍統的情報小組剛剛進入邊區，就被守候的邊保人員捕獲。這個案例被共產黨公佈，作為國民黨對友黨進行諜報活動的證據，搞得戴笠相當被動。

諜戰與公開戰爭也有共性——進攻是最好的防禦。實踐證明，以「拉出來」對「拉出去」，效率最高。

關中有個「雙重間諜」

無論國民黨的「拉出去」還是共產黨的「拉出來」，大家都在製造「叛徒」。變化頻繁的中國政壇，似乎從來不缺「叛徒」。

中共保衛部門最恨的就是叛徒。第二次國內戰爭期間，國民黨破獲白區大多數地下共產黨組織，靠的就是顧順章等大批叛徒，叛徒是最大的安全威脅，特科「打狗隊」打的就是叛徒。

抗日戰爭期間，第二次國共合作，共產黨員又會在工作場合遇見過去的叛徒，不免反感。山西的閻錫山利用這種矛盾，有意在犧盟會中使用大量叛徒幹部，壓制共產黨員。如何對待叛徒，就成為對中共政策水平的考驗。

1942 年 12 月，毛澤東為中共中央起草黨內指示，總結概括情報工作的政策，明確提出：「對於叛徒，除罪大惡極者外，在其不繼續反共的前提下，予以自新之路；如能回頭革命，還可予以接待，但不准重新入黨。」中央政策解除了下面的顧慮，犧盟會中的共產黨員注意團結爭取過去的叛徒，兩股力量聯合對付山西的頑固勢力，有效地控制了犧盟會和山西新軍。

連叛徒都可以使用，情報工作還有什麼禁忌！延安的情報、保衞部門思想活躍，展開關於反間諜方針的討論。邊保的布魯提出「化敵為我，化我為敵」，中社部的陳龍、慕丰韻等人有不同意見。敵我之間的利用關係，不一定能實現完全的轉化。後來，這個方針確定為「化敵為我服務」，決定大膽使用國特反正分子和可用的嫌疑分子。邊保還提出「重拉比重派」「重內比重外」「重上比重中下」的情報組織建設方針，強調重視拉出來、強調重視建立內線、強調重視上層。

思想一解放，工作就活躍了。中情部與各分局社會部大膽開展工作，積極在敵特機關內部建立特情力量。

正在西安建立秘密電台的王超北，遇到一個線索。1941 年，地下黨員武少文告訴王超北，老相識李茂堂希望重新為黨工作。李茂堂和王超北都是大革命時期的黨員，後來李茂堂被敵人逮捕，曾帶隊追捕王超北。李茂堂其實還是身在曹營心在漢，抗日戰爭爆發後，正在中統蘭州站工作的李茂堂急切找黨，就委託表兄武少文來找王超北。王超北將此事向西安八辦請示。經延安同意，由王超北聯繫李茂堂。

為了更好地為黨工作，李茂堂爭取從蘭州調到西安，任中統陝西省室副主任。從此，統管對邊區特務活動的天水行營「黨政軍特聯會報」，會議記錄一次不落地送到延安，延安還有了中統的密碼本。

王超北、李茂堂與潛藏在國民黨陝西黨部的陳子敬商議，利用國民黨高層「朱系」與「CC 系」的矛盾，靠在 CC 派中央組織部的徐恩曾一邊，支持陝西黨部的楊大乾、李猶龍等人，反對中央組織部部長朱家驊的親信陝西黨部書記長王季高。陝西的官司打到蔣介石那兒，陳果夫接任朱家驊的組織部部長，谷正鼎接任王季高的陝西省黨部主任。CC 派大獲全勝，論功行賞，李茂堂被任命為中統陝西省室主任、西北局專員，掌握了陝西中統的最高權力。

國民黨在西安有多個集中營，專門收容中共地下黨員和奔赴延安的青年學生。谷正鼎設計了一條毒計：派遣一個叛徒，以苦肉計方式取得難友信任，而後策動大家逃跑，再由監管當局藉口制止越獄打死全部犯人。然而，就在這家伙帶頭爬上高牆的時候，難友們把他拉下來，一頓臭揍，當場斃命。這底細，早被谷正鼎的親信李茂堂識破了。

指揮間諜戰的主將變成對方人馬，《苦肉計》的劇本演成《蔣幹盜書》，中統對延安的間諜戰敗得糊裏糊塗。一生矢志反共的中統局局長徐恩曾感歎，抗日戰爭導致國共合作，給共產黨帶來起死回生的機遇。

豈不知，機遇也是創造出來的。政策因應機遇，中共中央確定的「化敵為我服務」的方針，使得中共情報部門得以在敵特機關之中建立重要的內線力量，取得諜報鬥爭的主動權。

國民黨的特務機關使用了大量中共叛徒，其中有的是真心誠意投敵，多數是脱黨（失去聯繫）卻並沒有出賣過組織。一旦時機來臨，這些脱黨分子又會回頭為中共服務。還有少數人，原本就是冒充「叛徒」打入國民黨特務組織，

1949 年西安解放後，西安情報處處長王超北（前排右四）、副處長李茂堂（前排右三）與該處部分成員合影。

更是潛藏極深。中統包圍邊區的兩個省，陝西省室主任李茂堂和山西省室主任繆莊林，都秘密回到共產黨陣營。

鋤奸，往往被理解為簡單的「凡奸必除」。從延安到晉察冀的冀東公安局局長黎耘，特別提出：「我們的鋤奸工作，又不能只憑「殺人」來解決問題，要想做到好處，除了嚴厲鎮壓罪惡昭彰的首要分子外，一般的還應該以教育為主，着重於政治上的鋤奸。」政治上的鋤奸錯綜複雜。誰的政策活，誰的手段多；誰的手段多，誰的戰果大。

一個複雜的間諜案件出現了。

1941 年冬天，一對夫妻從敵佔區回到延安，這是蘇軍情報組培訓派出的間諜，潛入瀋陽又返回。

中社部秘書王初連續接到《解放日報》的退稿信，都是這對剛剛返回延安的夫妻的作品，其中並無具體內容，只像是發出到達延安的信號。室主任汪金祥和偵察科科長陳龍開始調查，沿着這對夫妻返回延安的路線，查問各個交通站，回電都說，這對夫妻抵達後就在報紙上發表一篇文章或是一首短詩。中社部又詢問瀋陽，得知這二人返回延安並未經過領導同意，實屬擅自行動。

分別審訊，妻子田某是個淳樸的工人，組織上問什麼都照實回答。原來，這二人奉蘇軍情報組之命到瀋陽潛伏，被日軍監聽發現電台。日特決心逆用，派二人回延安後長期潛伏，一般不搞組織聯絡，只在報紙上發表文章當信號。

這個男子張某被捕，坦白的田某則送到西北公學的情報訓練班學習，後來還入了黨。

按照布魯的說法，這個案例就是「反反間諜」。我方派出偵察的間諜，被敵方反間諜逆用，而後，我方再採取反反間諜措施……

陝甘寧邊區的保衛幹部大多是工農出身，生活經歷比較簡單，抗日戰爭的來臨，一下把空前複雜的諜報鬥爭擺在大家面前。

旬邑縣職田鎮位於邊區與國統區交界地帶，這裏的楊家與蕭家是冤家世仇，蕭家人參加革命，被楊家人擠得無法立足。為了保全家族，蕭某投降國民黨借刀殺仇，但又不反對共產黨，不時託人給新正縣保安科捎情報。出於私人矛盾，還向國特控告一個張姓叛徒。這蕭某兩邊告狀，鬧得兩邊的保衛機關都不敢相信他。鋤奸運動中，邊保逮捕了蕭某，蕭某痛哭流涕地交代全部事實，表示自己叛變完全是為了家族利益，絕不危害邊區。後來，這蕭某也確實把家搬到邊區，當個普通老百姓，再也不為國特工作。

邊境地帶敵我交錯，兵、匪、諜、民，身份不時變換。情報、保衛幹部必須具體了解社會情況，準確掌握政策。邊保的幹部開始接觸一個複雜的題目：雙重間諜。

所謂「雙重間諜」（兩面間諜、逆用間諜）有兩種含義：一種是一個間諜同時為相互敵對的兩個間諜機關服務，腳踩兩隻船！這種雙重間諜最令間諜機關頭痛，有奶就是娘，誰知他真心為誰？另一種是通過為一方的假服務來達到為另一方真服務，身在曹營心在漢。這第二種間諜也令間諜機關警惕，不要被對方拉了過去。無論哪種雙重間諜，在間諜活動之中都屬較高級別，較高難度。

邊保也有了一個雙重間諜。在邊區當小學教員的楊宏超，收到國統區寄來的策反信件，邊保乘機派這個楊宏超打入中統。為了使楊宏超贏得中統信任，外勤組還給楊宏超一些假情報、假特情。楊宏超果然被中統任命為「專任調工」，搞回不少情報。後來，中社部檢查工作時批評邊保，關中的假特情給高了，連縣委書記都説成了國特，這是壯大敵人力量，必須撤掉。關中地委和外勤組研究決定，由新正縣委書記李科等人在報紙上發表聲明闢謠。這下，楊宏超在中統那邊就有些被動。不久，負責與楊宏超單線聯繫的外勤組組長曲及先調回延安，由秦平接手工作。但是，楊宏超送來的情報越來越少，有時也就是些馬路新聞。

就在這時，邊區銀行關中分行的行長周崇德，將一個叫文彬的人送到秦平這裏審查。談話中秦平很快發現疑點：文彬做周崇德下級是在隴東分行，而周崇德調來關中不久，文彬怎能很快知道？經過審問，文彬交代內情。文彬回國統區老家結婚，被國民黨旬邑縣黨部秘密逮捕，中統特務蒲玉階和楊宏超強迫文彬回邊區策反周崇德。

楊宏超策反周崇德？

最近邊界形勢緊張，國民黨隨時可能發動軍事進攻，有些動搖分子正在另找出路，這楊宏超是不是也變了？

保安處一局局長師哲率隊來關中，秘密逮捕了楊宏超。後來，楊宏超案成為延安審幹運動之中的典型案例，楊宏超的叔叔楊遠耀是陝北的老黨員，此案又牽扯到陝西黨。

諜報戰是最複雜的鬥爭，雙重間諜是最難處的人物。楊宏超只是一個年輕的小學教員，一下成了雙重間諜，缺乏訓練過程，不會應對複雜局面。你帶給國特的情報關係公開闢謠，那你還能繼續受到國特機關的信任嗎？不受信任的人還能得到機密情報嗎？不能送回機密情報還能得到共產黨的信任嗎？兩面不受信任的雙重間諜，總是處境為難。在間諜道德坐標尺中，堅定、動搖、逃避、腳踩兩隻船、自首、叛變、投敵，各種選擇都在誘惑。

楊宏超這個雙重間諜到底忠於何方？事後甄別發現，中統派遣文彬策反周崇德，楊宏超當時曾向邊保報告，但是由於聯絡困難，情報沒有及時送到秦平手中，所以引起誤解。

考察一個間諜的標準是什麼？這是一個相當難度的問題。中社部當年的文件曾經列舉多項標準。簡而言之，看他帶回的情報質量。給誰的情報真實準確級別高，就是對誰忠心。其他的什麼簽字畫押口頭表態都是虛的。

中共冀熱遼區委在楊家鋪召開三級幹部會議，突遭日軍包圍，冀東情報站站長任遠已經突圍，又衝入包圍圈營救同志，重傷被俘。

任遠 1936 年在家鄉綏德參加革命，1938 年參加邊保七里鋪一期情報偵察訓練班，後隨許建國到晉察冀工作。中社部費盡心機溝通東北，這任務就由冀東承擔。任遠生怕自己把握不住泄密，決心自殺，可是身受重傷無法動手。

日本人發現抓到一個共產黨的大特務，非常重視。先是嚴加審訊，繼而優待誘降。任遠設計口供，一下提供了三十幾個人的名單。日本人以為任遠動搖，放鬆了戒備，任遠又乘機與中共地下組織取得聯繫，相機脱逃。其實，任遠提供的名單，正是除掉漢奸的借刀殺人之計。

反間諜，確實是一項複雜深奧的工作。

都知道派遣間諜打入敵特機關十分困難，其實，從某種意義上又可以說，反間諜不比派間諜容易。派遣間諜，我在暗處，敵在明處，我可設計騙誘敵人。反間諜，敵在暗處，我在明處，難以識別對手的真實身份。

社會生活是複雜的，間諜戰爭更為複雜，誰的頭腦簡單誰吃虧！

「雷公咋不打毛澤東？」

共產黨搞社會治理還是挺扎實，陝甘寧邊區的刑事、治安案件都相當少，延安甚至達到了路不拾遺，夜不閉戶的狀況。中國大地到處民不聊生，唯有這陝甘寧邊區，真是一片人間樂園了。

國民黨可不願看到延安坐大，1940 年秋天斷了八路軍的軍餉，封鎖陝甘寧邊區的物資供應。140 萬人口的邊區，如何養育數十萬人的部隊和機關？善於打仗的共產黨遇到經濟危機，陝甘寧邊區面臨彈盡糧絕的前景。

越是缺少糧食越是需要多徵糧。1941 年 6 月 3 日，邊區政府召開縣長聯席會議討論徵糧問題。乾旱少雨的延安突然天降暴雨，一聲巨響，雷電擊中會議室，與會八人受傷，延川縣代縣長李彩雲當場死亡！

中國民間向有天人感應之說，一次普通的自然災害被老百姓傳得沸沸揚揚：「縣長遭了天打五雷劈，幹了虧心事了！」

更有人說：「老天爺不睜眼，雷公咋不打死毛澤東？」

這陝北不是尋常地方，當年李自成起義就是陝北災民造反。邊保向來嚴密注意社會動向，聽說攻擊毛主席的言論，立即將其列為反革命案件，嚴肅追查。

毛澤東得知此事並不驚訝，先問說話人有無政治背景。得知其人不過是個普通農民，毛澤東制止了保安處的追查。

農民出身的毛澤東，懂得農民不會無緣無故罵人。毛澤東判斷：這說明我們工作中出了什麼問題。調查一番，毛澤東發現農民的主要意見是徵糧太多。保衛貧弱的邊區需要強大的力量，而龐大的脫產隊伍又會對貧弱的邊區竭澤而漁，黨內幹部認為這是一個不可解決的悖論。沒想到，在邊區第二屆參議會上，無黨派參議員李鼎銘提出「精兵簡政」的提案。

精兵簡政，精簡的目標必將是軍隊和機關，共產黨的核心力量。回顧民國歷史，多少次搞軍隊整編，沒有哪次成功。執政者誰肯放棄既得利益？可是，毛澤東卻十分欣賞李鼎銘的建議。邊區政府立即成立編整委員會。1941 年 12 月，邊區政府政務會議決定大量縮減人員編制，1942 年公糧只徵收 60 萬石，比上年減少 4 萬石；公草只徵收 1600 萬斤，比上年減少 1000 萬斤。

一手節流，另一手開源，毛澤東又號召開展大生產運動。全邊區從主席到辦事員個個勞動，開荒種地，紡紗織布。延安這支精幹的隊伍，居然靠自己動手滿足了大部分需要。

一起「雷公」事件，引出諸多後果。保衛部門不僅避免了一次錯案，而且學習着如何對待政治上的反對意見，如何對待公民。

如何區分不同性質的矛盾，不僅是政策問題，還有能力問題。隴東分區就出現了一個複雜的偷錢案件。

這年隴東大旱，慶陽縣政府撥出專款救濟災民，縣民政科科長李廉臣攜帶的 800 萬邊幣丟失，偷錢的嫌疑落在兩人身上。這李科長是國民黨留用人員，那李秘書好抽大煙。追查中，李秘書去李科長家從他弟弟手裏詐出 200 萬，逼李科長賠償 600 萬！李科長非說這 200 萬是親戚託他買大煙土的錢，還要李秘書交出 800 萬！案情複雜，隴東保安科將李科長和李秘書同時收押。這時，慶陽縣羅副縣長突然找到保安科科長李甫山，遞上李秘書勾連平涼國特的信件。

偷錢案上升為特務案！隴東法院決定逮捕李秘書，李科長則無罪釋放。

邊保的保衛部部長布魯到隴東巡視，接到幹部和群眾的反映，說李秘書是老實人，而李科長與羅副縣長是連襟，官向官，民向民，烏龜對着王八親。還有人發牢騷，說共產黨和國民黨也一樣，還是向着當官的。

布魯向來喜好鑽研物證，這次拿到國民黨特務的秘密聯絡信件，更是愛不釋手。反覆琢磨，終於發現疑點。原來，那李科長和李秘書同居一個窯洞，故意請李秘書代筆寫信。信寫好後，李科長用煙頭燒掉落款和一些字詞，這封平常信件就變成了特務聯絡密信。這高明的主意來自連襟羅副縣長，學自老戲《蔣幹盜書》。此案重新審理，李科長和羅副縣長被捕，李秘書無罪釋放。剛剛解放一年多的慶陽，群情激動，紛紛稱讚共產黨公正廉明。

無獨有偶，慶陽不久又出現一起偷錢案件。

全縣幹部的津貼費，就在財務科的屋子裏面沒了。嫌疑指向內部，縣保安科科長郝蘇佈置偵察員王夫林先從外圍了解情況，了解到縣長老婆最近花銷突然變大。保安科女幹部黃友群去接近縣長老婆，發現她常去財務科聊天。郝蘇把縣長老婆叫來談話，這女人比較簡單，一問就招。

案情牽扯到縣長馮治國的家屬，郝蘇把情況告訴馮治國。這位陝北老革命黨性很強：「這是保安科的事情。」

縣長老婆偷錢都被抓了！隴東的老百姓到處宣揚：共產黨大義滅親！

隴東專員馬錫武兼任法院院長，公開審判調解諸多複雜案件，贏得民心，隴東人稱「馬青天」。

政黨如何執掌政權，政權如何為人民服務，延安作出了回答。這個學習，並不容易。中共的保衛組織學自蘇聯的契卡，那契卡是個簡稱，全名是「全蘇肅清反革命和制止怠工委員會」。肅反是敵我矛盾，怠工是人民內部矛盾，兩類矛盾由一個機構處理？由此，蘇聯的肅反常常擴大化，而受到蘇聯的影響，中共的肅反也出現嚴重的擴大化。

現在，中共開始改了，人民內部矛盾不能上綱為敵我矛盾。

反間計

延安有群諜戰迷，經常討論學術問題。

布魯說出一串新詞：「偵察、反偵察、反反偵察⋯⋯」這「偵察」，就是我方偵察敵方的行動；這「反偵察」，就是敵方防範我方偵察的行動；這「反反偵察」，就是我方針對敵方防範行動而採取的進一步偵察行動……

說來說去，往往把人繞住了。都說布魯摳名詞，布魯卻樂此不疲。諜報戰爭越來越複雜，方法論也得跟得上去才行。

其實，這種繞口令式的專業術語，仍然不足以描繪間諜戰爭的複雜程度。

1938 年年底，李啟明到綏德從事外勤工作，在國民黨駐軍中建立了魯南情報組，成功地揭露國民黨綏德專員何紹南的貪污罪行。從敵人內部拉出特情，利用情報取得鬥爭勝利，這已經是一次成功的諜報鬥爭。但邊保並未就此停步，1940 年綏德解放，李啟明又以遣送俘虜的方式，將魯南和龔震派往國統區。魯南到綏遠，先後打入多個國民黨機關，獲得很多情報。可是，一個從綏德逃來的軍官認出魯南，魯南只承認自己是共產黨的情報關係，同時設法向延安捎信報告。

軍統相當重視手中的共產黨間諜，又企圖逆用魯南打入共產黨保衛機關。李啟明早已得知魯南被捕，決定再做一次回擊，於是就給魯南回了一封密信。軍統以為逆用生效，更加重用魯南，於是魯南又能繼續為邊保提供情報。

1942 年春，軍統頭子馬漢三派魯南打入延安，李啟明也通知魯南回延安參加整風，國共兩方的特務頭子想到一處，魯南得以平安返回。而後，又再次打入綏遠，當上「黨政軍特聯會報」的秘書，能夠掌握綏遠地區的所有重要情報，在解放戰爭中發揮了更為重要的作用。

從敵營中發展情報力量，運用情報反制對手；情報員被破獲，又能藉敵方逆用之機繼續潛伏；在適當時機策動敵方派遣，安全調回情報員；又在重要關頭再派情報員重新打入敵方，長期發揮情報作用。

魯南情報組的完整案例表明，延安的反間諜工作已經達到相當水平。

反間諜指捕獲敵方間諜，反間計則為反用敵方間諜，間諜戰的最高層次還是「反間計」。

蔣介石是個使用反間計的高手。1932 年，共產黨員許繼慎等人奉命創建鄂豫皖根據地。這個黃埔學生驍勇善戰，打得蔣介石這個老師沒得辦法。蔣介石派遣了兩個特務，冒充國民黨改組派，到蘇區與許繼慎聯絡。兩個特務落到保衛局手中，供認許繼慎是國民黨內線。於是，國民黨打不垮的許繼慎，死在內部肅反的刀下。

處於延安和西安之間的洛川，正是國共諜戰的前哨陣地。洛川的中統頭子單不移，派遣黨部幹事王忠歧找邊保假投誠。邊保外勤組組長趙去非正好施行反間計，說自己這邊跑的叛徒其實是臥底。

除掉叛徒之後，趙去非又逼迫王忠歧這個投誠者提供潛伏特務名單，查出單不移正在策反邊區參議員樊某。泄露中統重大秘密的王忠歧不敢繼續裝假，乘夜逃走。趙去非佈置下面不要追，就好像那王忠歧是我們讓他走的。果然，單不移懷疑王忠歧的逃回太順，狠狠用刑，將其秘密活埋。

除掉假投降的王忠歧，趙去非還不算完，又向外放風，擺明王忠歧是自己逃跑的。洛川的國民黨人員騷動起來，邊保情報員石志文和程永和乘機挑撥，說單不移這個外來戶專整本地人！這下鬧得單不移在洛川待不下去，丟下工作擅自出走。

中統的洛川調統室無人負責，邊保立即着手奪權。宜川縣的中統專任調工聶銘錫也是邊保的內線，不待上級任命自行來到洛川，「挺身而出，主持大局」。洛川的中統機關，從此完全掌握在邊保手中！

巧用反間計，不只除掉個把間諜，而且掌控敵方整個特務機關。年輕的邊保幹部，學習得夠快。喜好鑽研的趙蒼璧認為：「在隱蔽鬥爭中，敵我雙方都要按照自己的謀略和方策行動，雙方的謀略和方策都是為了戰勝對方。」「敵我之間的這種智的較量，針鋒相對的謀略和方策，我們謂之『智弈』。」

邊保積極開展「智弈鬥爭」。綏德、米脂外勤據點設法在國民黨內部發展內線。軍統榆林、綏德區上校專員韋良的妻子是米脂人，邊保就通過其妻聯繫，爭取韋良成為內線。韋良提供胡宗南部的動向，揭露軍統挑撥西北軍鄧寶珊、高桂滋、高雙成各軍之間關係的陰謀。國民黨榆林區秘書長李文芳也成為邊保內線，向邊保外勤曹鴻壁提供中統電報密碼和中統依靠胡宗南進入邊區的情報。

1942 年年底的時候，邊保各外勤據點已經在對面的國民黨統治區發展情報力量百餘人，獲得情報數百件，其中有中統陝西省室特情突擊競賽指示，洛川、榆林等區室的工作計劃，而且控制了洛川的國民黨特務據點。

國共兩黨圍繞陝甘寧邊區的諜戰競賽，共產黨逐步佔據主動。

這反間諜工作，實在是個複雜而深奧的問題。諜報鬥爭的複雜就在於敵我混淆，敵中有我，我中有敵。因此，誰能化敵為我服務，誰就能取得諜戰的勝利。雙方都在爭取間諜，那麼，處於夾縫之中的間諜到底會為誰服務呢？

這世間，最深奧的不是工作技術，還是人心。間諜也是人，也有心之所向。而且，間諜之心，要比常人更加深奧。處於弱勢的共產黨，奪取天下全靠人心所向。那麼，能不能讓間諜也心向共產黨呢？

主要資料

王曉華、孟國祥、張慶軍等編著：《國共抗戰肅奸記》。本書收集漢奸案例頗多，對「肅托派」的研究比較系統。

劉星宜著：《楊奇清傳》。傳主楊奇清是中共的老保衛幹部，反間諜專家。本書採訪多位楊奇清的同事，記述生動。

梁濟：前上海海運局副局長兼公安局局長，2000 年 10 月 26 日採訪。梁濟長期在延安市公安局工作，當時延安市局負有監管日本俘虜的任務。

何慶宇著：《烽火歲月》。何慶宇多年從事軍隊的聯絡工作和保衛工作，直接同日本特務水原清較量。

凌雲：前安全部部長，1998 年 5 月 27 日採訪。國民黨撤到台灣之後，沈之岳高升內政部調查局副局長，也許與這段「秘書」經歷有關。長期負責反間諜工作的凌雲了解沈之岳打入並撤出延安的經過。

中央社會部：《為反對國特高級特情突擊競賽給各地的指示》，周興自存檔案。從中社部這份文件中，可以判斷中統「高級特情突擊競賽」的原意。

《陝甘寧邊區政府工作報告》（民國 28-30 年），周興自存檔案。這份報告對於敵特情況的概述，反映當時邊保對敵情的認識。可惜，由於時間相隔太久，對於報告中提到的大量反間諜案件，作者只能選擇其中的重要案件加以敘述，沒有條件一一核實了。

虹琳：前陝甘寧邊區保安處秘書科幹部，2010 年 8 月 19 日採訪。虹琳與張露萍是陝北公學的同學，上學期間張露萍突然離開延安，同學間傳說張露萍當叛徒了，虹琳卻堅信張露萍不是壞人。

明軍、地久主編：《中共特工秘錄》，大連理工學院出版社。此書記載多名中共間諜的事蹟，其中就有在軍統電訊總台中的秘密支部的故事。張露萍這個秘密支部後來暴露，全體成員都被關押在中美合作所監獄，後被國民黨特務殺害。由於地下工作身份隱秘，又改了名字，張露萍的真實事蹟在 80 年代才大白於天下。

李滔、易輝：《劉鼎》。顧順章叛變時，特科劉鼎無法藏身，經領導批准假裝投降，後來又秘密脱逃回到延安。

王初：前公安部副局長，1998 年 12 月 7 日採訪。日本間諜能夠打入延安的並不多見，王初經手的這對日本夫妻間諜案件曲折有趣。

黎耘：《論鋤奸》，冀熱邊政報 1944 年 3 月 16 日，見於效英編著《長城忠魂》。靠近東北的冀東地區，諜報鬥爭格外慘烈，群眾特別仇恨漢奸，出現「凡奸必除」的傾向。時任冀東公安局局長的黎耘，專門糾正基層殺人過多的現象，可見當時公安幹部已有相當的政策水平。

李啟明：前雲南省委常務書記，1995 年 10 月 29 日採訪。楊宏超案件曾有多位當事人，但是他們後來都中斷了和此案的工作關係，而李啟明始終掌握完整的案情。李啟明親自發展魯南這個重要的情報關係，並介紹魯南入黨。

秦平：前石油部機關黨委副書記兼保衛部部長，1994 年 10 月 5 日採訪。作者曾與秦平多次交談，又核對他自己寫的回憶文章，從中掌握很多重要情況。何某案件僅見秦平敘述，楊宏超案件後來發展成搶救運動之中的典型案件。人民共和國成立後，楊宏超曾任陝西公安廳處長。「文革」期間遭受迫害，八十年代平反糾正。

任遠：《考驗》，作家出版社。本書記載一個中共情報幹部被日軍俘虜以後的傳奇經歷。

金沖及主編：《毛澤東傳》，中央文獻出版社。本書詳述毛澤東領導邊區建設的艱難過程，關於雷公事件的記述相當傳神。

李甫山：前山西省檢察院副檢察長，1998 年 3 月採訪。關於偷錢案件，時任隴東保安科科長的李甫山記得當時還有隴東幹部魏頣武來找自己提意見，但此案的審判是由法院實施。

呂璜：前全國婦聯幹部，1997 年 3 月 3 日採訪。呂璜隨同布魯到隴東，參與破獲偷錢案件。

郝蘇：《隴東公安工作回憶》。應隴東公安處邀約寫的這篇簡短的文字材料，扼要介紹隴東地區的保衛工作概況，還敘述了幾個案子，其中有軍統漢中特訓班案件，慶陽縣長老婆偷錢案件，還有成功的韓占祿案件和搞錯的姚靜波案件。

黃友群：前國家安全部副局級幹部，1995 年 3 月 1 日採訪。嚴夫和黃友群在隴東相識結婚，兩人都是老保衛幹部，黃友群曾任慶陽保安科秘書。

劉文戈編著：《慶陽革命史略》。本書詳細記述慶陽地區的革命歷程，習仲勛開闢南梁根據地，隴東發現軍統漢訓班大案，「馬青天」與「劉巧兒」等。

朱世同：前國際文化交流基金會副理事長，2001 年 8 月 23 日採訪。朱世同的父親朱蘊山支持自己的學生許繼慎等到農村創建根據地，又按照周恩來的指示參與鄧演達改組國民黨的行動。由於許繼慎被錯殺，朱蘊山憤而脱離共產黨組織，後來在民主黨派中積極活動，仍為共產黨的忠實朋友。

趙去非：前黑龍江省副省長兼公安廳廳長，1998 年 9 月 24 日採訪。沒有文字材料，也沒有事先準備，趙去非將洛川鬥智娓娓道來，栩栩如生。張吉平等同事可以證實和補充這段敘述。在人民共和國成立後，石志文任西安地質學院院長，程永和任雲南省公安廳二處處長，後任雲南省政協副秘書長。

趙蒼璧：《政治專案概論》，群眾出版社。作為一個偵察專家，趙蒼璧在卸職公安部部長之後，用四年時間撰寫這部專著，填補了中國公安理論的空白，其中提出隱蔽鬥爭的「智弈」概念。

第八章

延安反特第一案

——「化敵為我服務」的制勝方針

儘管共產黨高度警惕，大力開展反間諜鬥爭，但是，仍然不能杜絕國民黨特務的打入。

就在黨中央的駐地延安，就發生了一件驚天大案。國民黨軍統漢中特訓班畢業的大批特務，潛入中共領導的陝甘寧邊區、晉察冀邊區等地，打入軍委二局、聯防司令部、陝西省委、保安處等要害崗位。

軍統有個「死間」特訓班

案件從隴東的慶陽發端。

慶陽城是四省樞紐，北通寧夏銀川，東至陝西延安，西通甘肅蘭州，南抵四川漢中。隴東地區是八路軍的駐防募補區，駐有王維舟任旅長、耿飈任副旅長的三八五旅，蔡暢的公開職務是慶陽抗日民眾運動指導委員會主任，實際上就是共產黨的縣長。可是，城內還有國民黨的縣政府、縣黨部。

國共兩黨爭奪政權，爭奪人心，處於拉鋸之中的慶陽人就不得不學會夾縫生存。吳南山在樊家廟短期義務小學當校長，當地的農會主席和保長都是共產黨員，經常找吳南山寫些文案。國民黨政府停發教師工資，吳南山就帶頭告狀。1939 年年底，隴東的國共「磨擦」激烈起來，慶陽縣教育局局長以吳南山「紅」為藉口，不給分配工作。吳南山不得不自找出路，去重慶參加一個免費上學的戰時幹部訓練團。

吳南山如約來到漢中，見到接應的杜長城，沒能去重慶，卻被引進漢中郊外的興隆寺。進門才知道，這不是學校，而是軍統的特務訓練班。

訓練班日程十分緊張，上午下午晚上都有課，整天沒有任何個人活動時間。課程更是令人膽寒，不僅有總理遺教、總裁言行、國際政治、中共問題、西北民情、群眾心理等政治社會課程，還有政治偵探、交通學、射擊學、爆破學、通信學、兵器學、藥物學、擒拿術、化裝術、「海底」知識等特務專業！

特訓班紀律嚴格，「生進死出」，進了班就是軍統成員，必須放棄個人自由，遵守團體紀律。「我們是領袖的耳目，我們是革命的靈魂」「同志如手足，團體即家庭」「戰時不得結婚」……教官公然宣稱要拜師德國希特勒和意大利墨索里尼，「你要怠工，後面有人鞭笞你，你要叛逃，後面有人打死你！」學員動輒捱打，吳南山無意間搖腿碰響課桌，教官上來就是一個耳光當胸兩拳！

訓練班十分重視講授關於共產黨的課程，軍統的「家風」是「反共」！由中共叛徒張國燾、葉青親自編寫的教材，講解「共產主義同三民主義的區別」「共產主義是否適合中國國情」「看今日的中國共產黨」等課程，最後一講是蔣介石的語錄匯集，「有共無我，有我無共」「中共是蘇聯的武裝間諜團」「一個女人進了邊區就成了大家的老婆」！吳南山見過共產黨人，哪裏是這種樣子？

班主任程益驕傲地宣稱：「我們是軍統的死間特訓班！」學員悄悄議論：「軍統與中共勢不兩立，軍統人員被日寇抓去還不至於死，但要是被中共抓去，就別想活命。」

這是人間魔窟啊！吳南山決心早日離開，你騙我我也騙你。

吳南山假裝心甘情願，學習相當積極，還向教官報告：來學習就是為了搞共產黨，現在回去還能說出去考學沒考上又回來了，時間長了就不好說了。班主任程益覺得有道理，就讓吳南山提前畢業，回慶陽工作。臨行編製「海底」，寫下自己的姓名、別名、化名、永久住址和通信地址，寫下情報對象的化名，通信密約，最後就是誓言。寫好後，個人背熟，底件留在漢訓班。將來秘密聯絡，就靠這個「海底」。

吳南山是第四期第一個離開的學員，到軍統西安站接頭建立通信聯繫，又到隴東西峰鎮找張明哲接頭接受領導。

本想尋找生活出路，不承想陷入危險的特務組織！現在，自己雖然逃出了國民黨特務的虎口，可是，隴東的共產黨能不能容納自己呢？

就在吳南山離開的這些天裏，慶陽發生了翻天覆地的變化，國民黨的縣政府、縣黨部都被趕走了。共產黨當權執政，上手就抓教育，吳南山剛回慶陽就參加隴東中學的籌建，還兼任學生生活大隊副大隊長。在國民黨統治下連小學教師的飯碗都端不上，在共產黨這裏卻成了中學老師！共產黨在邊區搞民主選舉，吳南山的教師同事陸為公當選慶陽縣首任民主選舉的縣長，吳南山還是縣人民代表會的邀請代表。

見共產黨這樣信任自己，吳南山決心交代問題，先找相熟的陸為公。事關重大，陸為公沒有向任何人講，第二天上午就向地委書記馬文瑞匯報。按照黨的有關規定，情報保衞工作必須由地區黨的最高負責人親自掌握。馬文瑞得知此事的時候，邊保剛剛提出要「積極爭取一切可能利用的力量去削弱敵人的破壞力量」。雖然隴東這裏尚未進行這種複雜的工作，但馬文瑞還是心中有數，中央正在調整政策，鼓勵在敵人內部建立情報力量。

隴東分區保安科科長李甫山

當晚，馬文瑞、李甫山、陸為公三人一起與吳南山談話。馬文瑞熱情地鼓勵吳南山：「棄暗投明很好！」他表示要給吳南山工作，明確提出：「第一，敵人騙你、陷害你，我們共產黨挽救你、保護你。第二，敵人要用這種方法破壞我們邊區，我們就要利用敵人的辦法，採取繼續與敵人保持聯繫的方式和敵人作鬥爭。第三，這件事情要保密，你只同李甫山聯繫，直接受李領導，不和別人發生關係。」共產黨在隴東的最高領導親自交待政策，吳南山心頭踏實了。

李甫山又接吳南山到保安科駐地寫了兩天材料。以後，吳南山找李甫山聯絡，都從保安科的後門進出。按照李甫山的佈置，吳南山與西安密寫通信，由偽裝布販子的張凌漢傳送。

放線與織網

吳南山成為隴東保安科的秘密外勤人員，公開身份還是中學教師。1941 年春，根據吳南山的工作能力，也為了外勤工作的方便，又將吳南山提拔為慶陽縣三科（教育科）科長。

1941 年 4 月間，邊保便衣隊隊長趙蒼璧奉命來到隴東「襄助工作」。這年春天，陝甘寧邊區驅逐了國民黨政權，縣級政府增多，為了加強領導新設立一些專區，也打算在專區一級設立保安分處。趙蒼璧來隴東，就是準備接李甫山的班，擔任隴東保安分處的處長。可漢中特訓班的案件太複雜，又把李甫山拖住。用心鑽研偵察業務的趙蒼璧，沒有立即相信吳南山這個人。趙蒼璧設計一個局，考察這個投誠者。他要人抄寫一份情報交給吳南山，同時佈置治安股股長涂佔奎在半路截查交通張凌漢，看看是否還夾帶別的情報。偵察證明，張凌漢只帶了趙蒼璧提供的那份，吳南山沒有其他夾帶。由此，可以證明吳南山可靠。

李甫山和趙蒼璧兩人一起領導偵破工作，對吳南山的工作佈置，主要是三個手段：「釣」，通過與西安的正常聯繫引敵上鈎；「誘」，利用公開身份誘敵

1941 年，邊保便衣隊隊長趙蒼璧被調來隴東「襄助工作」。

投靠；「查」，利用曾在漢中培訓的條件發現特務。

釣，很快有了成果。趙蒼璧要吳南山用化學密寫向西安通信，說是有情報匯報。軍統特派一個曾在慶陽經生堂藥店當店員的賀鑄，以賣藥為名往來，不時給吳南山帶來情報費用，都補充了隴東的保安工作經費。吳南山提供的情報，都是無關緊要的邊區情況，再虛構一些，都由偵察股股長郝蘇事先擬就，經李甫山簽發。從賀鑄行蹤又發現了劉志誠，這特務已經當上合水縣劇團的團長。

誘，也有效。軍統試圖在邊區建組，派漢中班畢業的高巍等三人到環縣。高巍一時找不到掩護身份，就到慶陽來找吳南山。

查，往往是意外收穫。一次吳南山到專署辦事，迎面就碰上漢中班同學鄭崇義，此人化名陳明，正在秘書科當文書。

通過吳南山，隴東保安科掌握了軍統在隴東的潛伏組織，有效地防止了敵人的破壞。但是，由於缺乏同軍統特務機關直接鬥爭的經驗，一時不知如何將這個「漢訓班」案件深入發展。

西安那邊，軍統西北特偵站站長程慕頤正在策劃使漢訓班深入發展。

漢中特訓班，也是軍統深謀遠慮的成果。中國沒有特工大學，共產黨和國民黨都是通過舉辦特訓班來培養特工。軍統特訓班於 1938 年創立，對外稱「特警班」。各班以地名冠名，湖南醴陵的陵訓班、貴州黔陽的黔訓班、貴州息烽的息訓班、四川重慶的渝訓班、甘肅蘭州的蘭訓班、福建建歐的東南特訓班等，先後畢業學生近兩萬人。凡是軍統「特訓班」，一律由戴笠親自兼任主任，培訓出來的特工都是戴笠的門生。有些分配到淪陷區做抗日諜報工作，有的分配到國統區以警務等公開身份掩護做特務工作，有的留在軍統本部工作，最危險的派到共產黨根據地潛伏，圈內稱為「死間」！

國民黨特務的主要任務是反共，因此，辦班也特別注意培養一批能夠打入共產黨的特工。國共合作之前，馬志超在西安警察局內設立一個「特警訓練班」，培訓了五六十人，其中薛志祥等幾個人混進蘇區，但無法紮根，不久就撤出了。還是共產黨的叛徒有辦法，張國燾進入軍統，向戴笠提出一個建議：共產黨正在大力招收知識分子，國民黨打入就應從培訓青年學生入手。於是，軍統開始重視吸收青年學生加入特訓班。

怎麼打入延安，是這些特訓班的主要課題。戴笠指示，凡是去過延安的特務，都要撰寫一份「怎麼打入邊區」的文字材料，寫清楚自己去的經過、注意事項和打入辦法。軍統的基本特務之中，去過延安的有秦某、賴國民、沈之岳等人。沈之岳先後去過兩三次，在抗大還加入了共產黨，在軍統中大為走紅。

軍統西北區派往延安的特務大多是蘭州訓練班畢業的學員。蘭訓班有諜報系、警政系、電政系、外事系、邊疆系、軍事系，前後培訓五期，畢業學員兩千多人，培訓目的就是打入陝甘寧邊區，選擇的學員大多有老家或親友在邊區。這些特務進入邊區並不很難，但是電台帶不進去，發展組織和搞破壞活動就更難。榆林站的學員打入延安之後都被捕獲，而且公開送回國統區，弄得戴笠十分尷尬。戴笠不知，蘭訓班難以成功還有一個關鍵因素：邊保派出的毛培春早已打入蘭訓班成為內線，那些同學早就被揭發了！

直到有了漢訓班，軍統特工組織才真正打進了陝甘寧邊區。

1938 年 4 月，軍統局剛剛成立，戴笠就指示上海區行動組組長程慕頤，搞一個專門對付共產黨根據地的「特別偵察組」。程慕頤一向做對共的工作，曾打入在上海的一個江蘇地委組織，將這個組織破壞。這次接受重大任務，程慕頤在溫州老家辦了一個「特訓班」，1939 年 9 月又遷到距離邊區較近的漢中，以「天水行營游擊幹部訓練班」的名義，在漢中郊區陳家營辦班，圈內代稱「漢訓班」。

漢訓班是「死間」培訓班，幹部配備相當強。班主任按照慣例由戴笠兼任，實際事務由化名程益的程慕頤副主任負責。程不在時由政治指導室主任沈之岳（化名李國棟）負責。政治教官朱增福（朱國才）曾在 1938 年 6 月打入延安，主講「中共問題」。特技教官杜長城是綏遠人，先後在蘭訓班第一期和漢訓班第一期受訓，後來成為軍統的爆破專家，1948 年任特技總隊少將總隊長，負責南京、上海、重慶等大城市撤退時的破壞，曾經指揮炸毀廣州珠江大橋。軍事教官王紹文是蘭訓班的高才生，負責射擊等軍事訓練。漢訓班還自己培養人才，二期的李德、四期的祁希賢、六期的李昌盛，畢業之後均升任教官。

在軍統系統，這個漢訓班不像臨澧特訓班、蘭州特訓班那樣出名，但是，打入邊區卻最成功。程慕頤招收學員不但注意選擇知識青年，而且還選擇邊區當地人。漢訓班的學員大多是平涼、榆林等幾個中學的學生，培訓後很容易以進步青年身份投考延安的學校，而後通過組織分配進入中共組織。

戴笠十分器重這個漢訓班，1940 年秋專程從重慶趕到漢中，為漢訓班訓話。戴笠鼓勵：「漢訓班的學員都是特殊人才，都要做出特殊貢獻！」「將來要出國家的財政部長、交通部長、內政部長和外交部長！」戴笠交給漢訓班學員任務：「要從共產黨手中拉回群眾，從日本人手中拉回漢奸。」戴笠要求漢訓班學員：「都要做無名英雄，都是政黨的靈魂，領袖的耳目。」「要信仰領袖到迷信，服從領袖到盲從！」「都要做蔣委員長的忠誠衞士，一不要父母，二不要妻室子女，天天都要記住一個人，那就是蔣委員長，為蔣委員長而生，為蔣委員長而死，生的驚天動地，死的英勇壯烈！」精神動員之餘，戴笠還有錢財獎勵：程慕頤二百元，其他每人二十元至五十元。

這號稱「死間」訓練班的漢訓班，堪稱軍統的天之驕子。

1941 年的時候，程慕頤的特工已經滲入中共領導的陝甘寧邊區、晉察冀邊區、晉冀魯豫邊區、豫皖蘇邊區、鄂豫皖邊區、冀魯邊區、魯蘇邊區以及江西、浙江根據地。戴笠指示將這個頗有成效的「特別偵察組」擴編為「西北特別偵察站」，下設延安、環縣、府谷、韓城、長（治）宜（川）、五台、新鄉、潢川、蒙城、泗縣、即墨、定陶、平陽、麗水、孝豐、鹽城、溧水、贛北 18 個特偵組，以及一個設在浙江的東南分站。主要任務是打入要害，長期埋伏。

如何打入「匪區」，一直是軍統的難題，現在漢訓班取得成功，戴笠十分重視。軍統會議上，程慕頤剛要表功，戴笠立即制止：不要在會上講。會下戴笠親自佈置程慕頤，延安組要在一兩年之內做出轟轟烈烈的成績！戴笠的重用鼓舞了程慕頤，程慕頤決心針對延安的中共中央做出名堂。可是，漢中班的學員進入邊區就分散在不同的地方，與西北特偵站失去聯絡，很難發揮集團作用。程慕頤在西安專門召集會議，設法與延安潛伏人員掛鈎拉線。

程慕頤決定，派遣趙秀為延安總聯絡員，祁希賢、李昌盛、王繼武分別擔任第一、第二、第三小組的聯絡員，聯絡延安各機關單位的潛伏人員。派遣朱增福到榆林，利用當地國民黨駐軍關係，以二十二軍大車隊為掩護，往來榆林與西安之間，藉機路過延安。派遣張林清打通洛川與延安之間的聯絡。派遣馮小泉在延安、韓自忠在清澗，以開店為掩護設立秘密聯絡點。

會後，程慕頤拿出精心保管的所有「海底」，讓各聯絡員熟悉潛伏人員的情況。四個聯絡員雖然是教官，以前卻並不知道漢訓班有這麼多人打入延安，見了這些海底，也吃了一驚。

大案驚天！

1941 年的 10 月間，陝甘寧邊區政府召開各縣教育科科長會議，吳南山在路上碰到一個熟人——漢中特訓班的同學祁三益！

隴東保安科認為，祁三益此行可能有重要任務，當前不宜打草驚蛇。決心由吳南山對祁三益進行內線偵察，涂佔奎進行外線偵控，查清此人此行的特務任務。可是二十多天過去，祁三益沒有新的動作，只是反覆催問吳南山什麼時候能搞到去延安的手續，聲稱再遲就要誤事。

祁三益急於去延安聯絡，表明延安有大批潛伏特務？隴東保安科立即上報邊區保安處。邊保保衛部部長布魯趕往隴東，會同隴東分處破案。

突擊審訊，祁三益交代，軍統西北特偵站要把分散在延安各單位的潛伏人員聯絡起來搞行動，因為祁三益當過爆破教員，熟悉各期學員，所以派來當聯絡員。同時，還派趙秀到延安任總聯絡員。布魯敏銳地想到，這家伙在漢訓班號稱爆破大王，去延安有可能搞行動破壞！

隴東的案情驚動延安。以往，國民黨特務機關在延安的活動，大多依仗公開的政府身份，這就便於監控，尚未形成大的問題。這次發現的軍統特務案件全然不同，這些特務都是秘密打入，邊保很難掌握其動向；這些特務又多為當地人，便於掩護身份；這些特務又是成批潛伏，完全可能形成大規模的組織；現在又有一個爆破大王前來聯絡，這就不能不懷疑國民黨要在延安搞大破壞！

周興立即佈置，邊保秘書科伊里匯總相關線索。此前，邊保在綏德青年幹部學校曾經發現一批嫌疑分子，有陶華、郭繼武、李峰璧、楊志常、楊成章、李峰等六人，一時搞不清確實身份，就將其分散安排。楊志常、楊成章到米脂後，去一趟國民黨八十六師回來就有經費，而且與縣政府的復興社分子有聯繫。李峰璧和李峰分配到瓦窯堡，沒有發現問題又到了延安，李峰璧還進了保安處。陶華、郭繼武在固林、富縣沒有發現問題，陶華還被發展為保衛工作網的網員。1940 年發現陳明（鄭崇文）的被子中有國民黨的秘密通信「海底」，陳明說是國民黨黨部人員，也就忽略了，致使陳明後來又混入隴東專署。1941 年，關中分區還發現線索，朱浪舟報告馮平波等人是特務，馮平波又供認朱浪舟、金光等人是漢訓班畢業，但當時重視不夠，都沒有深加追究。

總而言之，此案發作之前，邊保對於國民黨特務的秘密活動還是估計不足。

吳南山的主動報告，祁三益的被捕，顯現漢訓班的潛伏規模和活動企圖，這就不能不引起高度的重視。邊保處長周興指派保衛部部長布魯、副部長王凡和李啟明等人全力組織破案，又親自到棗園向中央社會部匯報。

中社部領導十分重視這個案件。部長康生認為，這是一個挺重要的案子。國民黨使用共產黨的叛徒很成功。任卓宣（葉青）第一次被捕表現很好，槍斃時沒打死，逃出來又幹革命。可是第二次被捕就被敵人説服叛變，一直做到國民黨的中央宣傳部部長。現在我們也要爭取，使得國民黨的特務為我所用。

這段時間，中社部正在大力部署反國特工作。隴東發現的國特案件並不孤立。1941 年 1 月，國民黨在江南公然圍剿共產黨領導的新四軍，掀起第二次反共高潮，國民黨的特務活動也隨之升級，其他根據地也報來國民黨加緊特務活動的情況。中社部獲得國民黨中統開展高級特情突擊競賽的情報，認為「值得全黨嚴重注意和高度警惕」。中社部還明確政策：對內奸分子的處理，其執迷不悟者，實行堅決鎮壓；對動搖被騙分子，實行一打一拉鼓勵其回心向善；對痛悔前非而願為我積極服務者，得迅速秘密説服爭取；藉機深入突擊者，應加緊教育，促其警惕；已被敵人説服成功者，應盡最後努力，勸其悔悟；對被敵密捕釋放者，應注意調查監視，酌情處理。

邊保報來的案件，不僅在隴東發現了成批特務，而且在延安還有更多的線索。中社部二室負責保衛工作，主任汪金祥和治安科科長陳龍積極指導破案，還抽調西北公學「老三班」的葉運高、王珺，協助邊保工作。

這個「老三班」是中社部長年在西北公學培訓情報保衛幹部的訓練班，中社部和邊保的許多幹部都經過這裏培訓。葉運高是江西紅軍，入學前是邊保三科（審訊科）科長。王珺 1937 年在冀中參加便衣隊，曾任冀中《大眾報》主編，被保送到延安學習，在抗大保衛委員會工作，又被中社部抽調到西北公學培訓。

此時，布魯已帶領祁三益識破並逮捕了六七個特務。葉運高和王珺對已經發現的人員再次審訊，重新梳理一遍，認為這個案件還有很大餘地。漢訓班培訓了好幾期，肯定不止這幾個人。

周興、布魯與葉運高、王珺又到中社部匯報。

康生、李克農對偵察破案做了指示。李克農認為，此案很有發展，是個大案。漢訓班的培訓課程不止有情報，還有破壞內容，有爆破、暗殺、下毒、游擊、照相、跟蹤、密寫等等，如果不能及時破獲，對根據地的危害會很大。

李克農提出三條策略：一是重證據不重口供，不要使用肉刑。這個問題掌握不住，不實之詞會給自己帶來麻煩，還會冤枉好人。二是偵察審訊都要鬥智攻心，立足於思想教育。有些國民黨特務其實也是受害者，本來是積極抗戰的熱血青年，誤投敵營，並非真正的反動分子，經過教育，大部分可以轉化過來。三是偵察和審訊相結合，內線、外線和反用相結合，互相配合、互相促進，不要各管一段。李克農強調，目前發現的蛛絲馬跡要緊緊抓住，不能放鬆，一定要窮追到底，一網打盡，堅決不留後患！

有了上級的指示，破案人員感到心裏有了底。延安的保衛幹部與軍統特務直接鬥智的機會還不多，如何「化敵為我服務」，又是個敏感的政策問題，現在領導説得既原則又具體，大家就大膽工作了。

偵控特務聯絡員

「漢訓班」案件被列為延安要案。因為是國民黨軍統局戴笠系統的特務，簡稱「戴案」。

偵破「戴案」有個有利條件，就是祁三益這個內線，通過此人識別特務相當便捷。布魯親自帶着祁三益工作，反覆交待政策。祁三益見共產黨的高級保衛機關如此信任自己，工作也挺賣力。

布魯把祁三益安排在新市場附近的完小工作，這裏是延安的熱鬧地方，各色人等都少不了在此處亮相。祁三益成天逛市場，迎面碰上漢訓班的劉一青（劉志平）。劉一青告訴祁三益，馬鳴（馬汝英）、趙秉廉（趙漢民）等人已經從抗大畢業，調到三八五旅工作。臨近春節，祁三益在新市場天生衡鍋貼店發現了一個賬房先生，正是另一個聯絡員楊超！兩個聯絡員會同研究，楊超手中的特務也就報到祁三益這裏，又發現打入行政學院的范金鐘、陶啟華，打入貿易局的楊志常，打入銀行金庫的劉嘉陵。

不久，另一個聯絡員李春茂也露面了。李春茂進延安先上抗大，同學中還有漢訓班的馬鳴、張秉均、趙西湖、劉一平等人。大家閑聊起來，各自心情都很複雜。馬鳴常常沉默思考，潛伏延安幾個月了，漢訓班裏説的那些青面獠牙的共產黨人一個也沒見到！劉一平忍不住落淚，自己本來在寶雞好好地當警察，現在當特務丟了每月五十元薪水，誰來贍養老母？趙西湖氣憤地説：漢訓班説共產黨是漢奸，其實共產黨和八路軍才是貨真價實的抗日！有人還賦詩一首：英雄氣勢衝霄漢，斗膽赤心到延安。方今始知志被欺，畫虎不成反類犬。爬愈高兮跌愈響，悔後問心何為乎？李春茂決心脱離特務組織，可也不敢向共產黨投誠，於是決定再也不搞政治，一輩子隱姓埋名做醫生！

祁三益與李春茂來往，又發現王星文在魯迅藝術學院美術系，張志剛在安塞兵工廠。那個在隴東被突擊的陳明，到延安也與李春茂聯絡。在隴東被吳南山認出的李峰璧，回到延安後也被邊保説服自首，供出綏德的楊成章。

至此，西北特偵站派出的三個聯絡員，祁三益、楊超、李春茂，都納入邊保的監控視線。通過這三人，又掌控了一批潛伏特務。

偵破的下一步，進入蒐集證據階段。祁三益利用延安組副組長的身份，向各潛伏特務要文字報告。李春茂交來兩份，劉一青交來兩份，張志剛交來一份，楊超就是不寫，似乎對祁三益有所懷疑。不久，朱國才途經延安，交給楊超一封「手令」，轉李春茂、祁三益傳閱。於是，這些文字材料都成了邊保手中的確鑿證據。

邊保打算直接接觸和了解這些人，李啟明佈置祁三益，以打麻將的名義，安排自己同李春茂、張秉均會面。經過一段時間的觀察，邊保認為李春茂這人也可以爭取。

李春茂被叫到總政鋤奸部，面對偵察專家錢益民，不得不交代自己是國民黨的軍統特務。沒有想到卻受到優待，歐陽毅部長還請李春茂到家中吃飯，並安排在軍委衞生部秘書室工作，繼續配合邊保破案。

程慕頤派到延安的三個聯絡員，祁三益和李春茂兩個已經投誠反正，還剩一個楊超。此人思想反動，保安處決定暫時不予突擊，而是利用他的關係，繼續發現其他潛伏特務。楊超也狡猾，聲稱回西安請示工作，一去不復返。

三個聯絡員，爭取了兩個，跑了一個，只剩總聯絡員趙秀還沒有露面。布魯和李啟明非常着急，抓不到這個大魚，就不能收網。

1942年五一勞動節，延安各界在南關大操場舉行慶祝大會。參加大會服務的李春茂突然看到趙秀！這趙秀身穿藍色毛呢制服，手提文明棍，隨同一批國民黨駐延安機關的人員步入會場。原來趙秀從西安先到榆林，通過鄧寶珊的關係，在延安謀得「防空監視哨」哨長職務。

至此，軍統西北特偵站派往延安的所有聯絡員都落入邊保網中，而且還成功爭取祁三益、李春茂、王星文三人反正。邊保又決心爭取這個總聯絡員。

如何攻下這個最後的堡壘，又防止事情敗露？布魯精心設計出一條曲折的途徑。秘密逮捕祁三益、李春茂、王星文，佈置王星文去説服李春茂自首，再以王星文、李春茂兩人去説服祁三益自首。這次説服沒有成功，人家祁三益還是軍統的堅定分子呢！第三步，又派王星文、李春茂兩人去説服趙秀自首，趙秀拒絕，就將其帶到保安處，由布魯、李啟明審訊突擊。政策攻心之下，趙秀承認自己的總聯絡員身份，表示願意洗心革面，為共產黨工作。此後，再由王星文、李春茂兩人去説服祁三益，而這時祁三益才表示同意。

這個順序恰恰是反的，原本是祁三益最先自首，而後依次是王星文、李春茂、趙秀，反過來做是為了掩護最可靠的祁三益。萬一有人動搖，祁三益的副組長形象還可保留，繼續誘使西北特偵站上鉤。

至此，軍統西北特偵站延安組的所有骨幹，都掌握在邊保手中。而西安的程慕頤還毫不知情，不時送來情報經費。

深挖獨立小組

重用聯絡員，並不能識別所有的潛伏特務。中社部派出的葉運高、王珺，在審訊中發現，李春茂碰到過一個姓「胡」的人，説是帶着一個組潛伏在某處。布魯通過祁三益向趙秀試探，趙秀卻說：「工作不同，你們不要管。」

此案除了祁三益的線索，可能還有別的線由程慕頤直接掌握。這個姓「胡」的所在的小組獨立於聯絡員之外，很可能潛伏得更深！

鑒於姓「胡」的是學生出身，混入延安很可能通過考學，於是，調查工作就從學校入手。查遍抗陝公、女大、青訓班、行政學院，都沒有這個姓「胡」的，王珺又把重點轉到抗大，隊列科的學員名冊中有個「胡耀南」，頓時喚起王珺的記憶——抗大的同班同學！

王珺從晉察冀邊區調到延安，在抗大二大隊九隊學習，同學之中有胡耀南、楊效儒、夏秉堃三人是一起來的。王珺當時是不過組織生活的秘密黨員，擔任保衛隊隊長，下面還領導着幾個網員。當時，胡耀南三人老實吃苦，從不講怪話，還搶着幹活，給王珺留下的印象不錯。現在想起來，這三個人的積極就顯得虛假。

王珺又查畢業分配去向，可是找不到這三人，又找到總政組織部，還是找不到。絞盡腦汁，想到抗大的網員羊玉，好不容易在軍法處找到羊玉，通過甘肅同鄉終於打聽到：胡耀南在軍委二局工作，已經當了支部書記，就在安塞的無線電台！

軍委二局是中共中央軍委的情報部門，居然被軍統特務打入！

此案被中社部列為重大專案。布魯立即佈置監控，很快發現胡耀南、楊效儒、夏秉堃三人都在二局潛伏。不久，又截獲胡耀南用米湯密寫的匯報信件。

對於這個打入中共核心情報部門的小組，程慕頤十分重視，由本人單線直接聯繫，不交延安組趙秀與祁三益。這個小組化名「南儒堃」，已經通過密寫向西安發出十次情報，其中包括延安的社會情況、抗大的組織教學情況，還有二局的組織結構與任務。

這是漢訓班特務中潛伏最深，也最為危險的一個小組，中社部立即下令逮捕。經過教育，胡士淵（胡思瑗、胡耀南、胡有連）、楊效儒（楊子才）、夏秉堃（夏珍卿）三人交代得比較老實，中社部又特意將其送到西北公學培訓，準備使用到情報工作之中。

各地的偵察表明，漢訓班的特務已經大批打入邊區，雖然尚未全部溝通聯絡，但是，這些分散活動的特務已經向軍統發回不少密寫情報；而且，其中多人受過暗殺、放毒、爆破等破壞訓練，隨時可能發起行動；這個國民黨特務組織，已經對邊區安全形成巨大威脅！

反用特務

1942年5月間，邊保已經基本掌握「戴案」特務在邊區的潛伏情況：胡士淵小組打入軍委二局；王治和進入聯防司令部；馮善述、朱浪舟在陝西省委；郭力群、李峰璧進入邊保；石進中、宮兆豐在綏德專署；陳明在隴東專署⋯⋯

軍統特務居然打進延安的諸多要害部門！中社部與保安處決定實施逮捕。

5月，逮捕范金鐘、楊志常、陶華、郭繼武、劉嘉陵、劉一青（劉志平）、張秉均（張志剛）、李春茂（李昌盛、李軍）、王星文（王繼武）等人。通過審訊，又發現綏德的王自潔。6月，綏德逮捕王自潔，審訊說服後，王自潔又供出武亞民、王煥章、韓子奇等人。7月，關中將過去馮平舟供出的朱浪舟、金光逮捕。9月，駐紮隴東的三八五旅鋤奸科逮捕任文化教員的趙秉廉、馬鳴（馬汝英）。10月，中社部逮捕安塞電台的胡士淵、楊子才、夏珍卿三人，胡士淵又供出打入延安大學的來朋（來東園），邊保隨即將來朋逮捕。安塞工廠發現苟振生，宜川小學發現王錦堂，還有王恕、楊蔭唐等人。

至1942年年底，漢中特訓班案件全案告破，共發現軍統潛伏特務32名，其中主動交代1名，經過偵察發現20名，被捕人員供出11名，物證7件。

一案捕獲這麼多特務，堪稱延安反特工作的巨大戰果。

毛澤東親自表揚對此案的偵破。聽說布魯的工作能力，毛澤東說：「我們需要布魯這樣的人，有十來個就好了。」

軍統漢訓班案件的破獲，為延安除掉一大隱患。儘管取得如此輝煌的成功，邊保卻是儘量隱瞞消息，還要繼續擴大戰果呢！

吳南山、祁三益、李春茂、王星文、趙秀、張志剛等人，都被吸收為邊保的外勤幹部，繼續與軍統聯繫。

可是秘密難保。李峰璧被捕供出楊成章，王自潔被捕供出王煥章，但是，楊成章、王煥章、張志俊這三人都在逮捕前聞訊逃走。不久，邊保派往關中工作的李峰璧也乘機逃亡。此前還有藉口去西安匯報的楊超也一去不歸。先後已有五人失控，程慕頤完全可能已經知道延安組被偵破的消息！

邊保並未因此放棄。當初逮捕都是秘密進行，策反説服也繞了一個大彎子，逃跑的五人並不知道其他人投誠的實情。因此，程慕頤儘管有所察覺，卻完全可能並不知道破壞的程度有多大。

於是，邊保將這些人分散開來，繼續使用。

趙秀留在延安繼續當防空監視哨的哨長，暗中與洛川、西安聯繫。王星文、張志剛去綏德，給榆林寫信接頭。李春茂去富縣，設法與洛川聯繫。祁三益繼續在新市場完小教書，保持這個秘密聯絡點。吳南山留在隴東，繼續誘敵上鈎。這批軍統特務，成了國共雙方手中的重要棋子，誰能將其用活？

中共保衛機關偵破此案的高招在於「反用」。

「反用」，又稱「逆用」，其意義近似孫子的「反間」，就是利用敵方派來的間諜，反過來為我偵察敵方的情報。延安時候的説法是「化敵為我服務」。

此案的發現，源於國民黨軍統特務吳南山的主動交代；此案的發展，主要依靠捕獲後爭取過來的祁三益、李春茂等人；此案的結果，又是大量被捕人員轉化為中共的情報力量。由此可以説，中共情報、保衛機關偵破此案的高明之處，正是在於這個「反用」。

不管「反用」「逆用」還是「反間」，反正這個「化敵為我服務」是個非常非常之危險、非常非常之艱難的事情。五大難題橫亙面前：

如何做到敢於承擔政治風險並大膽放手？回想以前的蘇區肅反，國民黨派遣兩人冒充改組派，到鄂豫皖根據地策反許繼慎。許繼慎將其交給保衛部門處理，本人卻仍然受到懷疑，甚至因此被枉殺。現在反用更加危險的軍統特務，保衛幹部能不擔憂這導致給自己扣上政治帽子？

如何爭取訓練有素的間諜投誠並檢驗其忠誠？看看以前打入延安的特務，漢訓班教師沈之岳、朱國才等人都是堅定的反共分子，他們訓練出來的學生現在投誠，會不會是演出苦肉計？

如何調動反用者的積極性並保護其安全？執政的國民黨掌握着更多的權力和財產，安逸享樂不在我，高官厚祿在於敵，共產黨有何資源優勢？

如何通過巧妙的反用來擴大情報戰果？國民黨的特務機關具有相當豐富的反偵察經驗，如何瞞過其耳目誘使其上鈎？

如何安排反用者的政治待遇？共產黨實行嚴格的幹部審查制度，曾經具有國民黨特務身份的人，能不能參加革命能不能當幹部能不能入黨？

1942 年 6 月 10 日，延安北門外文化溝，青年食堂。這個在延安小有名氣的飯館今天被全部包下，而且不准外客進入。

走進宴會廳的人物，原來是邊保的布魯、王凡、李啟明，陪客也很威風，總政鋤奸部的錢益民、張明、彭由。主人方面都是延安的保衛大員，貴賓是誰？進入宴會廳的客人個個拘謹，祁三益、李春茂、王星文、趙秀、張秉鈞，個個都是前國民黨軍統特務！

布魯舉杯，慶賀五人參加革命！由於這五人在案件的偵破中起到重要作用，邊保決定吸收他們參加邊保的外勤工作。

第二天，延安衛戍副司令、陝甘寧邊區保安處處長周興，親自接見這五人。這規格，超過以往所有保安處吸收新人的儀式。

不久，西安來人，提出對祁三益的懷疑。這使邊保想到，也許是李峰璧提供了祁三益被捕的消息。看來，必要時需要暴露祁三益，以保留其他人員。邊保佈置趙秀，向程慕頤寫信，聲稱自己也對祁三益有所懷疑。可是，西安遲遲沒有回信。

1942 年 11 月，張志剛又逃跑了。此人曾參加邊保歡迎五人投誠的宴會，這下秘密難保！布魯還有主意，又佈置趙秀寫信匯報，説是有個特務在綏德自首。企圖以此擾亂程慕頤心思，令其懷疑張志剛的逃跑是邊保有意派出。

果然，西北特偵站代理站長王之定聽了兩方消息，難辨真偽，將張志剛關押審查。

延安這邊繼續釣魚。不久西安回信，調趙秀、祁三益兩人回西安。

祁三益不肯走。鐵了心留在延安，怎麼還去西安？趙秀想走邊保不放。此人不像祁三益那樣可靠，不能放虎歸山。

調人回西安，也是王之定手段。見趙秀、祁三益兩個組長遲遲不歸，王之定就中斷了與延安的聯繫。趙秀從此惶惶不安，自己的家屬在國統區的徽縣，會不會遭受報復？白天吃喝嫖賭，晚上偷偷哭泣。布魯不放心，將其軟禁一個星期，趙秀就更加消極，說什麼「混一天算一天」。1943 年春天，經過一段時間考驗的趙秀，被邊保派到國統區榆林工作，卻乘機跑回了西安。

為了掩飾自己，趙秀向站長王之定聲稱，自己一到延安就被共產黨的密探包圍，幸虧有公開身份，共產黨不敢破壞統一戰線，沒法抓人。趙秀把延安組失敗的責任一古腦兒推出：「祁三益、李春茂是打入漢訓班的共產黨，他倆到延安以後，軍統派到延安的人就全完了！」趙秀證實了張志剛，王之定立即向重慶報告。

戴笠親自審問趙秀，得知潛入延安的漢訓班特務已被中共一網打盡！漢中訓練班的教材，處處稱呼共產黨為「奸黨」，處處稱共產黨領導的根據地為「匪區」，這下可把國民黨的反共內情暴露無遺。國民黨如何解釋自己的這種「合作」？

戴笠只得採取果斷措施：撤銷軍統西安特偵站，撤銷程慕頤站長、林繼之副站長職務；撤銷西北特偵站設在邊區的延安組，同時撤銷邊區周圍各縣的各個組，又連帶撤銷西北特偵站下屬的有漢訓班學員的寧夏組、洛陽組、鄭州組、膠東組、安徽組、新疆組；凡是漢訓班畢業的人員今後一律不得重用。

西北特偵站成功打入延安，本來是軍統的輝煌戰績，現在一朝覆沒，戴笠也得有所交待。軍統重慶特訓班所在地「白公館」舉辦了一次「延安死難烈士追悼會」，40 多個烈士的英勇事蹟感天動地。蔣介石親自參觀，指示戴笠：「可以將他們的照片也陳列出來。」戴笠忙說：「報告委員長，他們都是無名英雄，照片只能給委員長看，此外誰也不能看。」

蔣介石滿意地離去。戴笠回頭就向全國發出通緝令：懸賞處理軍統叛徒祁三益、李春茂！

這兩個軍統的叛徒雖然被識破了，卻還有一個更早的叛徒深深埋藏。

尚在隴東的吳南山，一直秘密為邊保工作。捕獲祁三益之後，隴東保安分處依然對軍統隱瞞吳南山的真實身份。趙蒼璧佈置吳南山給程慕頤寫信，聲稱自己具有縣教育科科長的合法身份，建議今後派往邊區的人員先通過自己，以便掩護和安排。

吳南山繼續受到國特機關信任。漢訓班五期的禹濟川主動報告，西北特偵站派教官朱國才潛入邊區領導潛伏特務。隴東的安永善、安永錄兄弟參加漢訓班回來，先找吳南山聯絡，還告知具體任務。西峰鎮黨務通訊處的中統特務駱洪烈是吳南山的同學，來邊區活動也向吳南山暴露身份。中統特務鄧應賢、鄧應德潛入邊區，也來找吳南山幫忙。這些特務當然都落入邊保的秘密監控。

吳南山還協助領導爭取其他特務反正。漢訓班畢業的張益昌潛入慶陽與吳南山聯絡，還被隴東保安分處突擊反用。慶陽一完小的教師王文翰對吳南山說，平涼中學的教導主任捎信來，說是有免費學校可上。吳南山想到又是軍統的特訓班，立即向隴東保安分處匯報。外勤組組長陳世琦當面向王文翰交待，佈置他打入敵特機關。

吳南山在慶陽曾任教育科科長、劇團團長、完小校長等公開職務，秘密職務卻始終是隴東保安分處的慶陽外勤組組長。吳南山到漢中特訓班時得到的第一印象，就是國民黨不相信青年，自己失去了自由；而共產黨領導給予的第一印象卻截然相反，吳南山第一次交代問題，馬文瑞就當面肯定他是受騙的！

就在與吳南山談話之前，馬文瑞在陝北肅反時曾經受冤被捕。自己當年幾乎因為冤案而被槍斃，馬文瑞怎能有勇氣接納吳南山這個軍統投誠分子？

這不能不令人想到，大政策的調整，起到根本的作用。抗日戰爭初期，中共中央糾正了過去的「左」傾錯誤，才使情報、保衛工作卸掉了包袱，敢於利用敵人內部一切能夠使用的力量。

漢訓班一案在延安捕獲 32 名軍統特務，除王煥章一人外，邊保對所有的人都進行了反用，而且都發揮了不同程度的作用。其中有楊成章、李峰璧、張志剛、張志俊、王煥章、趙秀等 6 人主動逃跑，但這 6 人始終沒能得到軍統的完全信任。

「叛徒」的生存相當尷尬。新的東家當然重視，背叛的老家卻是恨之入骨；接下來，老家那邊不斷施展反間計，新家這邊難免就有所懷疑；最後，往往落得兩面不是人的下場。

國民黨雖然善於利用共產黨的叛徒，骨子裏卻始終保持對叛徒的警惕。顧順章背叛中共，差點兒將中共中央機關一網打盡，還喪失了自己全家的性命。就是這樣，中統也不信任顧順章，只給一些閑差。後來，還懷疑顧順章另拉隊伍，將其槍斃。張國燾叛逃軍統，戴笠十分器重，委託主辦「特種政治幹部訓練班」，後來沒有多大成績，也被打入冷宮。蔣介石的邏輯是：你能夠背叛共產黨，就能夠再背叛我！

共產黨現在也要接納國民黨的「叛徒」，並且「反用」。眾所周知，共產黨吃叛徒的虧更慘，共產黨的政治道德對叛徒最為嚴厲，共產黨明確規定：叛徒可以利用，但是不准重新入黨。

「叛徒」如此，「特務」呢？

漢中特訓班一案，涉案人員都是正牌軍統特務！懷疑其假投誠，也是理所當然的事情，不是已經跑了六個？

沒跑的人呢？心中也有包袱，共產黨是否真的信任我？被吸收加入邊保工作的這幾個人，心態還是與其他幹部有所不同。表面看很老實，叫幹什麼幹什麼，可是有意見總藏在肚子裏面。總說希望組織上信任，總是對領導的態度相當敏感，可是，組織上一旦照顧，又嫌把自己當客人。上街走路，看見身後有人，就懷疑是組織上派人盯梢。有人的匯報上寫道：「昨天夜裏夢見一隻黑狗，若不是看在主人面上，就打牠棒子！」

邊保儘管缺乏同軍統打交道的經驗，卻擅長掌握黨的保衞政策，對於這些人的心態變化掌握很準。隨着工作的深入，這些人的思想狀態也越來越好。

解放戰爭爆發時，這些漢訓班同學在兩個陣營對陣廝殺！陳明、何志誠等重投舊主，誘捕謀殺馬鳴等同學；吳南山、祁三益等不顧危難，率領武工隊與敵死戰。人民共和國成立後，吳南山、祁三益、王星文等在各個崗位包括公安部門擔任重要職務，雖然在「文化大革命」中也捱了整，但後來都得到平反，晚年同其他沒有歷史問題的幹部一樣享受離職休養待遇，沒有受到歧視。

如果說「軍事是政治的繼續」，那麼可以說，情報、保衛是政治的深入。而「反用」，則絕不僅僅是技術問題，更是極其複雜的政治問題。

反間諜工作是一種長期的鬥爭，不可能畢其功於一役。誰能想到，在1942年偵破的軍統特務案件，一直延伸到六十年代！

人民共和國成立初期，各地公安部門陸續查明軍統漢中特訓班的更多情況，浙江、漢中兩地先後培訓三百二十人，還有四十多名下落不明。

1955年，解放軍攻佔國民黨佔據的一江山島，繳獲程慕頤的文字報告，內稱浙江和漢中兩個訓練班先後培訓六百七十人，多數混入共產黨，有的已經擔任重要職位，建議保密局予以聯絡。

漢訓班還有特務潛伏？公安部將其列入「603專案」，佈置全國特別是甘肅公安部門徹底查清。

甘肅省公安廳由蘇振榮副廳長掛帥，經過兩個多月的詳細調查，認定漢訓班共招生九期，先後培訓特務631名，其中有教官37名。這個數字，接近程慕頤的報告，卻遠遠超過公安部門此前掌握的320名，更遠遠超過延安時期破獲的55名，僅新發現的漢訓班特務就有160名之多！

除程慕頤、杜長城、王希田三人逃往台灣外，留在大陸各地的特務在人民共和國成立後大多停止了活動，但是其中許多人並未交代與國民黨特務機關的組織關係，有四名還混入機關內部，還有個別人繼續從事反共活動。周某、張某（女）夫婦瞞過審幹，長期潛伏在部隊，1946年在東北公安處審查時才交代問題。李某、呂某在1943年整風中交代問題，人民共和國成立後繼續在軍隊系統工作。陳某在整風中做了試探性交代而後又推翻，人民共和國成立後任海軍青島基地訓練處處長，官至師級，直到1955年才查實問題被開除黨籍。

調查表明：有些人從此脫離特務組織，有的卻可能只是進入冬眠狀態，一旦時機到來，會不會有人重操舊業？反特工作的實踐證明，不能輕言一網打盡。

反間諜是一項長期而複雜的鬥爭。

偵破軍統漢中特訓班案件，這是中共抗日戰爭時期反特工作的最大成果，也是中共反間諜史上的傑出一頁。如果稱為「中國反特第一案」還沒有把握的話，稱為「延安反特第一案」確是當之無愧。

可是，這個案件還引出重大後果。延安整風進入審幹階段，又發展到「搶救運動」，都與發現這批特務相關。

國民黨的「死間」特務大量打入邊區，驟然引起保衛部門的高度警惕。審幹運動中，越來越強調反特鋤奸任務。而一些軍統特務主動被動的投誠，又使組織上更加強調運用坦白政策。

到 1943 年爆發「搶救運動」時，軍統漢訓班的「坦白分子」，都成了「典型」人物……

主要資料

《中國人民公安史稿》，警官教育出版社。這個軍統漢中特訓班案件是抗日戰爭時期中共最大的反特戰果，人民共和國成立後卻長期沒有公開披露。作者一直在探尋：共產黨不提，也許是因為這個案件影響了審幹運動？國民黨不提，也許是保護其中的潛伏人員？此書是首次披露此案的公開出版物，仍顯簡略。

郝蘇：《隴東公安工作回憶》。此文應隴東公安處的邀約而寫，是漢訓班案件辦案人員留下的唯一文字材料。

吳南山：《慶陽偵破敵特案件情況》。吳南山在 1984 年撰寫的這個材料，是漢訓班案件涉案人的重要文字敘述。

沈醉：《軍統內幕》，中國文史出版社。「文革」前發表的前軍統人員回憶錄，包括沈醉的文章，都從未提到這個漢訓班。直到此書才有一篇文章提到程慕頤的漢中班。還提到，1942 年春，戴笠親自挑選三個暗殺高手，派往延安刺殺中共領袖，其中一個叫蔣更生的還是沈醉的學生，但是沒能成功。

章微寒：《戴笠與龐大的軍統局組織》，《細説中統軍統》，傳記文學出版社。1992 年在台灣出版的這本書終於寫到程慕頤的特訓班，不過名頭是「西安特偵班」。而且，此文沒有提到此班學員的畢業去向是陝甘寧邊區。

李文吉、馬如耀：《隱蔽戰線上的殲滅戰——四十年代初期陝甘寧邊區肅特鬥爭散記》，蘭州市公安局公安史資料選輯。此文詳細記述陝甘寧邊區保安處偵破軍統漢中特訓班的情況，還有珍貴的附件，包括對吳南山的採訪記錄、邊保破獲軍統特務的名單、軍統特務的供詞等。這是本書出版之前關於此案的最全的文字材料。此文的文字資料來源於甘肅公安部門的檔案，採訪對象主要是涉案人吳南山，沒有訪問辦案人。

吳定軍：吳南山之子，2002 年 8 月 27 日採訪。吳定軍曾經幫助父親整理關於漢中特訓班的文字材料，熟悉有關情況，而且了解吳南山的心理過程。

李文吉：前蘭州市公安局幹部，2002 年 8 月 28 日採訪。李文吉多年追訪此案，數次採訪吳南山，寫出相當完整的文字敘述。

馬文瑞：前全國政協副主席，2001 年 5 月 30 日採訪。作為當地黨組織的最高領導人，馬文瑞負責領導保衞工作並掌握政策，還在文字中寫到吳南山的貢獻。

李甫山：前山西省高級人民檢察院副檢察長，1998 年 3 月採訪。此案初期李甫山在隴東，後來調延安任邊保辦公室主任，不但掌握隴東階段的情況，還知道延安破案情況，並了解後來對涉案人員的使用情況。

涂佔奎：前青海省機械廳副廳長，1999 年採訪。涂佔奎生動地敘述自己偵察和郝蘇審訊祁三益的情況。郝蘇後來調到邊保審訊科工作，在審訊方面頗有建樹，或許就是這次成功的審訊開了路。

朱增福：《軍統局特偵站延安組佈置潛伏情況》，蘭州市公安局公安史資料選輯。朱增福（朱國才）於 1949 年人民共和國成立後被捕，在獄中寫出程慕頤在西安召集會議部署打通聯絡的情況。

呂璜：前全國婦聯幹部，1994 年 7 月 14 日採訪。當年，布魯率呂璜等人到隴東指導工作，將祁三益帶回延安破案。

李啟明：前雲南省委常務書記，1995 年 10 月 18 日採訪。李啟明在延安參與漢中特訓班案件的偵破。

王珺：前國家安全部副部長，1999 年 11 月 24 日採訪。王珺在延安親自聽取中社部領導康生、李克農的指示，經手偵破軍委二局電台潛伏特務，而且肯定此案是延安時期最大的國特案件。王珺從此留在中社部工作，後任西北公學班主任、中社部幹部科長，1949 年人民共和國成立後任中央調查部幹部局長、國際關係學院院長、國家安全部副部長。

李軍（李春茂）:《國民黨軍統漢中特訓班覆沒記》。親歷人李軍撰寫的這本書，詳細記述漢中特訓班的全部歷程，尚未公開出版。

歐陽毅：前炮兵副政委，2002 年 10 月採訪。歐陽毅任部長的總政鋤奸部負責偵破軍隊系統的「戴案」特務。1994 年時，作者到廣州採訪錢益民，可惜，這個延安三大偵察專家之一的人物，由於老病，已經談不出多少情況。

王炎堂：前國家安全部副部長，2003 年 1 月 28 日採訪。王炎堂提醒：一個案件的偵破，往往是由各方工作匯集而成，既有保衛部門的貢獻，也有情報人員的貢獻。王炎堂、王初等前中社部幹部告知：此案的範圍遠遠超出隴東，甚至超出陝甘寧邊區，有些嫌疑人還潛入其他根據地，晉察冀邊區冀南行署主任楊秀峰的身邊就有一個。案發前，中社部已經通過其他渠道發現一些線索，邊保發現以後，中社部又統一部署破案。此案除了在延安抓到四十多人以外，其他根據地也抓了一些，當時牽扯人數達到二百多人，人民共和國成立後查出六百多人。

第九章

「搶救運動」

—— 政治運動中反特鬥爭擴大化

為了統一全黨的思想和行動，延安開始了史無前例的整風運動。整風有兩大對象：「半條心」的人，即有非無產階級思想和犯錯誤的人；「兩條心」的人，即特務或叛徒。解決「半條心」的問題靠思想教育，解決「兩條心」的問題靠審查幹部。

一個邏輯形成了：「整風必然審幹，審幹必然鋤奸。」

「偵破」與「運動」同步

讓我們看看這段時間表：

從 1938 年春到 1942 年春，軍統漢訓班創辦時期，正是延安整風的籌備期。

從 1942 年春到 1943 年春，延安偵破「戴案」的一年，正是普遍整風開展的一年。

這種同步關係耐人尋味。

1938 年年初，國共商談合作。這年 4 月，國民黨成立了兩大特務組織「中統」和「軍統」。軍統局負責人戴笠指派上海區行動組組長程慕頤，搞一個專門對付中共的根據地的「特別偵察組」。

同期，中共內部正在醞釀整風。1938 年 9 月黨的六屆六中全會傳達共產國際的態度，明確中共中央以毛澤東為核心。隨之，黨的高級幹部開始整風學習和路線學習，糾正第二次國內革命戰爭時期的「左」傾路線。1939 年 2 月中共中央決定成立中央社會部，統管全黨的情報、保衛工作。

9 月，軍統將專門針對共產黨根據地的特訓班，從浙江遷到漢中，大批招收培訓邊區的知識青年。

調整政策的同時，國共雙方都沒有忽視隱蔽鬥爭。

12 月，毛澤東為中共中央起草黨內指示《論政策》，指出第二次國內革命戰爭時期的政策過「左」，概括了黨在抗日戰爭時期的政策和策略，同時規定對叛徒、特務的政策。

中共根據地的整風學習和反奸工作，都在深入發展。

1941 年期間，軍統漢訓班的學員以進步青年身份投考延安學校，分別滲入中共領導的陝甘寧邊區和其他邊區。8 月，戴笠指示將這個頗有成效的「特別偵察組」擴編為「特別偵察站」。10 月，軍統西北特偵站在西安召集會議，決定派遣聯絡員，匯集延安各機關單位的潛伏人員，大力開展情報活動。

1941 年 5 月 19 日，毛澤東在黨的高級幹部會議上做《改造我們的學習》的報告。8 月，中共成立中央調查研究局，毛澤東親任局長，任弼時任副局長，下設情報部、政治研究室、黨務研究室。9 月，中共中央召開政治局會議，檢討黨的歷史上的政治路線問題，中央決定成立高級學習組。

10 月，隴東保安分處逮捕軍統延安組聯絡員祁三益。1942 年 1 月，祁三益在延安新市場辨識聯絡員楊超。

調查研究，既是整風中統一思想的基礎，也是開展反奸工作的基礎，還是各項工作的基礎。這些部署，標誌中共中央正在全面抓緊關於普遍開展整風的準備工作。

1942 年 2 月 1 日，毛澤東在中央黨校開學典禮發表演講《整頓黨的作風》。第二天 2 月 2 日，中央社會部發佈《為反對國特高級特情突擊運動指示》。邊保加緊偵破「戴案」，又發現軍統另一聯絡員李春茂。

毛澤東的這次講話，標誌延安整風從準備階段轉入普遍整風階段，也稱延安整風的開始。同期，中社部部署反特工作，邊保對軍統漢中特訓班的偵察取得重大突破。這表明：整風的普遍開展與戴案的偵察突破，同時同步。

1942年春，延安整風進入全黨普遍整風階段後，整風、審幹、鋤奸等工作，全都加快了節奏。

2月17日，王實味在《穀雨》雜誌發表《政治家、藝術家》一文。2月21日，康生在延安八路軍大禮堂向延安兩千二百多幹部傳達毛澤東《整頓黨的作風》的講話。3月，中央辦公廳駐地發生中毒事件，正在接受批評的王明聲稱醫生對自己下毒。3月9日，丁玲在《解放日報》發表《三八節有感》一文。3月13日，王實味在《解放日報》發表《野百合花》一文。3月下旬，王實味在中央研究院的壁報《矢與的》上連續發表文章。4月3日，中宣部發佈「四三指示」，指導整風工作。4月5日，《解放日報》發表中央青委《輕騎隊》壁報檢討文章《我們的自我批評》。

5月1日，延安召開五一紀念大會。邊保在會場識別軍統延安組總聯絡員趙秀，至此，軍統延安組的所有聯絡員都被邊保控制。本月下旬，邊保集中搜

1942年2月，毛澤東在延安中央黨校開學典禮發表演講《整頓黨的作風》。圖為延安中央黨校禮堂。

捕邊區各地的「戴案」特務，第一批掌握 11 人。

5 月 2 日，毛澤東召開延安文藝座談會，23 日，毛澤東做「結論」講話。5 月 27 日，中央研究院開始清算王實味。

6 月 2 日，中共中央成立總學習委員會，毛澤東親任主任，副主任由康生擔任。主管情報、保衛工作的中央社會部部長康生，同時主管黨的中心工作——整風。

6 月 10 日，邊保正式吸收「戴案」反正人員祁三益、李春茂等五人加入外勤工作。

6 月 19 日，王實味被定性為「托派分子」。

10 月，中社部偵破「戴案」之中最為危險的軍委二局潛伏小組。

10 月 19 日，中共中央西北局召開高級幹部會議，總結陝甘寧邊區的歷史經驗。

12 月 6 日，中央總學委發出《關於反對「小廣播」的通知》，指出：特務人員正是依靠這些「小廣播」取得黨內秘密，散佈「合理流言」並作為反革命活動的掩護。這個通知被認為是「審幹」的先聲。年底，軍統漢中特訓班案件全案告破，陝甘寧邊區各地共發現潛伏特務 32 名。

偵破案件與整風運動同步進行，這是否有意而為？

整風是有計劃進行的，可是「戴案」的發現就有偶然性。誰能規定吳南山在 1940 年 10 月主動交代問題？誰能指定程慕頤在 1941 年 10 月派祁三益來延安？

不過，後來的偵破，卻是有計劃地推進。特別是 1942 年 5 月的集中搜捕，更是高層對於時機的選擇。當時的解釋是，由於時局緊張，必須及時收網。

當時的時局有何緊張？放眼全局，可以看到，最為緊張的不是戰場形勢，而是整風的轉折關口。延安的整風，恰恰正在從整頓黨風轉為對王實味等人進行批判。這樣看，「整風」與「鋤奸」的這種同步關係，就不會完全是巧合，而是帶有一定的因果聯繫。

「戴案」在「整風」中爆發，「整風」又推動「戴案」加緊偵破；「戴案」

的成果提醒「整風」中要注意「審幹」，「審幹」的進展又提示着「鋤奸」的重要。

如果說「戴案」的偵破決定了整風審幹的發起，那肯定是誇大了這個案件的影響。但是，這個案件的發現，使得中共中央更加重視在整風之中進行審幹，卻是合乎邏輯的。

「整風必然審幹，審幹必然鋤奸。」這個風靡一時的結論，出自康生。

身兼中央總學委副主任和中社部部長的康生，同時領導着整風和鋤奸兩項工作。不知是職務習慣還是神經敏感，康生經常將思想問題上綱為政治問題。有證據表明，對王實味等人的定性，從思想錯誤上升為政治錯誤，又定性為反革命問題，就由康生大力推動。

康生得知「戴案」的偵破情況後，專門向毛澤東做了匯報，毛澤東當然進行了表揚。康生卻根據這個案子分析認為：涉案人員都是青年，特別是外來知識分子，而且滲入了邊區黨政軍機關，因此，審幹、肅反也要做得廣些，主要對象是外來知識分子。

康生說：「『戴案』給我們敲了一個思想上的警鐘。」「外來知識分子至少有一半是國民黨派來的！」

從「老號疑犯」到「山東肅托」

即使在「戴案」發現之前，中共保衛部門也始終保持對「國特」的警惕。

抗日戰爭時期陝甘寧邊區的司法機關，有高等法院和邊區保安處兩家，檢察機關的職責也由邊保代行。另外，軍隊系統還有鋤奸部與軍法處。整個司法系統之中，邊保的攤子最大。邊保關押犯人的看守所位於鳳凰山麓，設有「天」「地」「人」「和」四號，「戴案」爆發之前，這裏已經關着一些嫌疑人，人稱「老號」。

邊區治安秩序良好，偷盜、兇殺等刑事犯罪人員很少，「老號」裏面的多數「犯人」都是一些被懷疑為「特務」的人。

深處黃土高原的延安，來了四個自稱「白俄」的白種人。白俄，就是十月革命之後從俄羅斯逃到中國的一些擁護沙皇的俄國人。這些本來反共的外國人到延安來幹什麼？

還有一個日本女人，被敵後根據地輾轉送到延安。經審查，此人只是一介平民，並無深究必要。釋放吧，這女人在根據地活動很久，誰又能保證她不會泄露情況？於是就放在邊保的看守所，說是關押吧，並未居住於牢房，說是客人吧，外出還要請示。有時，這個日本女人，還給後三科的女幹部帶孩子。

值得研究的是，有幾個中共黨員也被關押在老號。

蔡子偉在陝北肅反中就被打成托派，並牽連劉志丹等人。中央糾正陝北錯誤肅反之後，蔡子偉任延安中學校長，後任邊區財經委員會主任。可是，審幹運動之前，蔡子偉再次被懷疑是內奸，關押在邊保。

林里夫自1939年起就是這裏的「老住戶」。林里夫在上海任中國民族武裝自衞委員會（「武衞會」）黨團書記兼宣傳部部長，組織被破壞時隻身逃脫，1937年到延安，任西北辦事處內務部秘書。林里夫懷疑是黨內奸細破壞了上海武衞會，一直向組織反映情況。沒想到，揭發別人是內奸的林里夫，反而被懷疑為內奸。康生斷定曾經留學日本的林里夫是「雙料特務」——國民黨特務加日本特務！

白區黨，特別是上海地下黨的情況相當複雜。此案久拖不決，林里夫一直被關押在邊保，後來，又有個何主人關進同一個窯洞。

何主人的家庭背景更為複雜。祖父是章太炎的老師，父親是清朝的翰林，出生於英國，在白區工作時曾經營救劉少奇、康生。1934年何主人出國考取法學博士，遊歷歐美，1937年率領一批留學生回國抗戰，1938年到達延安。文化程度很高的何主人被選為毛澤東的秘書，寫了一篇影射江青的小說，自覺處境不妙，提出調離延安到國統區工作。正當攜帶妻兒登車出行之際，被康生下令扣留。康生的解釋是：接到國民黨區發來的一封電報，說是延安有個國際人物要抓起來。不久就查明抓錯了，可康生又說何主人在國統區關係太多，出去會造成不利影響。於是，何主人就長期留在邊保。後來，英國路透社聘請何主人任駐華北通訊社負責人，何主人的父親也到美國國務院任職。康生又要求何主人承認是特務。

老號裏面還有一位王文元。1927 年參加革命的王文元本是中央特科的人馬，上海特科失敗之後輾轉來到延安。此時，王明的夫人孟慶澍也來到延安，聽到王文元這個名字立即敏感——中國的托派組織有個中央委員就叫王文元！

此王文元不是那王文元。延安的王文元本名金樹旺，哥哥金城是邊區交際處處長，姑夫宣俠父也是特科成員。上海的王文元確實是托派中委，本名王凡西。兩個王文元不過是同名而已。但是，明知抓錯了，上面還是不肯釋放。

如果說林里夫、何主人確實在歷史上同康生有過某種恩怨關係的話，李宇超與康生的私人關係卻頗深，同鄉、同學加同事。可是，李宇超到延安後，也曾放在邊保審查。

李宇超也是特科老人。1931 年顧順章叛變，身處危險之中的周恩來夫婦，就避居在李宇超家中。就是這樣一位曾經深受信任的人物，由於種種原因，到達延安之後也受到審查。當然，李宇超在邊保並未被關押，而是作為一個普通幹部，可以自由活動，可以參加勞動，但也不分配工作。

延安這邊還是個別審訊，山東那邊卻成了規模。

1939 年 6 月，湖西地委舉辦的幹部學校畢業，一些學員對分配提出意見。地委組織部部長王須仁認定學校中有個托派組織搗亂，刑訊逼供。案件迅速擴大，不僅學校裏面有托派組織，還有個「國際無產者大同盟」，幹校教師魏定遠是「托派蘇魯豫邊區特委書記」。王須仁和八路軍蘇魯豫支隊第四大隊政委王宏鳴合謀，處死湖西幹部近三百人！

湖西肅托迅速蔓延，在山東根據地的魯東南、魯西南、膠東、泰山、清河等地都搞肅托，連續發生三起假案。

內鬥大大損傷了根據地的團結，日偽軍乘機掃蕩。11 月，八路軍蘇魯豫支隊隊長彭明治親自了解湖西事件，緊急上報 115 師師部。八路軍 115 師政委羅榮桓和山東分局書記郭洪濤飛馬趕到湖西，迅速制止湖西肅托，釋放被關押的幹部。山東分局社會部部長劉居英帶領巡視團到湖西調查，寫出總結報告。中共山東分局發出訓令，處分湖西錯誤的負責人，表彰被錯殺的黨員。但是，尚未對所有被錯誤處理的人全部平反。

中共中央組織陳雲為首的五人小組調查處理湖西事件，1941 年 2 月 20 日作出《中央關於湖西邊區鋤奸錯誤的決定》，指出這是慘痛的事件，應該引起全黨的警惕，對善後處理提出六條意見。山東分局社會部部長劉居英到湖西，召開了平反追悼大會，公佈王須仁罪行，對王宏鳴和白子明做出處分。

所謂「托派」，就是「托洛茨基反對派」。這個原產於蘇聯的派別，在中國的數量和活動能力都很有限。可中國湖西的幹部，為何會「主觀地誇大托派的力量」呢？

客觀地說，中國抗戰的局面十分複雜。有些托派分子反對國共合作，聲稱反對國民黨是革命，反抗日本不算革命。這種極左的立場令人難解，不能不懷疑其背後是否有日本特務操縱。山東的鬥爭異常殘酷，出現過軍分區司令搞獨立山頭殺害政委的事件。

主觀誇大托派力量的責任，顯然要歸於康生。康生長期在蘇聯工作，中共駐共產國際的代表團，王明任團長，康生任副團長。1936 年 8 月，蘇聯開始反托派鬥爭；1937 年共產國際發出指示，要求各國共產黨同托派分子開展鬥爭。這樣，中國黨才知道還有個托派，但還是爭取中國的托派領袖陳獨秀同托派決裂。1937 年 11 月，王明和康生回國，大力宣傳推行反托派，康生發表長文《鏟除日寇偵探民族公敵的托洛茨基匪徒》。1938 年 2 月 26 日，中共中央書記處作出《關於擴大鏟除托匪漢奸運動的決定》。

1939 年 2 月，康生任中央社會部部長，主管全黨的鋤奸保衛工作。這年 6 月，山東湖西出現肅托事件。

湖西事件意義非凡，雖然延安這時還沒有搞運動，可湖西已經把肅托搞成運動了！

「四大特務」和「紅旗黨」

從延安老號的嫌疑犯，可以看出一些共性：都是來自白區，都是知識分子，都有較為複雜的家庭社會關係。

有關部門審查幹部，都要弄清幹部的家庭出身、本人經歷、社會關係。「根據地幹部」大多出身工農，生長當地，根底清楚。對於一些「外來幹部」，保衛部門就相當陌生。這些人大多來自過去稱為「白區」的「國統區」，出身社會上層，有的還有海外關係，經歷也相對複雜，自然成為保衛部門的審查重點。像蔡子偉、李啟明這樣的外來知識分子幹部，在陝北肅反中就受到懷疑。

抗日戰爭初期，更多的知識青年從全國各地投奔延安，其中不乏經歷更為複雜的人士，那麼，這些人中，是否有特務呢？如果說老號的住戶不過是些「嫌疑人」的話，新來的客人就是認定的「特務」。

普遍整風之前，延安就抓出「三大特務」——錢維仁、李凝、王遵級，加上整風中抓出的張克勤，這就是延安著名的「四大特務」。

邊區公路局的工程師錢維仁（錢家驥、彭爾寧），隨同父親錢來蘇（錢拯）來到延安。曾任國民黨第二戰區少將參議的錢來蘇，因為不滿國民黨的不抵抗政策，帶着孩子秘密投奔延安。錢家父子並非共產黨人，在國統區都有良好的職業，卻決心棄家抗日，投奔生活艱苦的延安，這本應作為中國知識分子的典範，卻被懷疑為別有用心。錢來蘇據說同日本人有關係，有人又揭發錢維仁在邊區公路局工作時與國民黨方面來往較多，與國民黨特務有關係。

來自上海的李凝相貌出眾，在延安是個引人注目的人物。上海轉來的材料反映她有問題，康生又說此人走路像日本女人，這就被懷疑為日本特務。

王遵級案件在延安更是非常轟動。「王遵級的叔叔是華北第一大漢奸」，「王遵級其實是川島芳子改扮的」…… 王遵級十歲時父親中風病逝，母親把王遵級寄養在叔叔王克敏家。富有的王克敏是北平的銀行家，送王遵級姐妹進入貴族學校就讀。王遵級在學校積極參加抗日愛國學生活動，加入了「M」組織。王遵級這時還不知道，這個「M」組織就是「中華民族解放先鋒隊」，由共產黨秘密領導。

日軍侵佔北平，曾經留學日本的王克敏留下沒走。日本人組織華北自治政府，選擇這個北平商會會長任華北政務委員會主任。這樣，王遵級的親叔叔就成了華北最大的漢奸。

奇恥大辱！王遵級在學校無顏見人，更不願回到漢奸家庭，懇求「M」組織能幫助自己逃離，進入中共領導的冀中抗日根據地。不久，又隨同冀中軍區司令呂正操的夫人出差陝西的後方辦事處。高高興興到延安的王遵級，被直接送到邊區保安處審查。王遵級剛剛離開冀中軍區後方辦事處，就有國民黨部隊襲擊，點名營救王遵級！此人是大漢奸的姪女，又會收發電報，值得深究。

年輕的王遵級經不住恐嚇，不得不編造謊言以圖過關，於是，聽說的故事和看過的小說都成了口供來源。日本特務王遵級下過毒，還用馬燈報信指引日本飛機轟炸上海南京路，與國民黨特務機關聯絡的信號織在毛衣上！華北第一大漢奸的特務組織打入冀中抗日根據地！保衛部門相信，抓到了一個國民黨兼日本的雙料大特務。

「三大特務」轟動延安，可是又都缺乏足夠的證據。懷疑容易，消除懷疑就難。邊區保衛機關對外接觸條件有限，很難核實國統區的情況，於是，「三大特務」被繼續關押審查。

第四個大特務更加令人震驚，牽出多省「紅旗黨」！

就在延安整風的關鍵階段，就在邊保收網捕獲漢訓班的時候，1942 年 5 月 26 日，周恩來從重慶報來危急情況：中共南委遭受國民黨特務破壞！南委副書記張文彬、委員廖承志等重要幹部二十多人被捕，廣東、廣西地下黨組織遭受嚴重破壞。

江西吉安的國民黨特務盤查來往旅客，突擊審訊兩個年輕婦女。現在國共合作抗日，凡是共產黨人必須擁護政府，你們這樣的秘密活動違法。這種說詞使兩個農村婦女感到茫然，承認自己是共產黨的地下交通員。順藤摸瓜，中統捕獲中共贛西南特委 17 人，而且沒有驚動任何人。

抗戰時期國共合作，國民黨尚未發現中共在國統區的組織。徐恩曾十分重視這個線索，立即派中統大特務徐錫根到吉安就地指揮。徐錫根當過中共中央常委，又在特科工作過，十分了解中共秘密工作情況。這個大叛徒富於叛變經驗，先説服特委宣傳部部長老楊合作，又誘捕特委組織部部長李照賢，再由李照賢帶隊尋找江西省委。

進入省委所在地洋溪山，必須由一個老交通「老鐵枴」帶路。這是一個1925 年的老黨員，革命意志十分堅定。中統利用他疼愛幼子的心理，三擒三縱，老鐵枴不得不帶李照賢上山。老鐵枴半路後悔，建議李照賢向組織坦白，還是李照賢再次説服老鐵枴，不如為國民黨工作。國共合作的新形勢，使得一些堅定的共產黨員也產生動搖。

1942 年 1 月，李照賢誘騙省委負責人謝育才、駱其鼎下山探望妻子，中統立即對二人實施突擊。面對臨產的妻子，謝育才勉強具結文書，駱其鼎表示可以帶路去南方局。中統決心利用這個關係進入南方局，可是駱其鼎夫婦卻乘夜暗逃脱。中統估計駱其鼎不敢回省委報告，繼續設計，利用老鐵枴將省委機關四十多人分批誘騙下山，而由中統謊稱統戰關係予以接待。山上的省委秘密電台，報務員是一對夫婦，因為生孩子不得不下山，被就勢安排到特務機關居住。中統派女特務精心照顧產婦，積累感情後才公開突擊。依照這個巧妙方法，中統對落入網中的地下共產黨員逐個招安，再由叛徒出面説服，逐步爭取省委負責人和警衛人員叛變，就連延安派來的紅軍報務員和譯電員也投降了。贛西南特委書記黃路平叛變之後還幫助中統設計，控制特委下面的各縣組織。

1942 年間，中共江西省委所屬的四十四個縣委、兩百多個區委都被破壞，兩千多黨員被捕，兩千多農村黨員被管訓，而遠在廣東的上級機關「南委」卻毫不知情！

中統又設計向上發展，企圖進而破壞中共在南方的所有組織，直至滲入延安中央。中統控制的江西省委電台突然呼叫南委電台，謊稱電台剛剛修復，還要延安電台的呼號和波長。「南委」是中共南方局下屬機構，負責領導東南、華南地區。南委對江西電台中斷聯繫三四個月有所警惕，南委書記方方派組織部部長郭潛去江西檢查，並給江西省委書記謝育才發出明文隱語的聯絡信件。

謝育才見南委危急，扔下嬰兒跳窗逃走。中統見不能再採取長期滲透的做法，立即派人搶在謝育才之前行動。5月26日，方方得知謝育才報來的情況，發報給郭潛。郭潛未及譯電就被捕，當晚叛變，第二天帶領特務抓捕粵北省委書記李大林等人！

周恩來見到方方來電，臉色劇變，連說糟糕，立即佈置童小鵬給南委發報，要正在南委駐地曲江的廖承志立即到重慶，或是住到母親何香凝處。

南委沒能聯繫到廖承志，5月30日，廖承志被捕，6月6日，南委副書記張文彬、宣傳部部長涂振農和粵北省委重要幹部二十多人被捕，縣級幹部四十多人被捕。6月8日，周恩來得知廖承志被捕，立即佈置南委負責同志分散隱蔽，斷絕公開關係。可是，南委電台已被叛徒出賣，沒能收到重慶呼叫。中統又派出十幾個秘密武裝人員，到南委秘密機關東江大埔抓捕南委書記方方。這裏是老根據地，群眾發現特務立即鳴鑼報警，上千群眾湧來包圍特務，掩護方方等人逃脱。

心力交瘁的周恩來小腸疝氣復發，6月下旬入院動手術。毛澤東從延安來電，要求周恩來靜養。周恩來在醫院還不停打聽南委消息，臨時主持南方局工作的董必武命令一律不准向周恩來談工作。7月10日周恩來的父親因病逝世，董必武與鄧穎超研究之後，暫時瞞着周恩來。7月13日，周恩來出院，得知父親已去世三日，痛哭不已。哀痛之中的周恩來立即佈置：除敵佔區、游擊區黨組織照常活動外，國統區黨組織一律暫停活動，等待中央決定。

中統成功破獲共產黨在南方三省江西、廣東、廣西的地下組織，徐恩曾十分得意：「這是我和共產黨在抗戰時期戰鬥中的唯一勝利。也是我的全部戰鬥紀錄中經過時間最長，技術上最為成功的勝利。」

周恩來慘淡經營，1942年年底重新組織廣東臨時省委，1944年恢復各地組織活動。日軍打通粵漢線時，中共在南方的地下組織又發動群眾抗擊，發揮重大作用。

南委失手的教訓令人震驚：居然有江西整個省委被國民黨特務機關控制！

敵中有我，我中有敵，對於熟悉的同志也不能完全信任，揭發特務成了延安的一項重要活動。中社部每天收到大量揭發信件，其中魯藝轉來的一封信揭發張克勤是特務。而此時，中社部也正在考察這個人。張克勤從蘭州調到延安後，同期入黨的父親和妻子被捕叛變，甘肅工委也隨後被破壞。還有線索證明，中統特務也在策反張克勤。

連續審問三天三夜，起初不承認自己是特務的張克勤熬不住了，交代：甘肅地下黨就是打着紅旗反紅旗的，是國民黨紅旗政策的產物，實際上是國民黨特務組織。

「打着紅旗反紅旗」？康生立即把張克勤作為「四大特務」典型，到處推廣。「紅旗黨」的審查範圍，很快擴大到國統區各省的中共地下黨組織，甘肅、河南、陝西、四川、湖南、湖北、雲南、貴州、浙江、廣西及其他地區都有「紅旗黨」，中共的白區組織多數都有問題！

延安審幹期間，對於白區黨的懷疑，對於外來知識分子的懷疑，已經到了駭人的程度！

「外來知識分子」中「特務如麻」？

1943 年 3 月底的一個夜晚，康生把周興和師哲叫到自己居住的窯洞，拿出一個名單，用筆在上面勾勾畫畫，這個是「特務」，這個是「漢奸」，這個是「叛徒」，這個是「日特」。要求邊保把名字上打「○」的人都抓起來，名字上打「·」的人送行政學院集訓。同夜，中社部和總政鋤奸部也進行逮捕。中社部主要抓中央直屬機關的，關押在棗園。鋤奸部主要抓軍隊的，關押在小砭溝。邊保主要抓邊區系統的，關押在後溝。

1943 年 4 月 1 日夜，黑暗之中的延安城，一場秘密大逮捕，悄無聲息地進行着，一夜就抓了 260 多人，第二天還沒抓完，又繼續抓。

被捕，那可是一個人一生之中刻骨銘心的特殊經歷。

趙曉晨在 4 月 1 日這天接到學校通知：調動工作，去西北局報到。

這天上午，延安突然下了一場大雨，有的地方還掉雹子。臨近中午，天才放晴，趙曉晨和二十多個同學一起出發，從延安大學到西北局要走一段路，帶隊人下令休息，於是，一行人「恰好」在保安處門口坐下了。剛剛坐下，保安處的衛兵迅速過來把這群人看住！

這天晚上，延安城大雪紛飛。

1943 年 4 月 1 日，延安全城大逮捕，同日，延安上午下雨、下雹子，晚上下雪。

春天下雪？山西蒲劇《竇娥冤》，竇娥被斬時，本來不會下雪的夏季六月，突然天降大雪！感天動地，象徵此案大冤。延安的四月雪，預兆氣候的異常。

1943 年的春天，國際戰場蘇聯處於不利態勢，國內戰場日本正在誘降蔣介石。國際國內，邊區內外，都顯示矛盾激化的趨向。

4 月 1 日的大逮捕，不可能是康生個人的權限。

4 月 9 日和 12 日，中共中央書記處書記任弼時在中央直屬機關大會上做報告：《特務的活動與中央對特務的方針》。任弼時提出：「國民黨派來邊區和八路軍、新四軍進行特務活動的，絕大多數是被誘騙、威逼的單純正直的青年。他們經過革命環境的實際生活和整風學習，是願意改過自新的。」

任弼時說明中央決定：「要給予這些一是被迫誤入歧途的青年一種有保障的出路。」

這種對待特務的政策，顯然比過去的肅反和肅托更寬容，更開明。過去對特務是一律關押大多殺頭，現在允許改過自新！延安各機關立即開始坦白運動……

四月剛過，共產國際在 1943 年 5 月宣佈解散！斯大林希望以此讓西方放心，鼓勵美國開闢第二條反德戰線。

蔣介石趕緊抓住機會反共——你中共的上級組織都解散了，中共也應解散！胡宗南奉命偷襲陝甘寧邊區的囊形地帶，7 月 7 日，胡部炮擊關中分區的駐軍。

國共之戰一觸即發，共產黨立即做出強烈反應。

7 月 9 日，延安公佈朱德致胡宗南，朱德致蔣介石、何應欽電報，抗議國民黨軍隊對邊區的進犯。同日，延安召開「民眾抗戰六周年紀念大會」，發出《關於呼籲團結反對內戰》的通電。全邊區黨政軍民緊急動員，逼迫蔣介石停止對邊區的進攻。

國內外輿論紛紛反對破壞抗日統一戰線，7 月 11 日，蔣介石、胡宗南覆電朱德，表示並無進攻陝甘寧邊區之意。第二天，胡宗南下令逼近邊區的兩個軍部和一個師部隊撤回原來駐地。

國民黨發動的第三次反共高潮偃旗息鼓，中共中央並未放鬆警惕。

7 月 13 日，中共中央政治局再次研究對策。毛澤東提出迅速進行五項工作：一、實行政治攻勢，二、在軍事上實行必要的準備，三、加強進行清查特務奸細的普遍突擊運動與反特務的宣傳教育工作，四、加強黨內人民中的階級教育，五、進行揭露國民黨種種罪惡行為與反動思想、政策的宣傳工作。

抗戰以來，國共之間雖有磨擦，但出於民族大局，始終維持相互尊重相互合作的局面，這就弄得一些共產黨員模糊了階級界限。現在國民黨率先撕破面皮公開反共，共產黨也正好乘機抓一下久已荒疏的階級教育，在內部消除國民黨的影響。這次擊退反共高潮，主要依靠準確的情報，從而爭取輿論宣傳的主動。這樣，情報與反情報的重要性更加突出，延安也更加重視反特工作。

1943 年 7 月的時候，大敵壓頂，延安的人們，滿腦子都是敵人，更害怕自己人中也隱藏着敵人。就在這種敵情恐慌中，康生說了：「特務像螞蟻，站着看不到，蹲下一看滿地都是！」

這就是「特務如麻」！

「群眾運動」加「逼、供、信」

「搶救運動」之所以稱為「搶救運動」，源於康生的一篇著名講話。

1943 年 7 月 15 日，中央直屬機關召開千人幹部大會。中央總學委副主任兼中直機關學委主任康生，在大會上做長篇講話，講話的題目叫做《搶救失足者》。

「失足者」？國統區來的人對於這個說法並不生疏。國民黨特務秘密殺害共產黨員，事後登報的託詞經常是：「經查，該人無意失足落水而死。」

康生為何也用這個說法？

康生上來就說：今天的大會，是緊急時期的大會，是軍事動員時期的會議。國民黨實行特務政策，將許多有為青年拉到特務的罪惡泥坑，為日寇的第五縱隊服務。從四月十號起，共產黨中央又一次以寬大政策號召這些青年起來改過自新，脱離特務陷阱。到今天，已經有四百五十人向黨坦白悔過了。

康生打了一個令人印象深刻的比喻：「一個小孩子失足河中，如果是平時還可以從容地去救，如果是漲大水就要搶救！」

搶救？失足落水的人們誰不期望被搶救？

事先安排的張克勤上台帶頭坦白。一個個此前已經坦白的人們，此刻再次上台，痛哭流涕地檢討自己的罪行。還有些人是被趕上台的，但是這些人的被動，反而更加證實搶救的必要。

於是，坦白居然成了人們的「自覺」行動，人們爭先恐後地上台，爭先恐後地發言，爭先恐後地往自己頭上扣特務帽子！

誰都期望被「搶救」啊⋯⋯

「搶救」！康生講話的第二天，延安各機關單位都開始熱火朝天的「搶救」。黨政軍民學，都要召開「搶救大會」。自此，「審幹運動」就變成了「搶救運動」。

延安各界都有國民黨的特務，誰不相信，我就在他的機關拉出一個！康生的口袋裏面有的是法寶翻天印—— 450 個特務的名單，其中光是「戴案」就有 33 個！棗園坦白大會，戴案特務胡士淵痛哭流涕地發言，交代自己這個小組在二局的特務活動，引起全場震動。走到一個單位，康生居然能當場點名，一個「戴案」人員應聲而起，這就鎮住了各單位的領導，誰也不敢不在自己單位找特務。

「延安新市場成了特務市場！」

「中央駐地楊家嶺有三個剃頭的自首了，中央首長的頭在特務的刀子下滾來滾去！」

「外來知識分子至少有一半是特務！」

搶救運動狂飆突進，不過十幾天，已經風靡整個延安城。

延安內外無形之中形成搶救大競賽，各機關單位賽着抓特務，特務也就應運而生，越抓越多，十幾天就抓出 1400 多人！

確認特務，還需要經過司法程序。

審訊，是司法機關對犯罪嫌疑人的司法調查，目的是取得口供，核對證據。國民黨的特務機關和司法機關，將肉刑作為取得口供的重要手段。鞭打、火燙、坐老虎凳、灌辣椒水，怎麼狠怎麼幹。

延安怎麼審訊？總結搶救一個月來的審訊工作的文件提到：「對犯人的感化勸導，也進行了一些工作，但打罵、肉刑、變相肉刑、指供、逼供的現象，亦是嚴重存在着。」

關中一個縣統計，採用過壓槓子、打耳光、舉空甩地等 24 種肉刑。更多的現象是變相肉刑，主要手段是車輪戰、坐小凳、五花大綁、假槍斃。

其實，在制度上，中共早就嚴格禁止肉刑。

1941 年 1 月，陝甘寧邊區保安處發佈《關於鋤奸政策的指示》，規定「審訊權力」時提出：「審訊工作必須依靠智力鬥爭，政治感化，堅決地廢止一切肉刑（如罰立正、凍身體、曬太陽、不准睡覺等），違者以法論罪，其上級不追究亦治罪。」「不得只憑口供了案，不得捏造罪名牽涉無辜，不得利用犯人弱點（尤其對女犯）指名指事逼供，致陷別人漢奸，危害自己。」「審訊人尊重人權精神，文明法制的精神對待犯人，不得施行非法侮辱態度。」這些規定相當具體，表現出一定的法制意識。1941 年 5 月 1 日，《陝甘寧邊區施政綱領》規定：堅決廢止肉刑，重證據不重口供。這個綱領同時也是中共同國民黨競選的綱領，中共將廢止肉刑的主張公之於眾，顯然是作為民主政治的施政原則。

按照規定，打罵、肉刑、變相肉刑、指供、逼供等，都是明令禁止的。但是，運動來了，這種「禁止」也許就弱化了。1942 年 12 月，周興專門檢討「執行寬大政策發生的偏向」，其中提到，「廢止肉刑被誤解，捆人就成了肉刑，結果抓到的犯人跑了。」

看來，領導上對於運動形勢的把握，也會影響審訊手段。運動發起，着重防止過於寬大而放鬆鎮壓；運動高潮到來，審訊中的違紀行為也許被看作「群眾熱情」而縱容；在某個具體單位，違法亂紀的審訊手段甚至會被水平較低的領導作為「有效手段」而鼓勵使用。

對於運動之中出現的違法違紀問題，中共有個獨有的概括——「逼、供、信」！

這是毛澤東的創見。中共中央《關於審查幹部的決定》指出，九條方針「是和內戰時期曾經在許多地方犯過的錯誤的肅反方針根本對立的。這個錯誤方針，簡單地説來，就是逼供信三字。審訊人對特務分子及可疑分子使用肉刑，變相肉刑及其他威逼方法；然後被審人隨意亂供，誣害好人；然後審訊人及負責人不加思索地相信這種絕對不可靠的供詞，亂捉亂打亂殺。」

內戰時期的肅反，在中共內部造成極大傷害，誰再搞亂捉亂打亂殺，肯定是不得人心。可是，導致亂捉亂打亂殺這種後果的前因是什麼，許多幹部卻沒有認識清楚。只要「逼供信」這個病源沒有去除，「亂捉亂打亂殺」的瘋狂病就必然重現。

可是，去除「逼供信」絕非易事。

在許多幹部特別是保衛幹部的心底，都有一個固執的看法：沒有人願意説出不利於自己的事情，所有的受審人都是不逼不招。審訊實踐也表明：感化勸導見效慢，逼供破案效率高。至於逼供得來的口供是不是真實，這個要害問題，似乎被運動中的人們忘懷了。

如果再有人居心叵測，有意製造假案，那「逼供信」就是如意法寶了。

康生有個發明：「分析特務」。

你不知道你是特務？那好，我幫你分析。你參加的黨組織是紅旗黨，你不就是紅旗黨成員？紅旗黨是特務組織，你不就是特務？一個孤立的被審人，無法證明紅旗黨這個大前提錯誤，於是，就只得接受這個大前提推論出來的小結論——自己是特務。承認自己是特務，就要交代同夥，於是又牽出大量特務。

分析特務。分析的時候，不聽你辯解。蘇平被分析特務時，別人分析：你從國統區來延安，你上路肯定是國民黨開的路條。這些沒有出過遠門的紅區幹部哪裏知道，外面坐車買票就行。別人又分析：陝西黨是紅旗黨，你是地下黨員，肯定就是國民黨特務。這些外地來的黨員也不想想，陝西黨要是紅旗黨，中央長征來陝北哪裏立足？別人又分析：你的表哥是國民黨縣黨部的書記長，你來延安肯定是國民黨派遣的特務！這些家世清白的工農幹部沒有想到，能夠吸引各種出身的人參加，正是革命黨的魅力！

既然是分析，就不需要證據。

來自紅旗黨省份的是特務，來自國統區的是特務，來自邊區但上級或同事是特務的也被發展成特務！參加 CC 是特務，參加復興社是特務，參加過國民黨三青團的都是特務，自己沒有參加但親友是國民黨的也被發展成特務！表現不好是特務破壞，表現積極是特務偽裝，怎麼表現都是特務！主動坦白的是特務，被動承認的是特務，拒不交代的更是大特務！看別人捱鬥自己臉紅是特務，走路像日本女人是特務，哭、苦悶、表情不自然、態度失常、睡不着覺都是動搖跡象。東北來的白俄肯定是日本特務，內蒙來的北洋大臣使者就是日本的蒙古偵探，從日軍那裏投誠而來的朝鮮族翻譯肯定是日本派來的奸細……

康生名言：「我看你就像特務！」沒有參加特務組織的也是特務，沒有進行特務活動的也是特務，這種分析思路，真是匪夷所思。

每個親歷者都能講出多個「搶救運動」的事例，這些故事之荒唐簡直像笑話。

古今中外，公安、保衛行業的痼疾就是這「逼、供、信」！這個老毛病，到了運動之中，就會惡性發作。搶救運動之中的逼供信，造就了越來越多的特務。共產黨的內部，出現了這麼多的特務，那麼，怎麼估價黨的組織，怎麼開展黨的工作？

大比例的黨員成了特嫌，大比例的幹部人人自危，剩下的少數積極分子又忙於反奸，於是，許多黨政機關的日常工作陷於停頓。

人們往往以為，保衛機關在反奸反特中最為神氣，其實，保衛機關本身也在運動中遭受巨大損失。主管反奸的專門機關，也糾纏在內部的防奸之中。

中社部最先抓出于炳然。這個奉中央特科之命打入國民黨軍統的老黨員，居然成了日本特務，還得在棗園大會上公開坦白。人數不多的中社部機關，也關了一二十個人。

保安處系統的外來知識分子，統統集中學習審查。保安處和各保安分處原本在邊境地區派有外勤組，專門開展對國統區的情報工作，現在把外勤人員統統調回，就連打入國民黨特務機關的內線人員也撤回審查。留在邊境地區從事情報工作的人員，只剩下關中的秦平、洛川的趙去非兩人，大部分工作不得不放棄。好不容易打入國特機關的楊宏超等人，在運動中被打成特務，到處展覽示範，暴露了身份。有些從國特機關中拉出來的人，也不敢再與延安聯繫。

1943 年下半年，邊保的情報工作基本停頓。過去源源不斷的國統區情報，現在成了涓涓細流。

運動的影響遠遠超出陝甘寧邊區，晉綏、晉察冀等其他邊區也大力開展運動，甚至國統區和淪陷區的情報工作也受到很大干擾。中社部副部長潘漢年長期在上海和香港領導地下情報工作，也撤回新四軍總部駐地黃花塘參加整風。新四軍政委饒漱石組織對軍長陳毅的批評，同陳毅交好的潘漢年也被批評為「小廣播」「自由主義」，無暇到敵區做情報工作。新四軍三師保衛部部長揚帆介紹到延安的一個學生被打成 CC，延安發來電報，華中這裏就逮捕了揚帆。揚帆的被捕，又使得敵後情報幹部人人自危。

情報工作的下降又影響了保衛工作。過去，中社部和邊保可以通過潛伏在國特機關的內線，掌控派遣到邊區的特務，現在，內線大多中斷，這種反特方式就難以進行了。

大規模反特運動，當然也能部分中止國特在延安的活動。可是，國民黨依然能夠通過特殊渠道得到邊區的情報。1944 年 3 月 31 日，國民黨中統的統一出版社出版《中共最近黨內鬥爭內幕》一書，大量引用中社部的內部刊物《防奸經驗》，郭華倫又據此撰寫了《中共史論》。這郭華倫就是大叛徒郭潛！

為了反奸而搞起來的運動，反而造成情報工作的停頓；情報工作的下降，又反過來影響了保衞工作的開展。如此進行的運動，不僅干擾了反奸工作，而且危害着黨的工作全局。

一個對革命大業帶來不利影響的政治運動，不能不引起質疑。「特務如麻」。這些如麻的「特務」，都是真的嗎？如果這些人不是特務卻被當作特務，那麼，這場運動是不是該收場了？

毛澤東道歉

許多幹部開始懷疑這個「搶救運動」。

運動初期不乏積極分子，堅決揭發特務！坦白的特務越多，越證明黨的正確自己的積極。直到自己也被別人揭發為特務，才恍然大悟：既然自己這個特務不是真的，那麼別人的特務也可能是假的。許多高級幹部向中央反映問題，毛澤東自己也發現了問題。

1943 年 7 月 15 日開始「搶救」，8 月 15 日，中共中央頒發《九條方針》，批評運動中的「左」傾現象。10 月 9 日，毛澤東批示：「一個不殺，大部不抓。」防止出現肅反的錯殺現象。12 月 22 日，中共中央決定，運動轉向甄別階段。「九條方針」降溫，「一個不殺大部不抓」剎車，「甄別」轉向。

可是，「搶救運動」的車速極猛，這種轉向能否順利實現？

毛澤東在延安幹部大會上登台，承認搶救運動搞錯了，親自承擔責任，而且脱帽鞠躬，向挨整的幹部道歉。一個政治組織的最高負責人，向自己人低頭認錯，這在中國政治史上非常罕見。毛澤東一而再，再而三地公開道歉，消解了挨整幹部的情緒，也推動了甄別的進行。

反革命性質的案件都由保衛機關承辦，甄別這些案件，關鍵也在於保衛部門。自己糾正自己的錯誤，這對保衛機關也是個考驗。

最高的保衛機關是中央社會部，而主管這個關鍵部門的康生，正是搶救運動的始作俑者！

1943 年 12 月 24 日，就在中央決定甄別的第三天，康生就做了一個關於甄別工作的報告。1944 年 3 月 29 日，康生在西北局高幹會上講演。首先講「鞏固一年來反奸鬥爭的成績」，第二個問題「徹底糾正逼供信錯誤」，第三個問題「新的反奸方針」，最後又講了「怎樣進行甄別工作」。

中共中央決定，將康生這次講話內容整理成一個小冊子《關於反奸鬥爭的發展情形與當前任務》，下發各地，作為甄別工作的學習文件。善於判斷風向的康生，不僅會見風轉舵，還會搶佔先機！

據師哲回憶，康生這個講話是由保安處起草的。康生特意加進自己的意見，強調：「如此偉大的運動，觸動和傷及少數人，有何稀奇？又有何可怪？有何不能理解？」

周興感歎：「這樣的報告咱們做不了，也不敢做。」

如果說康生個人可能對甄別陽奉陰違的話，中央社會部這個黨的機關，對於甄別工作的態度還是積極的。在運動初期還有些發熱的中社部副部長李克農，很快看到運動的偏差，主動向毛澤東匯報了問題。得到毛澤東的提醒後，更是積極主動地開展甄別工作。

李克農親自訊問黃鋼。這也是毛澤東不肯相信的一個案子。《解放日報》的黃鋼是中共建黨初期的烈士黃負生的遺孤，自幼受到惲代英、陳潭秋、任弼時等人的照顧。可是，就是這個紅苗子，因為在白區時曾由國民黨中宣部部長張道藩介紹工作，到延安後又接觸過國民黨代表團，也被搶救成國民黨特務。黃鋼當時心想，反正是黨內審查，先避過風頭再說，就承認自己是特務，還交代了張道藩派遣自己的詳細過程。

李克農開口就說：我把你的案子向毛主席匯報了。一個共產黨的親骨肉掉進了敵人的泥坑，又回到黨的懷抱！黃鋼見到中社部領導，又聽說自己的案子連毛主席都知道了，立即翻供說是自己在搶救中頂不住壓力而說謊。

李克農和藹地說：有就有，沒有就沒有嘛！小資產階級思想方法就是不老實。

這個被中社部搶救過的黃鋼，後來成為擅長寫情報戰線的作家，曾經編劇電影《永不消逝的電波》。

比起中社部來，邊保的甄別工作量更大，關了 500 多人呢！

周興經歷過內戰時期的蘇區肅反。當時，作為江西省保衛局的秘書，周興無奈地看着許多革命同志屈打成招，連自己的弟弟都被殺了，眼看自己的生命也難保全，幸虧中央糾正了肅反的錯誤。到延安後，周興始終不忘肅反的教訓，不時檢討自己的過失。搶救運動發起後，作為邊區最大的保衛機關的首腦，周興當然要認真執行，但是，周興的腦子並不太熱，經常向下面提起當年肅反的教訓。中央決定甄別，周興立即抓緊邊區政府系統的甄別。

1943 年 12 月 25 日，就在中央決定甄別的第三天，西北局社會部發佈《審訊工作基本條例》，上來就強調「防止某些偏向」，第一項內容就是「審訊工作中必須嚴禁的事項」。嚴禁的內容包括：只憑主觀推測，車輪戰，肉刑，變相肉刑（罰站罰坐、不准睡覺、不給吃飯、罰凍、曬太陽、拔鬍子、抓頭髮、限制開水、限制大小便），假槍斃、假刀殺、假刑審、假刑聲（假電刑、擺刑具、假施刑聲音），指供（指出人名、事實、罪名叫犯人承認），打罵，侮辱（捆吊、打耳光、拳打腳踢、謾罵、污辱、唾面），利用犯人生理弱點（女犯月經期生理心理變化），利用犯人身體弱點（病中病後生理心理變化），輕信口供，增加或減少供詞，等等。這些「嚴禁」的內容相當具體，一方面證明搶救運動之中確實有大量逼供信現象，另一方面也說明邊保糾正錯誤認真而具體。

延安行政學院是集中審查幹部的地方，邊區、分區、縣、鄉、區各級幹部 908 人在這裏集訓。邊保將這裏作為工作重點，分三批進行甄別。至 1944 年 4 月，行政學院的甄別做出 25 人的結論。突破一點，取得經驗，邊區系統的甄別工作得以推進。

「戴案」的涉案人員也得到甄別。

運動初期，正在隴東工作的吳南山也被調到延安集訓，外勤工作一時中斷。延安的祁三益、李春茂，更被集中到保安處，說是上幹部培訓班，其實是監禁審查。中社部、保安處直接了解此案的全部過程，吳南山等人又有突出貢獻。隴東分處很快為吳南山做出正確結論，吳南山回到慶陽復任教育科科長，仍然是慶陽外勤組組長。祁三益並非主動自首，而是被捕後經過教育才表示反正，但是交代不夠完全，沒有主動說出戴笠到漢中視察的情況，於是又被關押在保安處審查。祁三益在保安處表現很好，大生產運動還當了勞動模範，1944年11月隨邊保工作團到隴東，以鎮原縣稅務局副局長的職務為掩護從事外勤工作。李春茂在整風中被調到行政學院學習，1944年7月由邊保外勤組組長歐陽天帶到隴東，以西華池土產公司經理的身份掩護外勤工作。

搶救運動之中，不止領導腦袋熱，群眾腦袋熱，專門機關也熱得發昏。人們認為：復興社改為軍統，CC改為中統，所以，曾經參加復興社、CC的人，都是參加了國民黨的特務組織。又認為國民黨的特務組織具有群眾性，三青團也是特務組織。這樣，特務就更多了。

進入甄別階段，專門機關的工作也走向細緻和深入。

甄別的順利與否，不只取決於工作態度。專門機關的工作能力，也是一個重要因素。

綏德是根據地的新區，國民黨留下一些基礎，有些保衛幹部就把敵情看得過重。綏德師範有條「黑頭帖子」，還有一個教師楊典被石頭打傷的「石頭案」。在搶救運動中，綏德師範的眾多教師學生成了特務。

綏德地委書記習仲勛親自調查，師範學校的黨支部書記齊心也反映了擴大化的問題，一些十幾歲的學生怎能是特務呢？習仲勛派新任綏德保安分處的處長布魯，到師範學校調查。

前一階段，布魯已經查實，綏德師範的師生員工沒有一個是真特務。可是，那個黑頭帖子和石頭案件，依然像烏雲一樣籠罩在綏德上空。布魯到案發現場勘查，那份匿名標語寫着七個字——「精兵簡政要民主」。精兵簡政同學生無關，教職員工中的黨員也被排除，勤雜人員也不會從政策角度提出問題。目標縮小到三四個非黨教員身上，其中楊典是唯一的外來知識分子，唯一有歷史問題尚未查清的人，因此最可能擔心自己被精簡。可是，楊典還遭受敵人暗害呢！

楊典在學校積極工作，埋頭苦幹，一直得到領導器重。可是，由於當偽軍的一段歷史無法查清，一直沒能入黨。搶救運動中還沒涉及楊典，就發生了他被石頭擊傷的事件，反倒使楊典成了全綏德的大紅人。

非黨無政敵，未婚無私怨，現場只剩兇器石塊沒有見到兇手，學校負責人楊濱苦笑：要破這個案件，恐怕要請福爾摩斯來了！

布魯判斷，那塊不大的石頭，打在胸口很難將人擊倒也不會打昏。布魯手攥那塊石頭向自己的胸膛擊打，形成的傷痕同楊典的十分相像，這是笨拙的自傷啊！經過布魯談話，楊典老實地承認，害怕被精簡而寫了黑頭帖子，害怕審幹追查歷史問題而自傷。案子破了，地委書記習仲勛十分高興。如果是敵人破壞，就應該逮捕，追查政治背景。如果是個人私心，就是個教育問題。

石頭假案的破獲，再次在綏德引起轟動。三百多受牽連的學生和家長紛紛稱快，綏德的大批冤假錯案，由此徹底推翻。

就是這麼一個教師偽造的案件，居然把一個學校的多數師生連累成特務，又引起一個地區的擴大化，還成為全邊區的先進典型！沒有政治運動這個社會條件，一個孤立的案件不可能造成這樣大的惡果。甄別的經驗證明：偵破案件還是應該主要依靠保衛專門機關，而保衛專門機關的工作態度與工作效率，又在甄別工作中起着關鍵的作用。

中社部的羅青長曾潛伏在西安的三青團組織中工作一段時間，通過詢問大量嫌疑人員，又結合自己的親身考察，撰寫了一份關於三青團的報告。羅青長認為，三青團是國民黨的青年組織，不能等同於特務組織，其中也有不同層次的不同情況，也可對其開展工作。這份報告得到毛澤東的賞識。

中央社會部發文提出：復興社、CC 原是國民黨內部的一種派別，一種黨內小組織，三民主義青年團是國民黨的青年組織。這些組織堅決反共，並且許多人做反共特務工作，這是毫無疑問的，但不是所有成員都是特務工作人員。陳立夫、徐恩曾等CC分子，戴笠、鄭介民等復興社分子，各掌有專門的合法的特務機關，康澤在三青團中也有特務工作，這也是無疑問的，但整個的復興社、CC、三青團，還不等於專門的職業特務組織。

這個文件還系統分析了國民黨的特務機關的情況：就其中央一級而言，主要有兩大系統：中央黨部調查統計局、軍委會調查統計局。西安一地的特務機關有14個，隴東西峰鎮的特務機關有9個。

這個文件強調：在政治宣傳上我們說國民黨、CC、復興社實行特務政治，依靠特務統治，施行特化教育，建立特化黨務，但在反奸工作上就必須進行具體分析。文件要求：不能抹殺國民黨小組織與專業特務機關之間的差別，不能將黨派問題混為特務問題。

從滿眼螞蟻特務如麻，到具體分析區別對待，這是一個明顯的進步。各單位都按照中央規定「六類人」的界限實行甄別，那第一類「職業特務」，就相當的少了。就連最為著名的人物王實味，也不再像個特務了。雖然國民黨刊登了王實味的文章，但王實味並未與國民黨特務組織發生過聯繫，剩下的問題只是托派組織。雖然王實味坦白自己是托派的中央委員和宣傳部副部長，但也屬於逼供信下的自誣之詞。

延安這邊正在甄別，西安那裏又搞名堂。國民黨硬說延安已經處死王實味，在西安組織了一次規模盛大的追悼大會，許多托派分子都參加了。消息傳到延安，大家笑談這是「活人追悼會」。毛澤東提出：讓王實味出來，讓他們見見！

中外記者雲集邊區交際處，王實味出現！照相機的快門響個不停。不管此人在延安受到何等待遇，但沒有死亡總是事實。王實味誠懇地說：我是個托派，我犯了錯誤，應該槍斃，但是毛主席不希望我死，讓我工作。王實味還讓記者轉告自己在國統區的親友：我在延安生活很好，不要惦念，不要上國民黨的當。

已經在西安開過追悼會的王實味，在延安又死而復生！不用延安宣傳，這個非常有趣的特殊新聞，立即傳遍中國各地。國民黨的宣傳又輸了一招。可是，一些敏銳的記者，如《新民晚報》的趙超構，還是看出王實味有點言不由衷。

記者招待會之後，王實味又回到中社部的看守所。王實味躺倒在牀上，握緊雙拳，恨恨地說：「今天我是為了黨的利益犧牲自己，我不是托派！我不是特務！」

陪同王實味居住的中社部幹部慕丰韻，也在思索，這個王實味到底是什麼問題呢？

邊保的幹部，過去大多也不了解國民黨特務機關的內情。周興特意請中社部的王炎堂到邊保講課，專門介紹國民黨特務系統的內情。邊保幹部大有收穫，還順便送了王炎堂一個外號：「反革命科長」。

甄別期間，人們逐漸感到，這審幹運動又搞擴大化了，就像當年的肅反擴大化。不知何時，被關押的人不再被稱為「犯人」，而是稱為「幹訓隊」的「學員」，先是牢房門口不上鎖，後來衛兵也站到院子外面去了。

《劉巧兒告狀》

這時，延安的熱點也開始轉移。邊區召開勞動模範大會，文藝界掀起了秧歌劇運動，響應毛澤東在延安文藝座談會上的講話。中社部與保安處的工作重點也隨之轉移，少數幹部負責幹訓隊的工作，多數則投入生產運動，中社部製出勝利牌肥皂，邊保幹訓隊紡織出毛料呢子。

更加令人詫異的卻是另一項工作：中社部還有一個「棗園文工團」！

康生大力推動的搶救運動在中社部機關造成緊張的空氣，那人數不少的幹訓隊也是個大包袱。還是副部長李克農出來彌補，在中社部增設文娛科，審幹工作的負責人汪東興當科長，副科長一個是紅軍幹部段大明，另一個就是那大名鼎鼎的「紅旗黨」張克勤。邊保幹訓隊也成立了一個秧歌隊，隊長是審訊科幹部楊崗，副隊長就是「學員」晏甬，隊員就是關起來審查的「犯人學員」。

文娛演出也是容易上癮的事情。棗園文工團搶在魯藝前面，排演了三幕五場大型蘇聯話劇《前線》。保安處秧歌隊人才濟濟，也想排練大戲。大家都是受冤的人，決心搞個甄別題材，恰好見到《解放日報》上有篇社論《馬錫武同志的審判方式》。

馬錫武專員是隴東的最高行政長官，馬專員的執政方式卻和國民黨的專員大不相同，經常扛着一把钁頭下鄉，走到哪裏就幫群眾幹活，鋤着地，聊着天，就把情況調查清楚了。馬專員兼任邊區高等法院隴東分庭的庭長，卻絕少在慶陽城裏升堂斷案，馬庭長的法庭常常設在案發地點，哪裏有案子就到哪裏同當事人座談。

隴東華池縣城壕張邦塬的農民封彥貴，有個女兒叫封捧兒。捧兒四歲時被父親許配給華池上堡子張灣村農民張金財的次子張柏兒。可是，待到女兒長成十八歲的大姑娘，封彥貴後悔了，當初訂婚沒收財禮！於是，封彥貴教唆女兒，以「婚姻自主」為藉口提出解除婚約。同時，暗自把女兒許配南塬的張憲芝之子，自己得了法幣兩千四百元銀洋四十八塊。張金財家得知此事，向華池縣政府告發。娃娃親、買賣婚姻，都是民主政府禁止的封建婚姻，縣司法處判處兩次婚約都撤銷。張金財家還是不服，封捧兒也捨不得張柏兒，可貪財的父親卻說啥也不同意，又把女兒許配給地主朱壽昌，得了法幣八千銀元二十，還有四匹嗶嘰。封捧兒急了，叫張柏兒趕緊去想辦法。於是，張金財糾集二十多人，登門搶親，連夜成婚。搶親？娃娃親？縣司法處以為張家搞封建婚姻，判處張金財徒刑六個月，還宣佈廢除張柏兒同封捧兒的婚姻。

一樁美滿婚姻就這樣被拆散了，群眾議論紛紛。封捧兒更是心痛欲絕，想起隴東有個馬專員斷案明白，封捧兒獨自步行八十里，到慶陽告狀。

農曆四月十七，悅樂區召開三鄉群眾大會。主席台上，身穿粗布衣裳的馬專員，協助華池縣司法處，公開審理。當着上千群眾，馬專員逐個詢問當事人，又徵詢在場群眾的意見。而後當場宣判：一、封彥貴違反邊區婚姻法，屢賣女兒，所得財禮全部予以沒收，並科以勞役半年，以示警戒。二、黑夜聚眾搶親，驚擾四鄰，有礙社會秩序，判處為首者張金財徒刑半年，其他附和者給以嚴厲批評教育，以明法制。三、封捧兒和張柏兒基於自由戀愛而自願結婚，按照邊區婚姻法規定，准其婚姻有效。馬專員又當場給封捧兒和張柏兒發放結婚證書，表揚他們衝破封建禮教束縛，婚姻自主，值得提倡。對於華池縣司法處以前的錯誤判決，馬專員主動承擔了責任。馬專員還預祝封捧兒和張柏兒婚姻美滿，又勸說兩個親家改善關係。

一件錯綜複雜的民事案件，被馬專員斷得合情合理合法。到場群眾紛紛讚歎：「真是馬青天啊！」

其實，馬專員判案前，曾經微服私訪，調查清楚再斷案。此案創造的審判同調解相結合的辦法，被馬錫武用來解決多起民事糾紛。通過司法實踐，馬錫武逐步形成一套審判特點。一是貫徹黨的群眾路線，不輕信呈狀和口供，而是通過調查研究，分清是非，量罪定刑。二是把審判同調解結合起來，對一般民事案件儘量採用調解的辦法。三是訴訟手續簡便易行，不一定坐堂審判，而是儘量深入基層方便群眾。

中共中央及時總結推廣馬錫武的經驗，《解放日報》稱之為「馬錫武同志的審判方式」。由此，共產黨領導的陝甘寧邊區和各根據地，司法工作又大進一步。這延安時期形成的以調解方式解決一般民事糾紛的做法，在國際司法界都是個創舉。法制歷史悠久的西方國家向無調解方式，民事糾紛動輒上法庭，審不勝審，已經成為司法困擾。至今，到中國訪問的外國司法界人士，還高度評價這個中國特色。

這個真實故事引起邊保秧歌隊的共鳴，都受過錯案之害呀！

集體創作，袁靜執筆，編出秦腔劇本《劉巧兒告狀》。女主角就用死不承認是特務的郭蘇平，男主角則是漢訓班的真特務王星文飾演。

這《劉巧兒告狀》上演一炮而紅，居然敢在延安的新市場賣票！陝北說書藝人韓起祥聽戲以後，編了一段陝北琴書到處傳唱。人民共和國成立後，北京評劇院又改編為評劇。評劇《劉巧兒》突出反對封建婚姻的主題，正趕上貫徹新婚姻法主張婚姻自由的風潮，又由著名演員新鳳霞飾演劉巧兒，一時風靡全國。後來出版的戲劇詞典，註釋評劇《劉巧兒》，卻忘了原版的秦腔，誤以為這個題材的首創權屬於韓起祥的說書。

邊保看守所中，最先被放出來的人是李銳。1944 年 6 月初，李銳從報紙上看到一條消息，大後方即將派一個中外記者團到延安來，團長是著名外國記者福爾曼，團員中有個李銳的小學同學。李銳抓住這個機會給中央寫信，說是自己可以做些統戰工作。主管統戰的周恩來讓邊保放人，6 月中旬李銳走出邊保的大門。

邊保審訊科鑒於前段審訊工作有逼供信錯誤，特意調來一些新人。從隴東來延安受審查的郝蘇，經過行政學院的甄別之後，被調到審訊科擔任甄別組組長。這些自己曾經受審查的幹部，一旦負責甄別工作，當然會有積極的態度和不同的視角。郝蘇負責胡沙的案子，光文字材料就積累了十幾萬字。

由於比較深入地掌握了國民黨特務機關的真實準確情況，也就能夠制定具體的政策界限，這樣，甄別工作也就有了實施的依據。到年底，幹部甄別了 60%，群眾甄別了 30%。

甄別，有人認為就是平反。這種看法立即遭遇康生的猛烈反擊，康生首先強調：甄別工作是為了鞏固整風的成績，糾正整風中的一些錯誤，並不像一些人說的是一種單純的平反工作或摘帽子的工作。康生強調，搶救運動中有錯誤這是事實，應該糾正，但並不是完全錯了。

甄別的常用語言是：「事出有因，查無實據。」

一般地說，每個案子，都有程度不同的原因。受審人員之中，有的曾經參加國民黨組織，有的曾經被捕自首，有的被人利用……大多有些政治歷史疑點。這就是所謂「事出有因」。

「查無實據」之後呢？簡便的方式是放出去工作。被放出的趙曉晨又跑回邊保要結論，於是，一個「受利用」的結論裝入檔案，從此伴隨趙曉晨一生，每逢政治運動，都有人拿出這個歷史問題來說話。

蘇平的命運較好。一是在邊保工作了一段時間，做保衛工作就是本人歷史清白的當然證明；二是沒有追着要結論，檔案裏面沒有留下錯誤結論。

王遵級甚至說：幸虧有了搶救運動！中國古來是有錯抓沒錯放，原來關在老號裏的個別幹部，明明澄清了問題，上面還是不放。本來以為自己要關死在監獄裏面了，可搶救運動這麼一搞，大批幹部關進來就帶來希望，這麼多幹部冤枉，不可能不平反。

果然，甄別階段釋放了絕大多數被關押人員，包括老號的人們。林里夫當選七大代表。全赫被朝鮮共產黨要回去，據説後來當上全國婦聯主席。金樹旺當了邊區民主人士續範亭的秘書。

著名的「四大特務」，王遵級在邊保參加研究組，張克勤、錢維仁、李凝也都留在中社部工作。

獲得甄別的人們，還是都有出路。僅邊保「幹訓隊」的學員，人民共和國成立後就出了二十多個國務院的部長副部長。命運如此複雜……

「事出有因，查無實據」，看似平淡的一句話，包含了多少複雜的信息！

有人説：這種説法不糾纏歷史問題，有利於迅速解脱幹部。

有人説：整完人就這麼輕飄飄的一句，誰來承擔責任？

有人説：這就像一把達摩克利斯利劍，總是懸在捱過整的人的頭上，説不定什麼時候又會成為整人的藉口。

還有人説：怎麼寫結論並不重要，重要的是怎麼看待和使用幹部！

延安當年，沒有就此展開爭論。

延安當年，着急的是迅速解脱幹部。

進入 1945 年，抗日戰爭已經苦熬八年，勝利的前景清晰可見。中共籌劃召開第七次全國代表大會，準備接管大片國土，直至奪取全國政權。

人到用時方恨少。甄別工作的最大推力，來自革命工作的需要。

到前線去自己做結論！

1945 年年初，反攻中的各地抗戰形勢很好，八路軍、新四軍發展到九十一萬人，十九塊根據地人口接近一億，中共已是三分天下有其一！延安的整風運動，也完成了思想整風、組織審幹與總結歷史經驗等三個重大階段。1944 年 5 月 21 日召開六屆七中全會，這個籌備會議一直開了 11 個月，通過了《關於若干歷史問題的決議》。到了 1945 年春，已經完全具備開會的條件。

對於搶救運動的認識，也逐步清晰起來。1945 年 3 月，蔣南翔給劉少奇和黨中央寫了一份《關於搶救運動的意見書》，明確提出：若就單純的保衛工作的觀點來説，這自然是有成績的；但若就黨的全面的利害得失衡量起來，那應説是得不償失。在這種盲目的戰鬥中，雖然也會碰巧擊中一些敵人，但卻更多地傷害了自己。這份意見書有可能是中共黨內首次明確否定搶救運動的文字，但是，卻代表了當時眾多幹部的內心看法。

七大的方針是「團結一致，爭取勝利」。4 月 21 日召開七大預備會議，毛澤東説：大會的眼睛要向前看，而不是向後看，不然就要影響大會的成功。會議通過了七大主席團名單，還決定成立以彭真為主任的代表資格審查委員會。

各地到延安的七大代表，大都在 1940 年、1941 年經過中央制定的小委員會的初步審查。以後，又作為黨的一般幹部，在中央黨校一部、西北局組織部、聯防軍政治部組織部參加了延安審幹運動。這些審查，發現一部分代表或多或少地有些政治問題，牽扯到七大的代表資格問題，處理起來相當麻煩。

七大定於 4 月 23 日召開，代表資格的審查刻不容緩。審查結果，特務、叛徒、特務嫌疑分子、叛徒嫌疑分子、自首分子或者政治上動搖的、政治上不可靠的，這樣一類的代表資格都取消了。有些代表，過去犯過一些錯誤，或在被捕、被俘時犯過錯誤，但是在長期工作中經過考驗，表現有成績，對於黨有貢獻；各方面的事實證明這些同志在政治上沒有問題，是可靠的，因此，保留了這些同志的代表資格。最後審查的結果是：合格的正式代表 544 人，候補代表 208 人，合計 752 人。被停止或取消代表資格的，或被原來選舉單位撤銷的 49 人，其中 2 人沒有政治問題。

任弼時向毛澤東反映，各地距離很遠，更換代表要幾個月乃至一年時間。毛澤東果斷決定：開會，代表全部出席，不再審查了。

這樣，不少捱整的人得以參加七大。劉子久、黎玉等代表都沒有被撤換。

很早就關押在邊保老號的林里夫也當選七大代表。此前被人揭發為第三黨的白棟才，也在這個時候查清問題當選七大代表。

七大代表多為比較高級的幹部，這些人的及時甄別，又推動一般幹部的解放。到七大召開的 1945 年 4 月，已有 2475 人有了結論。

中共七大，毛澤東做政治報告《論聯合政府》。闡明了中國共產黨解決中國問題的綱領和政策。朱德做《論解放區戰場》的軍事報告，闡述中共關於抗日戰爭的戰略戰術。劉少奇做修改黨章報告，新黨章規定：以馬克思列寧主義的理論與中國革命的實踐之統一的思想——毛澤東思想，作為黨一切工作的指針。

值得注意的是，毛澤東在七大的講話中提到「整風、審幹、鋤奸問題」：審幹中搞錯了許多人，這很不好，使得有些同志心裏難過，我們也難過。對搞錯的同志，應該向他們賠不是。在哪個地方搞錯了，就在哪個地方賠不是。為什麼搞錯了呢？應該是少而精，因為特務本來是少少的，方法應該是精精的而不是粗粗的。但我們搞得卻是多而粗，錯誤就是在這個地方。所以關於特務，以前的估計是「瞎子摸魚」，究竟有多少並不知道，現在知道了只是極少數。

毛澤東過去説「特務之多，原不足怪」，現在說特務「只是極少數」，整體估計變化了。

七大還有多篇大會發言，這些發言的主題是總結經驗教訓，迎接新的形勢和任務。發言的內容，涉及中共工作的方方面面，反奸工作只是其中的一項。康生發言的題目是《對政治報告的認識和兩年多來反奸工作經驗教訓》，大會還印發了康生的書面發言《關於肅清暗藏的民族破壞分子問題》。

康生首先把延安兩年來的反奸工作同內戰時期的肅反區別開來，這樣，1943 年、1944 年的反奸工作，都劃為毛澤東提出的正確路線下的工作，而且是與內戰時期的逼供信錯誤路線根本對立的。康生就此歸納：總結起來，過去兩年來的反奸鬥爭，是創造了新的正確的反奸路線，在執行這個路線中，既得到了巨大成績，也犯了許多錯誤，又改正了錯誤鞏固了成績，這樣，使我們獲得了許多寶貴經驗，而且日加完備，日加充實。

1945 年 4 月，中共七大在延安召開。七大召開前，中央成立專門機構對代表資格進行審查，不少捱整的人通過審查得以參加七大。圖為七大代表進入會場。

七大充滿了自我批評的空氣。康生也沒有蠢到絲毫不談個人責任。康生說：不管各地的同志在工作中也犯有錯誤，但總的責任由我來負，因為我是直接領導這一工作的。但這些錯誤，是執行正確路線時工作中所發生的過火行動，不是路線的錯誤。針對大家批評搶救運動的聲音，康生又為搶救運動辯護：即以搶救運動而言，也不能否定當時揭露蔣介石進攻邊區破壞邊區的罪惡進行思想瓦解工作是正確的，不能否定發動了廣大的群眾的群眾路線是正確的，不能否定邊區各地在清出的 219 個特務中其中 165 個是在搶救中和搶救後清出的很大成績……

七大會議的主題是實現全黨團結，奪取全國勝利。康生專論的「反奸」，沒能成為議論焦點。毛澤東在政治報告中提出：對於暗藏的民族破壞分子必須採取嚴肅的態度，而在處理時又要採取謹慎態度。當時，對於搶救運動、對於延安審幹的總結，基本上就是這種狀況。

團結起來向前看！這七大開得太是時候。

會議期間，蘇聯紅軍攻克柏林，德軍宣佈無條件投降。

會議結束兩個月後，美國向日本投下原子彈;蘇聯對日宣戰進軍中國東北。

8 月 9 日，中共七屆一中全會召開，毛澤東提出抗日戰爭最後階段的任務。中共中央發出指示，要求立即動員佈置一切力量向敵偽軍進行廣泛的進攻，擴大解放區，並準備於日本投降時迅速佔領可能佔領的城市和交通要道。

艱難抗戰八年，共產黨不願讓勝利果實落於他人之手。中原逐鹿，中共中央急需向各地派出大批幹部。

可是，不少幹部尚未得到甄別，那些方方面面的複雜問題一時很難查清。毛澤東急了：現在東北快解放了，需要大批幹部，讓他們到前線去自己做結論吧。是共產黨人，一定留在共產黨內，是國民黨人，讓他們跑到國民黨去，怕什麼呀！

邊保接連向各保安分處發出「關於總結甄別工作問題」的指示：由這些幹部自己甄別自己，向黨負責，自己把問題講清楚；組織上就相信幹部的交代，將來查出問題自己負責。

自己甄別自己？這種甄別方式真是開明得徹底。很快，99% 的幹部都解脫了，剩下幾個一時做不出結論，就放在實際工作中考驗。

大批尚未做出結論的幹部得以離開各種名目的幹訓隊，出發上前線！

這些幹部決心用生命洗刷身上的污點，作戰分外勇敢。有叔姪兩個到三邊，帶領游擊隊抵抗胡宗南的一個旅，打了一天一夜，犧牲的時候尚未平反。

用人之際，組織上的政策也格外寬鬆。邊保二科科長王寧帶隊去東北的時候，科裏還帶着那個「日本特務」王玉田。王玉田原是日軍翻譯官，向晉綏軍區鋤奸部提供過情報。後來受到日軍懷疑，等不得組織批准就逃到根據地，被送到延安審查。搶救運動中，又被打成日本特務。現在，雖然沒有做出結論，但已和邊保偵察科的幹部一起工作。

1945 年年底 1946 年年初，延安的甄別工作大大加速，除了王實味等個別人，絕大多數幹部得到解放。戰爭時期，非常措施，大有一風吹之勢。

難道審幹中發現的特務嫌疑全都是假的？中社部前往東北的幹部大隊，有兩人中途叛變逃亡，被抓回來槍斃了。也有個別真特務，在審幹之中被懷疑，卻沒能證實，隨大流得到解脱。

歷史轉折時期來到，中共全黨動員，全力迎接新的艱巨任務。

百忙之中，顧不上那許多。顧不上追究那個別漏掉的特務，也顧不上追究那錯誤嚴重的「搶救運動」。

二十多年後，經歷「文化大革命」的人們想到：延安「搶救運動」和「文化大革命」太像了！都把自己的幹部當敵人整，都不相信知識分子，都採取群眾運動的方式，都搞逼供信，都造成大量冤假錯案，都由同一個領導人發起，都有同一個「軍師」康生。

往事不應空白，總結歷史上的經驗教訓也不應空白。

主要資料

李啟明：前雲南省委第一書記，1995 年 10 月 18 日採訪。李啟明在延安參與漢中特訓班案件的偵破，而且負責接納吳南山等人加入邊保行列。

師哲：《峰與谷》，紅旗出版社。1943 年 1 月，為了加強邊保工作，中央將師哲從中央辦公廳調任陝甘寧邊區保安處的保衛局局長。師哲得以了解中社部部長康生在「搶救運動」之中的一些表現。師哲此書最早提出漢中特訓班一案與「搶救運動」的關係。

吳文藻：前北京市高級法院副院長，2001 年 6 月 20 日採訪。吳文藻是原邊保審訊科唯一在世的人，曾在多次審訊中做速記工作，包括漢訓班案、王遵級案。那個被關押的日本女人還給吳文藻帶過孩子。邊保的甄別工作也由審訊科負責，科長葉運高下面有三個甄別組，分別由楊崗、于桑、郝蘇任組長。郝蘇在「文化大革命」中曾經接待許多外調人員，為許多幹部證明延安甄別情況。

胡柏琴：林里夫的夫人，2001 年 6 月 26 日採訪。作者登門採訪時林里夫剛剛去世兩個月，幸虧還留下回憶文章。林里夫在邊保關押 7 年，1945 年七大前得到甄別。人民共和國成立後，林里夫在中國社會科學院經濟研究所任研究員，最早提出社會主義企業必須實行經濟核算，1957 年被打成狄超白、林里夫反黨集團，1984 年平反昭雪。從延安到北京，林里夫一直向中央揭發康生等人的叛徒嫌疑。

林里夫：《黨應為何圭人和方今同志平反昭雪——反革命分子康生炮製的終身政治冤案》。林里夫生前於 1994 年 7 月 8 日撰寫的這份材料，敘述自己和何圭人被關押在邊保的生活。1945 年 10 月，「搶救運動」中被關押在邊保的人們絕大多數已經得到甄別，何圭人卻與幾個白俄被移送邊區法院羈押。臨別，何圭人把自己的文稿交給難友林里夫保存。林里夫判斷，何圭人在解放戰爭中被處死。

金樹旺：前國務院參事，2000 年 2 月 16 日採訪。王文元後來恢復原名金樹旺，妻子王遵級也是被康生冤枉的著名人物。

秦平：前石油部機關黨委副書記兼保衛部部長，1994 年 10 月 5 日採訪。秦平説，曾經留學的林里夫被懷疑為日特，在整風前秘密逮捕。秦平在邊保與李宇超交情挺好，曾經詫異這個老革命怎麼在邊保閑居。經過一段時間的考察之後，李宇超重新得到信用，被分配到王震率領的南下支隊任政治部主任。

王遵級：前中國科學院地學部辦公室主任，2000 年 2 月 16 日採訪。談起當年受冤的經歷，王遵級沒有諱言自己也曾在逼供信下亂供。許建國到晉察冀根據地後，糾正了一個錯案，只有受牽連最深的熊大正沒能及時解脱，在轉移中被押解人員處死。王遵級明確説，康生從來沒有直接參加對自己的審訊。

劉向一：前中央組織部辦公廳主任，2011 年 3 月 7 日採訪。劉向一抗日戰爭時期在山東工作，曾領導微山湖游擊隊。當小學校長的兄長在肅托中被錯殺！

童小鵬：《風雨四十年》，中央文獻出版社。此書記載周恩來處理南委被破壞的情況。

李逸民：《參加延安「搶救運動」的片斷回憶》，革命史資料（3），文史資料出版社。回憶錄大多是講自己的功績，而李逸民卻坦率地寫自己的失誤。作為張克勤案的負責人之一，李逸民沒有推卸責任，而是重點檢討自己的過失；特別是以歷史的眼光，總結了「搶救運動」給後來的政治運動特別是「文化大革命」帶來的深遠影響。李逸民後任中社部三室主任，人民共和國成立後任總參謀部政治部主任。

王素園：《「搶救運動」始末》。此文罕有地完整敘述「搶救運動」，看來作者曾經訪問張克勤等當事人。

《孫作賓傳略》，甘肅人民出版社。此書附有 1981 年 9 月 9 日中共中央辦公廳發文，中共中央決定給甘肅、河南、陝西、四川、湖南、湖北、雲南、貴州、浙江、廣西以及其他地區被誣陷為「紅旗黨」的地下黨組織正式平反。這恰恰表明「紅旗黨」錯案的覆蓋範圍。

趙曉晨：前建設部幹部，2000 年 1 月 26 日採訪。趙曉晨被捕時才十四歲，敘述自己的經歷時帶着鮮明的情感因素，對於那天的大雪記憶猶新。

金沖及主編：《毛澤東傳》，中央文獻出版社。此書承認毛澤東對敵情估計過重，也寫到毛澤東發現並糾正搶救運動的經過。

《楊尚昆回憶錄》，中央文獻出版社。當時在中央辦公廳工作的楊尚昆事後也認為，「毛主席對敵情的估計也嚴重了，不然康生不敢開大會，做《搶救失足者》的報告。」

康生：《搶救失足者》，周興自存檔案。這裏收錄了康生 7 月 15 日講話的記錄稿。一些大會參加人，也談到康生在三次大會上講話的部分內容。

李甫山：前山西省檢察院副檢察長，1998 年 3 月採訪。李甫山在搶救運動期間任邊保辦公室主任，記得康生動員時講了漢訓班案件。

涂佔奎：前青海省機械廳副廳長，1999 年採訪。涂佔奎聽説，康生曾在大會上當場點出祁三益。

康生：《一個月審訊工作的檢討》，周興自存檔案。從此文可以看到搶救運動初期逼供信的情況。

《中共中央關於審查幹部的決定》，《中共中央文件選集》，中央黨校出版社。這個文件，中共黨內習慣稱為「九條方針」。

李銳：前中央組織部副部長，2001 年 3 月 13 日採訪。李銳聽説帥孟奇等人聯名上告反映搶救運動問題。李銳認為「分析特務」是變相的逼供信。

郭蘇平：前北京市朝陽區聯社副主任，1998 年 10 月 26 日採訪。康生夫人曹軼歐親自領導延安縣的搶救運動，郭蘇平因為堅決不承認自己是特務而被判定是堅定的特務，押入邊保。台灣出版的《延安的陰影》，轉引延安《防奸經驗》雜誌説，郭蘇平是延安縣搶救對象中唯一堅持不坦白的人，而且公開批評別人是軟骨頭，因此被認為同王實味遙相呼應。

尹琪：《潘漢年傳》，中國人民公安大學出版社。這場運動給潘漢年帶來的後果還不止這些。由於運動緊張，潘漢年沒有向組織上匯報自己在南京被挾持面見汪精衛的情況，埋下日後捱整的因由。

陳永發：《延安的陰影》，「中央研究院」近代史研究所專刊。這本台灣出版的書專論延安審幹，運用了大量歷史資料，來源據稱是中共社會部的機關刊物《防奸經驗》。

開誠：《李克農——中國隱蔽戰線的卓越領導人》，中國友誼出版公司。本書記敘中社部副部長李克農在搶救運動中的工作態度。對於黃鋼案件的描述相當生動。

西北局社會部：《審訊工作基本條例》，周興自存檔案。這份文件的規定相對具體，反映邊保對「逼供信」問題已有認識。

邊區保安處：《行政學院初步甄別工作經驗》，周興自存檔案。這個經驗寫得相當細緻，足見當時工作之認真。郝蘇當時也在行政學院集訓，較早得到解脱，又調到邊保從事甄別工作。

《習仲勛傳》，本書記述習仲勛在綏德地區甄別平反的諸多案例。

《中央社會部發各中央局及分局關於反對逼供信錯誤》，周興自存檔案。這份 1944 年 3 月 23 日發出的文件，實事求是地分析了國民黨特務系統的情況。

王炎堂：前中央調查部副部長，2003 年 1 月 28 日採訪。王炎堂認為，中社部對國民黨特務機關的組織狀況，可以說是了如指掌，但是向地方保衛幹部介紹不夠。

慕丰韻：前邊防總局局長，2001 年 7 月 10 日採訪。中社部指定慕丰韻陪同王實味生活並開展工作。

康生：《關於甄別工作進展報告》，周興自存檔案。1944 年 12 月 27 日，康生在西北局會議講甄別工作。閱讀這個文本，需要較多地了解延安的工作情況，才能看出康生的深意。

《彭真年譜》，中央文獻出版社。此書翔實地記載了延安整風、審幹的日程，包括七大代表資格審查的情況。

康生：《關於肅清暗藏的民族破壞分子問題》，周興自存檔案。康生在七大的發言稿，初步總結審幹和甄別工作的情況，提供了一些數字。

中共中央西北局：《關於外勤力量解決黨籍問題的規定》，周興自存檔案。這個時期，中共的有關政策規定明確而具體。關於自首叛變問題，就有細緻的區分，自首而沒有破壞組織的人，表現好的仍可入黨。

汪吉：前上海市公安幹部，2000 年 10 月 24 日採訪。陳龍帶往東北的幹部大隊中，發生過叛逃事件。這是符合生活邏輯的，無論是審查還是甄別，任何工作都難以做到完全徹底。

楊德修：前中央黨校黨委組織部部長，2005 年 6 月 16 日採訪。楊德修任晉綏軍區鋤奸部秘書時，曾親自考察投誠的日軍翻譯王玉田。1946 年王玉田去東北時尚未平反，人民共和國成立後任上海市公安局副處長。

《中國人民公安史稿》，警官教育出版社。此書對於中共保衛政策、法規的演變，有系統的敘述。關於湖西肅托事件有專節完整記述。

第十章

陽　謀

—— 和戰之間的秘密較量

苦熬十四年的抗日戰爭進入反攻階段，日本眼看就不行了。中國大地有國民黨和共產黨兩支主要力量，國共之間是和是戰，關乎中國的命運。

中共第七次全國代表大會人心振奮，搶救運動的陰影風消雲散，延安整風的效果迅速顯現，全黨團結奪取勝利！

同期，國民黨的第六次全國代表大會召開，蔣介石確定的中心任務是「消滅共產黨」！

無論國民黨還是共產黨，都攢足了勁頭爭地盤。雖然台面上還是友黨友軍地叫着，但雙方的情報部門已經在桌面下互相踢腳。

秘密戰線提前較勁

中共情報工作的主要任務，轉向蒐集國民黨的反共軍事情報。邊保因運動中止的情報工作，也快馬加鞭地恢復起來。

隴東合水縣鄰近國統區，縣教育科科員丑子麟活動警衛隊戰士叛變，幸虧嚴夫事先得知情報，當場將其擒獲！合水警衛隊暴動案震動邊區，大家看到：進入新的階段，陝甘寧邊區已經不再是抗戰的後方，而是變為國共鬥爭的前線！

向來囤積重兵的關中地區，暫時出現兵力空虛的局面。駐紮關中的國民黨大部隊和邊保警八團都北上爭奪綏遠去了。關中分區保安處汪鋒抓住機會，策動國民黨保安團起義，順勢攻入 1942 年丟失的淳化縣城，邊區的群眾跟着部隊到城裏搶運物資，外勤組組長秦平則瞄準國民黨的檔案大撈一把。

第二次淳化事件爆發！早就尋找藉口的胡宗南立即調集六個師三路圍攻，爺台山成為爭奪焦點。

戰事震動延安，邊區政府機關準備轉移，中央軍委調兵遣將，部隊三天跑了六天的路，趕到爺台山前線支援。堅守七天後，關中分區部隊主動撤出陣地，國民黨部隊在一百公里的正面侵入二十公里縱深。

關中保安分處捅下亂子，卻沒有受到中央嚴厲批評，這是因為，國民黨發動內戰的決心已定，你不打他他也要打你！

中共中央致電蔣介石、胡宗南，要求停止進攻，撤回原防。還邀請駐延安的美軍觀察組，由楊尚昆、馬海德陪同到關中視察。同時發動輿論攻勢，公佈國民黨部隊侵佔邊區的真相。剛剛得手的胡宗南哪裏理會這些文戲，繼續揮軍北進。共產黨其實也在籌備武戲，三五八旅八團、新四旅十六團和警一旅三團一營會同反攻，兩天就攻下爺台山，胡宗南剛剛吃下的地盤又都吐出來了。

爺台山戰鬥預示全面內戰越來越近。邊保將情報工作列為各項工作的首位，提出「大膽放手，積極開闢」的新方針，「群眾化，社會化」的新作風，充實和加強情報隊伍。邊保設立單獨的情報科，自 1942 年起就主管情報工作的李啟明擔任科長，各保安分處也建立了自己的情報股。

邊保情報科按照中央關於調查研究的決定，增設書報雜誌的收集研究部門。曾被懷疑為托派的蔡子偉，現在負責這個書報股。情報科還着眼運用現代科技手段，設立測聽電台。機要股黃彬、賀彪，電台李從周，技偵組羅振，破譯組余洪，技術書記柴寄群，還有中社部支援的幹部十幾人密切配合，從天空截取洛川、西峰、西安、重慶之間的電信。邊保已經通過內線拿到中統密碼十三種，又自己研究出胡宗南系統的軍事密碼四種，從破譯中發現一些潛伏特務和秘密交通人員。有的保安分處也設立電台，陳昌浩的兒子就在關中電台任譯電員。

李啟明放手工作，把審幹運動中撤回的關中、隴東、三邊、臨鎮、延長情報組都恢復和新建起來，一直保留的富縣據點也得到加強。

綏德保安分處處長布魯本來就是偵察專才，此時更可大展身手，情報觸角伸向鄧寶珊的榆林地區、閻錫山的山西地區、日軍佔領的內蒙地區。中統特務苗樂山是國統區鎮川堡的區黨部書記長，老母和妻子卻住在邊區的佳縣老家。布魯親自登門探望，組織村裏變工幫助收割，苗樂山的母親和妻子十分感謝，説服苗為共產黨搞情報。布魯又指揮苗樂山發展國民黨黨部秘書長李文芳。通過這個關係，不但拿到榆林的中統情報，還伺機挑起中統與二十二軍的矛盾。

邊保情報科科長李啟明則開展對軍統上校韋良的工作。李啟明讓宋養初以同鄉關係爭取韋妻王樵，又通過王樵爭取了韋良，就基本掌握了國民黨在榆林的特務系統。國民黨中統、軍委會關於蒐集共產黨情報的指令、國民黨六大文件、閻錫山在太原與日軍密談、中統陝西省室《寄生工作辦法》、閻錫山《發現共黨分子辦法廿一條》《軍民政治保衛實施細則》，都到了邊保囊中。

中統對邊區的諜報工作缺乏成績，急需掌握延安的一手情況，可是派誰都不敢去。這時，陝西調統室主任李茂堂自告奮勇，我親自到延安走一遭！

1945 年秋天，李茂堂在延安受到中共中央情報部的熱情接待。中情部考察認為，李茂堂雖然曾經自首，但沒有出賣組織，現在又有突出貢獻，決定發展李茂堂為「特別黨員」。親自批准李茂堂入黨的毛澤東笑道：「兩個主任介紹一個主任入黨。」可不，介紹人羅青長是中社部一室主任、汪東興是二室主任，發展對象李茂堂是中統陝西省室主任，三個主任身任國共兩方的特務頭子，卻都是中共黨員！中情部部長康生也高興地宣佈任命：王超北為西安情報處處長，李茂堂為西安情報處副處長。

平安回到西安的李茂堂，又受到中統上級的嘉獎：深入虎穴啊！徐恩曾哪裏知道，這深入虎穴其實是送上虎子。

這種「特別黨員」，必須經由黨的高級領導機關批准，入黨後不暴露身份，秘密為黨工作。中共的特別黨員之中頗有些人物，曾經支持袁世凱稱帝的「籌安會」七君子之一的楊度，國民黨元老王崑崙，著名記者范長江，民盟骨幹胡愈之……這些特別黨員，從事情報、保衛、統戰、聯絡等秘密工作，常常能發揮普通黨員難以做到的特別作用。

中統特務大員李茂堂的入黨，開創了「特務」入黨的先例。1946 年 6 月

30 日，中共中央西北局發出《關於外勤力量解決黨籍問題的規定》。當時的外勤人員有四類：一是各階層進步分子，二是脱黨分子，三是特務分子，四是自首叛變分子。文件分別對各類分子的入黨問題規定了不同的考核條件、考驗時期、發展手續，最高級別的「特別黨員」，要經西北局社會部介紹、西北局審核、中央批准。

1946 年 9 月 7 日，西北局特批，由薛浩平、陳凱介紹吳南山入黨。隴東地委特地為吳南山舉行入黨宣誓儀式，地委副書記兼組織部部長王月明監誓。祁三益、李春茂、王星文等人，也由西北局批准入黨。

投身革命的人們，最重政治生命。對於吳南山這些人，孫子用間的「因而利之」尚屬次要，更為重要的是「導而舍之」。黨信任自己，放手讓自己工作，比什麼物質待遇都重要。

邊保大膽使用原國特組織的坦白人員。余凱（秦慎之）領導的隴東情報組有十幾個原軍統漢訓班成員，祁三益、李春茂等人熟悉軍統情況，工作相當得力。朱浪舟還擔任了宜川情報組的組長。隴東外勤組下設西華池、孟壩兩個組，在國統區的西峰鎮、平涼和幾個縣都建立一些內線。鎮原縣黨部秘書、中統特工、平涼軍統組組長、西峰專員公署文書，都與邊保聯繫，中統西峰區室的動向更是全在視線之中。

明確政策的邊保各情報組，還積極貫徹「拉出」策略，努力在國民黨軍隊建立內線。

軍官陳汝傑主動找邊保聯絡，被派到洛川駐軍。任職一六五師政治部少尉司書的陳汝傑，又發展了受命監視自己的中尉幹事劉良驥，劉良驥又利用同學關係結識軍統洛川組負責人馮集義。陳汝傑、劉良驥將一六五師的編制情況、洛川黨政軍聯席匯報的記錄全部密報，1946 年春又將國民黨軍隊重新頒發的《剿匪手令》送到邊保。

國民黨下級軍官鄭璉投奔延安，經關中保安分處培訓後派回，鄭璉到寶雞暫編五十九師發展了參謀孫元昌、鄭鴻飛、盧文德、陳立民，還有孫妻陳玉琴、鄭妻郭淑熏，建立一個秘密情報組，報回寶雞敵軍情況。

撤回邊區參加整風的魯南，也重新派往綏遠，得到中統綏遠室主任張慶恩的器重，成了綏遠省特種會議秘書處研究科科長，得以掌握綏遠黨政軍各特務系統的情況。

延安整風，史家稱為中國歷史上第二次思想解放運動。思想解放，也解放了中共的情報工作。如果說以前邊保的工作主要處於防禦狀態的話，這個階段，邊保工作的一大特點是轉入進攻。

「大膽放手，積極開闢」的工作精神變成工作實績，邊保的情報力量快速增長，很快在邊區外圍的國統區要地站穩腳跟，又將觸角伸向國統區中心城市，西安、蘭州、銀川、歸綏、包頭、五原、山西，都有邊保情報部門安下的釘子。邊保派出秘幹劉伍等人，在西安附近的臨潼和灞橋建立情報據點，並設法打入國民黨的「人民自救軍」，控制部分武裝。1945 年這短短的一年，邊保的情報力量比上年增加 374%。

還積累許多重要的經驗：關於力量的組織，選擇與使用「橋樑」，「拉」時要選擇時機，政治與武力結合，利用矛盾加強分化，指導反間鬥爭，等等。抗戰初期，邊保的幹部還是學着做情報工作，八年過來，李啟明等一大批邊保幹部已經成為情報專才。

抗戰勝利，中國向何處去？

全黨一心！雄心勃勃的中共，不會止步於佔山為王，而是要主導全國大局。

進攻態勢！抖擻精神的情報戰線，不會滿足於抓幾個特務，而是隨時準備為黨的戰略任務效力。

假戲真做的重慶談判

1945 年 8 月 10 日，日本發出乞降照會。當晚，八路軍總司令朱德就在延安下令，要求各地部隊向日偽軍加緊進攻，接受投降，接收城鎮。

8 月 11 日，延安總部連發六道命令，佔領一切可能與必須佔領的大小城市和交通要道，還要求冀熱遼部隊向東北開進！形勢好啊，華北和華中的大中城市和交通要道，都在八路軍和新四軍的包圍之中，抬腳就能進城。距離東北最近的也是八路軍，那裏將出現政權空白。

8 月 11 日，重慶也發出兩道命令。蔣介石要求各戰區加緊作戰努力，又下令第十八集團軍原地駐防待命。蔣介石着急啊，中央軍部隊龜縮西南和西北，距離大中城市很遠！蔣介石的計劃是按住共產黨的第十八集團軍不准動，趕緊搶運中央軍去搶地盤。

這架勢，連美國人都看出來了。美國總統杜魯門認為：「事實上，蔣介石連佔領華南都有極大的困難，要拿到華北，他就必須同共產黨人達成協議，如果他不同共產黨人及俄國人達成協議，他就休想進入東北。」

蔣介石也有高招。8 月 14 日，重慶致電延安，邀請毛澤東去重慶談判。重慶同時發給延安的還有另外一封電報，電令駐延安的國民黨軍隊聯絡參謀，探問毛澤東的意見。

中共中央判斷，蔣介石發動內戰的決心已下，這個電報不過出於兩項目的：一個是藉口毛澤東不去重慶，將戰爭責任嫁禍於共產黨；如果毛澤東去談判就給予共產黨幾個部長席位，迫使共產黨交出軍隊，而後予以消滅；另一目的，就是利用談判拖延時間，以便調兵搶佔淪陷區地盤。毛澤東電覆蔣介石，表示要派周恩來去重慶。同時，毛澤東接見國民黨派駐延安的聯絡參謀，當面說自己目前不準備去重慶。

國民黨駐延安的聯絡參謀周勵武和羅伯倫，這幾天在延安四處打探毛澤東動向，得到的所有消息都是毛澤東不可能去重慶。於是，二人給重慶發去密報：毛澤東不會去重慶談判。

蔣介石要的就是這個情報！不做任何和談準備，反而調兵遣將搶奪東北華北地盤。

8 月 23 日，明知毛澤東不來的蔣介石第三次致電延安：「茲已準備飛機迎迓，特再馳電速駕！」假戲真唱，鑼鼓喧天，中央廣播電台反覆播發，各報紛紛轉載，一時間，蔣介石的和談善意傳遍中外，美國蘇聯呼籲中國和平，國內的中間黨派也心思大動，和平的皮球踢到延安場中！

同日，毛澤東召集中央政治局擴大會議，決定毛澤東去重慶談判，由劉少奇代理職務，書記處增補陳雲、彭真二人。第二天，中共大將劉伯承、鄧小平、陳毅、林彪、陳賡、薄一波、蕭勁光搭乘美國飛機離開延安，奔赴各地就位備戰。

8 月 28 日，毛澤東、周恩來、王若飛，在美國大使赫爾利、國民政府軍委政治部部長張治中的陪同下，乘坐飛機到達重慶！

重慶的蔣介石倒弄了個手忙腳亂。這邀請毛澤東本來是一齣假戲，沒想到毛澤東來了個假戲真唱！本料定毛澤東不來就沒有準備台詞，可共產黨卻拿出早已擬就的整套談判方案。

於是，由蔣介石提議的國共和談，卻按着毛澤東的方案推演。

造成蔣介石被動的重要原因，就是國民黨駐延安聯絡參謀的那封電報。蔣

1945 年 8 月，毛澤東（左二）赴重慶談判前攝於延安機場，充分的情報配合使毛澤東成竹在胸。左起：張治中、毛澤東、赫爾利、周恩來、王若飛、胡喬木、陳龍。

介石接到密電，以為得到共產黨的內部情報，斷定毛澤東不來。

全不知，這封電報也到了毛澤東手中。毛澤東得知蔣介石已經上當，才給了蔣介石一個突然襲擊！

通過情報手段，實施戰略佯動。共產黨的政治手腕已臻爐火純青，再也不會像第一次國共合作時那樣上當丟腦袋了！這次政治鬥爭的巨大成功，又是情報工作為戰略服務的傑出範例。

抗戰初期國共達成合作，國民黨在共產黨領導的部隊派駐聯絡參謀。八路軍三個師派了三個參謀，都由國民黨特務頭子康澤直接指揮，主要任務不是幫助共產黨部隊抗日而是搞情報。1939 年冬國民黨發動第一次反共高潮，共產黨不許這三人再去部隊，於是，這三個聯絡參謀就長期留在延安，住在邊區政府的交際處，成了國民黨在延安的公開情報官。

金城領導的交際處，職能是接待外來高級賓客，做統戰和外交工作，也要監控這幾個明碼標籤的特務。中社部的人手不夠，保安處上來協作。王再天擔任交際處的秘書，便衣隊隊長劉堅夫任科員，楊黃霖任招待科指導員，指揮十幾個服務員借用工作之便就地監視。三人外出時，就由便衣隊支部書記王林在外跟蹤盯梢。多重眼線密佈，兩個國民黨聯絡參謀的一言一行都納入邊保掌控。

兩個聯絡參謀經常偷偷發報。負責技術偵察的七科把設備隱藏在楊黃霖的窯洞裏就地監聽。可是，聯絡參謀使用的密碼等級很高，邊保和中社部的內線也沒有掌握。邊保嘗試破譯始終不能成功，又試圖搞到密碼本。可是，那兩人警惕性很高，外出總是把密碼本隨身攜帶，邊保無法得手。

駐紮延安，對於過慣享樂日子的聯絡參謀，實在是個苦差使。可是近來，這苦日子漸漸有所改變，伙食越來越好，服務員還幫助曬被褥，延安的舞會也邀請自己參加！看來共產黨真的把自己當友軍對待了？兩個聯絡參謀心情逐步放鬆，出去跳舞兜裏還揣着厚厚的密碼本，就顯得不雅。

交際處特意邀請兩人去郊外的杜甫川遊玩。前腳一出門，後腳就進屋，楊黃霖利落地打開銅鎖，從箱子裏找出密碼本！貧困的延安連照相器材都缺。厚厚的密碼只得用筆抄！兩個參謀遊玩歸來，沿途邊保的秘哨像烽火台一樣通報回家，交際處這裏密碼還沒抄完又得趕緊恢復原貌。

好在有高級領導配合。八路軍總參謀長葉劍英出面，邀請宴會看戲，兩個聯絡參謀高高興興出門，這邊立即開鎖開抄。七里鋪三期畢業的黃彬去軍委三局學過報務，一直想破譯聯絡參謀的密碼，抄寫的時候激動得手都發抖。密碼太多，搞了三次才全部抄完。

聯絡參謀與重慶電報往來，有些通過延安電信局。邊保在電信局中安排的情報力量把電報稿子秘密抄寫下來送到邊保，軍委二局再對照密碼破譯。這樣，延安就掌握了國民黨聯絡參謀與重慶的全部秘密通訊，真個是知彼知己。

重慶談判像一齣現代版的鴻門宴，只是這戲碼比古時更精彩。蔣介石本想作戲騙人，不承想反被對方導演，派駐對方的特務成了蔣幹式丑角。毛澤東表面被動迴避，突然間登台亮相，身邊的情報員像周瑜一樣能幹。

是誰錯過歷史機遇？

千里的雷聲萬里的閃，抗戰勝利的消息來得快。1945 年 9 月 5 日，日本投降。延安沸騰了，延河灘聚滿活蹦亂跳的年輕人，入夜還是滿山火把。

這天這晚，跑遍全城，跑遍寶塔山和延河灘，還是沒有跑累。搶救運動中挨整的蘇平已經在甄別中得到解脱，正在中央黨校學習。這些日子，黨校整天都在辯論。有人説，這個日子象徵從戰爭向和平的轉折，中國的和平民主新階段就要到來了。有人説，這個日子象徵從民族戰爭向階級戰爭的轉折，中國的解放戰爭就要到來了。兩派爭得激烈，但都有個共同點，那就是：中國前途的轉折時期到來了，共產黨同國民黨的競爭即將開始。

在重慶接待毛澤東的蔣介石，正是志得意滿。

1945 年 9 月 9 日，中國首都南京，中央軍校大禮堂，中國戰區日軍投降儀式。支那派遣軍總司令岡村寧次上將，面對中國受降全權代表軍政部部長兼總參謀長何應欽上將，深深鞠躬，呈交戰刀。

這是中國人的光榮時刻！自從 1840 年鴉片戰爭以來，中華民族第一次取得反侵略戰爭的勝利！

中國戰區的總司令是誰，蔣中正啊！蔣總司令不准八路軍和新四軍受降，派出自己的親信大將，到中國各地受降。按照《波茨坦公告》的國際受降安排：北緯 16 度線以北由中國受降。這個區域包括除東北以外的所有中國領土，還包括日軍侵佔的越南北方、台灣和琉球。

最引人矚目的還是台灣受降，自 1895 年《馬關條約》以來，台灣已被日本侵佔 50 年！近代中國，大片大片的領土被列強侵佔，這是中國第一次收回自己的領土。

最神氣的受降，要算出國受降。龍雲接到蔣介石的命令，滇軍開赴越南受降！

1945 年 9 月 18 日，越南河內，前法國駐印度支那總督府邸。中國第一方面軍總司令盧漢，接受駐越日軍的投降。盧漢身旁是盟軍代表美英將領，後為來賓席位，胡志明等越南臨時政府要員觀禮。

這是中國軍隊第一次出國受降！受降的對象是曾經強大的日本皇軍，那日軍曾是侵略中國的八國聯軍的主力部隊。

正在滇軍高興的時候，蔣介石卻要對滇軍的家鄉下手了。

抗日戰爭勝利後的中國政壇，有三股力量，國民黨，共產黨，民主黨派民盟。舉國抗戰，蔣介石得以收編各地軍閥，到抗戰勝利時，全國只剩兩塊地方老蔣還不能完全說了算。西北的陝甘寧邊區，始終在共產黨的領導之下。那是老蔣的心腹之患，必欲除之而後快。西南還有個雲南省，從人事到財政到駐軍都由地方政府決定。那雲南號稱「民主堡壘」，對中央的態度是「聽宣不聽調」，態度上支持中央抗日，可老蔣調龍雲到重慶來開會他都不來，怕扣人。那地方可是老蔣的後方，打延安之前先得收拾昆明。

8 月 28 日，毛澤東飛抵重慶。美國大使赫爾利匆匆飛到昆明，拉龍雲去重慶，說是充當談判的第三方。龍雲不肯去，雲南省主席的使命是建設雲南。

重慶談判陷入僵局。9 月 10 日，共產黨根據地上黨地區遭到國民黨軍隊進攻。9 月 27 日，蔣介石把毛澤東丢在重慶，自己悄悄飛到距離昆明很近的西昌，部署對龍雲動兵。10 月 3 日，杜聿明率軍圍攻昆明五華山，強迫龍雲離開雲南！內戰第一槍打響了！

毛澤東還在重慶等着簽約，國共之間還沒有撕破臉皮動武，蔣介石先向第三方面下手。

10 月 10 日國共協議達成，毛澤東飛回延安。不過三天，蔣介石下達剿匪密令，準備對共產黨大打！

駐紮越南的滇軍，面臨艱難的選擇。隴耀師長痛心疾首：「老蔣敢對我們的老主席動手，我們打回老家去！」

有人響應，有人沉默。打不回去啊，中央軍 10 個師堵住中越邊境，對滇軍 6 個師形成優勢。這時，蔣介石也盡力安撫：雲南省政府主席將由盧漢擔任，還是你雲南人管理雲南。

內外交困，駐越滇軍又碰上國際糾紛——法國軍隊要求接管越南北方。這要求將改變越南現狀。

越南原屬法國殖民地，又被日軍侵佔。抵抗日本的有兩支主要力量，胡志明的越盟和越南國民黨。中國國民黨扶植的越南國民黨力量太弱，不成氣候。中共支持的越盟長期堅持敵後抗戰，日本一投降，胡志明立即回國，在河內組建越南臨時政府，得到廣泛支持，越南皇帝保大立即宣佈退位，加入臨時政府當顧問。龍雲也支持胡志明，囑咐盧漢把繳獲的日軍武器轉給越盟。

中國佔領軍和越南新政府友好合作，成功地穩定越南北方的局面，越南出現了獨立的美好前景。亡國多年的越南珍視民族自決的機會，就連反對黨國民黨也和越盟聯合，反對法國回來。可是，法國有美英的支持，根本不理越南臨時政府。

阻止法國殖民復辟的唯一期望，就是駐越中國軍隊了。滇軍是中國駐軍的主力，提起那法軍，滇軍就有氣。當年，你法國殖民東南亞，入侵我中國雲南，現在國都亡了，一個流亡政府神氣什麼？

日本投降時，流亡雲南蒙自的法軍少將亞歷山大就找到中國陸軍總司令部，要求由法軍受降越南。蕭毅肅總參謀長答道：受降安排由《波茨坦公告》決定，可參加波茨坦會議的四大國似乎沒有法國？言外之意：受降越南，中國軍隊比法軍更有資格！

可是，已經在越南北方受降的中國政府，卻在國際列強的壓力下，同法國政府談判了。1946 年 2 月 28 日簽訂中法協定，中國軍隊將於 3 月撤出，法軍於 6 月接替中國軍隊在越南北方的防務。

不待協議日期到達，3 月 6 日，法國軍艦搶先開進海防港，強行登陸！這時，中國軍隊尚未撤離，海防的防務尚未移交。

開炮了！法軍根本不把中國軍隊放在眼裏。法軍的艦炮擊中陸地的一處日軍倉庫，引爆倉庫裏的彈藥，整個海防籠罩在硝煙中。

還擊了！184 師和 21 師的兩個山炮營立即還擊。一場炮戰下來，法國軍艦癱瘓在港內，海軍少將搖着白旗上岸談判。出氣啊！

打敗日軍，又擊退法軍，60 軍軍長曾澤生感到前所未有的痛快，終於有了些強軍的感覺。就在這時，接到停火撤軍的命令。放走法國軍艦那是可以理解的，人家畢竟也是反法西斯盟國。可是，把越南北方移交法國，卻令人難以理解！

駐越滇軍接到上級命令：開赴東北接受主權。

第二次世界大戰之後的對日受降，從此格局大變。

法國要求重霸越南，明顯違反《波茨坦公告》，可美英最終還是支持法國。

越南受降那還是外國的領土，中國的領土香港為什麼不讓中國受降？那英國早已把香港丟給日本，收回香港的主力是中共的東江縱隊，可英國堅持要香港，美國就向英國讓步。

蘇聯出兵東北應該算是解放者，有權在東北受降。可斯大林交還東北有條件：中國必須放棄收回外蒙古，還要保障俄羅斯在東北中長路和旅順港的權益。

中國的態度呢？

1919 年第一次世界大戰之後，列強非要把中國的山東從德國轉交日本，引發「五四」愛國運動。

這第二次世界大戰又要劃分勢力範圍了，依仗戰勝國的地位，法國和英國都要回原來的殖民地，那麼，同為戰勝國的中國，更有權要回過去丟失的領土。可是，中國戰區總司令蔣介石，要回台灣，卻把琉球丟給美國。後人感歎，如果當時蔣介石心胸開闊一些，連琉球一起要，那今天就沒有中日釣魚島之爭了！

作為戰勝國的中國，有權駐軍日本。可是，蔣介石只是派出幾十個觀察員，準備駐軍日本的一個師遲遲不發兵——留下兵力打內戰。

中國錯過了一次歷史機遇。蔣介石也錯過了個人的歷史機遇。勇於內戰怯於外敵的領袖，不可能得到中國人民的擁護。

中共七大確立的中央新的領導集體，處處顯示雄才大略。

日本宣佈投降，淪陷區一時出現政權空白。國民黨部隊大多遠在後方，鞭長莫及；而共產黨領導的八路軍、新四軍始終處於抗戰前線，唾手可得。

中共中央派遣中社部幹部李士英帶着電台去綏蒙邊境，與蘇聯秘密聯絡，期望取得蘇方的支持，搶先接管東北。但是，蘇方顧慮與國民黨政府的關係，態度冷淡。毛澤東聽取李士英匯報後感歎：「他們不相信我們中國共產黨會取得勝利，最後解放全中國，這是不相信中國革命的力量啊！」

日本華中侵略軍面臨失敗，秘密向新四軍提出談判要求。中共中央同意接觸，並確定了虛與周旋，爭取時間，做好大反攻準備的談判方針。新四軍組織部部長曾山奉命作為新四軍談判代表，與日軍代表進行秘密談判。

多年來，這兩項秘密使命一直嚴加保密。作為一項專業性機密性極強的工作，情報保衞工作人員容易專注於具體任務，有時會疏於大局。其實情報保衞工作又是一項政治性極強的工作，往往同整個戰略目標緊密相連。

華北接管了第一座大城市張家口，社會部部長許建國首任公安局局長。接着，許建國又按照中央的命令，準備接管北平和天津。

華東的接管任務是上海和南京。1945 年 8 月 12 日，新四軍發佈命令，任命劉長勝為上海特別市市長，張執一為副市長。新四軍情報科科長王征明帶領小分隊，掩護張執一潛入上海，部署武裝起義。8 月 19 日，華中局向中央報告上海武裝起義計劃，張執一任行動委員會書記。8 月 20 日，中共中央批准上海武裝起義計劃。

剛過一天，8 月 21 日中央又致電華中，取消上海起義計劃！上海的敵偽力量較大，蔣介石已委任上海官吏並緊急空運。在這種情況下，新四軍浙東主力貿然進城有被消滅的危險。8 月 22 日，中共中央和中央軍委改變佔領大城市的方針，以免撕破國共關係。一日之間，完成戰略方針的大調整，決定夠快。這戰略轉變之快，又來自情報的準確與快捷。

8 月 28 日毛澤東飛重慶，當日，劉少奇送行首批赴東北幹部：「你們要趕快去搶！」

9 月 14 日，一架蘇聯飛機突然降臨延安，先期進入東北的曾克林飛來向中央匯報。劉少奇主持討論，當天就決定成立東北局，第二天東北局書記彭真和陳雲就飛往東北！

延安與重慶之間電報往來頻繁，毛澤東和劉少奇在兩地同步運作，默契合作。劉少奇提出「向北推進，向南防禦」的戰略方針，毛澤東和周恩來立即覆電同意。中共中央緊急調動數十萬幹部和軍隊大舉出關，搶佔東北！

誰能抓住歷史的機遇，誰就能改變歷史。可是，看準歷史的機遇，並不容易。

第二次世界大戰也是情報大戰，蘇聯和美國都在攸關國家安危的重大情報上失誤，而中國反而在戰略情報的獲取和判斷上領先了。世界情報界從此不敢小視中國人。

中國，中國的兩大情報系統分屬國民黨與共產黨，現在，該這兩大高手上台對招了！

激活「冷藏間諜」

國共合作期間，埋伏在國民黨陣營中的中共情工人員停止敵對活動，進入長期「冬眠」。這種長期潛伏，直到關鍵時刻才啟用的秘密力量，圈內稱為「戰略間諜」。抗戰勝利之後，面臨國共相爭的局面，中共決定「激活」這些情工人員。

抗戰勝利前夕，傅作義部準備與八路軍爭奪日軍地盤，埋伏在傅作義身邊八年的閻又文就該啟用了。1945 年 8 月，邊保領導周興、李啟明當面向王玉交待任務，遠赴歸綏（呼和浩特），恢復同閻又文的聯繫。

閻又文在國民黨部隊謹言慎行，努力工作，已經升任十二戰區司令長官傅作義的隨從秘書、少將新聞處處長，已經與黨組織中斷聯繫八年！王玉化裝成皮貨商，幫助國民黨軍官做生意，繞了一個大彎子才接近了閻又文。閻又文和另一個地下黨員楊子明，正焦急地等待組織召喚。閻又文提供傅作義搶奪綏遠地盤的重要情報，正是組織急需。

西北這裏是啟用一個人，東北那邊是啟用一個組！

蘇聯紅軍進攻東北，強大的日本關東軍居然不堪一擊。人們不知，關東軍的防禦部署早已被中共東北情報組偵知，由延安轉送蘇方。

強大的蘇軍進駐長春，卻也是兩眼一抹黑，那些罪孽深重的「滿洲國」高官，早已提前匿藏郊區，準備往日本潛逃。這時，中共東北情報組主動出面接應，張夢實奉命找到蘇軍司令部。這位「總理大臣」家的少爺，當然知道父親和父親的部下的藏身之處，帶領蘇軍抓捕了所有的偽滿高官，其中也包括自己的父親。大義滅親的張夢實，並未暴露秘密身份，又以子姪身份隨同這些戰犯

閻又文

到蘇聯，在監獄中對溥儀等人進行思想工作。後來，「滿洲國」戰犯被遣返回國，溥儀生怕被中國人處死打算自殺，誰勸都不行，還是張景惠的兒子「小張」說了才管用。這個在蘇聯同戰犯一起坐牢的小張，回國就搖身一變，變成撫順戰犯管理所的共產黨幹部！

東北全境被蘇軍解放，臨近東北的八路軍冀熱遼部隊立即出關，中共的戰略是搶佔東北！東北情報組立即出頭策應。日本人員不願把軍械交給八路軍，就把火炮分散收儲。這時，偽滿炮兵團團長憲東突然現身，熟門熟路地找到分散的零件，組裝成大批火炮，八路軍頓時如虎添翼。這個憲東居然是川島芳子的同胞弟弟，改名艾克，成為解放軍的炮兵旅旅長。

埋藏最深的情報員也該激活了。

1945 年 5 月，國民黨召開六屆一中全會，討論戰後反共策略。這種重要情報應該上報！沈安娜按照慣例將情報密藏在抽屜裏，可是，自從聯絡員被捕，組織上已經三年沒有同自己聯繫。

一天晚上，突然響起熟悉的敲門暗號，夫妻兩人忐忑地打開門，竟然是吳克堅！三人抱在一起，又笑又哭，就連孩子也跟着跳。

激活，使用，國民參政會期間，每天晚上兩黨代表團都要密議第二天的談判策略。沈安娜參加國民黨團的會議，當天晚上就把記錄轉給共產黨代表團。第二天早晨，周恩來走上談判桌的時候，已經有了對付對方的預案。

抗戰勝利，國民黨官員紛紛爭權奪利。周旋於國民黨高層的沈安娜，也有人提議援引她升官。可是，升官就不能當速記，就不能為黨搞情報了。沈安娜謝絕升官，繼續幹着小文員。

就在這戰與和的轉換關頭，長期埋伏的中共情報員紛紛出手，中共中央準確把握對方動向，處處贏得戰略先機。

1946 年 3 月，國民黨六屆二中全會決定撕毀雙十協定開打內戰。4 月，國民黨召開國防最高委員會會議，做出進攻解放區的部署。會後，速記員沈安娜立即將記錄全部抄報延安。6 月，國民黨在中原地區向解放軍發起進攻，局部內戰爆發。周恩來預有安排，中原野戰軍得以轉移。

國民黨中央關門密會，黨國元老張繼指着蔣介石痛斥：「共產黨就坐在你的身邊你還沒有發現！」

蔣總裁身邊，此刻正坐着沈安娜……

圍繞陝甘寧邊區的情報工作，最為重要的任務是保衛黨中央的安全。這不但要求提前獲取情報，而且要求情報傳遞的快速及時。

最快的傳遞方式就是無線電通訊。延安各單位紛紛抓緊電台配置，中央軍委的二局、三局均有大批電台，中情部在全國各戰略區也都部署了密台。上海密台就派遣了一位紅軍幹部李白。1946 年第三次國內戰爭爆發的時候，中共各根據地、各部隊之間，已經普遍設立無線電聯絡。這標誌着解放軍與情報系統都在走向現代化。

在西安設台，最大的難題是安全。王超北設計了一個複雜的大工程，在地下五米深處挖了兩個窯洞，地道有三個入口兩個出口。萬一特務前來搜捕，前院按鈴報警，後院就鑽入地道隱蔽。地道密台多次向延安報告胡宗南動向，1946 年 1 月 1 日報告胡宗南動員打延安，5 月 2 日凌晨報告蔣介石到西安督戰，6 月 21 日又報告劉戡從南京歸來的動向。

西安的國民黨特務機關裝備着美國的先進無線電測向設備，早已發覺這一帶有秘密電台訊號。可是，幾次突襲這個院落，都沒找到任何線索。

夏季的一天，上午剛有特務進院搜查過，王超北以為下午不會來人，出洞洗澡，正洗着，外面人影晃動！妻子李天筠大喊：「不准進！我在洗澡！」外面一猶豫，王超北抓空藏身，待到警察進屋，只見李天筠正在穿衣，孩子還泡在澡盆裏。

中國還有「民主聯軍」

激活的不止是中共秘密情報員，還有全國的民心。

抗日戰爭已經打了十五年，全國人民急切期盼和平，可就在這個時候，老蔣卻非要打內戰，不得人心啊！

老蔣才不管什麼人心民心，手裏有軍隊就行。國民黨的軍事實力比共產黨大得多，蔣介石判定，三個月到半年就可以消滅共產黨。

不承想，軍心也是跟着民心走的，高樹勛部起事了！

高樹勛的部隊是楊虎城的西北軍舊部，多年受到蔣介石中央軍的排擠，抗戰勝利蔣介石不准高樹勛受降，高樹勛就擅自開進。內戰爆發，蔣介石又讓高樹勛打先鋒，高樹勛當然不肯當炮灰。西北軍一直和共產黨秘密聯絡，高樹勛同彭德懷在抗戰中就有合作關係，在上黨戰役中高樹勛還和中共將領陳先瑞火線會談。蔣介石上黨戰役失敗還不甘心，調集三個軍北上，支援北平駐軍搶佔東北。駐紮邯鄲的高樹勛部，此刻正好可以阻擋蔣軍北上。劉伯承、鄧小平分析高樹勛的情況，認為可以爭取高樹勛起義，特派王定南帶劉伯承信件去聯繫。

1945 年 10 月 30 日，國民黨第 11 戰區副司令長官兼新八軍軍長高樹勛，在邯鄲宣佈起義。一個整軍脱離國民黨陣營，震撼了全國的國民黨軍隊。

毛澤東高度評價這次起義，號召全軍開展「高樹勛運動」。

「高樹勛運動」在各個戰場推進，西北戰場 1945 年 10 月安邊十一旅起義，華東戰場 1946 年 1 月郝鵬舉部起義，1946 年 5 月東北戰場潘朔端師海城起義，中原戰場孔從洲 38 軍起義，1946 年 10 月胡景鐸騎兵六師橫山起義。

有趣的是，這些起義部隊，尚未打出共產黨的旗號。

首先起義的高樹勛部，稱為「民主建國軍」。這稱呼恰合全國民心，全國人民期望制止老蔣獨裁，和平建設中國。胡景鐸的騎兵六師和孔從洲的 38 軍，稱為「西北民主聯軍」，這兩支部隊原屬西北軍，現在民主的旗幟下同共產黨聯合作戰。華東起義的郝鵬舉兵力雄厚，居然高任「中國民主聯軍」總司令。東北起義的潘朔端師升格「中國民主同盟軍」，這支勁旅來自滇軍，與民主黨派民盟關係深遠。

不止是起義部隊，就連搶佔東北的共產黨部隊，也叫做「東北民主聯軍」。

民主的旗號好啊！

反對蔣介石獨裁的民主人士，抗戰時站在中間立場主張國共合作，在抗戰勝利後響應共產黨的聯合政府，反對老蔣打內戰。邊打邊談，國共和談尚未破裂，這個階段的戰事，中共中央尚未稱為「解放戰爭」，而是叫做「自衛戰爭」。

自衛堂堂正正，內戰不得人心，反內戰的起義，就是高舉民主的大旗。

邊談邊打，就在國共談判進行期間，國民黨於 1946 年 4 月向共產黨的中原軍區發起猛攻。

中原部隊危急，中央所在的陝甘寧邊區也是四面受敵。南邊是胡宗南的 20 萬大軍，西邊有馬鴻逵兩個強悍的騎兵師，北面是鄧寶珊的 22 軍。一旦蔣介石發動南北夾攻，毛澤東就只能跳東邊的黃河了。

毛澤東召見西北局書記習仲勛，了解邊區備戰情況，指示習仲勛抓住時機先發起北線戰役，策動橫山起義，為中央贏得更大的後方迴旋餘地。

習仲勛對北線駐軍的情況十分熟悉，那三員將領胡景通、胡景鐸、胡希仲都是習仲勛的中學同學，在抗戰期間一直保持統戰關係。那叔姪三人都是愛國將領胡景翼的親屬，習仲勛已經秘密介紹胡景鐸加入共產黨，在該部發展黨員，還派進四十多個幹部。

習仲勛委派范明，帶着自己寫給胡景鐸的密信，部署起義。10 月 13 日，北線戰役發起，胡景鐸率領兩千一百人武裝起義！橫山起義使邊區向北擴大面積五千平方公里，增加人口十二萬，而且安定了北部邊境，可以騰出兵力防衛南線。

毛澤東拉着胡景鐸的手笑道：「你能在敵強我弱的情況下，下了鄧寶珊的船，上了習仲勛的船，你選擇的這個道路是正確的！」

選擇？在平時，這選擇也許只是一次機會，錯了就錯了。在戰時，這選擇卻是生死相關，萬萬不能上錯沉船！

中共情報界還有「後三傑」

國民黨挑起內戰不得人心，在國內外的壓力下，國民黨、共產黨、美國三方，組成軍事調處小組，執行部設在北平。中共代表團首席代表是中將葉劍英，秘書長是少將李克農。兩位將軍在開展外事工作的同時，秘密開展情報活動。

蔣介石密謀突襲共產黨的最大城市張家口，起草作戰計劃的第十一戰區作戰處處長謝士炎，主動把情報送給葉劍英！

這個謝士炎是陳誠的親信將領，特地空降十一戰區主管作戰，防備西北軍出身的司令長官孫連仲不可靠。陳誠也許忘了，這謝士炎還是個抗日戰將。謝士炎佩服八路軍抗戰堅決，最反感國民黨打內戰。

謝士炎親手制定的作戰計劃，當第十二戰區司令長官傅作義還沒有見到的時候，晉察冀軍區司令聶榮臻已經先行看到，而且，還附有謝士炎草擬的反擊計劃。晉察冀部隊提前撤出張家口，沒有遭受損失。

葉劍英和馬次青在特務的嚴密監視之下，深夜潛往謝士炎家，主持謝士炎的入黨儀式。

如果說，共產黨內曾有部分幹部存在和平麻痹思想的話，情報保衛系統卻從來沒有這個幻想。內線力量不斷報來國民黨的內部情報，充分證實，蔣介石必將發動全面內戰。

內戰前夜，王玉從閻又文處得到情報，傅作義部隊即將進攻綏東解放區。軍情緊急，王玉來不及返回延安，直接到一二○師野戰司令部匯報。恰逢師長賀龍不在，留守幹部不肯相信王玉，不久就吃了不相信情報的虧。1946 年 10 月，打入綏遠黨政軍聯席會議秘書處的魯南，派崔際勝回延安，送來傅作義大舉進攻的重要情報。賀龍得到延安轉來的情報十分重視，要求將魯南情報組轉到晉綏就近使用。

中共中央的駐地更是情報鬥爭的重心所在。1946 年 4 月、5 月，中央情報部連續發出加強戰時軍事情報工作的指示，陝甘寧邊區保安處也召開情報工作會議，提出情報工作要與黨的政治任務相結合，把防禦進攻改為全面進攻。

蔣介石總是高估自己的軍事實力，1946 年 11 月，索性甩開共產黨和民盟，自己召開「國民代表大會」。國共和談破裂，周恩來率領代表團返回延安，全面內戰開始。

蔣介石召見「西北王」胡宗南，設計了一個絕妙的挖心戰略：先偷襲關中囊形地帶，而後奇襲延安，直取中共最高首腦機關。

胡宗南十分積極，抗戰八年沒有立下赫赫戰功，現在打延安正要顯示身手。

1947 年 2 月，胡宗南密令第三十六整編師和馬步芳騎兵旅突然發動攻擊，沒想到撲了一個空，共產黨駐關中的兩個旅和分區機關已經提前轉移。沒幾天，共產黨又殺了一個回馬槍，偷襲隴東的整編第四十八旅致其損失慘重，旅長何奇被擊斃。

偷襲作戰，關鍵在於保密。可是，胡宗南這次偷襲，卻被中共多個情報系統提前偵知。

駐紮在囊形地帶對面的國民黨一六五師，埋伏着邊保的情報力量陳汝傑和劉良驥，邊保一科科長于桑到前線的富縣情報組直接指揮。胡宗南偷襲囊形地帶，一六五師奉命協同。得知消息的陳汝傑、劉良驥，提前將情報密報邊保。

毛培春此時正在洛川擔任國民黨憲兵司令部特高組組長，也從軍統系統拿到胡宗南偷襲囊形地帶的計劃，提前報告邊保。

還有一個直屬中央社會部的西安軍事情報組，打入胡宗南補給區司令部的楊蔭東，也拿到胡宗南的偷襲計劃。

兵馬未動，諜報先行。提前拿到這種戰略性質的軍事情報，表明中共的情報系統已經在國共情報戰中搶佔主動。

一條渠道提供的情報，有時難免令人猶疑。斯大林接到希特勒進攻蘇聯的情報時，羅斯福接到日本進攻珍珠港的情報時，都難以確定真假。可是，毛澤東得到的偷襲延安情報，至少來自三條渠道！

能夠下出精妙好棋的高手，無不洞悉對手內心陰謀，無不善於掩飾自己的真實企圖。這就是鬥智，這就是情報鬥爭。情報戰爭，有着與一般戰爭不同的特殊規律。經歷過搶救運動失誤的中共情報界，不再依靠群眾運動來搞情報。新的經驗是廣泛拉派，重點經營，精幹隱蔽。沙裏淘金，精心培植少數重點人員；長期經營，耐心進入戰略機要位置；關鍵時刻拿出來用，用則奇效。

中共的情報工作已經打開局面，佈下網絡，提升檔次。

胡宗南也在吸取教訓，自己的作戰計劃是否泄密了？

1947 年 2 月 28 日，蔣介石在南京召見胡宗南，兩人密商作戰方案，決心奇襲延安，一舉打掉中共的首腦機關！

接受過去兩次偷襲囊形地帶都泄密的教訓，胡宗南這次決心嚴加保密，連心腹大將都不通氣。不過，再保密也要有人幹事，胡宗南只能倚重能幹而可靠的熊向暉。熊向暉是周恩來在抗戰初期佈置在胡宗南身邊的閑棋冷子，非到關鍵時刻不輕易拿出來使用。

1946 年 5 月 18 日，胡宗南向蔣介石提出《攻略陜北作戰計劃》請求閃擊延安，熊向暉立即通過王石堅密報延安。這時，周恩來不慎將一個小本子遺忘在美國特使馬歇爾的飛機上，上面有熊向暉在南京的地址！按照情報工作慣例，應該立即通知熊向暉轉移。可是，毛澤東説過，熊向暉在胡宗南身邊的作用頂上幾個師。周恩來反覆思考，判定馬歇爾不會將這個材料報告國民黨，佈置熊向暉暫時隱蔽半個月，觀察動向。1947 年 1 月，熊向暉在南京成婚，胡長官派代表致詞祝賀，蔣大公子蔣經國親自擔任證婚人。按照胡宗南的安排，熊向暉將去美國留學。

3 月 1 日，保密局突然有人來上海找熊向暉，熊向暉判斷自己暴露，匆匆回家與妻子諶筱華訣別。到了南京，卻見到哈哈大笑的胡宗南，推遲出國三個月，打下延安再走！

蔣介石密令胡宗南 3 月 10 日攻打延安，那天美蘇英法四國外長將召開會議，重新提起中國問題，蔣介石要給國際造成一個既成事實！

得到這個創立曠世奇勛的機會，胡宗南十分興奮。胡宗南不是一介武夫，胡宗南是有思想有主張的人物，胡宗南有政治雄心接蔣介石的班！攻佔共黨首府延安，胡宗南要發佈《國軍解放延安及陜北地區的施政綱領》，這個綱領要寫得比共產黨還革命！

如此大文，非得請出熊向暉這個大筆桿子。3 月 2 日晚上，熊向暉拿着胡宗南提供的背景材料，關在密室中起草文件。這《攻略延安方案》，進攻延安的兵力部署共 15 個旅 14 萬人；發起進攻的時間是 3 月 10 日拂曉；前一日從上海、徐州調集 94 架飛機轟炸延安；隴東兵團佯攻，左右兩個兵團以閃擊行動奪取延安，保證殲滅共軍主力。面前擺着這樣重要的情報，熊向暉當然照抄不誤。

3 月 3 日上午，熊向暉隨胡宗南乘飛機到西安，當晚將情報轉述王石堅。毛澤東、周恩來見到這份攻略方案的時候，國民黨部隊的軍長師長旅長還都不知道，司令官胡宗南重視保密呢！

閑棋不閑，冷子不冷，熊向暉這顆棋子，堪稱周恩來的「手筋」（圍棋高招），果然在保衛中共首腦機關上派上最大用場。

中共情報界向來有「龍潭三傑」之說。錢壯飛、胡底、李克農三人，潛伏在國民黨最早的特務機關中，及時截獲顧順章叛變的情報，拯救了黨中央機關。現在，中共情報界又有熊向暉、陳忠經、申健三人，潛伏在包圍邊區的國民黨大將胡宗南身邊，及時截獲國民黨進攻延安的情報，再次保衛了黨中央的安全。周恩來讚為「後三傑」！

延安大撤退

中共情報工作的部署日見周密。除了「後三傑」之外，還有其他多條渠道不斷送來軍事情報。毛培春報來胡宗南的作戰計劃，陳汝傑、劉良驥還送來國民黨部隊內部頒發的《地對空聯絡信號》。這證實胡宗南不但計劃轟炸延安，而且可能在延安機場空投傘兵，直襲解放軍總部。

提前得到戰略情報的延安，立即進行備戰部署。毛澤東用兵向來大膽，陝甘寧邊區本來只有 7 個旅約 3 萬人，還讓延安衛戍司令王震帶走兩個主力旅東渡黃河支援晉綏作戰，就連聯防司令部的保安團也跟去。現在急令王震回防也是遠水難救近火，胡宗南一旦機降就會直接進入延安！

葉劍英總參謀長急令衛戍區派兵到機場警戒並設置障礙，值班幹部沒有弄懂只派了一個連。指揮員剛吃完早飯，葉劍英的吉普車到了：「怎麼搞的？還沒有設障？出了問題你們負責！」衛戍區這才知道敵人要機降，趕緊設置障礙，破壞機場跑道。

可是，儘管中共事先得到胡宗南襲擊延安的情報，儘管中共事前向全國公開公佈國民黨背棄和平協議，但是，這次已經不能像 1943 年那樣高唱空城計就阻止進攻了。大敵日本已去，國民黨了無顧忌，蔣介石此時的兵力優勢是 3.37：1，正是圖共良機！

敵強我弱，毛澤東決定撤出延安，誘敵深入，尋機殲滅敵軍有生力量。

3 月 11 日，美軍駐延安觀察組撤離。7 小時後，國民黨飛機臨空轟炸。毛澤東、周恩來從棗園搬到王家坪解放軍總部指揮戰事。西北野戰軍司令調來一個團守衛機場，防止機降。

延安各機關緊張動作，分散轉移。保安處的工作分外緊張，一方面要按照中央部署保衛延安安全，同時還要轉移自己的機關家屬。處長周興此時正在下面搞土改，副處長李啟明奉命帶領一百多個幹部支援前線，邊保機關只有副處長趙蒼璧一人主持工作。

17 日，國民黨 14 萬大軍向北進攻，炸彈掉在毛澤東院落，氣浪衝倒桌上的暖水瓶。延安各機關忙着撤出，就連老百姓也都出城了，毛澤東這才撤離延安。邊保處長周興星夜趕回，率領一個排騎兵在後面護衛。中央辦公廳的樓房着火，保安團參謀長夏飛查明不是有意放火。延安市公安局局長郝蘇最後檢查市區，只見每個機關、每個商店、每間房屋、每孔窯洞都是人去屋空，大街當心有隻炸死的烏鴉。城裏還有些房屋燃燒，郝蘇不讓救火，不管這些罈罈罐罐了，我們上山打游擊去！

夏飛帶人在城裏埋地雷，郝蘇帶游擊隊撤離，隊伍剛剛出城，國民黨部隊就突然降臨，兩路大軍巨鉗一合，游擊隊最後一個戰士被俘虜了。胡宗南進入延安，總算有個斬獲。

延安大撤退。雖說是預有準備，還是有着不少亂象。

陝北人把這種撤退叫做「跑反」。從機關到群眾都要跑反，都有家屬孩子，都有罈罈罐罐，也就都有麻煩。邊保機關走了，副處長趙蒼壁帶着幹事馬夫、秘書蔡誠到處檢查。重要的檔案都帶走了，還有一些文件來不及裝運怎麼辦？三人把所有的文件都集中到一個窯洞裏面，再從崖上挖土，把整個窯洞覆土蓋住。

毛主席的汽車路過機場時，道路已破壞無法通行。邊保接到修路命令，趙蒼壁又趕緊帶人修路，等車隊通過，又要再破路。

亂也難免。從 1936 年年底到 1947 年年初，延安十年處於和平狀態，人們已經習慣了和平生活，彎子一下轉不過來。

沒想到亂子越來越大，出了一個叛徒韓繼恩！

一舉拿下中共首府，蔣介石意氣風發，組織中外記者團到延安參觀。拿下一座空城的胡宗南，明知自己手裏俘虜太少，卻也得造假應付。訓練了幾個人飾演共產黨幹部，可惜都演技不佳。這時來了一個自動投誠的韓繼恩，自稱是保安處的科長。韓繼恩在眾多記者面前侃侃而談，還寫書《延安今昔》糟蹋共產黨。曾任邊保科長的韓繼恩，刑訊逼供，貪污吸毒，道德敗壞，亂搞女人，被邊保撤職查辦。但是，邊保在跑反的時候，沒有想到處置這個人，留下後患。韓繼恩不但在輿論上給共產黨抹黑，還帶人到安塞挖出了邊保埋藏的檔案！

延安跑反，既有主動，也有被動；共軍撤退，既有英雄，也有叛徒；這才是真實而完整的生活，真實的生活包括戰爭！

戰爭時期最神氣的是軍隊，組織嚴密，供應也相對充足。最為麻煩的就是家屬，女人孩子一大堆，到哪裏都是累贅。

邊保的機關和家屬向後方轉移，大人揹着孩子，騾子馱着行李和檔案。夜黑裏家屬隊走錯了方向，河水轟隆隆好像要把人吞掉。年輕幹部高奇夫揹着孩子趴在地下，摸着橋板爬行，一夜才走了二三十里路。走三天到了瓦窯堡，碰上邊區政府的駱駝隊，又引來飛機轟炸！惠玉秀兩歲的兒子從炕上掉下來，頭部紅腫化膿發高燒，不用麻藥開刀，孩子哭得都沒氣了。

跑反中最苦的就是女幹部，男人一甩手就上了前線，孩子全丟給妻子。蘇平剛生產兩個月就揹着孩子上路，行軍天天掉隊。孩子胖，母親瘦，老百姓勸蘇平把孩子留下換匹馬騎，蘇平死活不幹。丈夫郝蘇派警衛員送來一匹騾子，蘇平卻拒絕了，你的騾子打仗去，大家走路我也走路！行往綏德，掉隊的蘇平看不到隊伍的尾巴緊張了，幸虧前面出現一個幹部指路。渡過黃河，意外地碰上邊保的家屬隊，能幹的惠玉秀正在這裏養豬給邊保的家屬孩子們換糧食。侯良的新婚妻子洛非也趕來了，大家相依為命，堅持了半年多。

關中分區是最危險的前線，爺台山之戰秦平奉命留守機關，王穎強抱着四個月的女兒向後方轉移，夜黑下雨一腳踩空從懸崖掉下馬欄河！到了宿營地，孩子的皮膚都被雨水泡白了。

講到戰爭，國外的習慣説法是：戰爭讓女人走開。對於中國的共產黨人，戰爭無人走開。男人在戰爭中衝鋒，女人在戰爭中承受，孩子在戰爭中成長！

延安大撤退本應是項巨大的系統工程，但各個單位的幹部素質不同準備不同，也就出現了七七八八的現象，這邊井然有序，那邊慌忙混亂。

戰前，延安已經預見國民黨必戰。3 月 5 日，邊保副處長李啟明就帶人南下，準備隨軍作戰。趙蒼璧派三個工作組前出，準備在敵人進佔後潛伏力量。4 月 5 日，周興的楊家溝土改工作團與趙蒼璧的瓦窯堡工作組匯合。4 月 7 日，邊保總處機關編為第七大隊，一中隊隊長蘇振雲，副隊長張繼祖；二中隊隊長王平，副隊長馬夫；三中隊隊長蘇明德，副隊長王保賢。保衞團總結戰爭開始以來的工作，這個期間雖然圓滿完成了護送邊區政府的任務，但是也有 38 名逃兵。8 月初，邊保總處轉移到綏德三十里鋪，中旬渡過黃河。

連續轉移，持續作戰，監獄中關押的犯人就成了難題。邊保的甄別工作早已基本完成，絕大多數幹部都分配了工作，只剩下四十多人還歸後三科（預審科）管理，其中多數是政治犯，有幾個白俄，有勞山襲擊周恩來的土匪骨幹，有同國民黨特務來往的商人，還有個別幹部明知沒有問題但上面還沒叫釋放。剩下的這些人案情比較複雜，預審科科長楊崗派梁濟押送。走了兩三個禮拜，才在真武洞找到邊保的後方機關。行軍途中，保安團六連戰士還要給犯人抬擔架、揹包袱、燒水做飯，整個轉移期間沒有逃跑一個犯人。

中社部關押的人很少，不過，其中有個名人王實味。中社部給王實味的甄別結論是「反革命托派奸細分子」，但王實味不肯簽字，也就擱置下來。跑反的時候，中社部後方機關轉往山西，也把王實味帶上了。説是犯人吧，行軍無人押解；説是幹部吧，到了駐地還得安排人看守起來。中社部的幹部已經熟悉了這個王實味，大家相安無事。到了晉綏邊區的首府山西興縣，中社部將王實味移交給晉綏公安總局看押。晉綏公安總局接到這個名聞天下的重犯，看押得相當嚴密，王實味就很不適應，反覆要求改善生活待遇。興縣的安全環境卻遠不如延安，敵特分子經常乘夜襲擾。邊區機關本身的安全都成問題，再看押從延安轉來的重犯就感到不堪重負。有人建議：鑒於戰爭環境，應該處理一批表現惡劣的犯人，王實味被判定「在行軍途中進行挑撥離間等破壞活動」，「毫無悔意，且變本加厲」。1947 年 7 月 1 日，國民黨飛機轟炸興縣，晉綏公安總局的審訊科也被炸了，看守所必須立即搬家，當晚王實味被處死。

不但邊保處理了一些人，一些分區的保安分處，甚至有的游擊隊也處理過人犯。關中分區在胡宗南進攻之前緊急處理了一批犯人，其中有搶劫柳林鎮的余超，還有一些武裝便衣和土匪。延西游擊隊有支分隊，抓了兩個國民黨軍隊的俘虜帶着走，敵人追得緊了就覺得這兩人麻煩。放了吧，他們走過游擊隊隱藏的所有地方，一旦告密游擊隊就無處藏身。殺了吧，上級肯定不批准，有支游擊分隊的政委叛變延西工委都沒有殺。於是，這分隊就自作主張把兩個俘虜埋了！延西工委得知此事，也沒有追究。

戰爭危急，連自己的生死存亡都大成問題，誰能做到珍視犯人的生命？

邊保向來規定：處死反革命人犯要經過超三級制批准，分區、縣、區三級無直接處理權。戰時又臨時規定：對於公開叛變投敵分子，應在群眾中公佈罪惡，號召悔過，如堅決反共的，人民有權逮捕，就地正法。就地正法，就是「殺人」啊！

關於殺人，中共的政策向來十分清晰：「毋枉毋縱」。不能冤枉殺人，也不能縱容逃跑，這倒是全面而穩妥。可是，戰爭環境，就很難同時把握這兩個「毋」。三邊保安分處的張永安在 1943 年坦白是中統特務，後來甄別為無政治問題，還當了定邊市公安局局長。戰爭一來，此人通知邊保已經掌控的國特電台提前撤走，敵軍一到就自動投敵。邊保反用的雷鳴崗、魏明又逃回敵方，魏明還寫了《延安五年記》配合敵人宣傳。打入軍委二局的漢訓班特務胡思瑗，邊保在隴東反用時沒有管住，戰爭中又投向敵方，提供了軍委二局的內部情況。

諸多情況說明，如何看待和使用嫌疑人員，是個極難掌握的問題。怕「枉」的時候可能就「縱」了，讓壞人跑了殺自己；怕「縱」的時候可能就「枉」了，錯殺了不該殺的人。

處於基層的幹部和群眾，對於鬥爭的危險性體會深刻，往往有一種心理定勢：寧肯錯殺，也不放過！實際是「寧枉毋縱」。

毛澤東卻不這樣看。審幹的「九條方針」明確地說：在某種情況下，寧可讓他們跑掉，亦不可多殺人，跑掉是比殺掉有利的。也就是「寧縱毋枉」。

此中道理，非高才大略者難以體味。

殺人，在中國政壇那是司空見慣。國民黨處死中國領袖向忠發、瞿秋白，都沒有經過法律程序，更不用說殺掉普通黨員了。戰爭時期，蔣介石更是大開殺戒。1946 年 5 月 1 日在西安暗殺李敷仁，1947 年 10 月 7 日公開槍斃西安民盟主委杜斌丞。殺人簡單，腦袋都沒了，你還能反對我？可是，蔣介石的敵人卻越殺越多。毛澤東卻不這樣做。紅軍時期就嚴格規定不准殺掉俘虜，審幹運動又規定「一個不殺」。對於敵方間諜，延安的方針也不是殺掉，而是「化敵為我服務」。

毛澤東在 1948 年得知王實味被殺，勃然大怒。國民黨在 1944 年讓王實味「死」過一次，大丟臉面。如今，王實味真個在共產黨手中死了？

1948 年 8 月，中社部部長李克農向毛澤東和中央書記處打了一個書面報告，主動承擔責任。人民共和國成立以後，毛澤東在一次會間休息時，對林伯渠說：「你還我的白俄！」對李克農說：「你還我的王實味！」六十年代，王實味死去十幾年後，毛澤東還在一次會議上當場點名李克農：「你還我的王實味！」有人說這是氣話，有人說這是玩笑，無論是氣話還是玩笑，這話聽起來還是挺重的。毛澤東非但不主張殺掉王實味，而且不主張殺掉前清皇帝溥儀，不主張殺掉日本戰犯，不主張殺掉國民黨特務頭子。許多罪不容誅的人，在服刑中得到改造，後來還特赦了！

殺人不如改造人。

其實，到底是誰最後批准處死王實味，並不是最為重要的問題。晉綏公安局向上請示，批准人有三種可能：正在附近搞土改的中社部部長康生、主持中社部工作的副部長李克農、晉綏分局負責人賀龍。當時的大致情況比較明確：毛澤東肯定是堅持一個不殺，下面肯定是傾向於殺；而中層，也肯定批准殺掉一些人。處於不同工作層次的幹部，確實有着不同的判斷角度。

1947 年 6 月 21 日，中共中央西北局要求「糾正過去片面寬大傾向」，「對於公開叛變投敵分子，應在群眾中公佈罪惡，號召悔過，如堅決反共的，人民有權逮捕，就地正法。」這是戰爭初期，開殺戒。

1948 年 2 月 24 日，中共中央西北局又發出指示：「邊區各地黨在糾正戰爭初期肅反鬥爭束手束腳的麻木現象後，不斷地發生了『左』的輕率殺人的現象」，「這些嚴重的錯誤現象，如再繼續下去，必將在邊區內外群眾中引起恐怖氣氛，減低我黨威信，給敵以鞏固內部和挑撥我與群眾關係的口實，甚至會嚴重影響開展新解放區的工作，其後果不堪設想。」這是戰爭後期，嚴禁濫殺。

前後兩個指示都由同一機關發出，先是防右，後是防左，講的都是殺人問題。王實味被處決的日子，恰恰就在這兩個文件之間。

1948 年 11 月 5 日，邊保再次總結 1947 年戰爭中殺人情況。全邊區共殺 2296 人，錯殺在一半以上。錯殺大多發生在戰爭初期，由於戰爭殘酷，基層幹部群眾普遍產生仇敵情緒和報復情緒，也有的驚惶失措，個別人藉機報私仇，也有壞人乘機搗亂。重要的思想根源是「左比右好」，「寧殺勿放」，「寧殺嫌疑分子勿放過一個壞人」。過去成功的殺人制度，未能貫徹，先斬後奏甚至斬而不奏。造成這種現象也有領導機關的責任。邊保對殺人問題雖有指示，但有含混之處。負責處決人犯的高等法院幹部忙於戰爭動員工作，對殺人問題沒有過問。西北局的指示也有個別地方不妥，如規定「就地正法」時沒有提出具體標準。總而言之，這些在和平時期已經解決的問題，在戰爭中卻嚴重起來。

這就是戰爭！

如果說，和平時期的鬥爭，只是你過得好還是我過得好的問題，那麼，戰爭時期的鬥爭，就是你死我活的問題！如果說，和平時期的工作錯誤，還是鬥人整人留下錯誤的文字結論，那麼，戰爭時期的工作錯誤，就可能是傷人殺人甚至掉腦袋！人最寶貴的是生命。執掌刀把子的保衛部門，本來就關乎人頭落地之大事。戰爭時期，這不斷揮舞的刀把子，就更加令人膽寒。

自衛戰爭，保衛工作的缺點錯誤也暴露得極為明顯。

邊保對於胡宗南的進攻，雖然預先得到了情報，但是，戰爭初期還是有些狼狽，檔案材料沒有完全處理好，個別叛徒造成很壞的影響。情報力量沒有及時佈置應變措施，敵人一來大部失掉聯繫，情報來源中斷。情報組普遍改成武工隊，加強了對敵襲擾，卻放鬆了收集情報。由於缺少電台，被敵人衝斷之後，一時無法恢復上下聯繫。柳林情報組楊鋒帶人冒失地進入西安潛伏，很快暴露，又牽連先期打入的劉伍情報組，導致多人被害。追究這個問題又發現，當初派遣劉伍等人就有失誤，這個潛伏組有邊保秧歌隊的著名演員章炳南，多少人認識這張臉！

諸多問題最後歸結到領導身上。1947 年 12 月初，西北局在黃河邊上的義合鎮召開會議，總結戰爭初期的工作，檢討邊保工作的失誤，集中批評西北局社會部部長兼保安處處長周興。邊保的工作錯誤當然不少，特別是在搶救運動中得罪人更多，擔任邊保領導長達十多年的周興始終在會議上誠懇地檢討。可會議的調門還是越來越高，而且新賬老賬一塊兒算。從緝私不力，追查到自販私貨；從自衛戰爭初期的慌亂現象，追究到為何信用坦白分子；從檢討保衛系統同黨政機關的關係不密切，上綱到保衛系統對黨委鬧獨立性；從處長周興的官僚主義，擴展到提拔年輕幹部不當。

義合會議把邊保整住了。戰前，西北局就要統管邊保的情報電台，周興一直頂着，這次終於合併了。會後，各分區各縣的情報幹部移交給城工部，潛伏在敵區的情報力量也大講階級成分，從 113 人清理到 2 人。運動式的會議，又一次導致對工作的干擾，整整兩個季度，邊保的情報工作基本陷於停頓。

年底，毛澤東在《目前的形勢和我們的任務》一文中，強調當前主要的問題是反左而不是反右，會議才趨於冷靜，西北局鼓勵保安處不要因為受了批評而灰心，應當在黨的領導下放手負責。周興於 1949 年 3 月 27 日撰文上報中央，認為義合會議不全面，應該肯定成績是保安處工作上的基本的主要的方面。工作有嚴重缺點甚至還有錯誤也是事實，但不是「一塌糊塗」，而且一般的缺點錯誤，領導上都是糾正的，個別的也在繼續糾正。中央回電，肯定了周興的意見。

延安游擊隊

戰爭降臨，陝甘寧邊區原有的政權機構，一日之間都失去執政地位，黨、政、群單位都投入對敵游擊戰爭。邊區各地普遍成立游擊隊、武工隊；各級公安部門的負責人大多擔任游擊隊隊長，各級黨委書記擔任政委；游擊隊、武工隊以邊保的幹部和保安分隊為骨幹，吸收民兵和群眾參加。

全世界哪裏有商人打游擊的？商人總是經濟活動的中間人，行業職能養成中立的道德準則，一般不會在戰爭中效死一方。可是，延安的商販卻自願投入自衛戰爭！

陳家福在延安新市場開了一家刻字舖，攢了一筆錢回河南家搬媳婦過來，路途被國民黨部隊抓了壯丁。這個商人居然成了地下工作者，秘密策動同袍逃跑，還帶出一挺機槍！陳家福的事蹟，被邊保的秧歌隊編成劇目上演，新市場的顧客和商人都愛看這出《陳家福回家》。撤出延安後陳家福多次回城偵察敵情，冤家路窄，恰恰碰上當初拖槍逃走的那個連隊！連國民黨部隊都知道這秧歌劇中的名人，於是陳家福被槍殺示眾。

國民黨部隊突入共產黨的心腹要地，自然不敢怠慢，進佔哪裏就在哪裏建立區縣地方政權；在農村基層，也建立聯保處、保公所等保甲組織。延安一城，駐有國民黨的「長官部指揮所」「警備司令部」「陝北行署」等七十多個機關，其中長官部情報處、新聞局軍聞社、西北通訊社、中統陝室延安分區等十多個是特務組織。

共產黨則在延安城外襲擾。司令員彭德懷、政委習仲勛率領西北野戰軍運動作戰，邊保處長周興負責組織邊區的游擊戰爭。1947 年 6 月 1 日，周興代表西北局發表文章《廣泛開展游擊戰爭》。敵軍入侵之後短短三個月，邊區游擊隊已經發展到 7663 人，長短槍 4592 支，輕機槍 15 挺，共作戰 114 次，斃傷敵 614 名，俘虜 1281 名。

中共延安市委分為東區工委、西區工委，分別領導兩區的游擊隊作戰。延屬司令部司令員白壽康，延西支隊政委延安市市長姚安吉，延安市公安局局長郝蘇任西區工委委員兼延屬司令部保衛科科長，副局長康世昌任延西支隊隊長。延安游擊隊積極作戰，發明了「五打五不打」的戰術：打尾不打頭，打散不打密，打暗不打明，打軟不打硬，打少不打多。邊區政府及時通令嘉獎作戰有功的民兵。

邊保的機要秘書杭尚增、審訊科幹部梁濟是延安本地人，各自挑選七八個人，組成精幹的武工隊，杭尚增在延安東北一帶活動，梁濟在延安東南一帶活動。武工隊穿便衣拿短槍，晝伏夜出，潛入延安城內偵察，鏟除投敵的叛徒。

梁濟寫信給叛變的韓繼恩：你是老黨員應該懂得政策，不留後路是老擀！韓繼恩腳踏兩隻船，給梁濟送來敵人內部矛盾的情報。

國民黨也十分重視諜報鬥爭，延安警備司令部的副長官韓志佩畢業於軍統漢訓班，組織特務活動非常積極。

駐拐峁的一四二團有個諜報隊員，經常化裝成「蠻婆」到農村算命，刺探情報騙姦婦女。武工隊抓獲這個男扮女裝的特務，在群眾中造成很大影響。

國民黨延安專署視察室有個王助理與杭尚增進行煙土交易，兩人腰裏別着駁殼槍，在一個陰陽先生家中會面。王助理只說一些即將失效的情報糊弄，杭尚增就將其押回邊保審訊。

西北野戰軍尋機進攻延安，通過無線電偵聽得知劉勘的一軍調動，可地面偵察卻是董釗的二十九軍調動。總部指令延安武工隊核實情報，梁濟帶四人乘夜潛入二十里鋪待機捕俘，零下十幾度的寒冬等了一夜一天，終於捉到兩個出來搞女人的軍官。原來，胡宗南本來要調二十九軍，因為軍長董釗是陝西人不放心，又讓劉勘代替董釗出動。梁濟把準確的情報送到司令部，首長一高興，獎勵武工隊兩支衝鋒槍兩支加拿大短槍。

小老鼠治住大象。過去是國民黨追得共產黨鑽山溝睡不上覺，現在是國民黨在城裏睡不上一夜好覺，而共產黨在山溝裏卻踏踏實實的。

戰爭初期國軍勢猛，共產黨處於守勢。死守定邊的「鐵八團」同馬家軍激戰百天，全團陣亡。延安撤守，天地變色，被趕走的地主和政客紛紛還鄉，大批百姓不得不低頭做順民。一些共產黨員也把寶押在國民黨勝利上。邊保系統就出了韓繼恩、吳生元那樣的大叛徒。赤水縣王愛賢趕着自家的牛為國民黨部隊趟地雷，張樹茂給一二三旅當探子兩次侵犯白廟村，甘泉游擊隊一中隊連續發生兩起拖槍投敵事件，特務白成支捆綁隊長逼迫延安南區游擊隊十幾人投敵，延長縣朱志峰槍殺黨員幹部李青蓮。

面對緊張局面，延屬軍分區司令部、延屬保安分處發出指示，加強游擊隊的保衛工作，要求游擊支隊由正副政委、分隊由正副指導員兼任保衛工作，或設第二副職專職保衛。分隊設保衛小組長。各級保衛幹部直接在保安科領導下，鞏固部隊，加強氣節教育。延西游擊隊一個分隊的負責人企圖叛變，延屬保衛科科長郝蘇集中全隊收繳槍支，宣佈實情後隊員紛紛揭發叛徒。富縣保安科副科長宋振江堅持敵後鬥爭，敵人威逼其父勸降。宋振江警告父親：你再來我就槍斃你！

隴東地區的鬥爭格外慘烈。驛馬關檢查站距離敵方重鎮西峰鎮只有四十里，第一任站長于挺極被還鄉團抓到西峰鎮刑訊而死，第二任站長陳斌被二流子賣給國民黨駐軍用刺刀捅死，第三任站長杜定華繼續堅持鬥爭，群眾自發為陳斌等烈士開追悼大會，砸死了迎接敵軍進城的人。

戰爭是誕生英雄的時候，英雄的前途又往往是烈士。邊保派出的劉伍情報組在戰前提前潛入西安，又超出情報工作範圍秘密發展軍事組織。1948 年 2 月 10 日，國民黨將劉伍等 32 人押到耀縣藥王山下集體活埋。至今，這裏的烈士紀念碑還鐫刻着其中十九人的名字，「章炳南」誤寫為「張炳南」。

打入國民黨部隊的毛培春，一直暗中向邊保傳送情報。1949 年 4 月 25 日國民黨飛機誤炸自己的部隊，毛培春不幸喪生。痛失情報英才！共產黨邊保、國民黨軍統，敵對的雙方都為毛培春舉行追悼會。

也不是每一個人都敢當烈士。邊區勞動模範吳滿有帶頭參軍，一入伍就被破格任命二縱隊民運部部長。這老兄當了高級幹部還不改農民本色，撤退時捨不得扔掉馬背上的戰利品因而被俘。胡宗南當即將這個陝北名人空運南京，又是記者採訪，又是電台演説。解放軍攻克南京，又將吳滿有送回延安。吳滿有雖然當過幹部，但畢竟只是一個農民，黨組織沒有對其進行追究。吳滿有鬱鬱不歡，患病而逝。殘酷的現實表明，不是每個人都能看準方向，也不是每個人都能堅持走到底。每當歷史的轉折關頭，總是有人搭錯車，一失足成千古恨。

處於劣勢的一方，人人都要面對殘酷的現實。

圍繞軍統漢中特訓班的人們，國共雙方的情報保衛機構一直進行激烈的爭奪。到了國內戰爭期間，國民黨軍隊進佔邊區，這些人個個面臨生死抉擇。

軍統自奉為封閉性「團體」，向有自己的「家法」:「生進死出」。戰事一起，軍統立即通緝叛徒祁三益、李春茂，祁三益的大哥被打死，三哥被打成殘廢，父親被關押，祁家的麥子熟了都沒人敢收割。國民黨把祁三益當死敵，祁三益也把國民黨當死敵。祁三益任隴東地區武工隊隊長，把軍統培訓的爆破技術用到國民黨身上，帶領民兵大擺地雷陣，《解放日報》專文報道祁三益的事蹟。李春茂在富縣任武工隊副隊長，軍統派人暗殺未逞。王星文一直在邊區周圍做情報工作，後來也到了隴東。五個被邊保正式吸收為外勤人員的人中，只有趙秀、張志剛兩人逃亡，其他三人都愈鬥愈奮。關中還有幾個前漢訓班人員，馮平波、朱浪舟、金光等都參加了邊保的外勤工作。

還有一些人，雖然被邊保反用，實際卻在應付共產黨，待到國民黨軍隊進攻邊區時，就立即反水。那個最早被吳南山在隴東專署發現的陳明，不僅叛逃敵方，還誘捕漢訓班同學，致使馬鳴被害。曾任合水縣劇團團長的劉志誠，主動向敵人提供軍事情報，導致解放軍在西華池戰鬥中損失慘重，1947 年被逮捕處決。也有一些人，在鬥爭中心灰意冷，躲回老家當平民。

那個潛伏最深的電台小組，很受中社部重視，培訓後三個成員都被派到隴東做外勤工作。戰爭一來，三人就走向不同的方向。胡士淵被漢訓班同學安永錄檢舉密捕威脅要按軍統紀律制裁，答應為國民黨搞情報，後因工作不力被辭退。1949 年解放軍反攻，邊保派人來接頭，胡士淵又轉回為邊保工作。功不折罪，1949 年 10 月又被管訓。同案的夏珍卿被邊保派回老家慶陽搞外勤，但回鄉後就躲在家裏務農，還主動為軍統搞情報，三八五旅便衣曾將其逮捕教育。此人從此回家務農，人民共和國成立初期還當選農會主席，1953 年被捕服刑五年。同案三人楊子才下場最好。戰爭期間在西華池土產公司工作，人民共和國成立後任甘南藏族自治州夏河貿易公司副經理。

最要命的人物還是吳南山。最早主動交代的吳南山，軍統發現得最晚，軍統幾次派人試探都被蒙混過去，1947 年年初戰爭爆發在即，為了教育群眾，組織上決心公佈漢訓班真相。經趙蒼璧佈置，吳南山寫了一篇《我的出路——一個曾被蔣特陷害的青年的自述》，發表在 2 月 7 日的《解放日報》。吳南山坦然宣佈自己加入了共產黨，並且號召其他受國民黨陷害的青年：「只有同人民站在一起，才是青年人的真正出路！」

這時軍統才知道漢訓班覆沒的真相，當然恨死了吳南山。1947 年 4 月國民黨軍隊進攻慶陽，誓言抓住吳南山、祁三益、李春茂、王星文槍斃！

慶陽縣委書記陸為公與吳南山、田少西三人組成慶陽工委，帶領武工隊堅持在敵後打游擊。吳南山全家上山，父親年老，母親小腳，兒子參加游擊隊，妻子病死在山裏。一次被敵軍包圍，吳南山裹上大衣跳下十幾丈高的懸崖，當場摔昏！第二天跑回自己人這裏，大家正在爭吵吳南山是否投降了。

面對生死考驗，吳南山矢志不渝，而且想方設法開展工作。慶陽的國民黨官員人心惶惶，不少人被親屬喊回家了，留下的也收斂威風找武工隊通氣。解放軍反攻，吳南山通過情報關係搞到慶陽軍事部署，繪圖送到西北野戰軍總部。還指揮國民黨縣長張國楨，事先調走武裝自衛隊，封存糧倉和公用財物，恭候共產黨接收。

經歷考驗的吳南山受到共產黨組織的信用，人民共和國成立後任甘肅省公安廳治安科科長、平涼專區物資局局長。「文革」中吳南山也受到衝擊，但是公安部門仍然肯定他的貢獻，趙蒼璧還親自寫出證明材料。「文革」後，吳南山任平涼地區工業局局長、經委顧問，退職後在蘭州安度晚年。祁三益在人民共和國成立後任甘肅省公安廳一處帝偵科科長、省民委宗教科科長，「文革」中被定為「歷史特務」清除出黨，「文革」後得到平反，任康南林業總場場長。李春茂在人民共和國成立後任甘肅省公安廳一處秘書科科長、畜牧廳牧區處處長，「文革」中下放幹校審查，「文革」後平反，任省林業廳副廳級巡視員。王星文在人民共和國成立初期任新疆公安廳治安處副處長。趙秀、張志剛、楊超等人，1949 年後都被逮捕判刑。

陝甘寧邊區的武裝力量，除了游擊隊和武工隊這些便衣以外，還有穿軍裝的保安團呢！

保安團人馬齊整，在南線阻擊胡宗南大軍七天，掩護野戰軍主力轉移，一直盯着敵軍進了延安城。這以後，保安團就變成延屬軍分區的延安游擊支隊，在延安周圍游擊作戰。游擊隊越打越多，後來就整編成警備四旅。旅長郭寶山、政委李宗貴、副旅長白壽康、副政委劉鎮，參謀長夏飛，原延安市公安局局長郝蘇任保衛科科長。邊區保安司令部改編為警三旅，旅長賀晉年，政委王世泰。

警四旅成立後，首要任務是掃蕩黃龍山區的「寨子」。陝北地區古來征戰不休，地方豪強修建乾打壘土城牆自保。這些「土圍子」不大，卻十分招人討厭。毛澤東批評鬧獨立性的幹部，大的叫「獨立王國」，小的就叫「土圍子」。共產黨統治邊區十年都沒能去除這些背上芒刺，現在撕破面皮打內戰就要放手拔除了。首攻「套套寨」，沒有大炮只得採用三國演義的火燒城門。二攻列石寨，挖坑道爆破寨牆。三攻陽泉寨，五丈五雲梯攻上高牆。三仗打開三個土圍子，中共西北局通令表揚，警四旅英雄事蹟編入了小學課本。

「土八路」聲威大振，參加西安扶風戰役，提升為主力部隊。陝甘寧晉綏聯防軍的警一旅改編為十師，警三旅改編為十一師，警四旅改編為十二師，三個師組建為西北野戰軍二兵團第四軍。大軍西進，二兵團參加富民戰役、蘭州戰役，十二師主攻勾瓦山工事。十二師保衛科科長郝蘇升任二兵團保衛部副部長，進蘭州後與組織部部長朱培屏等人籌建甘肅軍區，後來又兼任甘肅軍區保衛部部長。地方公安幹部出身的郝蘇，就這樣成了一名軍人。

在中國人民解放軍的主力部隊之中，這支誕生於解放戰爭期間的部隊不算老資格，起家的本錢卻是光榮的延安游擊隊！

1948 年 4 月 22 日，中共收復延安。重回駐地的周興，眼前已是一片殘破。立即在全城實行軍事管制，集中管理殘留城中的特務、警察、散兵遊勇，將城中的災民送回老家安置。正式逮捕的人只有一個——邊保的叛徒韓繼恩。

延安市公安局迅速恢復工作，局長郝蘇參軍了，副局長康世昌升任局長，梁濟任副局長。延安市局向來有大量外來幹部，現在的班子卻由本地幹部組成。這是因為，中共的地盤開始向外擴張，那些外來幹部多被調往外地接收自己的老家，新的地盤也需要熟悉情況的本地幹部接管呢！

毛澤東可是忙得顧不上回延安慶祝，東渡黃河，出華北指揮全國反攻。毛大帥麾下，有多少延安這樣的游擊隊，有多少警四旅這樣的警備旅，又有多少陝甘寧晉綏軍區這樣的「土八路」！

「土」的時候都能以弱勝強，「洋」起來豈不所向無敵？

轉入戰略反攻的時候，中共大軍已經如虎添翼。從國民黨部隊奪來的美式裝備，給解放軍這隻猛虎插上一隻翅膀；自創的先進有效的情報工作，又給解放軍這隻猛虎插上了另一隻翅膀。

決戰！一場決定中國命運的大規模戰爭即將開始，中國的秘密戰也將進入新的境界。

1948 年 4 月 22 日，中共收復延安。照片中尖頂建築為邊保大門。

主要資料

黃友群：前安全部副局級幹部，1995 年 3 月 1 日採訪。黃友群的丈夫嚴夫負責偵破合水縣警衛隊暴動案件，黃友群負責記錄。

秦平：前石油部機關黨委副書記兼保衛部部長，1994 年 9 月 20 日採訪。先後兩次淳化事件，國共雙方都指責對方生事。秦平承認這第二次是保安分處「捅下亂子」。秦平還坦率地承認關中分區在戰前處死一批人埋在溝裏，處長感歎：這地方將來要出石油了！

呂璜：《1944 年至 1945 年綏德保安分處外勤工作回憶片斷》。呂璜詳細描述布魯爭取苗樂山的經過。苗樂山在人民共和國成立後任幹部。

李啟明：前雲南省委常務書記，1995 年 10 月 18 日、1997 年 9 月 9 日、

2001 年 4 月 6 日採訪。李啟明強調，延安獲得胡宗南進攻的戰略情報，有不止一條線索。劉伍情報組在戰前由邊保派往敵區潛伏，楊鋒組則是與上級失去聯繫後自行前往。對於這兩個組的被破壞，採訪的對象有不同的說法，有人說有叛徒出賣。但整體而言還是一個英勇犧牲的事例。毛澤東批評錯殺王實味，李啟明認為李克農是代人受過。李啟明親自參加了義合會議，認為當時對邊保和周興的批評都過分了，而且影響了邊保的情報工作。

陝甘寧邊區保安處：《外勤會議總結》，周興自存檔案。這份寫於 1946 年的總結，反映這個階段邊保的情報工作取得飛速發展。

羅青長：前中央調查部部長，2001 年 11 月 27 日採訪。羅青長向作者親述「兩個主任介紹一個主任入黨」的趣聞。關於日本投降後中央特派李士英聯繫蘇聯的事情，羅青長此前還沒有對外講過。

金城：《延安交際處回憶錄》，中國青年出版社。交際處處長金城的回憶，詳細記述應對國民黨駐延安聯絡參謀的經過。

黃彬：前國家安全部副局長，1995 年 3 月 1 日採訪。邊保竊取密碼的經過是個秘密，作者到處尋訪未果。黃彬聽了一拍大腿：那密碼就是我抄的！還介紹作者去找劉堅夫等人。

劉堅夫：前北京市副市長兼公安局局長，1998 年 3 月 4 日採訪。延安時期劉堅夫曾在中央、軍隊、邊區三個保衛機關工作，解放戰爭任中央警衛科科長，人民共和國成立後任公安部政治保衛局局長、北京市公安局局長，經手多起重大案件。

楊黃霖：前國家輕工部塑料局局長，2005 年 4 月 19 日採訪。楊黃霖親歷竊取密碼的工作，卻一直嚴格保密，甚至在有關部門徵集歷史資料時也沒有說。直到本書首版披露這段隱秘之後，才向作者詳述經過。

金沖及主編：《周恩來傳》，人民出版社、中央文獻出版社。此書詳細記敘國共談判的前後經過，包括中共中央如何判斷蔣介石邀請毛澤東去重慶的意圖，周恩來在重慶談判期間如何保衛毛澤東，如何處理李少石被槍擊案件，如何在談判中密取對方信息。

龍雲：《抗戰前後我的幾點記憶》，《滇軍出滇抗戰記》，雲南人民出版社。

楊肇驤：《一九四六年越南海防中法軍事衝突內幕》，雲南史資料選輯第1輯。

王雲：前全國婦女聯合會書記處書記，2005年6月15日採訪。這次與蘇聯談判的使命絕對保密，李士英行前沒有告訴夫人王雲。李士英行動能力很強，槍法極準，曾在特科親手鏟除叛徒。後任華東社會部部長，上海市首任公安局局長。

孫宇亭：《「盜竊中央檔案館核心機密」案真相》，《歷史瞬間》，群眾出版社。「文化大革命」中，造反派給曾山扣上通敵帽子。公安部幹部孫宇亭到中央檔案館查對事實，幫助曾山洗清罪名。但是，奉命而行的孫宇亭又被誣陷為盜竊機密。公安部副部長嚴佑民挺身而出承擔責任，被長期關押。

《張執一文集》：本書逐日記載華中局關於接管上海的部署過程。張執一潛入上海後，發現黨的力量不足以控制局面，建議暫時不在上海搞武裝起義。

《劉少奇傳》：重慶談判期間，劉少奇代理中共中央的領導。本書詳述劉少奇主持搶佔東北的決策和部署。

羅青長：《懷念戰友閻又文同志》，《北京日報》1997年7月10日。羅青長這篇文章首次公開閻又文的秘密共產黨員身份。

閻頤蘭：國務院文化部辦公廳幹部，2005年6月18日採訪。人民共和國成立後閻又文一直以起義將領身份出現，1958年履行加入共產黨的手續，直到1962年去世也沒有暴露以前的秘密共產黨員身份，甚至沒有告訴家人。「文革」中閻又文被打成反動軍閥，家屬受到牽連，「文革」後還被公開出版物描寫為反動人物。直到1992年偶遇王玉，家屬才得知閻又文的歷史真相。擅長外出聯絡的王玉，人民共和國成立後任外交部信使隊隊長。

張夢實：前國際關係學院教務長，2007年4月9日採訪。身為「滿洲國」總理大臣張景惠的長子，張夢實大義滅親。蘇聯軍隊進軍東北，張夢實帶隊抓捕了「滿洲國」高官。

薛鈺：《周恩來與黨的隱蔽戰線》，《中共黨史研究》。此文記敘沈安娜如何潛入國民黨機關為中共提供情報。

《習仲勛傳》：習仲勛在陝甘寧邊區做了大量統戰工作，本書詳述習仲勛策動橫山起義的經過。

王定南：《高樹勛將軍起義前後》。王定南長期在 129 師從事統戰和情報工作，具體負責高樹勛部的起義聯絡。

于桑：前公安部副部長，1994 年 5 月 4 日採訪。于桑在關中前線負責情報工作，手中掌握多條線索。

王詩吟、許發宏：《西安軍事情報組紀事》，陝西人民出版社。遵照周恩來的指示，陝西工委書記趙伯平和三十八軍工委書記蒙定軍，指派楊蔭東打入胡宗南的補給司令部，在西北解放戰爭期間提供重要情報。

熊向暉：《我的外交與情報生涯》，中共中央黨校出版社。熊向暉詳細記述自己潛入胡宗南身邊從事情報工作的經歷。

郝蘇：前中國人民解放軍總政治部保衛部部長，1985 年採訪。作為延安市公安局局長，郝蘇組織延安市民撤退，親自處理延安西區游擊隊的叛徒事件。有個土圍子攻打不下來，還是郝蘇組織家屬喊話勸其投誠。

蔡誠：前司法部部長，2000 年 11 月 16 日採訪。延安撤退時蔡誠任趙蒼璧的秘書，親手掩埋檔案，又參與延安游擊戰。

鄧國忠：前陝西省副省長，1995 年 9 月採訪。延安撤退時鄧國忠任邊保辦公室主任，了解一時出現的混亂情況，也了解韓繼恩叛變的情況。

楊作義：前陝西省司法廳副廳長，1995 年 9 月採訪。楊作義接替朱桂芳，帶領邊保家屬隊轉移到山西。

惠玉秀：前公安部副局級幹部，1995 年 2 月 16 日採訪。趙蒼璧是個勤勤懇懇的幹部，無論戰爭年代還是建設年代，總是忙得顧不上家，惠玉秀又要工作又要帶大九個孩子。那個不打麻藥開刀的大兒子，後任成都市檢察長。

王穎強：前鐵路總醫院顧問，2013 年採訪。王穎強這個上過戰爭幼兒園的孩子，就是著名的女電影導演王君政。

伊里：前陝西省公安廳廳長，1995 年 9 月 13 日採訪。蘇平當時累得恍惚，連指路的邊保熟人伊里都認不出來了，以為是中央警衛團出來警戒的幹部。

梁濟：前上海海運局副局長兼公安局局長，2000 年 10 月 26 日採訪。梁濟負責押送邊保的數十名犯人轉移。還了解韓繼恩叛變之後邊保處理的情況。

凌雲：《王實味的最後五十個月》，《王實味冤案平反紀實》，群眾出版社。凌雲參與王實味專案的審查工作，認為晉綏公安總局的請示得到康生「口頭批准」。

黃昌勇：《楚漢狂人王實味》，《作家文摘》。黃昌勇曾撰寫《王實味傳》，此文認為處死王實味由晉綏公安總局向中社部請示。

戴晴：《王實味與野百合花》，《現代中國知識分子群》，江蘇文藝出版社。戴晴認為，李克農不遠千里將王實味從延安押到晉綏不可能輕率地下令殺掉，命令只能出自賀龍。戴晴還説賀龍曾在李克農檢討時主動承擔責任。

中共中央西北局：《關於目前肅反鬥爭方針的指示》，周興自存檔案。這個文件，主要批評陝甘寧邊區在自衛戰爭初期出現的右傾情況，對於殺人的規定比以往大有放寬。

中共中央西北局：《關於糾正錯誤處決人犯的指示》，周興自存檔案。這個文件，重點糾正陝甘寧邊區在自衛戰爭中殺人過多的情況。

陝甘寧邊區政府保安處：《關於一九四七年戰爭中邊區殺人問題總結報告》，周興自存檔案。一年之後，邊保專門就殺人問題做出總結，可見保衛機關對這個問題並未掉以輕心。

楊玉英主編：《懷念周興》，群眾出版社。周興對這次義合會議一直耿耿於懷，保留了許多相關文件。

郭蘇平：前北京市朝陽區聯社副主任，1998 年 11 月 3 日採訪。郭蘇平曾在秧歌劇《陳家福回家》中飾演陳妻，郝蘇是陳家福在游擊隊的領導。

陝甘寧邊區保安處：《游擊隊概況》，周興自存檔案。周興時任西北局社會部部長，兼任邊保處長、衛戍司令部副司令，是邊區游擊戰爭的負責人。1947 年 7 月的文件記載當時開展游擊戰爭的情況。

杭尚增：前陝西省高級人民法院副院長，1995 年 9 月採訪。杭尚增在延安游擊戰爭中貢獻突出，戰後受到大會表彰。

《正確運用寬大政策罪大惡極從嚴懲辦》，周興自存檔案。這份文件記錄當時邊區出現的叛變現象。

吳南山：《解放戰爭初期的慶陽統戰工作委員會》，蘭州市公安局公安史資料選編第 7 期。吳南山親自撰寫的回憶文章，對於自己在自衛戰爭期間的功勞敘述得比較簡略。還是李甫山講述的吳南山事蹟更為生動。

吳南山：《我的出路——一個曾被蔣特陷害的青年的自述》，《解放日報》民國三十六年二月七日第二版。這篇文章公開發表，有力地揭露了國民黨一貫破壞邊區的反共本質，同時也暴露了吳南山的身份，給吳帶來很大危險。

李文吉、馬如耀：《隱蔽戰線上的殲滅戰——四十年代初期陝甘寧邊區肅特鬥爭散記》，蘭州市公安局公安史資料選輯。軍統漢中特訓班的成員多數被邊保反用，但是戰爭來臨，各人就有不同的選擇，因而又有不同的下場。

夏飛：前總參謀部二部武官，2000 年 3 月 11 日採訪。夏飛在病房裏詳述從延安游擊隊到西北野戰軍主力的戰鬥過程。保安團參謀長夏飛指揮過多次戰鬥，人民共和國成立後任駐外武官。

西北局社會部：《延安市恢復工作中清理敵偽人員的總結》，周興自存檔案。這份發於 1948 年 11 月的文件，翔實記敘中共收復時延安的社會情況。

第十一章

大策反

——秘密鬥爭的至高境界

1946年到1949年這三年間，中國大地風雲變幻：先是蔣介石把毛澤東趕出延安，後是毛澤東把蔣介石趕出大陸。回顧這場中國歷史上最浩大的戰爭，人們感歎：毛澤東用兵真如神！

可毛澤東畢竟是人而不是神；用兵如神，畢竟是一種比喻；靠比喻，畢竟不能洞悉毛澤東善於用兵的內情。《孫子兵法》云：「知己知彼者，百戰不殆。」毛澤東改為：「知己知彼，百戰百勝。」毛澤東重視的「知己」，包括保衛工作；「知彼」，那就要靠情報工作。

周恩來用諜亦如神！

黃土高原上演電子對抗

毛澤東撤離延安，卻不肯離開陝北，說是要在黃土高原釣魚，用自己這塊臭肉，調動蔣介石的戰略預備隊。這正合老蔣心意，奇襲延安就是要掏心斬首，吃掉中共的最高首腦機關，畢其功於一役！

兩家想到一起，胡宗南的二十三萬大軍，整日在陝北的山溝裏面搜剿毛澤東。

毛澤東也知道自己走的是一招險棋，必須有必要的保險措施。撤出延安之後，中共中央在棗林溝開會決定一分為三：毛澤東、周恩來、任弼時組成中央前方委員會，轉戰陝北，指揮全國戰事；劉少奇、朱德、董必武組成中央工作委員會，轉移晉察冀解放區的河北平山，領導土改和根據地建設；葉劍英、楊尚昆、李維漢、李克農等組成中央後方委員會，到晉綏解放區的山西臨縣負責後勤工作；三線佈置，損失一線還有一線。毛澤東還特意佈置兩個蘇聯醫生轉移後方，以免人家説洋人參加中國內戰。

前委是一線，深陷敵後，風險最大，當然要配備一支警衛部隊。説是一個團，其實就是一個手槍連、兩個步兵連、一個騎兵連。四個連的小小兵力就能保護最高統帥部？就是這支太小的兵力，毛澤東還要試試身手，走着走着，毛澤東不走了，説是要看看敵人什麼樣子！

這可急壞了保衛幹部。中社部一室主任羅青長、二室主任汪東興隨前委活動，分別負責情報、保衛工作，現在用上了，羅青長騎馬去追回部隊，保護毛主席看敵人。縱隊司令任弼時想了個點子——派汪東興代主席看敵人。

汪東興帶領一個加強排，在賀家疙台、王家灣一線梯次據守，冒着敵機轟炸，硬是把胡宗南的大部隊阻擋十二小時！毛澤東這才高興了，摸到了敵軍戰鬥力的底牌。汪東興從此留在毛澤東身邊工作，而且一留就留了一輩子，直到毛澤東去世，汪東興一直負責中共中央和毛澤東的警衛工作。這敢打仗，或許是毛澤東欣賞汪東興的原因之一。

毛澤東不怕兵力太小，毛澤東只怕兵力太大。前委轉戰陝北，不是乞丐與龍王比寶，而是老鼠與大象鬥智，就是要縮小目標，就是要讓胡宗南聞得到而抓不到！

連機關帶部隊不足千人的中央前委，一律輕裝，指揮機關、軍委二局、三局、新華社編成四個大隊，化名九支隊。領導幹部也一律化名：軍委主席毛澤東化名李得勝，總參謀長周恩來化名胡必成，九支隊司令員任弼時化名史林，九支隊政委陸定一化名鄭位。這支精幹的隊伍，隨便找到一個小山村都能隱蔽起來。

九支隊撤到王家灣，中社部的慕丰韻立即找農民座談，了解小村的階級、社會、生產、生活、群眾對戰爭的看法。毛澤東看了報告，當即決定在九支隊司令部新設一個調查科，慕丰韻任科長。這麼小的支隊還增編一個科，毛澤東太喜歡調查研究了。

1947 年，在轉戰陝北途中，毛澤東（前右一）通過情報對國民黨軍隊的動向了如指掌。

帶着小部隊，住進小村莊，毛澤東有個世界上最小的指揮部。毛澤東在這個貧瘠的小村住了兩個月，在這裏的窯洞寫了《關於西北戰場的作戰方針》。以小博大，外人看來是場豪賭，勝率不高。毛澤東卻是胸有成竹：知己知彼啊！

這場貓捉老鼠的遊戲，始終是一明一暗：九支隊走到哪裏，胡宗南不知道；胡宗南的部隊跟到哪裏，毛澤東知道。毛大帥身邊有秘密電台，逐日收到胡宗南部隊的調動電報！

就在中央機關撤離延安的前夜，千忙萬忙之中，中共中央做出一個令人驚異的決定：負責國統區工作的中央城市工作部與負責情報工作的中央社會部成立一個聯合秘書處，由周恩來領導。城工部秘書長童小鵬任秘書處處長、社會部秘書長羅青長任秘書處副處長，從中央機要處撥一個譯電科，從軍委三局撥兩部電台，統歸秘書處指揮。周恩來是中央書記處書記、中央城工部部長、中央軍委副主席兼總參謀長，堪稱工作最忙的人。這個最忙的人卻要一手抓作戰，一手抓電台？不！應該説是一手抓軍事作戰，一手抓情報作戰！

童小鵬帶來國統區、海外、南洋黨組織的電台呼號，羅青長帶來西安、北平、蘭州、瀋陽四個敵後情報電台的呼號。兩密台每日收到來自國民黨內部的秘密情報，周恩來又及時轉發解放軍各野戰軍。

無線電聯絡也是雙刃劍，既可獲得敵方情報，也可泄露己方秘密。熊向暉從西安密報，胡宗南部隊配備了先進的美國無線電測向設備，專門捕捉中共無線電信號，企圖藉此找到中共首腦機關的位置。

周恩來親自為軍事首腦機關策劃電訊聯絡方案。撤出延安，周恩來命令總部電台停止發報三天。又致電各野戰軍，在作戰前及作戰中均不用無線電傳達，或將司令部原屬之大電台移開改用小電台，轉拍至大電台代轉，以迷惑敵人。這也是電子對抗呢！胡宗南一直不能判定中共最高首腦機關的去向，一會兒說向北，一會兒說過了黃河，大軍追不上，飛機炸不着。

胡宗南進佔延安後急於同解放軍主力決戰，可是情報不靈，揮舞着拳頭卻找不到對手，只得憑主觀判斷，派遣主力向安塞方向尋戰。共產黨的西北野戰軍卻躲在暗處，司令員彭德懷、政委習仲勛憑藉可靠的情報，始終掌握胡宗南部隊的動向，尋找空隙。

右翼掩護的三十一旅相對孤立，被彭德懷抓住，青化砭一戰活捉旅長李紀雲。佔領延安才六天的胡宗南，對這次失敗很不服氣，立即派兵追擊。毛澤東設計了一個「蘑菇戰術」，讓彭德懷避免作戰，牽着國民黨軍在山溝裏面轉磨，消耗敵軍鋭氣。

又是一次情報戰果。軍委二局的偵聽電台截獲國民黨軍動向，瓦窯堡一戰全殲國民黨軍一三五旅。

周恩來又放出假情報，蔣介石判斷共產黨總部在綏德，命令胡宗南向東北進擊。其實，毛澤東隱身在四百多公里以外的王家灣，在這個安靜的小山村指揮遠方的戰事。

胡宗南的主力部隊在綏德空跑，有如「武裝大遊行」；西北野戰軍主力抄敵後路，把胡宗南的後方補給站蟠龍給端了！

撤出延安 40 天，解放軍就打了三個大勝仗。周恩來突然在延安門口的真武洞露面，在祝捷大會上公開發言。

胡宗南又被釣上了，又往真武洞方向追擊。大軍距離毛澤東隱身的王家灣只有五里路，這晚大雨，九支隊與敵軍居然走到一起！九支隊在山樑上行軍，不敢出聲；敵軍在山溝裏行軍，人喊馬叫；天亮時分，九支隊方才脱出險境。

連續多日，九支隊始終處於敵軍火力控制範圍之內。人不解衣，馬不卸鞍，頭上還頂着飛機。可是，敵軍就是沒能發現毛澤東！長征期間時常坐擔架的毛澤東，如今年齡長了十歲，身心卻更加強健，沒有坐過一次擔架。軍情緊急，毛澤東還要副參謀長汪東興帶着一個連深入敵軍後方，在延安、安塞地區打游擊，汪東興率隊打了三十四天，才回到毛澤東身邊匯報。

毛澤東平安轉移到小河村。前線大將彭德懷、習仲勛、賀龍、王震、陳賡，匯聚到一個涼棚底下，召開了部署戰略反攻的重要會議。

指揮全國大戰的蔣介石，沒有絲毫放鬆情報戰爭。軍統從美國進口大批先進的無線電測向裝備，在北平偵破中共秘密電台。又順藤摸瓜，偵破西安密台。橫跨西北、華北、東北的王石堅情報系統被破獲，一百多地下黨員被捕。

得知消息的周恩來，立即在小河口召集機要會議。周恩來與軍委二局局長戴鏡元、軍委三局局長王諍、中央機要處處長李質忠、秘書處處長童小鵬、副處長羅青長，一起討論二十多天，研究如何對付國民黨的空中檢測、地下破壞、密碼破譯。

周恩來説，這種機要戰線上的鬥爭，是政治與技術結合的鬥爭。我們在技術上落後於國民黨，但是我們可以學習，可以進步，總有一天能趕上他們；但在政治上，我們是先進的，我們的人員有高度的政治覺悟，有嚴格的制度，這是他們永遠也趕不上的。他們雖然有技術，但政治上是腐朽的，官僚主義，官官相護，上下相欺，制度不執行，有許多漏洞我們可以利用。只要我們加強政治思想工作，嚴格執行制度，又注意技術進步，就一定能戰勝他們。

這個重要的機要會議，整頓了中共的無線電通信制度，保障了敵後電台的安全，保障了前線電台的隱秘，也確定了政治與技術結合的工作方針。

按照周恩來的規定，機要人員要始終跟隨在首長身邊，電台要提前到達駐地溝通聯絡，機要科和電台都要二十四小時值班，電報隨收隨譯隨送，絕不耽誤。行軍作戰中，收報譯好立即送周恩來，凡屬十萬火急以上等級的電報，睡了也要叫醒。毛澤東經常徹夜不眠。每天睡前，總是先到機要科看看有沒有電報。一覺醒來，第一句話也是讓葉子龍去機要科取電報。

最高首腦親自部署電子戰，這在世界情報史上非常罕見。

帥旗飄飄。毛大帥在陝北牽制老蔣的戰略預備大軍，毫髮無傷；騰出自己的主力部隊，劉鄧、陳粟、陳謝三路挺進中原。

護衛帥旗，秘密戰線功不可沒。

誰先收到胡宗南的作戰電報？

延安的保衛系統，多年來致力於保衛中央、保衛邊區，基本屬於內衛性質。解放戰爭開始，內衛工作上升為自衛戰爭，這標誌保衛工作進入激化狀態。

情報保衛部門本來就是一把寶劍，和平時期寶劍在匣中嘶鳴，打仗就是利劍出鞘！延安的情報保衛幹部個個興奮，恨不得手刃強敵。可是，即便在戰時，情報保衛戰線的主要職能也並非上陣殺敵。刀對刀，槍對槍，那是正規軍的特長。情報、保衛幹部的看家本事，還是開展情報偵察工作。

陝甘寧邊區的情報工作，也把工作重點轉移到軍事鬥爭上。1947 年年底召開的西北局義合會議使情報工作一度收縮停頓，1948 年 9 月，西北局又發出關於加強情報工作的指示，邊保立即大力恢復和發展情報工作。

綏德分區恢復了榆林的工作，同時向東勝札旗王府發展，並繼續對綏包工作。三邊分區向寧夏的敵軍戰略二線城市發展。隴東全力向甘肅的二線戰略城市蘭州、天水、平涼、西峰開闢。關中分區將敵中心城市西安作為戰略重點，同時對漢中線、川陝路開闢工作。黃龍分區首先在蒲城、富平、朝邑、大荔等附近地區開展工作，相機向潼關、西安、陝南開闢。府西分區開闢分州、長武、寶雞地區的工作，並向漢中、天水、川陝路發展。

這是兩種同心圓。1937 年進入延安設置重重防禦，一圈一圈向心收縮。1948 年放棄延安卻轉向進攻，情報部署一層一層向外放射。中共情報工作確定了進攻性戰略，正在構建大情報格局。

西北野戰軍只有三萬兵力，與胡宗南的二十三萬大軍硬拚還缺乏本錢。增加本錢的途徑，一是靠陝北的老百姓擁護共產黨，二是靠情報工作掌握敵軍動向。榆林方向爭奪激烈，攻打鎮川城原計劃內線能帶領一個連起義，裏應外合打開城門。可是發起攻擊後，那城門卻始終牢牢地關着，不少戰士倒在堅城之下。蒙受無謂犧牲，彭老總發了一頓脾氣。邊保幹部也更加慎重，搞軍事策反工作並不容易！

邊保各部門，扎扎實實地在敵營內部建立內線力量。胡宗南聯勤系統的內線劉布穀購置了一部電台，內線郝登閣當了縣長也有電台，可是，邊保這裏卻沒有報務員可派。隴東發展了西北長官公署二處鎮原潛伏台台長劉丕清，可是，邊保電台的功率太小沒有聯絡上。正在周興為電台焦慮的時候，胡宗南內部有電台人員上門了。

胡宗南委託自己的機要室主任王微，為自己的部隊培訓一批可靠的無線電通信人員。年僅十五歲的呂出畢業後被分配到第三十四集團軍電台，非但沒有上前線抗日，反而整日抄收共產黨的新華社廣播獲取情報。由於這個工作機會，呂出反而了解了共產黨的主張，對國民黨越來越反感。1945 年 8 月，呂出在第十一戰區隨副長官高樹勛起義。晉冀魯豫軍區敵工科副科長盛北光佈置呂出打入西安國民黨部隊。

呂出於 1947 年 6 月回到西安，憑藉西安通信軍官訓練班的同學關係，進入胡宗南總部通信營。在這裏，呂出又發展薛浩然、徐學章、李福泳、高健、王冠洲、趙繼勛等七人，組成秘密情報小組。可是，呂出原來所屬的晉冀魯豫部隊已經挺進大別山，無法與盛北光建立聯繫。

軍情緊急，邊保也急於在敵內建立情報關係。韓城保安科科長高步林派高勉齋到西安，找到同鄉高孟吉，了解了呂出小組的情況。1948 年 10 月，呂出和薛浩然藉口出差潛往邊區，與晉南公安總局駐陝情報站取得聯繫，又轉歸邊保領導。

呂出情報組就是邊保的情報聚寶盆。僅一次輸送就有：先進的英式小型特工收發報機各一部；綏署二處密碼本兩套；綏署二處機構設置、各級負責人簡歷；綏署二處在邊區周圍十個情報組、電台的負責人名單、地址；胡宗南總部機要室的人員情況和工作制度；總部通信四團以及各軍、師電台的編制情況和呼號、波長、聯絡時間；西北國民黨軍隊通信用暗語、密碼；胡宗南所部各師代號；西安黨、政、軍、特首腦姓名、地址、內部電話號碼；胡宗南總部機要室特工訓練班派遣人員的姓名、代號；西安市區地圖、城防工事圖；胡宗南新組建戰略機動兵團裴昌會第五兵團情況；胡宗南部六個軍的駐地、裝備、士氣情況；國防部西安電訊監測總台的內部組織及對西北解放軍電台偵察情況；國民黨部隊內部軍心渙散情況；胡宗南與陝西省省長祝紹周內鬥情況。

西北野戰軍總部和陝甘寧邊區保安處對面的敵人，已經無密可言！

邊保專門建立一座情報電台，由長征時期的報務人員周世朝任台長，以常見的《總理遺囑》和《分省地圖》作為加碼表的密本。1949 年 2 月，胡宗南總部電台的李福泳首先聯通；接着，特工電台薛浩然聯通；3 月 19 日，裴昌會第五兵團電台呂出、徐學章、王冠洲聯通。國民黨軍隊的三部機要電台，直接與延安聯絡。國民黨在西安的監測電台有六十多部，卻始終沒有懷疑自己電台發出的電波。

三台每晚收發電報兩三份，每當遇到重要的作戰電報，就特意將國民黨部隊電台的聯絡時間推遲六小時，卻提前兩至四小時發給邊保。邊保情報科張繼祖每晚守在電台，電報收到譯出後，直送彭德懷司令員和習仲勛書記各一份。

彭德懷和習仲勛拿到胡宗南的作戰命令，比國民黨的軍長師長還早！

扶眉戰役敵眾我寡，呂出提前兩周就把胡宗南部署通報邊保，呂出電台還故意延誤胡宗南部隊和馬鴻逵部隊的通信，解放軍乘機從胡、馬兩軍的結合部穿過懸崖深溝，夜行一百五十里包抄後路，解放軍以劣勢殲敵四萬三千多人。馬家軍退回甘肅，解放軍乘勝追擊，連克寶雞、蘭州。

秦嶺戰役，胡宗南見西北野戰軍主力進軍甘肅，又企圖反攻寶雞。這個計劃又被密台報告邊保，解放軍兩個師提前隱蔽在秦嶺的深山密林之中，裴昌會兵團正中埋伏，一天被殲滅一萬三千人。

九個多月，呂出等三個密台發出情報六百多份。1949 年 7 月 20 日，從未謀面的張繼祖、袁心湖擔任介紹人，李啟明、習仲勛簽字批准，入黨的消息從電波傳到敵營，兩個電台通過空中握手相慶，新黨員通過空中向黨宣誓。

除了呂出情報組以外，邊保還有幾個重要的情報組織打入敵軍內部。多渠道情報互相印證，保證了軍事情報的高質量。共產黨雖然在武器裝備上處於劣勢，情報工作卻遠遠勝出對手。

情報工作最成功的時期

戰爭勝負尚未見出分曉，國民黨已經頻頻失着，這其實是國共兩黨同時調整情報工作的結果。

就在民主黨派紛紛譴責國民黨搞特務統治的時候，軍統局局長戴笠於 1946 年 3 月 16 日因飛機失事摔死。建立在個人統率之下的軍統元氣大傷，縮編改名。這國防部保密局由毛人鳳任局長，權限和效能都顯著下降。

中共中央部署，各大單位設立社會部、國軍工作部、城市工作部、情報處。中央將中央社會部兼中央情報部的部長康生調去搞土改，由副部長李克農負責工作，劉少文、譚政文、陳剛任副部長。

李克農是中共最好的情報專家，不但能夠親自行動直接獲取情報，而且具有戰略眼光，擅長組織運籌。李克農上台，立即將中共的情報力量部署到全國各戰略區。

華北地區的中心城市北平、天津等地戰略地位十分重要，李克農在北平軍調部工作期間，親自批准在國民黨第十一戰區長官司令部中發展一批情報力量，少將作戰處處長謝士炎、少將軍法處副處長丁行、少校參謀石淳、代理作戰科科長朱建國、空軍第二軍區司令部參謀趙良璋等人，可以獲取華北敵軍的重要軍事情報。

東北是國共必爭的戰略高地，中央社會部派遣汪金祥、鄒大鵬任東北局社會部第一、第二部長。並在東北保安司令部長官部中發展一個內線。這個掌管機要室的趙煒，為東北局社會部提供了東北國民黨軍隊的重要機密。趙煒暴露後，又有王紹文繼續。

南京、上海地域是國民黨的心臟地帶，原南方局的工作由上海中央局接替。劉曉、劉長勝負責，錢瑛帶來了南方各地的情報關係，張執一組建策反委員會。

吳克堅攜帶電台潛伏上海。1930 年任特科秘書的吳克堅，曾在重慶領導南方局系統的情報工作，1946 年重回上海重打爐灶，很快在敵營深處打開局面。國民黨的高端要害全部滲透，中央黨部有沈安娜，聯勤總部有王黎夫，國防部作戰廳有郭汝瑰，蔣介石侍從室有段伯宇，軍令部、軍政部和各戰區司令部都有共產黨的人。

決戰到來之際，毛澤東指揮三大戰役的指揮部設在小山村西柏坡。不遠的東黃泥，設有現代化的蘇式、美式無線電台。中央情報部部長李克農從這裏撒出的情報網，鋪滿遙遠的廣闊戰場。

京滬地帶的情報組，不斷獲取國民黨中央的最高軍事戰略情報。

東北的遼瀋戰役最先打響，中共情報員潛伏於國民黨東北剿匪總司令部、廖耀湘兵團司令部作戰處，開打之前已經搞到整套情報。戰役進程中又設計將國民黨的先頭部隊趕入虎口。林彪指揮部甚至有東北剿總司令衛立煌的親批原件！

淮海戰役難度極大，解放軍劉鄧和陳粟兩支大軍也沒有當面的國民黨部隊多。潘漢年系統報來《徐州剿總情況》，吳克堅系統報來《國防部對淮海戰役估計》《徐（州）蚌（埠）會戰的國軍部署》。

情報為決戰服務！從戰略情報到戰術情報，從全局情報到局部情報，毛澤東要什麼情報，李克農就能提供什麼情報。中共的戰時情報工作，已經臻於藝術境界。

毛澤東説：解放戰爭的情報工作是最好的！

這一點，對手也看到了。清風店戰役失利，蔣介石在國防部的檢討報告上批示：「由此可以想到匪軍的情報工作。他們每次作戰前，對我軍的情況無不調查得十分清楚。然後針對我軍情形決定作戰計劃來打擊我們。我仔細研究，他們對我們的情況何以調查得如此清楚，固然有許多地方是我們自己泄露機密，而主要是匪軍情報工作做得徹底。匪軍有句口號，叫做敵情不明不打……」

「華北五烈士」

即使是情報工作最好的時期，也有失着。

蔣介石發動內戰，自持有美國撐腰。美國不但提供軍火，還進行情報支援。美國海軍和軍統合辦中美特種技術合作所，為軍統培訓高級特務。美國提供大批最先進的無線電測向車，幫助國民黨偵聽中共的秘密電台。

北平行轅的電檢科發現了一個可疑的電台信號，但是一直不能確定準確位置。軍統指派飛賊段雲鵬，登牆上房，挨戶夜查，在京兆東街24號發現密台！密台報務員李政宣違反紀律，保留電報底稿，又泄露了更多的密台和潛伏人員，還有橫向的關係。李政宣叛變，軍統順藤摸瓜，又逮捕了王石堅！

北平、西安、蘭州、瀋陽的秘密電台被破獲，一百多情報員被捕，只有趙煒等個別人逃脱。所幸在美國留學的陳忠經、熊向暉、申健沒有被軍統逮捕，在組織幫助下回到解放區。

一百多人被押解南京審訊，其中五個軍人由軍法處理。蔣介石親自下手令，丁行、謝士炎、石淳、朱建國、趙良璋五人，被處以槍決。

一個曾經卓有成效的情報系統遭到大破壞，李克農沉痛總結教訓，向中央做出檢討。周恩來立即調整部署，指示繼續偵察。

搞掉了共產黨在華北的情報組織，蔣介石決定放手一搏。

蔣介石一直試圖對毛澤東實施斬首行動，但胡宗南在陝北怎麼也沒有找到毛澤東的位置。直到毛澤東從陝北渡過黃河跨越太行山進入河北，軍統才發現了線索。

毛澤東住進城南莊，潛伏在晉察冀軍區司令部的特務悄悄下毒，幸虧警衛人員不讓毛澤東吃死魚，才逃過一劫。

國民黨又派飛機轟炸，毛澤東剛剛被架出小院，炸彈就從天而降！這是特務在地面撒玻璃渣，為空中指引目標。

兩次斬首都沒能成功，毛澤東移住西柏坡。蔣介石又出奇計，授意傅作義從北平派出一支快速部隊，對外號稱援救太原，實際奔襲石家莊。

此計相當高明。此時的西柏坡並無主力部隊保駕，就連中央警衛團都派出去打太原了。傅作義細心交待，在俘虜裏找手指熏黃的人，毛澤東癖好抽煙。

千里奔襲掏心奪帥，內戰將一舉勝利結束！沒料到西柏坡迅速反應。新華社電訊聲稱：得悉傅作義將進襲石家莊，號召解放區軍民殲敵。這使傅作義猶豫：奇襲是否改為強攻？

第二則新華社電訊詳細揭露敵軍進襲方案，號召解放區軍民誘敵深入，聚而殲之。傅作義怕的就是孤軍深入中了埋伏，部隊進展慢了。

新華社又發出第三則電訊：整個蔣介石的北方戰線，整個傅作義系統，大概只有幾個月就要完蛋，他們卻還在那裏做石家莊的夢！傅作義此時又得知，沿途有民兵攔截，華北解放軍主力三縱急行軍趕到，不得不撤銷奔襲計劃。

軍史家讚歎，毛澤東這次指揮有如空城計再現。其實，毛澤東的把握比諸葛亮大，有情報。

中共在北平的情報工作採用多重配置。

謝士炎等五人被捕，第十一戰區司令部召開大會，追查共諜！中尉書記劉光國在場聽訓，嚇得腿都發抖，自己就是共諜啊！幸虧敵人只是詐術，劉光國得以繼續潛伏。劉光國等人從孫連仲的第十一戰區轉到傅作義的第十二戰區，及時獲取傅作義偷襲石家莊和西柏坡的作戰計劃，迅速向上級甘陵匯報，這緊急情報速送華北社會部許建國和華北軍區聶榮臻司令員，轉至西柏坡。與此同時，華北城工部的地下黨員劉時平，也藉助軍隊的同鄉關係拿到情報。

西柏坡的中央軍委及時洞悉傅作義的偷襲計劃，周恩來調兵遣將，毛澤東寫文章揭露，豈有不勝之理。

王石堅系統被破壞之後，還有一些平行的情報組織依然在北方堅持。楊蔭東的軍事情報組獲得胡宗南宜川作戰計劃，經王超北電台上報。王超北在解放戰爭中偵獲大量軍事情報，中央獎勵 40 兩黃金。

公開戰爭沒有常勝將軍，秘密戰爭也是互有勝負。

1948 年春，中共在四川的地下組織又遭到大破壞。忠誠和背叛的故事撼人心魄，後來形成一部長篇小説《紅岩》。

要奮鬥就會有犧牲，無論是公開戰爭還是秘密戰爭。

老情報們説：解放戰爭是情報工作最好的時期，也是烈士最多的時期。

不戰而屈人之兵

毛澤東向來重視頂層設計，每當戰略轉換，總是提前給情報部門提出方針性要求。在決戰到來之際，毛澤東提出：「不僅要情報，還要力量。」

這就是説，不僅要用情報輔助作戰決策，還要讓對手陣前倒戈！

中共的軍隊向來重視政治工作，政治部門有個外軍少有的特別機構——聯絡。這行當幾易其名，破壞部——敵工部——國軍工作部——聯絡部。幾番改名，顯示工作方針的演變進程。

紅軍有個「破壞部」，專門破壞敵軍，發動兵變。搞階級鬥爭，「要兵不要官」，「中間派是最危險的敵人」。

紅軍長征到達陝北，面對兩支強敵——西北軍和東北軍。三軍混戰，三敗俱傷，對抗日不利，對老蔣有利。老蔣既要剿共，又想排除異己的雜牌軍。毛澤東的策略是三軍聯合，在西北形成割據局面。於是成立了一個中央聯絡局，專門負責對東北軍工作。毛澤東把「破壞部」改作「聯絡部」，既要兵又要官，爭取中間派。聯絡局局長李克農，潛行敵區，同東北少帥張學良密談聯合。

聯絡工作不是破壞對方，而是團結對方，統一戰線，共同對敵。不要小看這一個名頭的改變，從殺敵到化敵，化敵為友，這是一個重大的轉變。

在國民黨軍隊中交朋友？當年的血戰死敵，現在把酒言歡？紅軍將領一時難以適應，於是毛澤東親自抓點了。

西北軍主力 38 軍，1931 年就有中共的秘密黨組織，但工作卻是起起伏伏，主要是對上層統戰的方針不明確。毛澤東決定，中共 38 軍工委直接受中央領導，由毛澤東自己單線指揮。毛澤東具體指導范明等秘密黨員，不要急性和暴露。38 軍軍長趙壽山延安行，毛澤東親自接談，批准為特別黨員，還指示范明把秘密黨員的名單向趙壽山公開！

在毛澤東的親自指導下，38 軍工委成為「模範黨組織」，創造了「上層統戰工作的典範」。抗日戰爭時期，趙壽山始終配合八路軍保衛邊區，國內戰爭爆發，這支部隊率先起義！

把破壞性的諜戰轉化成聯絡式的統戰，毛澤東創造了新的秘密戰法。國軍中流行一句話：「天不怕，地不怕，就怕共產黨的挖心話。」抗日戰爭時期，這一個部門分為兩支，聯絡部做國民黨友軍工作，敵軍工作部做瓦解日偽軍的工作。到了國內戰爭時期，兩種工作合一了，叫做國軍工作部，後來又叫聯絡部。

英國記者貝特蘭要求毛澤東解釋紅軍的政治工作，毛澤東說，人民軍隊的政治工作有三大原則：「軍民一致、官兵一致、瓦解敵軍。」對於敵軍，不止是消滅，還要政治爭取；不是作為策略手段，而是上升到基本原則。這種原則，外國人聞所未聞，無疑是創新戰法。

這瓦解敵軍的任務由聯絡部門負責，也交給地方的統戰部門和其他部門，情報系統又增添一項「策反」的重任。

抗戰八年，蔣介石乘機剪除地方軍閥，把全國軍隊都納入國軍序列。終於成為全國全軍的統帥，老蔣忘乎所以放出大話：「三個月消滅共產黨！」

毛澤東卻知道，老蔣的麾下並非鐵板一塊。

一手打，一手拉。瓦解敵軍，策動起義，始終是解放戰爭之中的一項重要工作。中共中央成立王世英任部長的國軍工作部（後改名敵軍工作部）專職負責。參與這項工作的有軍隊的政治部門，黨的城工部、社會部，還有地方政權的保衞部門。

1945 年 10 月 30 日，劉伯承、鄧小平的晉冀魯豫軍區，策動國民黨第十一戰區副司令長官高樹勛率部一萬多人在前線起義，拉開了自衞戰爭中國民黨部隊起義的序幕。

12 月 15 日中共中央確定《一九四六年解放區的工作方針》:「一方面，由我軍對國民黨軍隊進行公開的廣大的政治宣傳和政治攻勢，以瓦解國民黨內戰軍的戰鬥意志，另一方面，須從國民黨軍內部去準備和組織起義，開展高樹勛運動，使大量國民黨軍隊在戰爭緊急關頭，仿照高樹勛榜樣，站到人民方面來。」

「高樹勛運動」效果奇大。

固若金湯的濟南城，只堅持了八天就被解放軍攻克。美國報紙驚呼：從此以後，解放軍要攻打什麼城市就能攻打什麼城市了。其實，導致這次戰役提前結束的重要原因是扼守要塞的吳化文軍陣前起義。

1947 年 2 月，萊蕪戰役膠着階段，國軍整編四十六師師長韓練成戰場失蹤，導致全線混亂。這位中將非但沒有受罰，反而因為曾經營救蔣介石而受到重用，先後任總統府參軍、蘭州保安司令。直到解放軍攻克蘭州，又變成解放軍一野副參謀長，原來是地下共產黨員。

淮海戰役最難打，敵我兵力相近，誰也難以吃掉誰。戰役膠着階段，國民黨第三綏靖區副司令長官張克俠、何基灃帶領兩個軍前線起義，撕破國民黨戰線。這張克俠於 1929 年加入共產黨，何基灃在 1938 年訪問延安時秘密入黨，兩個老黨員同在一個部隊卻互不知情，直到解放戰爭的關鍵時刻，才由中央決定啟用。

淮海戰役的兵力對比改變了，五十萬吃掉五十萬，這戰果連斯大林都吃驚。其實，數字不能這麼算。這陣前倒戈，不能只算減法，還要算加法——敵軍減掉的數字加到我軍身上了。有時甚至要算乘法，起義對軍心的影響難以估量！

策反的威力，比大炮還厲害。在東北戰場的各個階段，戰場起義都發揮了關鍵作用。

敵強我弱時期，1946 年 10 月潘朔端海城起義，震撼東北軍心。

敵我相持階段，1948 年 2 月王家善營口起義，改變兵力對比。

決戰之際，1948 年 11 月，曾澤生率六十軍在長春起義，推倒最後防線。

收官階段的瀋陽戰役，守城軍隊雖然沒有起義，卻放下武器停止抵抗。

其實，起義並不容易。一個以國民黨為正統的高級將領，轉向多年的剿匪對象，那要經歷痛苦的心路。

曾澤生所部被圍困於長春，糧食供應只能靠空投。這時，蔣介石給曾澤生空投了一封親筆信件，稱兄道弟。曾澤生感激地把領袖手跡裱糊起來——榮幸之至啊！沒多久，曾澤生又讓副官把卷軸燒了——不能給獨裁者殉葬！

中共對滇軍的工作，經歷了漫長的路程。1922 年，滇軍名將朱德離開舊部到德國參加了共產黨。大革命時期，一批共產黨員在滇軍中創立政治工作制度。1938 年中共在六十軍中建立黨支部，以後從未中斷。1946 年滇軍到達東北，中共中央特地指示成立滇軍工作委員會，「並非去瓦解其軍隊，而是在反蔣獨裁，爭取他們本身生存。」中央把地下黨員劉浩和祿時英夫婦從雲南調到延安，朱德、毛澤東、劉少奇親自交待策反任務。又把一批雲南籍黨員從延安派到東北，以同鄉關係做滇軍工作。

老蔣用權術駕馭人，朱德用情義挽救人，曾澤生在遼瀋戰役的關鍵時刻決定起義！

起義還有難題，解放軍要求六十軍對新七軍表示態度，可曾澤生不忍對昔日同袍動武。

還是毛澤東諒解人情，中央來電指示：「不要超過他們所能做的限度。」

消滅敵軍不如瓦解敵軍，瓦解敵軍要用化敵大法。

平津戰役，更是創造了三種制勝方式。

北平解放，傅作義接受和平改編，那是中共全黨開展敵軍工作的綜合成果。

傅作義在國民黨軍中以善戰著名。抗戰期間與八路軍關係良好，可1946年就是延安的當面之敵。奇襲集寧，迫使解放軍撤圍大同。聲東擊西，奪取解放區最大的城市張家口。國大代表尊奉傅作義為國民黨的「中興功臣」！

一戰成功，傅作義得意不可一世，發表《致毛澤東的公開電》！傅作義譏諷解放軍：「當你們潰退的前一天，延安廣播且已宣佈本戰區國軍被你們完全包圍，完全擊潰，完全殲滅，但次日的事實，立刻給了一個無情的證明，證明被包圍、被擊潰、被消滅的不是國軍，而是你們自誇的所謂參加『二萬五千里長征』的賀龍所部、聶榮臻所部……」傅作義斥責毛澤東：「如果他們是在你的錯誤領導之下逞兵倡亂禍國害民，那就是你殺死了他們，在夜闌人靜時，你應該受到責備，受到全國人民的懲罰。」

傅將軍痛斥毛澤東！精彩的文章令人想起三國時陳琳起草的討伐曹操的檄文，唐朝駱賓王起草的討伐武則天的檄文。《中央日報》全文刊登，大字標題是：《傅作義電勸毛澤東，結束戰亂參加政府》。傅將軍文武全才，名滿天下！

傅作義有所不知，為自己起草這篇檄文的大秀才閻又文，卻是潛伏在自己身邊的共產黨員！閻又文得到為傅作義起草電報的任務後請示組織，周恩來指示：公開電要罵得狠些，要能夠激起解放區軍民義憤，要能夠導致傅作義狂妄自大。

能征善戰的傅作義，又要奇襲石家莊再立奇功，可惜中了毛澤東的空城計。退回北平的傅作義，不久就發現自己已經陷入重圍，城外有大軍圍城，城裏有秘密力量包圍。結義兄弟曾延毅、同鄉好友杜任之、老師劉厚同，都是中共華北城工部的説客，就連長女傅冬菊也是中共地下黨員！還有不知者，傅作義派出的談判代表，李炳泉、閻又文其實也是中共地下黨員。

傅作義的微細心思，就連一次發火，一次猶豫，都會及時報到解放軍平津前線司令部，都會及時報到中共總部西柏坡。秘密工作細緻入微，終於爭取這位內戰先鋒統軍來歸。心悦誠服的傅作義，又親赴綏遠，説服和指揮董其武部和平起義。

毛澤東總結了三種解決敵軍的方式：「天津方式」，戰鬥解決；「北平方式」，和平改編；「綏遠方式」，保留編制。

綏遠方式，董其武所部編為解放軍 20 兵團，董其武任兵團司令。人民共和國成立後全軍授銜，國軍時的上將董其武仍任上將。

國軍的中將陳明仁，在解放軍則升任上將。

陳明仁和共產黨有血仇啊，就是此人在四平戰役打退了林彪所部！陳明仁對共產黨有功啊，就是此人在湖南率部起義迎接林彪進城。值得注意的是，陳明仁所部是中央軍，而中央軍是老蔣的看家本錢。

此前起義的大多是地方軍。橫山起義、高樹勛起義、張克俠起義，都是西北軍餘部，西北軍早就不忿老蔣。曾澤生是滇軍，傅作義是晉軍，劉文輝、鄧錫侯是川軍，這些地方軍在老蔣那裏是後娘養的。經過共產黨的工作，中國各個地方派系全都走上反蔣之路，只有中央軍難辦。

現在有了陳明仁這樣的榜樣，毛澤東在北京特意和陳明仁合影，而且把照片刊登在報紙上，讓尚未起義的中央軍將領看看，共產黨連陳明仁這樣的都要！

得人心者得天下。解放戰爭後期，中共通過多條社會線索共同開展策反工作，使得眾多國民黨軍政大員倒向共產黨，大批敵軍轉入解放軍序列。

潛伏在胡宗南部隊中的邊保力量，隨同裘昌會兵團撤退，兵團作戰科科長李福奎、兵團參謀長李竹聲，果斷控制兵團部，攔路勸說裘昌會。裘昌會起義後積極勸說胡宗南所部三十八軍起義，又促進了胡宗南部隊的大崩潰。

就連國軍的現代化部隊，也紛紛轉向小米加步槍的土八路。

空軍本是國軍的天之驕子，佔據絕對的空中優勢。可是，1947 年年初空軍飛行員劉善本駕駛飛機降落延安，引起全國轟動。延安指示上海，要潘漢年妥善照顧留在南京的劉善本妻子周淑璜。華克之冒充新聞記者，闖過特務封鎖，把中共的關懷傳達給周淑璜。跟隨劉善本的翅膀，又有一架又一架的國軍作戰飛機，飛向北方。

海軍也是國軍的鋼鐵堡壘，牢牢地把守長江防線。長江是中國地理的天然屏障，中國歷史上反覆出現的南北朝，都源於這劃江而治。蔣介石調集海陸空力量構築長江防線，卻沒能擋住只有木船的解放軍渡江。江陰要塞扼守長江最窄的江段，岸防炮威力強大，可是，這裏發出的炮彈非但沒有轟擊解放軍的木船，反而擊中江岸的國軍防禦工事。巡防長江的第二艦隊也在林遵的率領下戰場起義，成為華東海軍組建的主要力量。

國防部預備幹部局的局長由太子蔣經國親任，預備幹部訓練團的青年軍官將為蔣經國組建三十萬青年軍。可是，蔣經國最親信的副局長賈亦斌，卻在關鍵時刻率領這個幹部總隊起義。就連蔣介石的御林軍首都警衛師，也在中共南京地下黨的策動下起義了。

湖南的程潛、陳明仁起義，雲南的龍雲、盧漢起義，新疆的陶峙岳起義，海軍的重慶號起義，民航的香港兩航起義，國民政府資源委員會起義……

解放軍共殲敵 861.7 萬人，其中國民黨軍隊起義、投誠、接受和平改編、自動放下武器的 320 起 189 萬人，這 21% 正是策反戰果。

「不戰而屈人之兵，善之善者也。」中國兵家的最高境界，並非打打殺殺，而是不戰而勝，「止戈為武」。

毛澤東自稱有三大法寶：黨的領導，武裝鬥爭，統一戰線。

這統戰厲害啊！利用一切可以利用的關係，廣交一切可以交往的朋友，隱則藏於無形，顯則化敵為友，千軍萬馬為我所用。

不要以為，敵軍總是兵敗如山倒。不要以為，策反只是登高一呼。

郝鵬舉起義較早，待遇很高，榮任「中國民主聯軍總司令」，所部保留原指揮系統，解放軍不予改編，只是派進不多的政治幹部。可是，解放軍的寬容，並未換來郝鵬舉的誠心。一旦國軍反攻，那倒戈將軍再次倒戈，還抓捕朱克靖呈給老蔣請功。朱克靖是大革命時期的老黨員，畢生從事瓦解敵軍的工作，如今又死在聯絡工作的崗位上！陳毅指揮部隊反擊，叛變才一個月的郝鵬舉又被擒獲。這一次不能再饒，公審槍斃！

策反，總是要有人前往敵營，說服勸導，那就是單刀赴會！

軍統少將周鎬，也要為共產黨單刀赴會了。周鎬在抗戰時期潛伏南京，始終與秘密共產黨員徐楚光保持合作；到了解放戰爭時期，周鎬就決心轉入共產黨的陣營。立功心切的周鎬，打算策反孫良誠。組織上提醒周鎬注意安

周鎬

全，一旦對方翻臉，這說客就要人頭落地。周鎬還是勇敢地去了，那孫良誠果然翻臉。

一個軍統少將，也為解放軍的策反工作獻出了生命，周鎬被定為烈士紀念。烈士，這是中國人對犧牲者的最高評價。

中將之死

毛澤東說：「解放戰爭中的情報工作是最成功的。」

這個評價來之不易。中共的情報工作初創於第二次國內戰爭時期，那個時期鬥爭堅決然而犧牲慘烈。中共的情報工作成熟於抗日戰爭時期，那個時期進展很大卻難能放手大幹。到了這解放戰爭時期，突然發生激變！以往遭受的所有失敗都變成經驗，以往積蓄的所有力量都煥發效能，真個是天時地利人和。

大獲全勝的解放戰爭也有波瀾。這個情報工作最成功的時期，也是情報人員犧牲最多的時期。華東有烈士李白，重慶有張露萍等打入軍統的七烈士，華北有打入北平第十一戰區的丁行、謝士炎、趙良璋、朱建國、石淳五烈士，陝北有打入軍統的毛培春烈士……

烈士最多的，大概是台灣了。

北京西山有個森林公園，2013 年，這裏出現一個無名英雄廣場。

八百多烈士的名字鐫刻在石牆上，他們都是在台灣犧牲的中共情報員。隱身多年的無名英雄，今日終得名垂千古！

引人注目的是四尊雕像，吳石、朱楓、陳寶倉、聶曦。女共產黨員朱楓是秘密交通員，另三位的公開身份都是國軍軍官，吳石和陳寶倉是中將，聶曦是中校。

在情報系統的烈士中，吳石在國軍級別最高。國防部中將參謀次長，這個職務可以掌握台灣的所有軍事部署，情報作用極大。

在中國軍界，吳石是個標準的職業軍人。出身福建閩侯寒儒家庭的吳石，青年參加北伐學生軍，1915 年入保定軍校，以頭名狀元畢業。這保定軍校是中國的第一軍校，出了國軍總司令蔣介石。吳石的第三期同學，有張治中、白崇禧、何鍵、張貞等國軍名將。吳石又留學日本炮兵學校和陸軍大學，這陸大專門培養軍官，而蔣介石不過上了日軍的士官學校。就在這所培養了日軍全部高級將領的頂尖學府，吳石以 1934 年第一名的成績畢業。

回國後，吳石到中國軍隊的最高學府陸軍大學任主任教官。精通中外軍事學的吳石，寫出十幾本軍事著作。九一八事變後，吳石預見中日必將大戰，潛心研究日本情報，撰寫《參二室藍本》。「參二室」就是軍隊情報部門，這「藍本」就是軍事情報教科書！1939 年諾門罕戰役，蘇聯急需日本的軍事情報，而蘇軍當面的日軍將領都是吳石的日本陸大同學。當時中國和蘇聯有情報合作關係，吳石提供的日軍情報，有助於蘇軍取得勝利。

淡泊名利的吳石，個人志願全在軍事，對黨派之爭不感興趣。這樣的軍人在蔣介石這裏總是當高參，分管作戰和情報，卻沒有機會統領大軍。好在吳石是個不貪權位的人，還是能夠專心軍事，積極抗戰。可是，待到抗戰勝利之後，即使是吳石這樣不大關心政治的人，也看到蔣介石的腐敗沒落，無法忍受下去。這心裏話，只能向何遂說。

比吳石大六歲的閩侯同鄉何遂，比吳石的從軍資格更老。1904 年參加辛亥革命，1917 年赴歐美考察第一次世界大戰，1924 年任中將空軍司令、第三軍參謀長、黃埔軍校代校務。這個閩籍將軍喜好詩詞書畫，交遊廣闊，在抗戰中成了共產黨人的好朋友，同周恩來、葉劍英都有深交。幫助共產黨工作的何遂，自己並未入黨，可三子一女都是地下黨員，堪稱「情報世家」。何吳兩家是世交，兩家人不僅互相來往，還相互指路。

1947 年年初，吳石找何遂深談，決心反蔣。何遂將吳石的態度告訴中共上海局策反負責人張執一。在國軍將領中，這吳石覺悟得不算早，又是蔣介石和白崇禧信任的人，這樣的人能不能用呢？既做地下工作又打過仗的張執一頗有大將風度，果斷決心吸收吳石。4 月，上海局負責人劉曉、劉長勝、張執一，在華懋飯店宴請吳石，吳石從此秘密接受共產黨領導。

何遂的兒子何康擔任吳石同張執一之間的聯絡員，吳石向張執一匯報敵情大多在何遂家裏。吳石任國防部史政局局長，管理着五百多箱機密檔案，這些檔案本來要轉運台灣，吳石巧妙地要求先轉到福建，最後為解放軍留下大量機密。1949 年 3 月，吳石交給何康的「長江江防兵力部署圖」，部隊番號細緻到團。三野參謀長張震說，這份情報對渡江作戰很有幫助！

黨組織十分肯定吳石的情報貢獻，要求吳石配合福建解放，而後就回到自己的陣營。可是，吳石卻主動要求去台灣，為中國的完全解放出力！

上海舞廳，張執一、何康、何康夫人繆希霞，三個共產黨員為吳石送行。吳石慷慨悲歌，朗誦「風蕭蕭兮易水寒，壯士一去兮不復還……」抱定必死的決心，慷慨赴死。這就是隱蔽戰士的英雄氣質。

1950 年 6 月 10 日，吳石在台北馬場町就義，同行的還有朱楓、陳寶倉、聶曦等人。

為了準備解放台灣，中共各情報系統都往台灣派遣情報人員。戰況緊急，為了及時拿回情報，必須不顧犧牲，一千多人先後被捕。女黨員蕭明華在遺書中這樣安排自己的遺骨：「就讓她在台灣吧。」

交通員劉光典僥倖逃脱大逮捕，躲進深山，獨自堅持四年。特務抓住劉光典後十分驚訝，反覆進行爭取。可劉光典堅持不叛，終於在 1959 年被害。

有誰知道，西山的無名英雄廣場，還應增添多少烈士的英名？

人民共和國成立

三大戰役得勝，全國軍事大局已定，中共在解放戰爭後期的情報保衛工作的重點，實現着兩個轉變：從農村轉向城市，從軍事轉向政治。

中國的城市，向來是國民黨統治的牢固地區，共產黨不得不首先建立農村革命根據地，而後以農村包圍城市。這種革命道路相當成功，到了解放戰爭後期，共產黨已經控制了全國的廣大農村與眾多中小城市，國民黨的統治已被壓縮到少數大中城市。中共中央扭轉過去白區鬥爭的「左」傾做法，及時調整城市工作部署。全面內戰爆發後，中央書記處書記周恩來兼任中央城市工作部部長，面對城市的各地組織也都設立城工部。潛伏在國統區的地下黨組織調整了組織與幹部，重新確定的工作方針是「隱蔽精幹，長期埋伏，積蓄力量，以待時機」。工作方式把公開工作和秘密工作結合起來，把合法工作和非法工作結合起來。在組織關係上，則縱深配置一、二、三線，城鄉分開，上下分開，公開工作和秘密工作分開。這樣，共產黨的城市工作，也形成了一整套辦法。

正像軍事上展開人民戰爭一樣，城市也發動了大規模的群眾鬥爭。國民黨依賴美國，簽訂不平等的中美商約，美國軍隊進駐中國城市，連續出現侵犯中國公民的暴行，甚至強姦北京大學女生沈崇。全國學生群起抗議，群眾運動席捲全國幾十個大中城市。

1947 年 2 月，周恩來把國統區人民運動提到「第二戰場」的高度，提出「在國統區要提出為生存而鬥爭，並隨形勢的發展適當聯繫到政治口號」。5 月 20 日，國民參政會四屆三次大會開幕之日，南京、上海、北平等地學生舉行「反飢餓、反內戰、反迫害」大遊行，國民黨出動軍警鎮壓，在首都南京打傷學生五百多人。「五二〇血案」激起全國憤怒，國統區六十多個城市的學生上街遊行抗議。

國統區的群眾運動，第一步是反美，第二步是反蔣，第三步是支持共產黨。國民黨在城市的統治搖搖欲墜，被迫從前線調回十分之一兵力維持城市秩序。毛澤東指出：中國境內已有了兩條戰線，蔣介石進犯軍和人民解放軍的戰爭，這是第一條戰線，現在又出現了第二條戰線，這就是偉大的正義的學生運動和蔣介石政府之間的尖銳鬥爭。

國民黨統治的核心地帶，人心也轉向了共產黨。這就最為深刻地改變中國的政治格局。

抗戰勝利，中國湧現民主同盟等一批中間黨派，力促國民黨與共產黨和談，建立聯合政府。國民黨撕毀和談協議，發動全面內戰，迫使全中國的中間力量不得不選擇自己的政治方向。

1947 年 10 月 7 日，國民黨槍殺民盟陝西主委杜斌丞，11 月 6 日，民盟被

1947 年 5 月，南京、上海、北平等地學生舉行「反飢餓、反內戰、反迫害」大遊行。

迫宣佈解散。1948 年 3 月 29 日，國民黨在南京召開國民大會，就在沒有共產黨與民盟等民主黨派參加的情況下，蔣介石當選總統。4 月 30 日，南京的國民大會閉幕。

同一天，中共中央書記處在河北平山的城南莊召開會議，討論中原戰局的同時，提出「五一口號」。這口號有一條十分新鮮：「五、各民主黨派、各人民團體及社會賢達，迅速召開政治協商會議，討論並實現召集人民代表大會，成立民主聯合政府。」這就是說，共產黨不但要消滅國民黨軍隊，而且要奪取國民黨政權，名正言順地建立自己的政府，堂堂正正地領導中國。

成立政府的前提是召開政治協商會議，履行法律手續。召開政治協商會議，就不能像國民黨那樣一黨專政，而是要邀請民主黨派、民主人士匯聚一堂，共商國是。可是，共產黨要在解放區召開政協會議，民主黨派的與會者卻遠在天涯。民盟主席張瀾被國民黨軟禁在上海，民革主席李濟深避難香港。共產黨必須設法把這些民主黨派領袖接到北方的解放區來開會。這就要通過國民黨的重重封鎖。

軍事南下，政治北上，周恩來同時部署兩條戰線的工作。

從國民黨統治區的北平、天津、上海等地和英國統治的香港接出民主人士，乃是一件非同尋常的艱難任務。這些人本來就是中國政壇的頂尖人物，現在又成了國共相爭的政治砝碼，輿論關注，特務監視，無時無刻無有眾多的眼睛盯着。

周恩來決定啟用秘密力量。中社部副部長潘漢年、八路軍駐港辦事處主任錢之光潛往香港，與中共香港分局書記方方、香港分局統戰負責人連貫和饒彰風、章漢夫、夏衍等人，共同負責運送李濟深、沈鈞儒、何香凝、譚平山、柳亞子、章伯鈞等民主人士離開香港。

吳克堅情報系統在上海全力保護和護送宋慶齡、張瀾、羅隆基、史良等人。

化裝出行，內線掩護，巧過關卡，海上冒險……一個個並不擅長秘密行動的民主人士，在秘密系統的護衛下千里涉險，平安匯聚共產黨領導的解放區。

新政協大會如期召開，新政權順利誕生。隱蔽戰線也配合服務！

解放戰爭時期，情報保衛系統有三大任務：獲取軍事情報、策反敵軍、準備接管城市。軍事情報一份份放在毛大帥的手邊，國民黨軍隊一批批荷槍來歸，城市裏面的工作如何呢？

國民黨特務不會甘願認輸，面對大城市即將失守的局面，特務機關做出「破壞」與「潛伏」部署。炸掉工廠，炸掉橋樑，留下一個癱瘓的城市！潛伏特務，潛伏電台，埋下看不見的定時炸彈！

接管城市，接管政權，將成為中共情報保衛機關與敵手的嚴重較量。

延安幹部，據説多是山溝裏的「土包子」。

「土包子」也能進城執政嗎？

主要資料

汪東興：前中央警衛局局長、中央辦公廳主任、中央副主席，1995 年 4 月 24 日採訪。作為中社部派駐中央前委縱隊的保衛工作負責人，汪東興兼任縱隊副參謀長。戰爭中汪東興打着手電記日記，其中轉戰陝北段落首先發表。「文化大革命」期間，江青企圖要這些日記，但是毛澤東沒有同意。

慕丰韻：前邊防總局局長，2001 年 7 月 10 日採訪。轉戰陝北期間，慕丰韻始終在中央前委縱隊做警衛工作，始任調查科科長，後接替劉堅夫任警衛科科長。傅作義襲擊石家莊的時候，慕丰韻把自己跟隨毛主席轉戰陝北的日記和葉子龍為毛主席照的照片都燒了。

羅青長：前中央調查部部長，1999 年 11 月 11 日採訪。作者接受任務編劇電影《肝膽相照》，急需了解毛澤東、周恩來在解放戰爭中部署籌備召開新政治協商會議的情況。當年中央與各敵佔區地下黨組織的往來電報，都使用暗語，現在的人們都看不懂了。年逾八十的羅青長卻憑藉記憶，很快從幾十封電報中理清歷史真相。人民共和國成立後羅青長任中央調查部部長、國務院副秘書長、總理辦公室副主任。

童小鵬：《風雨四十年》，中央文獻出版社。此書翔實記述周恩來如何在轉戰陝北的期間組織電子對抗。人民共和國成立後童小鵬任中央統戰部副部長、總理辦公室主任。

戴鏡元：前總參三部部長，1993 年 3 月 1 日北京採訪。戴鏡元從 1933 年江西蘇區起就從事情報工作，第三次國內戰爭任軍委二局局長。人民共和國成立初期捱整調離，寫了一本很有影響的書《回憶長征》。後來，葉劍英又將這個情報專家從地方調回軍隊工作。葉劍英曾說：解放戰爭時期二局工作最好。

呂出：前新疆安全廳副廳長，2006 年 5 月 18 日採訪。由於長期找不到上級盛北光證實，呂出參加革命的時間曾算晚了，後來又得到證明。

于桑：前公安部副部長，1994 年 5 月 4 日採訪。作為領導呂出情報組的負責幹部，于桑當時曾致信予以表彰。

開誠：《李克農——中國隱蔽戰線的卓越領導人》，中國友誼出版公司。解放戰爭開始，李克農從康生手中接管中社部和中情部。

趙煒：前中央調查部副局長，2008 年 3 月 7 日採訪。趙煒由朱建國發展，參加王石堅情報系統，潛伏國民黨東北剿總司令部任作戰參謀，偵獲重要作戰情報。王石堅系統被破壞，朱建國等人被捕，趙煒隻身脫逃，投奔解放軍。

郭汝瑰：《郭汝瑰回憶錄》，中共黨史出版社。郭汝瑰出身黃埔，1927 年「四一二」事變時支持共產黨人，後赴日留學。抗日戰爭中英勇善戰，得到陳誠、蔣介石信任，重用為作戰廳廳長。內戰時期向共產黨提供情報。

姚文斌：前中央調查部幹部，2010 年 5 月 11 日採訪。姚文斌是王石堅系統的重要成員，瀋陽秘密電台台長。1947 年被國民黨特務機關逮捕，解放後回到組織接受審查。九十老人懇切地說：「我對組織審查一點兒怨言都沒有。」「今天我對你講了，就可以走了！」

丁令吾：丁行兒子，2006 年 5 月 7 日來信。丁行入獄後三個月兒子出生，烈士臨終前為兒子取名「令吾」。令吾姐弟被送到軍委保育院，令吾長大後從事科技工作。

謝鵬：謝士炎兒子，2008 年 5 月 13 日採訪。謝士炎犧牲後妻子病逝，遺下一女一子，由中央調查部副部長鄒大鵬收養。

張鼎中：《開國秘密戰》。保密局保定站站長劉從志，利用同鄉關係發展晉察冀四縱的逃兵劉進昌，劉進昌的阜平小組又發展了在晉察冀司令部工作的同鄉劉從文，這劉從文是司令部小灶的司務長，直接安排聶榮臻和毛澤東的伙食！張鼎中負責此案的審訊和結案，本書記述翔實。

劉光國：前華南調查部副部長，2009 年 8 月 17 日採訪。劉光國等人在孫連仲的第十一戰區成立之初就成功打入，後來又轉入傅作義的第十二戰區，始終掌握華北國民黨軍的作戰情報。

楊喆：《解放前夕中共川東、川康地下組織鬥爭紀實》。川東臨委和川康特委遭受國民黨特務破壞，是南方地下黨在解放戰爭中的重大損失。著名小說《紅岩》就是這段歷史的生動表述。

《范明回憶錄》：抗日戰爭時期，范明長期在陝北做友軍聯絡工作，在毛澤東的直接指導下領導 38 軍黨支部。解放戰爭時期任西北野戰軍聯絡部部長，毛澤東面見范明時提出策反的方針是「化敵為友，化友為我」。

韓競、李迎選、兵者：《韓練成畫傳》，中央文獻出版社。韓練成早年向劉志丹申請入黨但失去聯繫，1942 年在重慶與周恩來建立秘密關係，抗戰後接管海南，曾暗中保護中共瓊崖游擊隊，後任解放軍中將。

蓋軍：《中國共產黨白區鬥爭史》，人民出版社。此書全面地記敘中共在國民黨統治區的秘密工作，也包括解放戰爭時期的軍事情報工作、策反國民黨軍隊情況、潛伏待機情況。

王征明：前上海市公安局幹部，2011 年 9 月 14 日採訪。秘密戰線的工作是交叉綜合的，保衞、情報、聯絡，常常在一個部門。新四軍情報科科長王征明，在解放戰爭中從事策反工作，濟南戰役聯絡吳化文起義，渡江戰役現地指揮江陰要塞起義。

夏繼承：《淮海戰役秘密戰》。本書生動記述華東野戰軍策反工作全貌。

吳雪亞（周鎬夫人）、吳亞隆（周鎬女兒）：2013 年 5 月 4 日採訪。從軍統少將到解放軍烈士，周鎬的道路非同尋常。周鎬犧牲後，組織上追認為烈士，夫人在上海公安系統工作。

《張執一文集》：1946 年春夏之交到 1948 年年底，張執一代表上海局，四次進入台灣檢查與佈置工作，大概是中共進入台灣的最高級別的幹部。

張紀生、張海生、張末生：張執一子女，2013 年 6 月 10 日採訪。張執一回憶上海局工作的文章，首次披露了吳石的真實身份。

《何遂遺稿——從辛亥走進新中國》：此書記載何遂對中國革命的諸多貢獻，其中包括發展吳石。何家是個革命世家，兒子何世庸、何世平、何康和女兒何嘉都在人民共和國成立前加入共產黨。

何康：前農業部部長，2013 年 6 月 13 日採訪。何康於 1938 年在重慶入黨，後調到上海從事情報工作，做吳石的聯絡員。1949 年年底何康在上海公安局任職公開，導致在台灣潛伏掩護吳石的父親何遂不得不撤離。

何嘉：2013 年 6 月 14 日採訪。在台灣潛伏的吳石，向大陸傳送情報要經過香港中轉，何嘉在香港聯絡接應。

郝在今：《協商建國》，人民文學出版社。此書首次全面記述各民主黨派領袖和民主人士北上參加新政協會議，與中共協商建國的過程。關於傅作義奇襲石家莊，關於李濟深、張瀾等人由中共情報系統保護秘密通過國民黨封鎖的詳情，都有生動記述。

第十二章

明暗易位

—— 走上執政舞台的強力機構

攻城略地！城市，尤其是大城市，對於軍隊總是十足的誘惑。湘軍進攻太平軍駐守的南京，曾國藩開出的獎項是進城之後可以「大索三日」，縱兵搶掠。外國軍隊更兇狠，日軍搞了南京大屠殺。可是，毛澤東卻不急於進京城，進城之前先做準備——學習城市管理。

還有一個可是，可是城市等不及。那全國各戰場的大大小小的城鎮，像熟透的果子噼里啪啦掉到中共的筐裏，數都數不過來！

進城吧，進城的首要任務就是維持治安。這任務，就落在中共保衛幹部的頭上——你做好進城準備了嗎？

中國公安「一百單八將」

1947 年下半年，陝北的戰局已經出現轉折，住在楊家溝這個不通大路的小村莊中，毛澤東卻瞄準了全國的大城市。中央組織擬訂《懲治反革命條例》，籌備全國保衛工作會議，要使全國的保衛工作形成一套完整的東西。中共中央向西北局、華東局、華北局及晉綏分局發出通知，抽調保衛幹部到中央社會部，接受公安集訓，準備接管全國各大城市。

各地幹部集中的時候，中央已經抵達河北平山。1948 年 9 月 17 日，這個訓練班在平山的小村西黃泥開學了，近鄰中央駐地西柏坡和中社部駐地東黃泥。開學典禮相當隆重，中央書記處書記劉少奇、朱德、任弼時、中央社會部部長李克農到會講話。劉少奇說，革命事業的最終勝利已經是不容置疑的了，敵人逐漸由公開轉為秘密，我們逐漸走上公開，現在的問題是如何保衛勝利。學習的重點放在城市工作方面。李克農強調了城市公安保衛工作的艱巨性，要求大家做到「像荷花出淤泥而不染，像楊柳到處能生根」。

鄉村土房中舉辦的這個訓練班，恐怕是世界上規格最高的公安學校，從這裏畢業的學員，後來都成為省以上公安部門的首長。班主任是中社部副部長譚政文，副主任是中社部幹部科長劉湧和龍潛。各戰略區的保衛工作負責人趙蒼璧、楊奇清、卜盛光、許建國、揚帆帶隊前來，學員要求是初中以上文化程度的縣團級以上保衛幹部。學習課程計劃安排兩年，系統地學習保衛、公安、情報工作。無論領導還是學員，都認真總結經驗，備課講課，譚政文講審訊術，趙蒼璧講政治偵察。

情報保衛幹部向來處於秘密狀態，同在一個機關還不認識，這下面目公開，而且全國各地的人都有，真是盛事。邢相生、張子華、李建平、馮如春、袁澤、吳文藻（女）、賀生高、惠錫禮、白振武、朱寄雲、高克、任成玉、白玉山、楊耀南、慕弗、馬夫、何明、伍宇、石磊、馮文耀、賈振操、陳仲凱、李嶽林、袁振明、薛飛、趙廉、董仲平、廖迪成、陳樹森、徐欣三、朱文剛、徐督、單兆祥、孫啟民、劉奇光、苗瑞卿、張寶山、顏生、劉漢臣、宋丁、湯光禮、王曾濤、李仰嶽、譚兆屏、李岩（女）、羅濤、譚志剛、蔡秋（女）、呂岱、李旭明、張登瑞、楊真、李化文、張鐸、劉鳳岐、楊永暄、謝立志、張鳴林、李義亭、黎超、王培、陳力剛、馬芳、王若農、管群、李守斌、王賢香、李守亭、田振東、劉建中、張昌、張傑、張志晨、呂造林、趙熙、林祥、段村建、李瑞琪、王志廣、牛新法、王建斌、蔡其矯、徐竟辭（女）、蕭搖、惠平、陳士誠、王葦（女）、岳明、陳雲鶴、楊皓、嚴靜（女）、常平（女）、蕭瑩（女）、田友、麥浪、闞念倚、沈桐（女）、曾予（女）、田啟明、李若愚、伊彤，學員總數是一百另一人，加上教員七人，戲稱「一百單八將」。

中國公安一百單八將個個躊躇滿志，想想看，那宋朝梁山好漢的一百單八將不過佔據一個水泊根據地，這共產黨的一百單八將卻要接管全中國各大城市的公安局！

保衛工作從來沒有鬆心的時候，難得這次坐下來學習，大家都很用心。剛過一個月，突然傳來傅作義奇襲石家莊的消息。西柏坡這裏沒有作戰部隊，只得組織西黃泥訓練班上陣。學員們都不是新手，拿起武器就佈防，在西柏坡周圍挖戰壕，準備打阻擊掩護中央機關撤退。沒幾天，傅作義又不敢來了，大家又放下槍學習。又學了一個多月，情況又來了。天津、北平解放在即，中央決定派西黃泥訓練班的保衛幹部去接管這兩個大城市的警察局！

原計劃學習兩年的訓練班，三個多月就結業了，不是大家不想學，還是勝利來得太快。1949 年 1 月 15 日天津解放，華北社會部部長許建國任公安局局長，帶領 815 名幹部進城接管。1 月 31 日北平解放，中央社會部副部長譚政文任公安局局長，帶領 539 名幹部進城接管。

北平情況複雜，公安擔子極重。中社部調集各路情報諸侯，馮基平的中社部直屬平津工作站、王興華的華北社會部保滿情報站、劉景平的平西情報站、張烈的冀中公安局平保情報站、李寧的北嶽區社會部平漢情報站、安林的冀東區北平情報委員會、任遠的東北局社會部冀熱察情報科、劉茂田的冀察熱遼情報處平津站北平組、華東局的劉雲起工作站，都匯集在市局領導之下。北平市公安局兵強馬壯，譚政文任局長，一處處長劉湧、二處（偵察）處長馮基平、三處（治安）處長趙蒼壁、四處處長曲日新、公安大隊大隊長張廷楨，還派出得力幹部接管各分局。

接管之後，北平市公安局立即佈告全市，開展反動黨團特務組織的登記工作。新政權威力巨大，有力地震懾舊政權人員。2 月 3 日上午解放軍舉行入城式，下午，國民黨保密局北平站少將站長徐宗堯就到市局自首，交出北平站人員名冊、25 本密碼，又找來 312 名特務進行登記。經過短暫的秘密登記之後，市局又設立公開登記處，到 6 月，共登記特務 3533 名。

北平市局的公安幹部緊張工作，迎接中央進城。1949 年 3 月 25 日，毛澤東率中央機關開進北平，在西苑機場閱兵。撤離延安那是 1947 年 3 月 18 日，從陝北渡黃河到河北那是一年以後的 1948 年 3 月 22 日，三個 3 月，從延安到北京，毛澤東只用了兩年！

不過，到達北京的毛澤東，還沒有進城居住，而是在僻靜的香山落腳。北平城裏的安全還有問題。

北平城裏有國民黨遊兵散勇二十多萬人，還有國民黨八大特務系統一百一十個單位的七八千特務。解放軍軍管幹部遭暗殺，北平市市長聶榮臻的座車遭槍擊。社會上的流氓惡霸也不可小視，天橋有東南西北四霸，從賣藝到掏糞，都是黑道霸佔；七萬三輪車工人中，隱藏着偽警、土匪、特務，有介紹嫖客的猴車，有敲詐顧客的鑼車；經濟領域有專門倒匯的「金鬼子」，有囤積糧食的「糧老虎」……

接管北平，就是為新中國接管首都；進入北平，就要以政權的名義號令天下。7 月，中共中央決定，取消中央社會部，將其主管的情報和保衛工作一分為二，成立中央革命軍事委員會公安部，11 月成立中央革命軍事委員會情報部，由黨的形式變為政權的形式，作為人民共和國成立後成立政府的有關機關的過渡。李克農任軍委情報部部長，羅瑞卿任軍委公安部部長。

軍委公安部部長羅瑞卿曾在 1933 年任紅一軍團保衛局局長，1935 年任紅一方面軍保衛局局長，也是老保衛。羅瑞卿走馬上任，將中央社會部二室與華北社會部合併，組建為中央的公安部機關。羅瑞卿在北平召開全國公安會議。進了大城市，當然要嘗試一下好日子，請各省的公安廳廳長吃「東來順」的涮羊肉。娛樂項目呢？東城分局局長劉堅夫帶大家到了鳳凰廳，幾十個人正聽相聲《戲迷傳》，侯寶林還諷刺一貫道，大家聽得可高興。毛澤東、朱德進城之後，羅瑞卿能夠拿出的娛樂項目，一時也只有相聲。侯寶林的相聲在中南海一炮打紅，在全國公安系統也出了名，每次全國公安會議都要聽相聲。

具有豐富情報保衛經驗的共產黨人，搞城市公安工作入門很快。不久，北平的社會治安就煥然一新。1949 年 10 月 1 日，中央人民政府在首都北京的天安門廣場舉行開國大典，數十萬人的大規模集會，平安而順利。

中央人民政府設立政治法律委員會，領導全國的政法工作，董必武任主任，彭真任副主任。中央政府設立公安部，羅瑞卿任部長。主管全國政法工作的彭真又兼任北京市市長，國家公安部部長羅瑞卿又兼任北京市公安局局長，

羅瑞卿

兩人攜手大抓公安工作。年底，北京市公安局統計全年戰果：共逮捕管訓和控制敵特黨團分子 9571 名，繳獲敵特電台 407 部，槍 1559 支，破獲重大案件 1285 起。北京市創造的多項公安工作經驗，由中央轉發全國。

西進！南下！

土包子進城，陝甘寧邊區保安處副處長變成了北京市公安局治安處處長，趙蒼壁沒有被城裏的繁華唬住，不久就破獲一起假幣案件，順着貨源，從北京追到內蒙古，又追回北京，直至抓住製造假幣的人。熱愛偵察專業的趙蒼壁正要在首都施展，1949 年 5 月卻突然接到調動的命令——去南京擔任公安局副局長。

解放大軍首先在西北、東北、華北這三北取得勝利，繼而南渡長江，解放中國南部。南下作戰，劉鄧大軍和陳粟大軍會攻南京。接管南京這個國民黨的首都，共產黨當然不敢懈怠，由第二野戰軍司令員劉伯承親自兼任南京市市長。鄧小平給中央發報，特調陝甘寧邊區保安處處長周興當南京市公安局局長。周興也要來邊保的老搭檔趙蒼璧，還有一個副局長是二野保衛部部長劉秉琳。

調到南京，偵察專家趙蒼璧照樣有用武之地。接管城市，一般都有登記反動黨團特務、整頓社會治安、恢復經濟秩序等幾個硬仗，但是，南京又有自己的特點。首先擺在趙蒼璧面前的就是潛伏特務案。「保密局潛京一分站」計劃周密：站長正打算潛入北京文化界上層，通訊員和譯電員隱藏在劇團中一起北上，就連勤務員和交通員也打入解放軍部隊。儘管國民黨特務機關在撤退前進行了多層多線的潛伏部署，但這些潛伏特務還是一一被南京市公安局破獲。反特，周興和趙蒼璧都是老手。在延安就和軍統中統打交道，抓捕過軍統漢訓班的特務。

另一項任務卻相當特殊：南京市有各國駐華大使館。國民黨政府撤退廣州，蘇聯與東歐國家的使館隨同撤離，一些南美國家將使館撤到上海，但是，美國、英國、法國、印度等 32 國卻把使館留在南京，共有外國人 563 人。這些國家尚未與中華人民共和國建交，南京市軍管會當然不承認這些外國人具有外交身份。但是，這些外國人畢竟住在中國，於是，予以外國僑民身份，由南京市公安局外僑科負責管理。一些外國人在中國神氣慣了，並不把共產黨領導的公安局放在眼裏。法國武官雷蒙醉酒開車超速行駛，撞傷一個八歲的中國兒童。被警察攔住的雷蒙不但不下車接受檢查，還坐在車裏對警察揮舞酒瓶子！中國警察扣押外國武官，這在南京可是新鮮事。法國使館提出抗議，一些西方國家使館也乘機鼓譟。南京市公安局冷靜處理，由外僑科與交通科組成事故處理組，照常將雷蒙帶局詢問。《新華日報》頭版刊登南京市公安局的決定：給予雷蒙警告處分，令其賠償中國兒童的全部醫療費用，當眾道歉。

美國大使司徒雷登更是一個敏感人物。解放軍佔領南京後，許多國家的外交官匆匆離去，但司徒雷登堅持不走。這個前燕京大學校長是美國少有的「中國通」，試圖與新生的中國政權取得某種聯繫，從而保障美國在華的長遠利益。北京則指派從燕京大學畢業的黃華，與「老校長」司徒雷登聯繫。不久，美國國務院通知司徒雷登回國。1949 年 7 月 23 日上午 8 時 30 分，司徒雷登來到南京市公安局外僑科，以一名普通外僑的身份申請離境。8 月 2 日，南京市公安局外僑科科長帶領七名警察，監護司徒雷登乘飛機離去。8 月 18 日，毛澤東發表文章《別了，司徒雷登！》。

趙蒼璧注定要接管中國的首都，接管了共產黨的首都北京，又接管了國民黨的首都南京，接下來是接管抗日戰爭時期的「陪都」重慶。

南下！南下！解放大軍馬不停蹄，長纓直指祖國邊疆。南下！南下！中共幹部忙如走馬燈，接管大中小城市。南京市公安局局長換得真快，4 月進城的周興 10 月離開，三野保衛部部長龍潛接任，龍潛 12 月又走，東北社會部副部長陳龍接任。

中共的情報、保衛幹部紛紛從延安走向全國，走得早的趙蒼璧接管了三個「都城」，走得晚的周興接管了兩個「都城」，一直堅持在陝甘寧邊區保安處的李啟明，也終於有機會接管一個「都城」：接替周興負責整個邊保工作的李啟明，帶領邊保幹部瞄準陝西省會——六朝古都西安。

延安，西安，這兩個城市，多年來就是共產黨、國民黨的代稱，延安的情報保衛幹部盯住西安已經不是一天兩天、一年兩年。從抗戰初期起，中央社會部就在西安秘密設立情報站，站長是地下黨員王超北，副站長卻是國民黨陝西省調查統計室主任李茂堂。西北社會部在西安建立起一百三十多人的情報力量，還打入國民黨保密局陝西站，部分掌控西安的「軍統」組織。

全國各大城市接連失守，國民黨部隊無心戀戰，留守西安的國民黨部隊匆匆撤走，將城防交給民眾自衛總隊。中情部西安情報處的情報人員，設法取得自衛隊副總隊長的職務。保密局卻規定不准裁減人員，利用各種關係進行潛伏。西安綏署二處部署一個十幾人的「黃學禹行動組」，企圖在解放軍進城後進行暗殺、爆破。

1949 年 5 月 29 日西安解放，西北社會部副部長李啟明、蘇明德、辦公室主任于桑等人進入西安，立即追查敵特部署。經情報關係爭取，綏署二處通訊組組長高耀舉報「黃學禹行動組」和二處在陝西各地的潛伏組。西北社會部採取果斷行動，幾天之內將其抓捕，沒有給敵特留下破壞的機會。

接管並非一勞永逸，敵特總是試圖反攻。7 月中旬，保密局陝西站站長王鴻駿、行動科科長汪克毅從西安逃到漢中，又以「西北特技組」為骨幹組織了一支十二人的「西安行動組」。西北社會部通過內線拿到名單，三個月內全部破獲這個「西安行動組」，有效地保衛了西安市的安全。胡宗南、馬步芳策劃反撲西安，又被西北社會部提前偵知作戰部署，解放軍提前兩周在途中埋伏了一個大口袋。接管西安初期，共摧毀國民黨中統兩個省室、保密局兩個站、190 個組、4164 人、62 部電台，破獲潛伏組織兩個站、49 個組、273 人、21 部電台。

拿下西安的延安幹部，並沒有滿足於西安一城的解放，而是兵分兩路，奔向大西北和大西南。

第一野戰軍解放蘭州，聯絡部部長范明趕緊去找一個維吾爾族商人艾買提。共產國際把這個情報員轉給中共，這樣，進軍新疆時就有了可靠的嚮導。南疆情報站駐紮喀什，王炎堂任站長，嚴夫任副站長。青海情報站駐紮西寧，站長余凱，副站長李崑山、劉星漢。楊蔭東、柴寄群則遠赴廣州建站。

青海站主動同班禪行轅建立聯繫，將毛主席、朱總司令的覆電交給行轅交際處處長計晉美，計晉美如獲至寶，飛馬星夜送往班禪駐地香日德。班禪堪布會議廳致電毛主席、朱總司令，請中央「速發義師，解放西藏」。1950 年 1 月，青海站張競成、徐利平首發進藏，帶回西藏噶廈政府給中央政府的第一封公函。5 月，青海勸和團三位活佛進藏，青海站又派出一部電台隨行。邊保幹部黃彬調到軍委情報部，1951 年 7 月帶着一批藏族幹部和一部電台，隨同張經武，繞道印度進藏，溝通中央同西藏的電報聯繫。

西藏、新疆和平解放，南疆站、西藏處又逐步轉向國外工作。黃彬後來到駐緬甸使館任一秘。新疆的嚴夫、黃友群夫婦後來到中國駐挪威使館，嚴夫任政務參贊，黃友群任一等秘書。

胡宗南部隊匆忙南逃，西北社會部指示埋伏在胡宗南部隊中的情報力量繼續跟蹤，胡宗南逃到哪裏就跟到哪裏，直至將敵軍徹底殲滅。

聯勤總部第七補給區司令部中校視察官劉奉先發展了一個秘密小組，帶電台跟胡宗南撤入四川。胡宗南繼續向西康地區逃跑，留守成都的部隊軍心渙散，關鍵時刻，劉奉先以共產黨地下組織的名義公開出面接管成都。12 月 30 日，一野司令員賀龍、政委李井泉帶領部隊進入成都，兩千多國民黨軍校生列隊歡迎。

劉鄧帶領二野逆江而上打進西南，在重慶安營紮寨。鄧小平任中共西南局書記，周興任西南局社會部部長兼西南公安部部長，趙蒼璧任副部長，于桑任秘書處處長。派遣處處長于炳然曾經潛伏軍統，程永和曾經潛伏中統，都是情報老手，只是缺少新人。正當缺人之際，剛剛掛牌的公安部就有地下黨員前來報到。

川東地下黨被破壞後，組織上調集各地四川籍貫的黨員十幾人，潛回四川重建組織。北平地下黨南系的祝永康回到四川老家，恰好趕上全川解放。趙蒼璧親自考察祝永康，佈置的任務是畫重慶地圖。看這年輕人頗有情報素質，就分配到派遣科工作。

1949 年年底統計，接管東北、華北、華東、華中、西北等戰略區的北京、天津、瀋陽、長春、南京、上海、濟南、武漢、太原、西安等城市中，共破獲敵特組織 177 個，逮捕特務 4046 名，繳獲電台 666 部。

從延安到北京，從北京到全國，全國各大城市都有延安來的公安局局長！

來自黃土地的公安幹部素質夠高，新政權在大城市也立住了腳跟。

哪個國家最早反恐？

在取得全國政權的新形勢下，中共及時調整情報保衛工作的體制編制。

將情報和保衛分開，取消中央和各級黨委的社會部、情報部；由軍委情報部負責情報工作；將保衛工作交由各級政府的公安部門管理，軍委公安部改為中央人民政府公安部。經過如此調整，中共的情報、保衛工作就由黨的工作形式轉為政權工作形式，更加符合執政的規則。

1949 年 10 月 15 日，開國大典半個月後，公安部在北京召開公安高級幹部會議。這個後來被稱為第一次全國公安會議的會議，得到中央的高度重視，毛澤東接見會議代表，周恩來、朱德、董必武、聶榮臻參加座談。

朱德在會議上提出，解放軍在完成剿匪任務後，就變成了國防軍，要建立公安部隊，保衛全國人民安居樂業。

周恩來在講話中強調：「公安工作國家安危繫於一半，軍隊是備而不用的，你們是天天要用的。」

會議學習毛澤東關於公安工作的指示：「既要學習和敵人做公開鬥爭，又要學會同敵人做隱蔽鬥爭；如果我們不去注意這些問題，不去學會和這些敵人做這些鬥爭，並在鬥爭中取得勝利，我們就不能維持政權，我們就會站不住腳，我們就會失敗。」「在拿槍的敵人被消滅以後，不拿槍的敵人仍然存在，他們必然地要和我們做拚死的鬥爭，我們決不可以輕視這些敵人。如果我們不去這樣地提出問題和認識問題，我們就要犯極大的錯誤。」

這些話從此成為中國公安系統的座右銘。

會議期間，政務院批准羅瑞卿提出的方案：在各大行政區人民政府設公安部，省人民政府設公安廳，中央直屬市設公安局；在專署設公安處，縣設公安局，區設公安助理員，村設公安員。公安部下設 6 局 1 廳：政治保衛局、經濟保衛局、治安行政局、邊防保衛局、武裝保衛局、人事局和辦公廳，共有幹部 486 人。東北汪金祥、西北李啟明、西南周興、華東李士英、華中卜盛光、華南譚政文、上海揚帆、南京陳龍、天津許建國、北京羅瑞卿兼，大區公安部部長中最年輕的李啟明才三十六歲。

1953 年取消行政大區，多數大區公安部部長調到北京工作，公安部有了資歷很硬的副部長楊奇清、許建國、汪金祥、周興、王近山、汪東興、梁國斌、李天煥等人，圈內戲稱「八大金剛」。還成立了中央公安幹部學校和地方的公安學校。根據需要，又在鐵路、交通、林業、民航系統設立公安部門。還組建了人民公安部隊，司令員羅瑞卿在 1955 年定銜大將。

向來抓大不問小的毛澤東，在國務院各部中，對外交、國防、公安，經常直接過問。從延安到北京，幾任公安負責人，大多來自軍隊，都是毛澤東了解的幹部。從上海到延安到北京，幾任情報負責人，大多來自前特科，都是周恩來熟悉的幹部。1950 年 9 月 27 日，毛澤東在第一次全國經濟保衛工作會議的總結報告上批示：「保衛工作必須特別強調黨的領導作用，並在實際上受黨委的直接領導，否則是危險的。」雖然在工作形式上，公安工作由黨的形式轉為政權形式，但在實質上，公安工作還是強調黨的領導。

關於情報工作的總結，則在靜謐中進行。

李克農身兼軍委情報部部長和中央人民政府外交部副部長，在黨內擔任中央情報委員會書記，統管全國情報工作。李克農組織起草了《中共二十二年情報工作的初步總結》。

首先，情報工作必須堅持黨的絕對領導的原則。必須反對取消或削弱黨對情報工作的領導的做法，也必須反對把情報工作凌駕於黨的領導之上的做法。這個原則，顯然與世界各國的情報工作原則有很大區別。無論在美國等資本主義國家，還是在蘇聯等社會主義國家，情報機構都有很大特權，往往藉口工作性質特殊而擺脱黨和政府的監督，或是成為個別政治領袖的秘密工具，或是形成尾大不掉的局面。

這個報告還強調：第二，情報工作必須堅持以政治基礎為主的原則。以政治基礎為主，統戰帶動情報。和平與發展是世界各國人民的共同任務，能贏得世界各國最廣大人民的同情和支持，可以結成廣泛的國際統一戰線。報告明確規定：絕不採用金錢收買、美人誘惑和手槍恐嚇等手段。

這個規定現在看來，更有振聾發聵的效果。

情報工作的性質極其特殊，人們一般以為：為了獲取情報可以不擇手段，收買「線人」、利用「美女」、動手「殺人」，都是尋常動作。實際工作中，美國、蘇聯等眾多國家的情報機構，也常常這樣做。這就使得情報工作「骯髒」起來，背離社會通行的道德規範。而道德淪喪的間諜，很難保持忠誠的操守。於是，又導致情報工作喪失國家要求的正義性。這種傾向被多國政治家放任發展，終於在 21 世紀初釀成席捲世界的「恐怖主義」浪潮。國際社會這才形成共識：必須舉世一致地反對恐怖主義。這時，人們不禁想起：誰最先反對恐怖主義？

早在 1950 年，中國情報界就明確規定：不准採用金錢收買、色情誘惑、暗殺恐嚇等手段。這就是全世界範圍最早的「反恐」規定！

只是，你不搞恐怖，別人要搞。新中國的公安部門，又要面對一輪恐怖狂潮。國民黨敗退台灣，軍心頽喪，可特工部門卻興奮起來。「以前是共產黨在暗處我們在明處，現在我們成了暗處，就可以變被動為主動了！」在秘密圈裏，保衞工作稱為被動性消極性工作，而情報、破壞等工作稱為主動性工作。

就在新政協代表楊傑準備趕赴北平與會之際，保密局行動處處長葉翔之親自出馬，在香港將楊傑暗殺。台灣特務還潛入大陸，企圖刺殺北平市市長聶榮臻、上海市市長陳毅、廣州市市長葉劍英，飛賊段雲鵬的任務是刺殺毛澤東！

1950 年 6 月 25 日朝鮮戰爭爆發，美國當晚就同蔣介石重建情報合作。「第三次世界大戰爆發了！」蟄伏大陸各地的國民黨力量紛紛起事，四川成都附近的土匪公然暴亂，殺害解放軍高級幹部朱向離。這朱向離，正是當年打入日本軍隊的臨汾情報站站長！

明暗易位，中國公安面臨新的挑戰。

毛澤東親自督導，全國開展了聲勢浩大的鎮反運動，打壓了敵特的氣焰。發揮基層工作扎實的傳統，大中城市開展群防群治，讓海外潛入的特務無處立足。

新中國不僅在政策方針上反對搞恐怖主義，還創造了反恐的成功經驗。

公安局局長也捱整

1955 年 4 月 3 日，上海市副市長潘漢年以「內奸罪」被捕，4 月 12 日，上海市公安局局長揚帆被捕，兩案合稱「潘揚案件」。直到 1982 年，潘揚二人才得到平反昭雪。人們說，「潘揚案件」是新中國第一冤假錯案。

就其政治社會影響，就其涉案人員的級別來說，「潘揚案件」也許堪稱「第一」；然後，就其發生的時間來說，此前還有一案。1951 年 1 月，廣州市公安局副局長陳泊、陳坤被捕，震動全國公安戰線，此案稱為「兩陳案件」，直到 1980 年才獲得平反昭雪。這個「兩陳案件」，即使不能斷定為新中國第一起冤假錯案，也可以判定為人民共和國成立以後公安系統的第一起冤假錯案。這「兩陳」之「陳泊」，就是那聞名延安的「布魯」。

布魯原名陳泊，因為是廣東人，被特地調到葉劍英領導的華南分局，參加接管廣州。回到廣東老家的布魯又恢復了陳泊這個名字，任廣州市公安局局長，華南分局的陳坤任副局長。陳坤是中共華南分局、香港分局的情報工作負責人，掌握許多當地特情關係，包括打入中統的梁俠、打入保安警察獨立大隊任大隊長的程長清等人。

廣州也是國民黨在大陸的最後一個「首都」。李宗仁帶着國民政府逃離南京，最後在廣州立腳。解放軍進軍華南，已經逃到天涯海角的國民黨官員無路再走，有的跟着蔣介石逃到台灣，有的跟着李宗仁避難香港，還有的滯留廣州。1949 年 10 月 14 日，解放軍進入廣州，陳泊隨同中共華南分局進城接管。廣州近鄰英國統治的香港，兩地可以自由來往，東南亞華人頻繁進出，國民黨特務夾雜其中，市面上流行着港幣美鈔，本地黑道擾亂社會治安，比起別的城市來，這廣州更加光怪陸離！不久，譚政文南調任華南公安部部長兼廣州市公安局局長，原局長陳泊改任副局長。人民共和國成立初期的公安幹部哪裏害怕什麼困難，幹起工作都是意氣風發。在保安警察獨立大隊任大隊長的地下共產黨員程長清率隊起義，協助南下幹部順利接管了廣州市警察局。他們組建一支特別工作隊，由廣東籍幹部張強、劉鐵任正副隊長，不到一周就抓獲廣州著名匪首張樹、關松。這特別工作隊雖然見效很快，可是也引起一些爭議。工作隊成分比較複雜，有人利用職權對百姓敲詐勒索，還誤殺了自己人。

1951 年 1 月，公安部決定審查陳泊在廣州接管中的問題，陳泊和陳坤被逮捕審查，兩陳案件還牽連不少廣州市公安幹部，程長清、梁俠等人被關押審查。1953 年 8 月，陳泊被北京市軍管會判為：「喪失革命立場，包庇反革命，嚴重違法亂紀，使黨和國家遭受嚴重損失。」判處十年徒刑，剝奪政治權力五年。

1954年秋天，公安部對上海市公安局重用、包庇和掩護特務反革命的案件立案偵查，逮捕「國民黨潛伏特務胡均鶴」，年底，扣押上海市公安局局長揚帆。此前，西安的李茂堂被調到北京戒除鴉片煙癮，也失去了自由。1955年4月3日晚，公安部逮捕潘漢年。1961年，前西安市公安局局長王超北被關押審查。

兩陳案件和潘揚案件，是人民共和國成立初期中國公安系統的兩大要案，八十年代都得到平反。

首任公安部部長羅瑞卿在人民共和國成立初期曾說：特情工作好像一把刀子，用得好可以殺傷敵人，用的不好也可以傷害自己。一些老公安回憶，個別地區的個別部門使用敵人去偵察敵人的時候，採取的措施不當或手續不周，產生了缺點和錯誤，被別人認為敵我問題，造成冤獄多年。有人感歎：這公安工作有如在刀刃上行走，也是個高危行業！許多老公安卻認為：還是說高難行業準確。公安工作的三字經是「穩、準、狠」，要同時做到這三個字確實很難，而且需要具有高超的工作藝術。

高危也好，高難也罷，新中國的公安工作畢竟還是取得了高超的成績，反特高效，治安良好，中國成為世界上最安全的大國。

「砸爛公檢法！」

談到情報保衛工作的重要，還有一個重要的佐證：壞人怕保衛工作！

「文化大革命」興起之前，1965年12月打倒羅瑞卿，1966年5月打倒彭真。扳倒「彭、羅、陸、楊」，為運動開道。林彪、江青相當忌憚政法工作！給江青寫匿名信的案件、給葉群寫匿名信的案件、給毛澤東住處安錄音機的案件，都由公安部門經辦，最後都報到公安部部長羅瑞卿、中央政法小組組長彭真這裏。彭真都做了合乎法律與政策的處理，沒有大做文章。一直尋機整人的林彪、江青沒有得逞，還擔心自己的底細被人抓住，也就更加嫉恨公安系統。

待到政治運動再起的時候，林彪、江青就抓住時機先下手了。林彪在 1966 年 5 月 18 日的發言中，大談政變危險，鼓吹陸定一掌握筆桿子，羅瑞卿掌握槍桿子，楊尚昆掌握中央機要，彭真手更長，要搞政變，人頭落地！

「文化大革命」中，林彪、江青、謝富治等人公然提出：「砸爛公檢法！」主管政法的彭真、曾經主管公安部的羅瑞卿被打倒，公安部首當其衝，副部長徐子榮、楊奇清、汪金祥、淩雲、嚴佑民、于桑、劉復之和一批局長、副局長先後被投入監獄，一千多名機關幹部只留下四十名造反派。檢察院、法院的幹部也挨整，甚至連整個工作體系都被撤銷了。中央調查部部長孔原被關押，常務副部長鄒大鵬被迫害致死，繼任的部長羅青長也被批鬥。解放軍總政治部第一個被打倒的部長是保衛部部長史進前，保衛部的副部長谷德、郝蘇、李平被列入專案。北京市公安局被說成「反革命集團」，一千多幹部隔離審查。上海市公安局局長王鑒、浙江省公安廳廳長王芳經手給江青的匿名信案件，都被關入監獄。全國公安機關共有三萬四千人遭受打擊迫害，其中被逼死、打死的一千二百名，傷殘的三千六百多名，逮捕關押的一千三百多名。

情報保衛工作的特殊性質，反倒成了負責幹部的罪名。彭真、馮基平、劉湧等人，因為逆用國民黨特務而被打成「間諜特務網」。主管一個省的公安工作的趙蒼壁、李啟明等人也因逆用問題而被上綱為敵我矛盾。淩雲在公安部多年經營的反間諜工作被停滯下來，在偵破軍統漢訓班案件上立了大功的吳南山又被打成國民黨特務。

歷史上已經糾正的錯誤居然重現，搶救運動中挨整的人儘管當時得到了甄別，卻又在「文化大革命」中再次挨整，罪名還是當年的錯案。王遵級、趙曉晨、王懷安等人，都有這種經歷。人民共和國成立初期挨整的潘漢年、揚帆、布魯等人，本該刑滿釋放，卻被投入勞改農場。

公安、司法戰線癱瘓，社會治安失控，重大疑難案件相繼出現。雲南省革委會主任譚甫仁在住所被刺殺，行兇者竟然是軍區保衛部的科長，追查之中，保衛部部長又自殺。老保衛周興、蔡順禮、趙蒼壁齊集雲南破案，後來又調去李啟明，但是，由於運動的干擾，很難得出完滿結論。公安部部長李震自殺，牽連副部長于桑、劉復之被捕，也是一樁奇案。

回顧歷史上的幾次重大錯誤：肅反運動中，保衛局系統執掌着超越同級黨委的特權，對肅反的錯誤負有重要責任；搶救運動中，保衛系統作為執行者，對錯誤也有工作責任；而「文化大革命」中，就連公安、保衛系統本身也被「砸爛」！

這種發展趨勢表明：中國的情報、保衛、公安系統，越來越成為「左」傾錯誤的障礙，越來越受到壞人的嫉恨。這反而證明：中國的情報、保衛、安全、公安工作，越來越成熟，正在走上法制軌道。

發掘文化基因

本書的重點內容是人民共和國成立之前的情報保衛工作，這其實是在發掘文化基因。應該承認，在各個行當中，中共的情報保衛工作還是相當突出，戰績優秀。這裏面，當然隱含着經驗和教訓。這個時期形成的文化基因，也會延續，也會影響執政時期的工作。

中共執掌全國政權之後的情報保衛工作，還有幾部大書可寫。

出兵朝鮮，毛澤東事先摸到美國的底牌。志願軍出其不意打贏第一戰役，而美軍司令麥克阿瑟還判定中國人不敢越過鴨綠江。中國情報口的負責人李克農上將，在朝鮮板門店幕後指揮停戰談判，歷時兩年零十天，五次中斷五次續談，終於達成停戰協議。這出國作戰中的情報工作，不是一部新書？

蔣介石退居台灣圖謀反攻大陸，企圖在東南沿海建立「游擊走廊」。1962年10月到1965年9月，13股台灣武裝特務從空中、海上潛入大陸，統統落入大陸早已佈好的天羅地網，617名特務無一漏網。國民黨殘軍退出境外獨霸金三角，頻繁向雲南挑釁滲透。解放軍境外偵察，出境作戰，將國民黨軍趕回台灣。這種邊境防禦作戰，也有新的打法。

台灣特務機關在1962年春節、1963年春節、五一勞動節、1964年國慶節期間，策劃「破壞高潮」，要求各系統特務「不擇手段、不怕犧牲、不計效果」，搞大規模爆破破壞活動。中央指示：炸彈不許進廣州，不許過韶關。公安部與廣東省廳嚴加守衛，連續偵破，最多的一天抓了 12 起特務！這些反特故事，比電影還生動！

周恩來出國參加亞非會議，劉少奇出國訪問柬埔寨，都面臨國民黨特務機關的暗殺行動。中國的情報、公安部門密切配合，啟用海內外情報關係，成功地保衛了領袖的安全。這故事，可比那些虛構的外國大片驚險。

公安部成功地改造日本戰犯、國民黨戰犯、清朝末代皇帝溥儀，調查部和統戰部爭取「代總統」歸來，這種化敵為友的成績，屬於世界最高水平。

中國在 1964 年成功爆炸第一顆原子彈，石破天驚。在海外情報機關的多方窺探中，中國的原子彈試製居然成功地保守了秘密。試驗基地一度丟失絕密圖紙，周總理要求三天破案，公安部和軍隊的破案專家乘坐專機前往，第二天就把案子破了！

就在公安系統遭受極大破壞的「文化大革命」期間，也有一個成功的反間諜案件：蘇聯大使館李洪樞間諜案。這個案子由周恩來親自指揮，取得完滿的成功。

「文化大革命」以後，全黨全國全軍的落實政策工作，也值得認真回味。

法治建設，更是正在進行時。人民共和國成立初期毛澤東主持制定 1954 年憲法，「文化大革命」的「無法無天」，黨的十一屆三中全會後恢復民主與法制建設，公開審理林彪、江青反革命集團案件，1982 年憲法的制定，基層直接民主的創造，依法治國方針的形成……

公開執政並未消弭秘密工作，人民共和國成立後的情報工作重點轉向國外，防止外國敵對勢力的破壞，開展反間諜工作。

大音希聲，大象無形，大諜無名。還有多少無名英雄，正等待我們記錄……

情報，間諜，保衛，反特，安全，公安，司法，法制，向來是治史的重點，也是文藝創作的寶庫。

無論是成功還是失敗，總是驚心動魄。無論是經驗還是教訓，總能發人深省。中共的情報、保衛工作，值得總結記錄；中國的國家安全工作，需要歷史經驗。

挖掘藏寶的人們，不要忘記，中國最珍貴的寶庫，其實是文化基因。

主要資料

劉湧：前北京市政法部部長，1999 年 11 月 17 日採訪。劉湧曾任中社部幹部科長，對培訓幹部接管北平的情況相當熟悉，寫有回憶文章。

馮文耀：前國際關係學院副院長，2012 年 2 月 12 日採訪。為了加強黨的領導和防止神秘主義，李克農選調三個沒有從事過情報工作的縣委書記到中央社會部工作，馮文耀進入中社部訓練班，從此進入相關教育機構。

劉堅夫：前北京市副市長兼公安局局長，1995 年 2 月 20 日採訪。劉堅夫也是一百單八將之一，親自參與北平接管，任內城一分局（東城分局）局長。李洪樞案件曾大做宣傳，但是，偵破過程並未完整披露。

譚斌：譚政文兒子，2005 年 3 月 23 日採訪。譚斌就是「文革」中大名鼎鼎的「譚力夫」，了解並撰寫了父親譚政文從事公安工作的情況。

劉雲起：前公安部局長，2011 年 7 月 7 日採訪。劉雲起是華東的情報幹部，抗戰時的領導是曾用名李得森（李德生）的紀綱。紀綱佈置的情報關係深入平津，劉雲起也就在北平建站，解放北平時歸入北京市公安局，參與人民共和國成立初期北京的社會治理工作。

洪沛霖主編：《劍嘯石城：國民黨老巢覆滅前後》，群眾出版社。趙蒼璧任公安部部長時，建議南京市公安局總結南京接管的經過，於是產生這部重要紀實書籍。

李啟明：前雲南省委常務書記，1997 年 9 月 9 日採訪。李啟明自 1935 年起就在陝西工作，直到 1966 年在陝西省省長任上被打倒，「文化大革命」後復出。

艾維凡：艾買提之子，2010 年 10 月 4 日採訪。維吾爾族青年艾買提於 1936 年參加「新疆反帝會」，參加共產國際情報組織在蘭州的工作，參與營救西路軍戰士。1949 年 8 月蘭州解放時轉入中共系統，成為解放軍中第一個進疆的維吾爾族軍人。艾買提事蹟見《新疆平叛紀實》《父輩畫傳》。

黃彬：前國家安全部副局長，1995 年 3 月 1 日採訪。黃彬最早是邊保的情報幹部，較早調到軍委情報部工作，曾在西藏工作，後來又出國。

祝永康：前雲南省安全廳副廳長，2011 年 8 月 19 日採訪。祝永康是在北平上學的南方局系統的地下黨員，解放戰爭期間奉命回四川重建被破壞的黨組織，重慶解放時加入西南公安部，熟悉雲南邊境對面的情況。網上流傳一個據説是針對南方地下黨的「新十六字方針」，祝永康分析認為是拼湊的。

于桑：前公安部副部長，1994 年 5 月 4 日採訪。于桑曾任中共中央委員、公安部副部長，因李震自殺案件被錯捕。

《中國人民公安史稿》，警官教育出版社。此書完整記敘中國公安史，包括解放戰爭後期接管各大城市的過程，人民共和國成立後公安工作的巨大成績和「文化大革命」中遭受破壞的經歷。

開誠：《李克農——中國隱蔽戰線的卓越領導人》，中國友誼出版公司。傳主終生從事情報工作，從解放戰爭起主管中共情報工作，還對人民共和國成立前的情報工作做出總結。

張中如：前總參謀部情報部部長，2014 年 7 月 20 日採訪。張中如在山西抗戰中負重傷送回延安，作為八路軍作戰的代表人物接受美國記者的採訪。1950 年軍委情報部組建時調入，參加李克農組織的武官培訓，任四處處長。

習仲勛：《懷念布魯（陳泊）同志》，《廣東黨史》2001 年第 1 期。布魯任綏德保安分處處長的時候，習仲勛任綏德地委書記。兩陳案件發生後，習仲勛一直不肯相信。

程長清：前廣州市公安總隊副大隊長，1994 年 12 月 17 日採訪。程長清解放前是華南分局情報人員，任國民黨廣州市保安警察獨立大隊大隊長，廣州解放時率隊起義。任用程長清當廣州市公安總隊副大隊長，也是陳泊包庇反革命的罪狀之一。

張強：前廣東省電力局局長，1994 年 12 月 18 日採訪。張強是南下幹部，曾任特別工作隊隊長，親自捕獲國民黨特務電台。

郝戰平：前廣東省高級人民法院副院長，1994 年 12 月 14 日採訪。郝戰平是南下幹部，曾參與領導特別工作組，了解陳泊使用特情的情況。

吳世民：前龍川縣法院院長，1994 年 12 月 17 日採訪。吳世民解放前是華南分局情報人員，接管廣州時又負責聯絡特情。受「兩陳案件」牽連被判處死刑緩期，1956 年釋放，1981 年落實政策。

王雲集：前海南省安全廳廳長，1994 年 12 月 18 日採訪。王雲集曾任布魯的秘書，從東北南下廣州，後任廣州市公安局一處處長，參與反爆破鬥爭。

丁兆甲：前公安部局長，2012 年 9 月 26 日採訪。作為一個老公安，丁兆甲致力於總結公安系統的歷史教訓，撰寫《斷桅揚帆》，揭示「潘揚案件」的深層原因。

凌雲：前國家安全部部長，1998 年 5 月 27 日採訪。凌雲長期負責政治保衛工作、反間諜工作、兩案審理工作，經手諸多重大案件，深入了解林彪、江青破壞公安系統的情況。

嚴石：《「東北叛黨投敵集團」冤案與鄒大鵬之死》，《炎黃春秋》1999 年第 9 期。鄒大鵬長期在東北從事地下活動，曾參與領導「東北救亡總會」，1949 年人民共和國成立後任國務院情報總署署長、中央軍委聯絡部部長、中共中央調查部常務副部長。此文認為，「文革」初期鄒大鵬夫婦突然自殺，至今仍有謎團。

王芳：前國務委員、公安部部長，2000 年 6 月 8 日採訪。王芳任浙江省公安廳廳長時負責偵查江青匿名信案件。

王鑒：前上海市副市長兼公安局局長，2000 年 10 月 24 日採訪。王鑒任上海市公安局局長時，負責偵查江青匿名信案件，王鑒的夫人汪吉帶人偵破案件。

史進前：前中國人民解放軍總政治部副主任，1993 年採訪。史進前曾任總政保衛部部長、核試驗保密委員會主任，「文化大革命」中被打成「羅瑞卿、梁必業反黨集團」成員，長期關押。「文化大革命」後任全軍落實政策領導小組組長、審理林彪反革命集團案件的負責人。

胡伯鑫起草、胡予芳整理：《保衛我國第一顆原子彈研製》，《歷史瞬間》，群眾出版社。此文作者在二機部九局參加中國原子彈、氫彈試驗的保衛工作，回憶中説：第一顆原子彈試驗時整個廠區的保衛保密工作是由郝蘇同志負責指揮的。郝蘇曾任核試驗保密委員會副主任兼辦公室主任、審理林彪反革命集團案件辦公室主任。

郝在今：《中國法制家——彭真的一個世紀》，《民主與法制》。該文章簡略敘述中共十一屆三中全會以後，中國加強民主與法制建設的進程。

後　記

一本書出版十幾年，連印十幾次，還在出新版、出繁體字版，足以令人興奮。不過，我這個作者必須承認，這不是因為首版寫得好，而是因為每版都在增添新的重要內容；這不是因為作者能寫，而是因為選題太好。

作者榮幸，能夠面對面地採訪眾多隱蔽戰線的親歷者。有的作者只採訪到一個特工就能出書，而我採訪了幾百位！

本書榮幸，可以說是第一本相對完整地記述中國隱蔽戰線的專著。相關著作不少，大多是寫一個人或一個案件，只有我膽大妄為，想寫全史。

可是，這隱蔽戰線是個巨大的寶藏，一次挖不完，幾十年也寫不盡。本版大量增補了情報工作的內容。這體現我在首版之後的採訪成果，讀者可以從註釋中看出來，那裏有眾多「老情報」現身。不僅增添內容，而且提升水平。首版一發行，正趕上一股持久的諜戰熱，我也就騎虎難下。我抓緊一切機會採訪老幹部及家屬，搶救資料。同時講課，電視講座，學術交流，發表《周恩來的密戰藝術》和《毛澤東的秘密戰法》等專文。整理資料的過程也是整理思想的過程，我對中共隱蔽戰線的認識也在逐步深化。

我發現：中共的情報保衛工作，在現代中國的各行各業中，最早進入世界先進行列，既有自己的特色，也有自己的一套，堪稱文化寶庫。

這幾年，除了這本《密戰》之外，還出現了一批稱為《×× 秘密戰》的作品，這說明，大家更加關心這秘密戰爭了。

書名確定「密戰」，而非「諜戰」或「情報戰」，這是因為，這個戰線的劃分並不容易。在中共的語言中，曾經稱為隱蔽戰線。可社會上往往把「隱蔽戰線」等同於「地下黨」，或是「第二戰線」。其實，地下黨是在白區活動的黨組織，隱蔽戰線是黨委主管的一條線，而且不限於白區。第二戰線是國民黨統治區的群眾鬥爭學生運動，而隱蔽戰線是深藏在幕後的。

嚴格地說：隱蔽戰線的核心內容就是「情報工作」和「保衛工作」。不過，這項工作也有輻射，統戰帶動情報，外交掩護情報，你很難將其限制範圍。如果採用同心圓式劃分就比較合適，「情報工作」「保衛工作」「特務」「間諜」，屬於核心部分；較為寬泛的劃分又有「白區工作」「城市工作」「第二戰線」，還有「統戰工作」「聯絡工作」「外交工作」⋯⋯這個同心圓逐層擴展，總要有個能夠涵蓋全部的名頭，只得是一個相對模糊而又相當誘人的名稱——「密戰」！

「密戰」的範圍相對寬泛，可也不能無限模糊出去。外國有個「強力機構」的說法，那些部門似乎都與本題相關。2013 年，中共中央決定成立中央國家安全委員會，這就啟發了思路。我寫的這秘密戰，正是國家安全的範圍！

中共早期處於非法地位，離開安全工作一日不能生存，因而極其重視政治安全。早期的相關機構叫做「國家政治保衛局」，人民共和國成立初期國家公安部的第一局也是「政治保衛局」。隨着成為全國性大黨，又成為整個國家的執政黨，中共面臨的安全問題也就更加豐富更加寬廣更加複雜，包括政治、國土、軍事、經濟、文化、社會、科技、信息、生態、資源、核安全等多個領域。中共早期的相關領導機構「特別委員會」又稱「最高委員會」，而新成立的國家安全委員會，主席由黨的總書記親任，兩個副主席是國務院總理和全國人大委員長，這足以顯示安全工作的極高地位。

新的安全問題，需要新的安全觀；有了新的安全觀，又會看到歷史的新鮮。從總體安全觀出發回看歷史，就會發現：中共情報保衛工作的使命，始終圍繞着安全這個核心；中共情報保衛工作的歷史，也可以說是一部總體安全史；而中共的總體安全史，又充滿中國的特色。

中共情報保衛史分期，可分初創時期、成熟時期、勝利時期、建設時期、破壞時期、法治時期。

初創時期，自1927年中央特科創立、1931年國家政治保衛局成立起，至1937年抗日戰爭爆發。此前還有創黨時期和大革命時期，情報保衛工作尚未形成專職機構和專門體系。這個階段中共的情報保衛工作生猛有力，但又受到蘇聯模式的很大影響。

成熟時期，自1937年中央成立特別工作委員會、1939年成立中央社會部起，到抗日戰爭勝利的1945年。這個時期中共全面走向成熟，形成自己的特色、自己的革命道路、自己的指導思想，包括自己的情報保衛工作體系。

勝利時期，自1946年內戰開始，至1949年9月30日人民共和國成立。這個時期中共的情報保衛工作取得最大的成績，有效地為奪取全國政權服務。

建設時期，自中華人民共和國建立，分別成立中華人民共和國公安部、中央調查部起，至1966年「文革」前。從革命黨成為執政黨，中共的情報保衛工作從黨的形式轉為政權形式，如何適應新的安全形勢，又有新的探索。

破壞時期，自1966年「文化大革命」發動，砸爛公檢法起，至1976年秋粉碎「四人幫」，恢復公檢法。這個時期不僅是國家的浩劫，也是安全體系的大破壞。

法治時期，自1978年年底十一屆三中全會決議加強民主與法制建設起，頒佈刑法、刑事訴訟法，恢復人民檢察院、人民法院，設立國家安全部，制定1982年憲法，到2013年設立國家安全委員會，中國正在全面加強法治建設。

書從史，我的《密戰》也應形成系列。

本書第一章簡要介紹的第二次國內戰爭時期（紅軍時期）的情報保衛工作，應是這個系列之中的第一部；第二章至第十章詳細敘述抗日戰爭時期的情報保衛工作，可作第二部；第十一章概略敘述的第三次國內戰爭時期（解放戰爭時期）的情報保衛工作，應是第三部；本書第十二章稍作提示的人民共和國成立之後的情報保衛工作，應是第四部；第十三章介紹港澳台地區的秘密工作歷史，可作第五部。

目前，我收集的材料足以形成多部大作，每個時期一部。只是，本人的時間和精力有限，一時寫不出這麼多。

近期，我另外推出兩部作品：《中日秘密戰》和《延安秘密戰》。抗日戰爭使中國情報工作進入國際情報競爭，而且創造了頂尖戰例。中共中央在西北時期，安全問題格外複雜，也有反特反間諜鬥爭的頂尖戰例。情報和保衛兩方面的頂尖戰績，又表明中共秘密工作在這個時期跨入世界第一方陣。

我也算個跨界寫作人。在撰寫紀實作品的同時，也做影視編劇，有《開國前夜》《亂世女兒紅》等諜戰題材電視劇，《暗戰》《協商共和》等紀錄片，《周恩來的密戰藝術》《秘密戰爭》《中國秘密戰》等系列電視講座。

我還寫了一本長篇小說《東方大諜》，中共爭取日本人為抗戰提供情報！這個作品具有強烈的真實力度，正在等待改編影視作品。這些年諜戰題材的影視作品極其火爆，但觀眾總是埋怨編造痕跡太重。所幸影視公司開始關注以真實案例為基礎的選題，這樣我就有了長項，正在參與撰寫幾部以真實案例為基礎的諜戰大劇。我的長篇歷史小說《敦煌之歸義英雄》可稱唐代秘史，也在做影視。

中國秘密戰線的紀實系列，可以說是撰寫中國情報史和中國公安史，又可說是總體安全史。這樣，就注定是一個巨大的系統工程。

我已經採訪數百位老幹部，包括行業的權威人士；我已經收集大量文字和錄音錄像材料，形成一個小型資料庫。只是，我一個人連整理資料都做不過來。

「中共隱蔽戰線歷史研究」，這也是個誘人的科研課題。這個大工程不是個人能夠獨立完成的，最好有一批學者來共同努力。哪家研究機構哪家大學，成立個課題組教研室來做吧。

可惜，我能夠保證做到的，只是我自己繼續努力。

密戰：中國隱蔽戰線風雲紀實

郝在今　著

責任編輯　袁雅欽
裝幀設計　鄭喆儀
排　　版　黎　浪
印　　務　林佳年

出版　開明書店
香港北角英皇道 499 號北角工業大廈一樓 B
電話：（852）2137 2338　傳真：（852）2713 8202
電子郵件：info@chunghwabook.com.hk
網址：http://www.chunghwabook.com.hk

發行　香港聯合書刊物流有限公司
香港新界荃灣德士古道 220-248 號
荃灣工業中心 16 樓
電話：（852）2150 2100　傳真：（852）2407 3062
電子郵件：info@suplogistics.com.hk

印刷　美雅印刷製本有限公司
香港觀塘榮業街 6 號 海濱工業大廈 4 樓 A 室

版次　2023 年 5 月初版

規格　16 開（230mm×170mm）

ISBN　978-962-459-284-9